線形代数

ベクトルから
ベクトル空間・
線形写像まで

川嶌 俊雄 著

森北出版株式会社

はじめに

本書は「意味のわかる」線形代数の入門書を目指して書かれました．

内容としては，平面ベクトル，空間ベクトルから始まり，固有値と固有ベクトルまでを扱っています．平面や空間におけるベクトルの計算や，1 次変換の具体例，連立 1 次方程式の解法を通して，一般的なベクトル空間や線形写像の概念を無理なく理解できるように努めました．

本書では，基本的概念や命題の内容をなるべく詳しく説明しています．命題の証明は，短い証明というよりは，少し長くてもその命題の内容がよくわかるような証明を選びました．たとえば，実対称行列が対角化可能なことを示すには三角行列化を経由するのが普通ですが，証明は簡単でも内容が伝わってきません．この本では，固有ベクトルよりなる正規直交基底を具体的に構成することにより証明を与えています．また，いくつかの重要な命題については，1 つだけではなく，いくつかの証明を与え，その命題の立体像が浮かび上がるようにしました．

さらに，幾何学的側面を重視し，図形的な意味を詳しく説明しました．たとえば，行列式の幾何学的意味を説明し，普通は触れられない，外積の成分や余因子展開の図形的意味にも言及しています．また，なるべく図を入れるようにもしました．昔から「百聞は一見にしかず」といいます．視覚的にとらえることにより，線形代数への理解が進むものと考えています．

なお，本書では，基本的に数は実数に限り，ベクトル空間は有限次元の場合を扱っています．

本書により，線形代数の理解が少しでも進んだと感じていただけるなら，それは著者の何よりの喜びです．

最後に，貴重なご意見をいただいた桑原冬樹氏と，この本の出版にご尽力いただいた担当の和泉佐知子氏，太田陽喬氏に深く感謝いたします．

2017 年 7 月

川嶌俊雄

本文中に用いられる記号

□：命題や定理の証明の終わりを表します．

■：例題の解答の終わりを表します．

目　次

第1章

平面ベクトル

この章では，有向線分により定義される平面ベクトルの基本を説明する．この平面ベクトルは，今後一般のベクトルを扱ううえで，直観的な理解の基盤を与えることになる．また，平面ベクトル（および次章の空間ベクトル）は，物理学や工学において多くの応用例をもつ．

1.1 平面ベクトルの定義

平面におけるベクトルを，次のように有向線分を用いて定義する．

平面において，2 点 A, B を両端とする線分 AB を考える．この線分 AB は 2 つの**向き**をもつ．1 つは点 A から点 B に向かう向きで，もう 1 つは点 B から点 A に向かう向きである．このどちらかの向きを指定した線分を**有向線分**とよぶ．

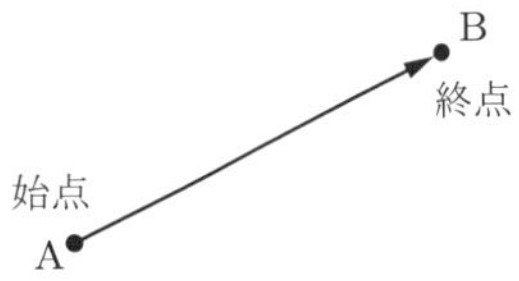

図 1.1　有向線分

有向線分は，矢印のついた線分で表される．たとえば，A から B に向かう向きを与えられた有向線分 AB は，図 1.1 のように表される．このとき，点 A をこの有向線分の**始点**とよび，点 B を**終点**とよぶ．

これからは，「有向線分 AB」というときは，A を始点，B を終点とする向きがつけられた線分 AB を意味するものとする．

そして，平行移動したときに向きも含めて一致するような有向線分を同一視したものを，**平面ベクトル**（または単に**ベクトル**）とよぶ．別のいい方をすれば，平面ベクトルとは，平行移動して互いに重なり合う有向線分の作るグループの名前である．

今後，点 A から点 B に向かう有向線分の表すベクトルを $\overrightarrow{\mathrm{AB}}$ と書くことにする．

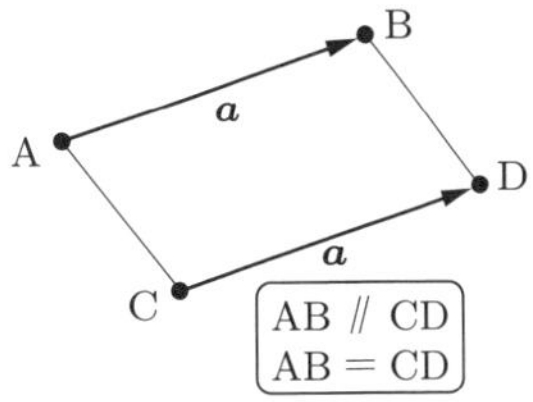

図 1.2　$\overrightarrow{\mathrm{AB}} = \overrightarrow{\mathrm{CD}} = \boldsymbol{a}$

図 1.2 の平行四辺形 ACDB では，2 つの有向線分 AB と CD は同じベクトルを表している．すなわち，$\overrightarrow{\mathrm{AB}} = \overrightarrow{\mathrm{CD}}$ である．

そのほかにベクトルを表すのには，$\boldsymbol{a}$, $\boldsymbol{b}$, $\boldsymbol{c}$, ... や $\vec{a}$, $\vec{b}$, $\vec{c}$, ... などの記号を用いる．$\boldsymbol{a} = \overrightarrow{\mathrm{AB}}$ のとき，線分 AB の長さをベクトル $\boldsymbol{a}$ の**大きさ**とよび，$|\boldsymbol{a}|$ で表す．とくに，大きさが 1 のベクトルを**単位ベクトル**とよ

ぶ．始点と終点が一致する場合 $\overrightarrow{\mathrm{AA}}$ も，大きさが0のベクトルと考え，これを**零ベクトル**とよぶ．零ベクトルを $\mathbf{0}$ で表す．

問 1.1　図1.3に示したベクトルについて，ベクトル $\boldsymbol{a}$ と等しいベクトルを選び出せ．

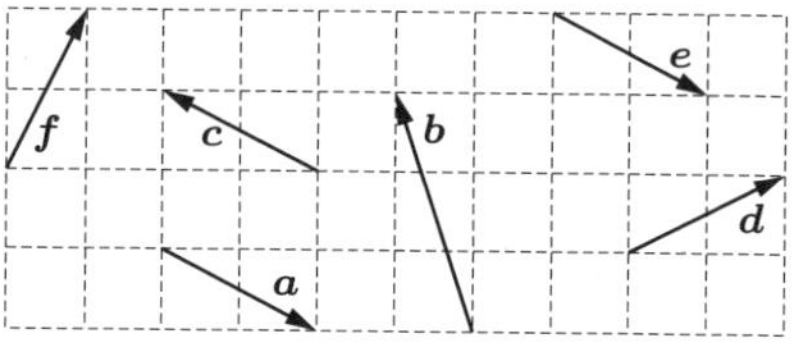

図 1.3

1.2 ベクトルの演算

1.2.1 ベクトルの実数倍

k を任意の実数とするとき，ベクトル $\boldsymbol{a}$ の k 倍 $k\boldsymbol{a}$ を次のように定める．

(i)　$k > 0$ のとき：$\boldsymbol{a}$ と同じ向きで大きさが k 倍のベクトル

(ii)　$k < 0$ のとき：$\boldsymbol{a}$ と反対の向きで大きさが $|k|$ 倍のベクトル

(iii)　$k = 0$ のとき：$0\boldsymbol{a} = \mathbf{0}$（零ベクトル）

この演算をベクトルの**実数倍**または**スカラー倍**という．

注　ベクトルに対し，数をスカラーとよぶことがある．そして，ベクトルで表される物理量をベクトル量，それに対し，数で表される物理量をスカラー量とよぶ．

とくに，$(-1)\boldsymbol{a}$ をベクトル $\boldsymbol{a}$ の**逆ベクトル**とよび，$-\boldsymbol{a}$ で表す．有向線分で表すと，逆ベクトルは，もとのベクトルに対して大きさが同じで向きが逆の有向線分で表される．また，$(-k)\boldsymbol{a}$ は $-(k\boldsymbol{a})$（$k\boldsymbol{a}$ の逆ベクトル）に等しく，これらを単に $-k\boldsymbol{a}$ で表す．図1.4に，これらの例を示す．

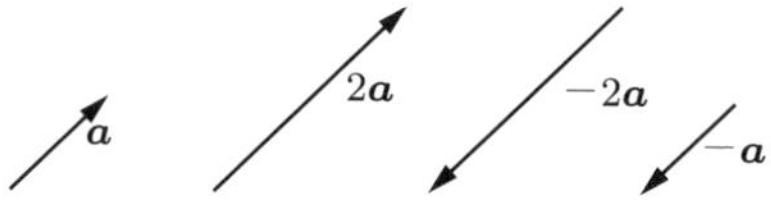

図 1.4　$\boldsymbol{a}$ の2倍と -2 倍，逆ベクトル

問 1.2　図1.5に示されたベクトルについて，次の問いに答えよ．

(1)　$\boldsymbol{a}$ の逆ベクトルを選び出せ．

(2)　図中にベクトル $2\boldsymbol{a}$ を図示せよ．

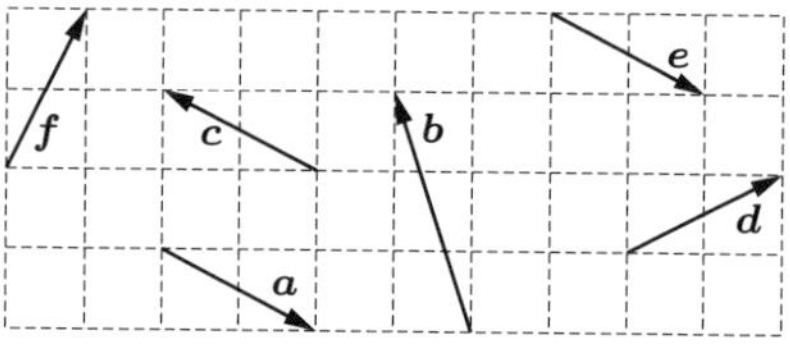

図 1.5

1.2.2 ベクトルの和

ベクトル $\boldsymbol{a}, \boldsymbol{b}$ の和 $\boldsymbol{a}+\boldsymbol{b}$ を，図 1.6 のように，$\boldsymbol{a}$ の先に $\boldsymbol{b}$ をつぎ足してできるベクトルとして定める．つまり，$\boldsymbol{a} = \overrightarrow{\mathrm{AB}}, \boldsymbol{b} = \overrightarrow{\mathrm{BC}}$ としたとき，

$$\boldsymbol{a}+\boldsymbol{b} = \overrightarrow{\mathrm{AC}}$$

とする．

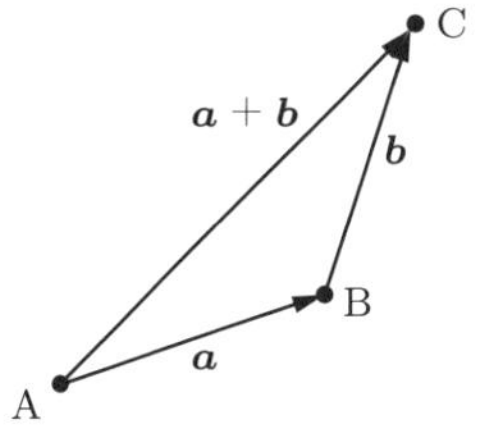

図 1.6 ベクトルの和 1

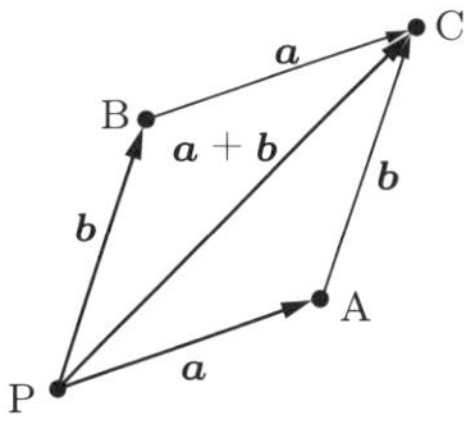

図 1.7 ベクトルの和 2

また，2 つのベクトル $\boldsymbol{a}, \boldsymbol{b}$ を始点を共有する有向線分で表したときは，和 $\boldsymbol{a}+\boldsymbol{b}$ は次のように作図される．

$\boldsymbol{a} = \overrightarrow{\mathrm{PA}}, \boldsymbol{b} = \overrightarrow{\mathrm{PB}}$ としたとき，線分 PA, PB を 2 辺とする平行四辺形PACBの対角線をとり，

$$\boldsymbol{a}+\boldsymbol{b} = \overrightarrow{\mathrm{PC}}$$

となる（図 1.7 参照）．このことは，$\overrightarrow{\mathrm{AC}} = \overrightarrow{\mathrm{PB}} = \boldsymbol{b}$ となることよりわかる．

とくに，この作図方法より，$\boldsymbol{a}+\boldsymbol{b} = \boldsymbol{b}+\boldsymbol{a}$ となることがわかる．

注 1 つのベクトルと，その逆ベクトルの和は零ベクトルとなる．

$$\boldsymbol{a}+(-\boldsymbol{a}) = \boldsymbol{0}$$

また，このようなベクトルはただ 1 つだけである．したがって，ベクトル $\boldsymbol{a}$ の逆ベクトルとは，$\boldsymbol{a}$ に加えると $\boldsymbol{0}$ となるベクトルのことである，ということができる．

問 1.3 図 1.8 に示したベクトルについて，次の各ベクトルを図示せよ．

(1) $\boldsymbol{a}+\boldsymbol{b}$ (2) $\boldsymbol{c}+\boldsymbol{d}$

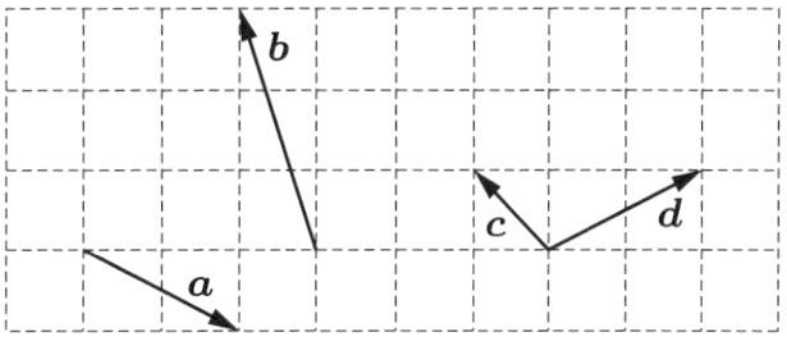

図 1.8

1.2.3 ベクトルの差

ベクトル $\boldsymbol{a}, \boldsymbol{b}$ の差 $\boldsymbol{a}-\boldsymbol{b}$ を $\boldsymbol{a}+(-\boldsymbol{b})$ と定める．

$\boldsymbol{a} = \overrightarrow{\mathrm{AB}}$, $\boldsymbol{b} = \overrightarrow{\mathrm{BC}}$ としたときは，図 1.9 のようになる．

また，図 1.10 のように，2 つのベクトル $\boldsymbol{a}$, $\boldsymbol{b}$ を始点を共有する有向線分で表したときは，差 $\boldsymbol{a} - \boldsymbol{b}$ は $\boldsymbol{b}$ の終点から $\boldsymbol{a}$ の終点に向かう有向線分で表されるベクトルとなる．つまり，$\boldsymbol{a} = \overrightarrow{\mathrm{PA}}$, $\boldsymbol{b} = \overrightarrow{\mathrm{PB}}$ としたとき

$$\boldsymbol{a} - \boldsymbol{b} = \overrightarrow{\mathrm{BA}}$$

となる．このことは，図 1.10 の平行四辺形 PCAB において

$$\overrightarrow{\mathrm{BA}} = \overrightarrow{\mathrm{PC}} = \overrightarrow{\mathrm{PA}} + \overrightarrow{\mathrm{AC}} = \boldsymbol{a} - \boldsymbol{b}$$

となることよりわかる．

なお，$\boldsymbol{a} - \boldsymbol{b}$ は，$\boldsymbol{b}$ を加えると $\boldsymbol{a}$ になるようなベクトルである，ということもできる．実際，

$$\boldsymbol{b} + \overrightarrow{\mathrm{BA}} = \overrightarrow{\mathrm{PB}} + \overrightarrow{\mathrm{BA}} = \overrightarrow{\mathrm{PA}} = \boldsymbol{a}$$

となる．

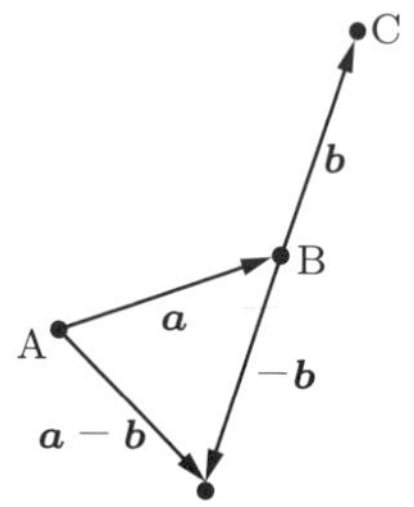

図 1.9　ベクトルの差 1

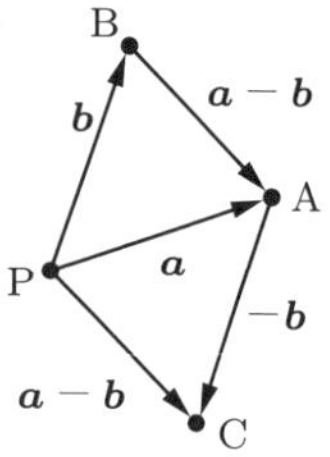

図 1.10　ベクトルの差 2

問 1.4　図 1.11 に示したベクトルについて次の各ベクトルを図示せよ．

(1) $\boldsymbol{b} - \boldsymbol{a}$　　(2) $\boldsymbol{c} - \boldsymbol{d}$

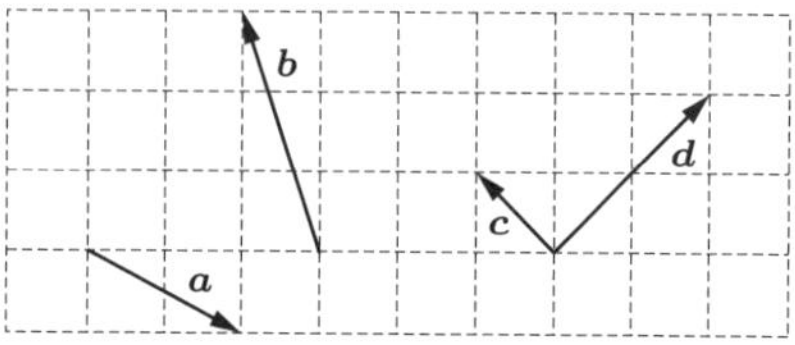

図 1.11

ここで，ベクトルの演算についての基本的な性質をまとめておこう．平面のベクトルの演算（和と実数倍）は次の性質をもつ．

命題 1.1【演算の基本性質】　k, l を任意の実数とする．

(1)　$\boldsymbol{a} + \boldsymbol{b} = \boldsymbol{b} + \boldsymbol{a}$

(2)　$(\boldsymbol{a} + \boldsymbol{b}) + \boldsymbol{c} = \boldsymbol{a} + (\boldsymbol{b} + \boldsymbol{c})$

(3)　$\boldsymbol{a} + \boldsymbol{0} = \boldsymbol{a}$

(4)　$\boldsymbol{a} + (-\boldsymbol{a}) = \boldsymbol{0}$

(5)　$1 \cdot \boldsymbol{a} = \boldsymbol{a}$,　$(kl)\boldsymbol{a} = k(l\boldsymbol{a})$

(6)　$(k + l)\boldsymbol{a} = k\boldsymbol{a} + l\boldsymbol{a}$

(7)　$k(\boldsymbol{a} + \boldsymbol{b}) = k\boldsymbol{a} + k\boldsymbol{b}$

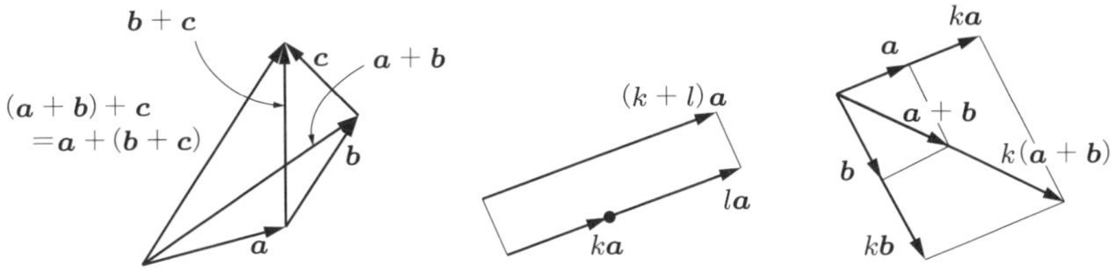

（a）性質(2)　（b）性質(6)　（c）性質(7)

図 1.12　性質 (2), (6), (7)

これらの性質が成り立つことは，たとえば図 1.12 のように，図を用いて簡単に確かめることができるので，説明は省略する．ここでは注意点をいくつか述べよう．

(1) は，和はベクトルの順序にはよらないことを示し，**交換法則**とよばれる．(2) は**結合法則**とよばれ，3 つ（以上）のベクトルを加えるときに，どの 2 つから加えても結果が同じになることを示す．(6) と (7) は**分配法則**とよばれる．(6) は実数についての分配法則，(7) はベクトルについての分配法則である．

以上の性質のどれもが当たり前のような性質ではあるが，今後これらの法則をたよりに計算することになる．また，これらは，抽象的にベクトルを定義する場合の出発点ともなる（8.6 節の参考「一般のベクトル空間」参照）．

1.3 位置ベクトル

平面上に**原点** O を固定する．図 1.13 のように，任意の点 P に対する平面ベクトル $\overrightarrow{\mathrm{OP}}$ を O に関する点 P の**位置ベクトル**とよぶ．このベクトルにより点 P の位置が定まるので，このようによばれる．

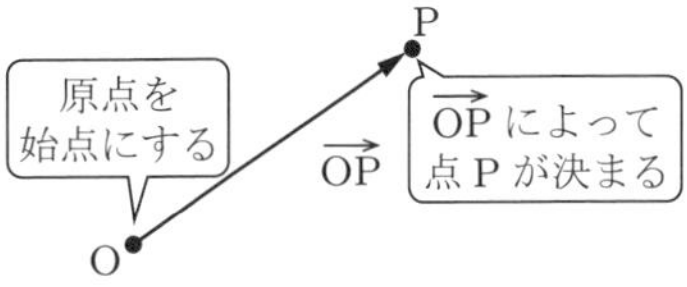

図 1.13　位置ベクトル

実際，任意の平面ベクトル $\boldsymbol{p}$ に対し，$\overrightarrow{\mathrm{OP}} = \boldsymbol{p}$ となる点，つまり $\boldsymbol{p}$ を位置ベクトルとする点 P がただ 1 つ決まる．このようにして，平面上の点 P と平面ベクトル $\overrightarrow{\mathrm{OP}}$ が 1 対 1 に対応する．この関係を用いて，平面上の点を平面ベクトルで表すことができ，また逆に，平面ベクトルを平面上の点で表すこともできる．

以後，平面を E^2 で表すことにする．E^2 では，2 点間の距離を測ったり，角度を測ったりすることができる．また，平面ベクトル全体を V^2 で表すことにする．V^2 ではベクトルどうしを足したり，ベクトルに定数をかけたり，という演算がある．ただし，上で述べたように，集合としては，E^2 と V^2 は，同じものとみることができる．

これらを命題の形にまとめよう．

命題 1.2　平面に原点 O を定めたとき，点 P にその位置ベクトル $\overrightarrow{\mathrm{OP}}$ を対応させることによって，集合として

$$E^2 = V^2$$

とみることができる．

P ⟷ $\overrightarrow{\mathrm{OP}}$

点　**1 対 1 に対応**　ベクトル

図 1.14　点とベクトルとの対応

この関係を用いて幾何の問題をベクトルを使って解くことができる．その際に用いられる基本的な公式をいくつか挙げる．

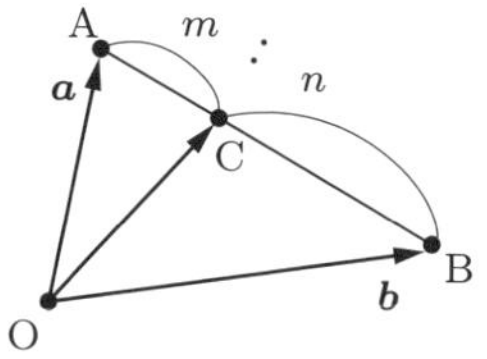

図 1.15　内分点

■内分点の位置ベクトル　図 1.15 は，線分 AB を $m:n$ に内分する点 C を図示している．C の位置ベクトルを両端の点 A, B の位置ベクトルで表すことを考える．

命題 1.3【内分点の公式】　平面において，2 点 A, B の位置ベクトルをそれぞれ $\boldsymbol{a}, \boldsymbol{b}$ とする．線分 AB を $m:n$ に内分する点の位置ベクトルは

$$\frac{n\boldsymbol{a} + m\boldsymbol{b}}{m+n}$$

で与えられる．とくに，線分 AB の中点の位置ベクトルは

$$\frac{\boldsymbol{a} + \boldsymbol{b}}{2}$$

となる．

証明　線分 AB を $m:n$ に内分する点を C とすると，図 1.15 より，

$$\begin{aligned}\overrightarrow{\mathrm{OC}} &= \overrightarrow{\mathrm{OA}} + \overrightarrow{\mathrm{AC}} = \overrightarrow{\mathrm{OA}} + \frac{m}{m+n}\overrightarrow{\mathrm{AB}} \\ &= \boldsymbol{a} + \frac{m}{m+n}(\boldsymbol{b} - \boldsymbol{a}) = \frac{n}{m+n}\boldsymbol{a} + \frac{m}{m+n}\boldsymbol{b}\end{aligned}$$

となる．□

例題 1.1　△ABC の 3 つの中線（1 つの頂点と対辺の中点を結んで得られる線分）は 1 点で交わることを示せ．この点 G を △ABC の**重心**とよぶ．また，重心 G は各中線を 2 : 1 に内分することを示せ．

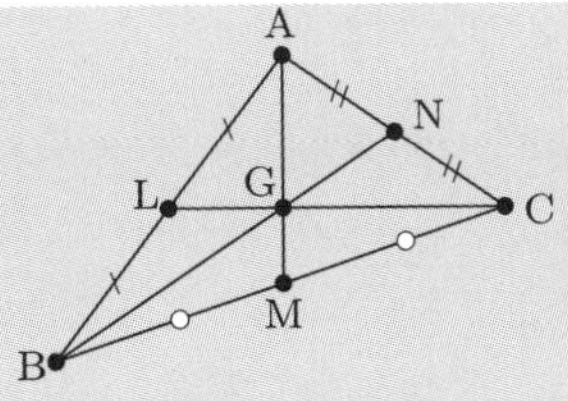

図 1.16 重心

解 辺 AB, BC, CA の中点を順に L, M, N とする．3 つの頂点 A, B, C の位置ベクトルを順に $\boldsymbol{a}, \boldsymbol{b}, \boldsymbol{c}$ とするとき，命題 1.3 より

$$\overrightarrow{\mathrm{OL}} = \frac{\boldsymbol{a}+\boldsymbol{b}}{2}, \quad \overrightarrow{\mathrm{OM}} = \frac{\boldsymbol{b}+\boldsymbol{c}}{2}, \quad \overrightarrow{\mathrm{ON}} = \frac{\boldsymbol{c}+\boldsymbol{a}}{2}$$

となる．

線分 CL を 2 : 1 に内分する点の位置ベクトルは，やはり命題 1.3 より次式で与えられる．

$$\frac{\boldsymbol{c}+2\overrightarrow{\mathrm{OL}}}{3} = \frac{\boldsymbol{c}+2\left(\dfrac{\boldsymbol{a}+\boldsymbol{b}}{2}\right)}{3} = \frac{\boldsymbol{c}+\boldsymbol{a}+\boldsymbol{b}}{3} = \frac{\boldsymbol{a}+\boldsymbol{b}+\boldsymbol{c}}{3}$$

同様にして，線分 AM, BN を 2 : 1 に内分する点の位置ベクトルもやはり

$$\frac{\boldsymbol{a}+\boldsymbol{b}+\boldsymbol{c}}{3}$$

となるから，3 つの中線は $(\boldsymbol{a}+\boldsymbol{b}+\boldsymbol{c})/3$ を位置ベクトルとする点 G で交わり，AG : GM = BG : GN = CG : GL = 2 : 1 となる． ■

外分点の位置ベクトル

図 1.17 は，線分 AB を $m:n$ に**外分**する点 Q を図示している（ただし，この図では $m<n$ である）．

外分点 Q の位置ベクトルは，m か n のどちらかにマイナス “−” をつけて内分点の公式（命題 1.3）を適用すればよい．

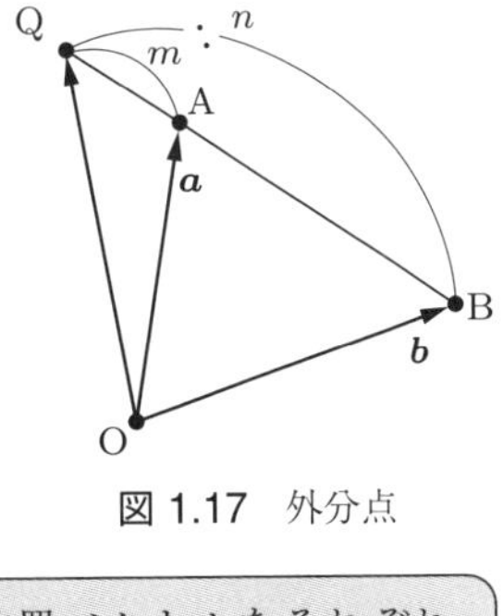

図 1.17 外分点

命題 1.4【外分点の公式】 平面において，2 点 A, B の位置ベクトルをそれぞれ $\boldsymbol{a}, \boldsymbol{b}$ とすると，線分 AB を $m:n$ に外分する点の位置ベクトルは

$$\frac{-n\boldsymbol{a}+m\boldsymbol{b}}{m-n} = \frac{n\boldsymbol{a}-m\boldsymbol{b}}{-m+n}$$

で与えられる．

この命題の証明は，命題 1.3 の証明と同じようにして与えることができる（問 1.6）．

注　外分の場合，m か n の片方にマイナス "$-$" をつけて内分点の公式（命題 1.3）を適用すればよいが，小さいほうにマイナスをつけたほうが分母を正にすることができるので都合がよい．また，小さいほうにマイナスをつけることは，次のように解釈することができる．たとえば，図 1.17 のような $m < n$ の場合，$\overrightarrow{\mathrm{AB}}$ の向きを正とすると $\overrightarrow{\mathrm{AQ}}$ の向きは負の向きになる．したがって，対応する m にマイナスをつける．$m > n$ のときも同様にして，小さいほうの n にマイナスをつけることになる．

問 1.5　点 A の位置ベクトルを $\overrightarrow{\mathrm{OA}}$，点 B の位置ベクトルを $\overrightarrow{\mathrm{OB}}$ とするとき，次の各点の位置ベクトルを $\overrightarrow{\mathrm{OA}}, \overrightarrow{\mathrm{OB}}$ を用いて表せ．

(1)　AB を $3:2$ に内分する点 P　　(2)　AB を $1:1$ に内分する点 M（AB の中点）

(3)　AB を $5:1$ に内分する点 Q　　(4)　AB を $0.3:0.7$ に内分する点 R

(5)　AB を $5:1$ に外分する点 S　　(6)　AB を $t:1-t$ に内分する点 T

問 1.6　外分点の公式（命題 1.4）を証明せよ．

1.4　ベクトルの成分

この節では，平面ベクトルを数（の組）で表すことを考えよう．有向線分で表したままでは演算に不便だが，数を用いて表すことにより，いろいろな計算が自由に行えるようになる．

1.4.1　平面ベクトルの成分

平面に図 1.18 のような**直交座標系**が定められた**座標平面**を考える．以後，平面は，この座標系が定められた座標平面と考える．x 軸の正の向きをもつ単位ベクトルを $\boldsymbol{e}_1$，y 軸の正の向きをもつ単位ベクトルを $\boldsymbol{e}_2$ とする．これらを**基本単位ベクトル**とよぶ．

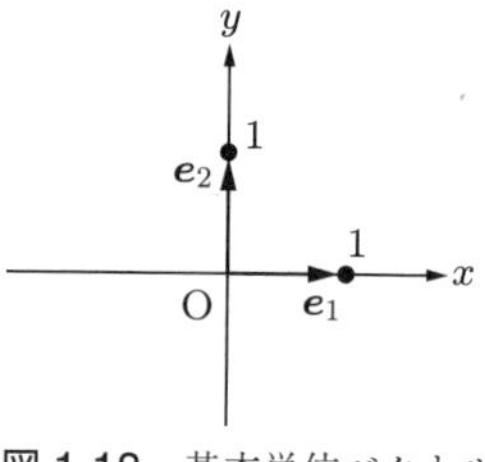

図 1.18　基本単位ベクトル

$\boldsymbol{p}$ を任意の平面ベクトルとするとき，$\boldsymbol{p}$ をこの 2 つの基本単位ベクトルで表す（計る）ことを考えよう．$\boldsymbol{p}$ を有向線分で表して

$$\boldsymbol{p} = \overrightarrow{\mathrm{AB}}$$

とする．このとき，図 1.19 のように，$\boldsymbol{p}$ を x 軸方向のベクトル $\overrightarrow{\mathrm{AC}}$ と y 軸方向のベクトル $\overrightarrow{\mathrm{CB}}$ の和に分解することができる．すなわち，次のように表される．

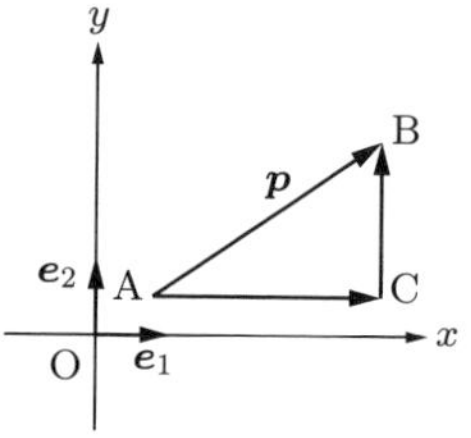

図 1.19　ベクトルの分解

$$\boldsymbol{p} = \overrightarrow{\mathrm{AC}} + \overrightarrow{\mathrm{CB}}$$

ここで，$\overrightarrow{\mathrm{AC}}$ は $\boldsymbol{e}_1$ と同じ方向のベクトルなので，$\overrightarrow{\mathrm{AC}} = a\boldsymbol{e}_1$ となる実数 a が存在する．同様にして，$\overrightarrow{\mathrm{CB}}$ は $\boldsymbol{e}_2$ と同じ方向なので，$\overrightarrow{\mathrm{CB}} = b\boldsymbol{e}_2$ となる実数 b が存在する．したがって，

$$\boldsymbol{p} = \overrightarrow{\mathrm{AC}} + \overrightarrow{\mathrm{CB}} = a\boldsymbol{e}_1 + b\boldsymbol{e}_2$$

となる．

また，このような表し方は 1 通りであることが，次のようにして確かめられる．もし，2 通りの表し方

$$\boldsymbol{p} = a\boldsymbol{e}_1 + b\boldsymbol{e}_2 \qquad \cdots①$$
$$\boldsymbol{p} = a'\boldsymbol{e}_1 + b'\boldsymbol{e}_2 \qquad \cdots②$$

があったとすると，① − ② より，

$$\boldsymbol{0} = (a - a')\boldsymbol{e}_1 + (b - b')\boldsymbol{e}_2$$

となる．$(a - a')\boldsymbol{e}_1$ を移項して（$-(a - a')\boldsymbol{e}_1$ を両辺に加えて），

$$-(a - a')\boldsymbol{e}_1 = (b - b')\boldsymbol{e}_2$$

となるが，左辺は x 軸に平行なベクトルで右辺は y 軸に平行なベクトルであるから，これらが一致するのは両辺が $\boldsymbol{0}$ のときに限る．したがって，

$$a - a' = b - b' = 0, \qquad \text{すなわち} \qquad a' = a, \quad b' = b$$

となる．

以上より，任意の平面ベクトル $\boldsymbol{p}$ は一意的に次の形に表されることがわかる．

$$\boldsymbol{p} = a\boldsymbol{e}_1 + b\boldsymbol{e}_2$$

このとき，$\boldsymbol{e}_1$，$\boldsymbol{e}_2$ の係数の組 $\begin{pmatrix} a \\ b \end{pmatrix}$ をベクトル $\boldsymbol{p}$ の**成分**という．書籍によっては横に並べて $(a,\ b)$ と書くものもあるが，点 P の座標と区別するために，この本では縦に書くことにする．$\boldsymbol{p}$ の成分が $\begin{pmatrix} a \\ b \end{pmatrix}$ であるときに

$$\boldsymbol{p} = \begin{pmatrix} a \\ b \end{pmatrix}$$

と書くことにする．

$\boldsymbol{p} = \begin{pmatrix} a \\ b \end{pmatrix}$ のとき，$\boldsymbol{p}$ を位置ベクトルとする点 P を考えると，P の座標は $(a,\ b)$ となる．逆に，点 P の座標が $(a,\ b)$ ならば，$\boldsymbol{p} = \overrightarrow{\mathrm{OP}}$ の成分は $\begin{pmatrix} a \\ b \end{pmatrix}$ となる（図 1.20 参照）．

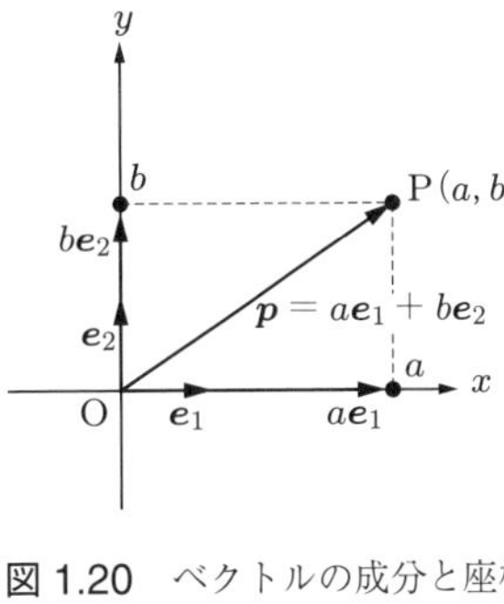

図 1.20 ベクトルの成分と座標

結局，ベクトル $\boldsymbol{p}$ の成分は，これを位置ベクトルとする点 P の座標を縦に書いたものに一致する．

$$\overrightarrow{\mathrm{OP}} = \begin{pmatrix} a \\ b \end{pmatrix} \quad \Longleftrightarrow \quad \mathrm{P}(a,\ b)$$

ここで，記号 $\Longleftrightarrow$ は左右の 2 つの条件が同等であることを示す．

しかし，$\boldsymbol{p}$ の成分とは本来，$\boldsymbol{p}$ が基本単位ベクトル $\boldsymbol{e}_1, \boldsymbol{e}_2$ をそれぞれいくつ使って作られているかを表していることに注意しよう．$\boldsymbol{p}$ の成分が $\begin{pmatrix} a \\ b \end{pmatrix}$ であるとき，$\boldsymbol{p}$ を有向線分で表して $\boldsymbol{p} = \overrightarrow{\mathrm{AB}}$ とすると，終点 B は，始点 A から右に a，上に b 進むと得られる点である．

問 1.7　図 1.21 の各ベクトルの成分を求めよ．

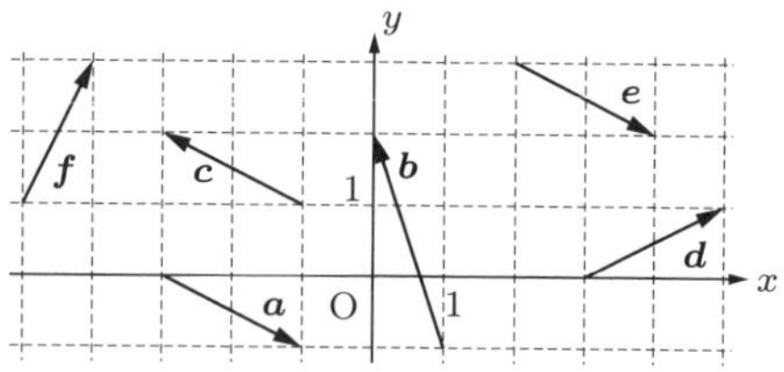

図 1.21

ベクトルの演算と成分　次に，ベクトルの演算（和，実数倍）を成分を用いて表すと，どのようになるかをみることにしよう．

定理 1.1　$\boldsymbol{a} = \begin{pmatrix} a_1 \\ a_2 \end{pmatrix}, \boldsymbol{b} = \begin{pmatrix} b_1 \\ b_2 \end{pmatrix}$ とするとき，以下が成り立つ．

(1)　$k\boldsymbol{a} = \begin{pmatrix} ka_1 \\ ka_2 \end{pmatrix}$　（k は実数）　　(2)　$\boldsymbol{a} + \boldsymbol{b} = \begin{pmatrix} a_1 + b_1 \\ a_2 + b_2 \end{pmatrix}$

つまり，ベクトルを k 倍するときは各成分を同時に k 倍し，2 つのベクトルを加えるときは各成分どうしを同時に加えればよい．

証明　(1)　$\boldsymbol{a} = \begin{pmatrix} a_1 \\ a_2 \end{pmatrix}$ とすると，定義より $\boldsymbol{a} = a_1\boldsymbol{e}_1 + a_2\boldsymbol{e}_2$ である．ゆえに，

$$k\boldsymbol{a} = k(a_1\boldsymbol{e}_1 + a_2\boldsymbol{e}_2) = ka_1\boldsymbol{e}_1 + ka_2\boldsymbol{e}_2 = \begin{pmatrix} ka_1 \\ ka_2 \end{pmatrix}$$

となる（ここで，命題 1.1(7) の演算の基本性質を用いた）．

(2) $\boldsymbol{a} = \begin{pmatrix} a_1 \\ a_2 \end{pmatrix}$, $\boldsymbol{b} = \begin{pmatrix} b_1 \\ b_2 \end{pmatrix}$ とすると,

$$\boldsymbol{a} = a_1\boldsymbol{e}_1 + a_2\boldsymbol{e}_2, \quad \boldsymbol{b} = b_1\boldsymbol{e}_1 + b_2\boldsymbol{e}_2$$

となる．したがって，次式が成り立つ．

$$\begin{aligned}\boldsymbol{a} + \boldsymbol{b} &= (a_1\boldsymbol{e}_1 + a_2\boldsymbol{e}_2) + (b_1\boldsymbol{e}_1 + b_2\boldsymbol{e}_2) = (a_1 + b_1)\boldsymbol{e}_1 + (a_2 + b_2)\boldsymbol{e}_2 \\ &= \begin{pmatrix} a_1 + b_1 \\ a_2 + b_2 \end{pmatrix}\end{aligned}$$

□

問 1.8 $\boldsymbol{a} = \begin{pmatrix} 1 \\ 3 \end{pmatrix}$, $\boldsymbol{b} = \begin{pmatrix} 2 \\ -1 \end{pmatrix}$ とするとき，次の各ベクトルの成分を求めよ．

(1) $-\boldsymbol{a}$ (2) $3\boldsymbol{b}$ (3) $\boldsymbol{a} + \boldsymbol{b}$ (4) $\boldsymbol{a} - \boldsymbol{b}$ (5) $2\boldsymbol{a} + 3\boldsymbol{b}$ (6) $5\boldsymbol{a} - 2\boldsymbol{b}$

例題 1.2 (1) 2 点 $\mathrm{A}(a_1, a_2)$, $\mathrm{B}(b_1, b_2)$ を結ぶ線分の中点 M の座標は

$$\mathrm{M}\left(\frac{a_1 + b_1}{2}, \ \frac{a_2 + b_2}{2}\right)$$

で与えられることを示せ．

(2) 2 点 $\mathrm{A}(a_1, a_2)$, $\mathrm{B}(b_1, b_2)$ を結ぶ線分を $m : n$ に内分する点 P の座標は

$$\mathrm{P}\left(\frac{na_1 + mb_1}{m + n}, \ \frac{na_2 + mb_2}{m + n}\right)$$

で与えられることを示せ．

解 (1) 命題 1.3 より, $\overrightarrow{\mathrm{OM}} = (\overrightarrow{\mathrm{OA}} + \overrightarrow{\mathrm{OB}})/2$ となる．したがって，

$$\begin{aligned}\overrightarrow{\mathrm{OM}} &= \frac{1}{2}(\overrightarrow{\mathrm{OA}} + \overrightarrow{\mathrm{OB}}) \\ &= \frac{1}{2}\left\{\begin{pmatrix} a_1 \\ a_2 \end{pmatrix} + \begin{pmatrix} b_1 \\ b_2 \end{pmatrix}\right\} \\ &= \begin{pmatrix} \dfrac{a_1 + b_1}{2} \\ \dfrac{a_2 + b_2}{2} \end{pmatrix}\end{aligned}$$

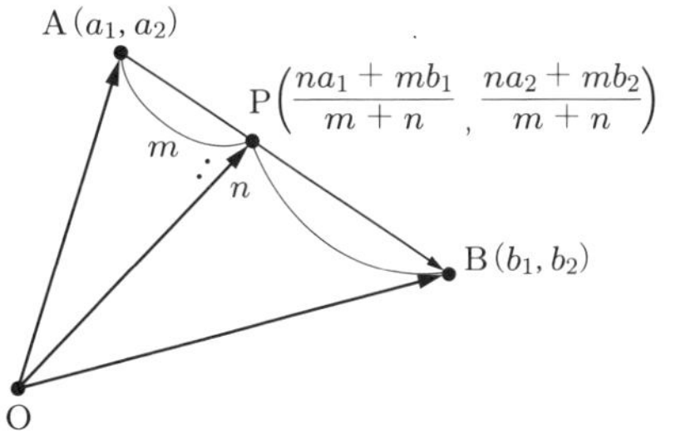

図 1.22 内分点の座標

なので，点 M の座標は次式で与えられる．

$$\mathrm{M}\left(\frac{a_1 + b_1}{2}, \frac{a_2 + b_2}{2}\right)$$

(2) 一般の $m : n$ の場合も，(1) と同様に命題 1.3 を成分で表せばよい． ■

問 1.9　2 点 A(3, −5), B(1, 2) について，次の各点の座標を求めよ．

(1)　AB を 3 : 2 に内分する点 P　(2)　AB を 1 : 1 に内分する点 M（AB の中点）

(3)　AB を 5 : 1 に内分する点 Q　(4)　AB を 0.3 : 0.7 に内分する点 R

(5)　AB を 5 : 1 に外分する点 S　(6)　AB を $t : 1 - t$ に内分する点 T

問 1.10　3 点 $\mathrm{A}(a_1, a_2)$, $\mathrm{B}(b_1, b_2)$, $\mathrm{C}(c_1, c_2)$ を頂点とする △ABC の重心 G の座標を求めよ．

1.4.2 一般の成分と座標系

ここでは，平面ベクトルについて，平行でない 2 つのベクトル $\boldsymbol{a}, \boldsymbol{b}$ により定義される一般の成分と，それから導かれる座標系について説明する．いままでこの章で「成分」とよんでいたものは，$\boldsymbol{a}, \boldsymbol{b}$ が基本単位ベクトル $\boldsymbol{e}_1$, $\boldsymbol{e}_2$ の場合である．

平行でない 2 つの平面ベクトル $\boldsymbol{a}, \boldsymbol{b}$ が与えられたとき，これらを単位にして任意の平面ベクトル $\boldsymbol{p}$ を計ることができる．つまり，

$$\boldsymbol{p} = u\boldsymbol{a} + v\boldsymbol{b}$$

と表すことができて，この係数 u, v は 1 通りに決まる（図 1.23 参照）．この順序づけられたベクトルの組 $\{\boldsymbol{a},\ \boldsymbol{b}\}$ を**基底**とよび，係数の組 $\begin{pmatrix} u \\ v \end{pmatrix}$ をこの基底に関するベクトル $\boldsymbol{p}$ の**成分**という（$\boldsymbol{a}$ や $\boldsymbol{b}$ は，この基底の**基ベクトル**とよぶ）．

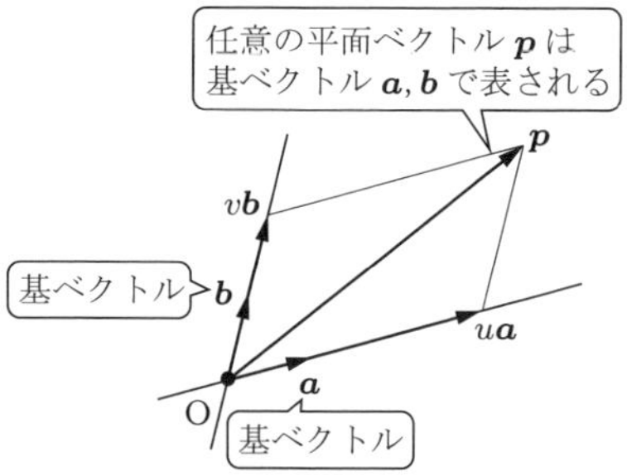

図 1.23　ベクトルの一般の成分

このようにして，平面ベクトルを 2 つの数の組で表すことができる．さらに，原点 O を定めれば，平面上の点 P は位置ベクトル $\overrightarrow{\mathrm{OP}}$ で表すことができたから，点 P を，ベクトル $\overrightarrow{\mathrm{OP}}$ の成分を用いて，数の組 $(u,\ v)$ で表すことができる．このとき $\{\mathrm{O};\ \boldsymbol{a}, \boldsymbol{b}\}$ を**座標系**とよび，$(u,\ v)$ をこの座標系に関する点 P の**座標**とよぶ．

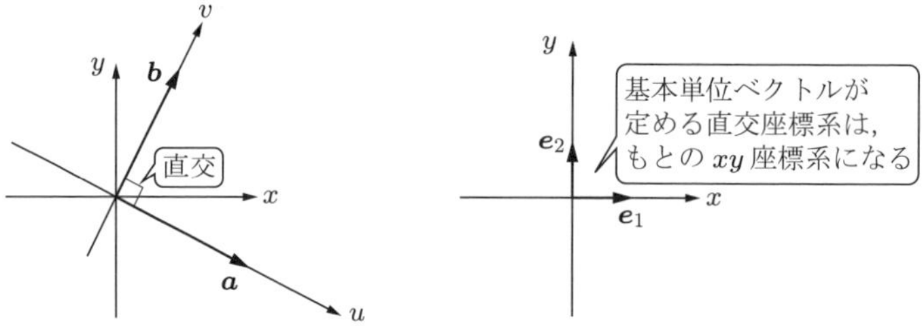

（a）一般の直交座標系　（b）標準基底 $\{\boldsymbol{e}_1, \boldsymbol{e}_2\}$ による直交座標系

図 1.24　直交座標系

とくに，$\boldsymbol{a}$ と $\boldsymbol{b}$ が直交するときは，この座標系を**直交座標系**とよぶ（図 1.24 参照）．一般の基底に対し，基底 $\{\boldsymbol{e}_1,\ \boldsymbol{e}_2\}$ を**標準基底**または**自然基底**とよぶ．

例 1.1　基底 $B = \left\{\boldsymbol{a} = \begin{pmatrix} 2 \\ 1 \end{pmatrix},\ \boldsymbol{b} = \begin{pmatrix} 1 \\ 3 \end{pmatrix}\right\}$ に関する $\boldsymbol{p} = \begin{pmatrix} 3 \\ -1 \end{pmatrix}$ の成分を求めよう．

$\boldsymbol{p} = x\boldsymbol{a} + y\boldsymbol{b}$ とすると，

$$\begin{pmatrix} 3 \\ -1 \end{pmatrix} = x\begin{pmatrix} 2 \\ 1 \end{pmatrix} + y\begin{pmatrix} 1 \\ 3 \end{pmatrix} = \begin{pmatrix} 2x+y \\ x+3y \end{pmatrix}$$

となる．両辺の成分を比べて，

$$\begin{cases} 2x + y = 3 \\ x + 3y = -1 \end{cases}$$

が得られる．この連立方程式を解いて，

$$\begin{cases} x = 2 \\ y = -1 \end{cases}$$

となる．よって，基底 B に関する $\boldsymbol{p}$ の成分は

$$\begin{pmatrix} 2 \\ -1 \end{pmatrix}$$

である．

したがって，原点 O は変えずに新しい座標系 $\{\mathrm{O};\ \boldsymbol{a},\ \boldsymbol{b}\}$ をとると，$\boldsymbol{p}$ を位置ベクトルとする点 P(3, −1) の，新しい座標系に関する座標は (2, −1) となる（図 1.25 参照）．

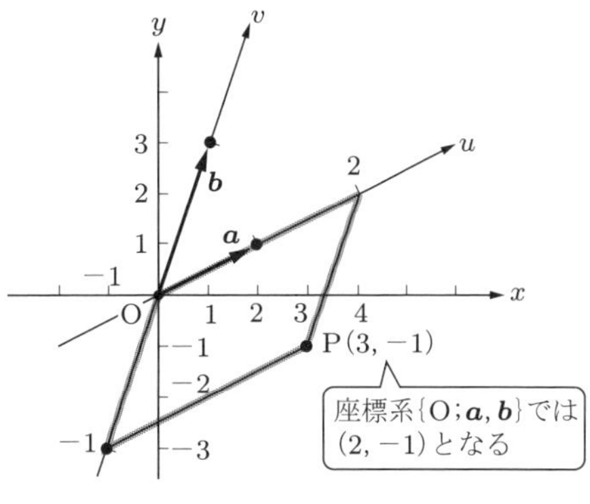

図 1.25　一般の座標系

注　新しい座標と古い座標との関係など，詳しいことは 9.4 節で学ぶ．

以後，とくに断らない限り，「成分」といった場合，標準基底に関するものとする．

1.5　ベクトルの内積

■なす角　2 つの $\boldsymbol{0}$ でないベクトル $\boldsymbol{a}, \boldsymbol{b}$ に対し，図 1.26 のようにこの 2 つのベクトルを始点を共有する有向線分で表して

$$\boldsymbol{a} = \overrightarrow{\mathrm{PA}}, \quad \boldsymbol{b} = \overrightarrow{\mathrm{PB}}$$

とする．このとき，

$$\theta = \angle\mathrm{APB} \quad (0 \leqq \theta \leqq \pi)$$

をベクトル $\boldsymbol{a}, \boldsymbol{b}$ の**なす角**という（この角 θ は始点 P のとり方によらない）．

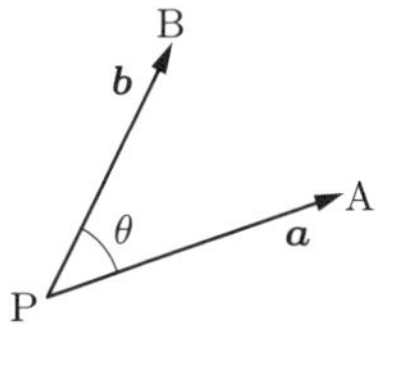

図 1.26　$\boldsymbol{a}, \boldsymbol{b}$ のなす角

$\theta = 0$ のとき $\boldsymbol{a}, \boldsymbol{b}$ は**平行**であるといい，$\boldsymbol{a} /\!/ \boldsymbol{b}$ で表す．$\theta = \pi/2$ のとき $\boldsymbol{a}, \boldsymbol{b}$ は**直交**しているといい，$\boldsymbol{a} \perp \boldsymbol{b}$ で表す（図 1.27 参照）．

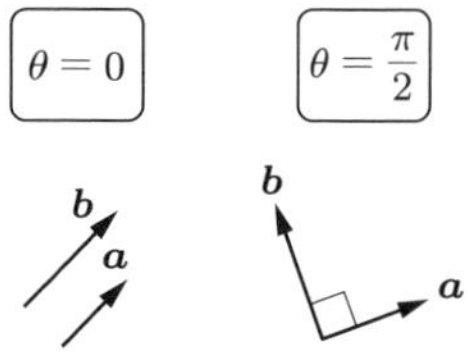

（a）平行　（b）直交

図 1.27　平行と直交

注　角の大きさを測る単位は，本書では基本的には**ラジアン**を用いることにする．

■内　積　2つのベクトル $\boldsymbol{a}, \boldsymbol{b}$ に対して，$|\boldsymbol{a}|, |\boldsymbol{b}|$ をそれぞれのベクトルの大きさ，θ を2つのベクトルのなす角とするとき，

$$\boldsymbol{a} \cdot \boldsymbol{b} = |\boldsymbol{a}||\boldsymbol{b}| \cos\theta \tag{1.1}$$

を $\boldsymbol{a}, \boldsymbol{b}$ の**内積**（または，スカラー積）とよぶ（$\boldsymbol{a}, \boldsymbol{b}$ のどちらかが $\boldsymbol{0}$ の場合は $\boldsymbol{a} \cdot \boldsymbol{b} = 0$ とする）．

この内積の図形的意味を考えよう．そのために，ベクトルの**正射影**というものを考えるとわかりやすい．また，この概念はこれからもこの本の中に現れることになるので，ここで詳しく説明しておこう．

■正射影　ベクトル $\boldsymbol{b}$ の $\boldsymbol{a}$ 方向への正射影とは，図 1.28 のベクトル $\boldsymbol{b}'$ のことである．l はベクトル $\boldsymbol{a}$ に平行な直線である（$\boldsymbol{a}$ に平行ならどの直線でもよい）．$\boldsymbol{b}$ を有向線分で表して $\boldsymbol{b} = \overrightarrow{\mathrm{AB}}$ とし，点 A'，点 B' をそれぞれ直線 l の点で，直線 AA'，直線 BB' が直線 l に垂直になるようにとる．このとき，$\boldsymbol{b}' = \overrightarrow{\mathrm{A'B'}}$ である．

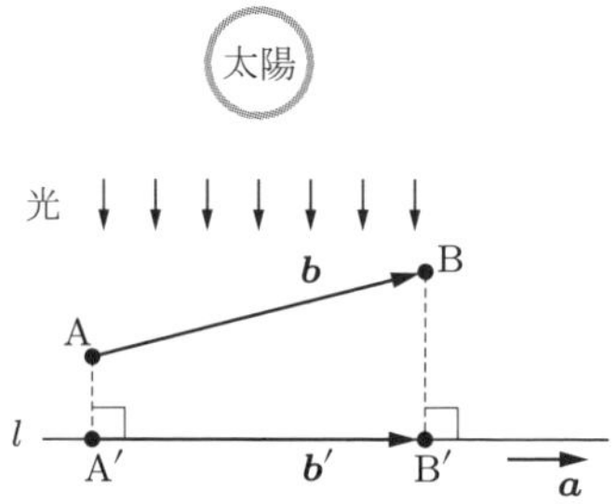

図 1.28　ベクトル $\boldsymbol{a}$ 方向へのベクトル $\boldsymbol{b}$ の正射影

直線 l を地面と考え，真上から太陽の光が当たると，地面にできる有向線分 AB の影は有向線分 $\mathrm{A'B'}$ となる．このことから，ベクトル $\boldsymbol{b}'$ をベクトル $\boldsymbol{b}$ のベクトル $\boldsymbol{a}$ 方向への正射影とよぶ．このとき，ベクトル $\boldsymbol{b}$ を，$\boldsymbol{a}$ に平行なベクトル $\boldsymbol{b}_{/\!/}$ と $\boldsymbol{a}$ に直交するベクトル $\boldsymbol{b}_{\perp}$ の和に分解し，$\boldsymbol{b} = \boldsymbol{b}_{/\!/} + \boldsymbol{b}_{\perp}$ とすると，$\boldsymbol{b}' = \boldsymbol{b}_{/\!/}$ である（図 1.29 参照）．この $\boldsymbol{b}'$ は $\boldsymbol{a}$ の大きさや向きにはよらず，その方向だけで定まる．したがって，**直線 l 方向への正射影**とよんでもよい．

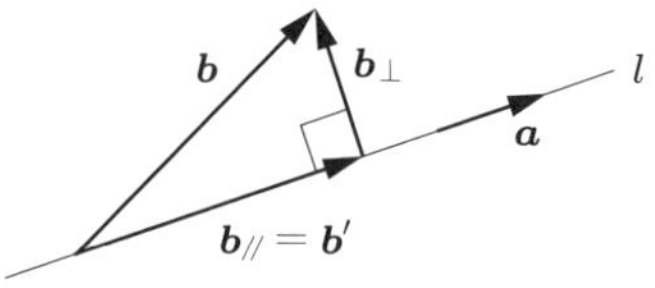

図 1.29　ベクトル $\boldsymbol{b}$ の分解

なお，正射影の「正」は，l に垂直に光を当てることを示す．斜めに光を当てる一般の射影を考えることもある．

■**内積と正射影**　　内積は，**正射影**により片方のベクトルを他方のベクトルの方向にそろえて大きさをかけたものと考えることができる．このことを図 1.30(a) を用いて説明しよう．

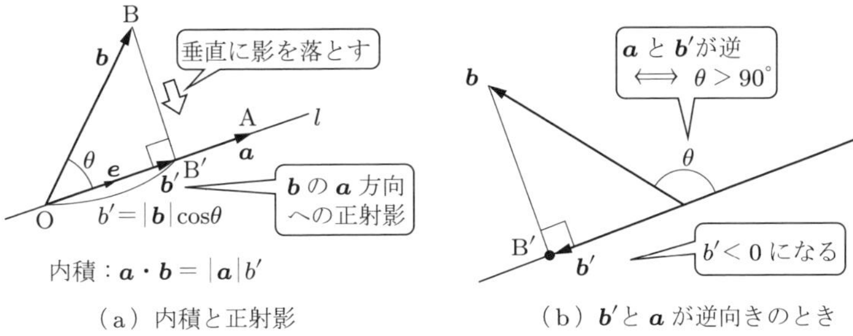

図 1.30　内積と正射影

ここでは，ベクトル $\boldsymbol{a} = \overrightarrow{\mathrm{OA}}$ に平行な直線 l としては，直線 OA を用いている．$\boldsymbol{b} = \overrightarrow{\mathrm{OB}}$ の正射影 $\boldsymbol{b}' = \overrightarrow{\mathrm{OB'}}$ の大きさを，$\boldsymbol{a}$ の向きの単位ベクトル $\boldsymbol{e}$ を用いて計る．すなわち，$\boldsymbol{b}' = b'\boldsymbol{e}$ と表すと，b' がいま考えている $\boldsymbol{b}'$ の大きさである（ただし，図 1.30(b) のように $b' < 0$ となることもある）．このとき，$\boldsymbol{a}\cdot\boldsymbol{b} = |\boldsymbol{a}|b'$ である．

一般に，直線 l に平行なベクトル $\boldsymbol{p}$ は $\boldsymbol{e}$ の実数倍 $p\boldsymbol{e}$ と書くことができ，この実数 p をベクトル $\boldsymbol{p}$ の（$\boldsymbol{e}$ についての）**成分**とよぶ．したがって，b' は $\boldsymbol{b}'$ の成分である．$\boldsymbol{a}$ は $|\boldsymbol{a}|\boldsymbol{e}$ と書くことができるので，$\boldsymbol{a}$ の成分は $|\boldsymbol{a}|$ である．そして内積 $\boldsymbol{a}\cdot\boldsymbol{b}$ はこの 2 つの成分の積となる．

$\boldsymbol{e}$ のかわりに l に平行なもう 1 つの単位ベクトル $-\boldsymbol{e}$ を用いた場合の $\boldsymbol{b}'$ と $\boldsymbol{a}$ の成分はそれぞれ $-b'$ と $-|\boldsymbol{a}|$ となり，やはり $\boldsymbol{a}\cdot\boldsymbol{b}$ はこの 2 つの成分の積となる．

また，次のようにいうこともできる．

直線 l に $\boldsymbol{e}$ を単位に用いて，O を原点とする座標を定める．このとき，$\boldsymbol{a}$ を位置ベクトルとする点の座標と $\boldsymbol{b}'$ を位置ベクトルとする点の座標の積が内積 $\boldsymbol{a}\cdot\boldsymbol{b}$ である（$\boldsymbol{e}$ のかわりに $-\boldsymbol{e}$ を単位に用いて l に座標を定めてもよい）．

■**内積の性質**　　定義より，次の性質はすぐわかる．

> **命題 1.5【内積の基本性質 1】**
> (1)　$\boldsymbol{a}\cdot\boldsymbol{a} = |\boldsymbol{a}|^2$
> (2)　$\boldsymbol{a}\perp\boldsymbol{b}$ なら $\boldsymbol{a}\cdot\boldsymbol{b} = 0$

証明　(1)　$\cos 0 = 1$ より，$\boldsymbol{a}\cdot\boldsymbol{a} = |\boldsymbol{a}|^2\cos 0 = |\boldsymbol{a}|^2$ となる．

(2)　$\cos(\pi/2) = 0$ より，$\boldsymbol{a}\cdot\boldsymbol{b} = |\boldsymbol{a}|\cdot|\boldsymbol{b}|\cos(\pi/2) = |\boldsymbol{a}|\cdot|\boldsymbol{b}|\cdot 0 = 0$ となる．　□

例題 1.3　図 1.31 のベクトル $\boldsymbol{a}$, $\boldsymbol{b}$, $\boldsymbol{c}$, $\boldsymbol{d}$ について，次の内積を求めよ．

(1) $\boldsymbol{a}\cdot\boldsymbol{a}$　(2) $\boldsymbol{a}\cdot\boldsymbol{b}$　(3) $\boldsymbol{b}\cdot\boldsymbol{c}$

(4) $\boldsymbol{a}\cdot\boldsymbol{c}$　(5) $\boldsymbol{b}\cdot\boldsymbol{d}$

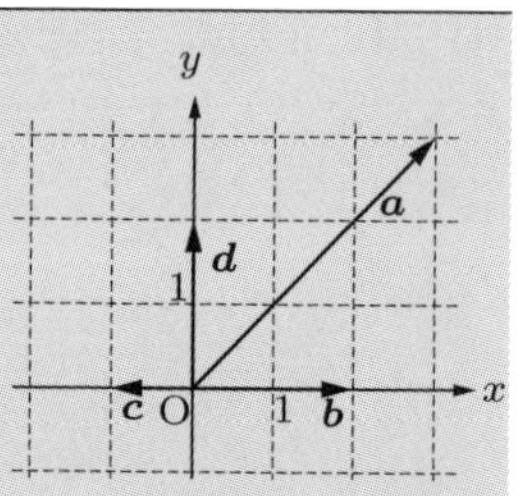

図 1.31

解　(1) $\boldsymbol{a}\cdot\boldsymbol{a}=|\boldsymbol{a}|^2=(3\sqrt{2})^2=18$

(2) $|\boldsymbol{a}|=3\sqrt{2}$, $|\boldsymbol{b}|=2$，$\boldsymbol{a}$ と $\boldsymbol{b}$ のなす角は $\pi/4$ (45°) だから，

$$\boldsymbol{a}\cdot\boldsymbol{b}=|\boldsymbol{a}|\cdot|\boldsymbol{b}|\cos\frac{\pi}{4}=3\sqrt{2}\cdot 2\cdot\frac{1}{\sqrt{2}}=6$$

（別解）$\boldsymbol{a}$ の $\boldsymbol{b}$ 方向（x 軸方向）への正射影の大きさは 3．ゆえに，

$$\boldsymbol{a}\cdot\boldsymbol{b}=3\cdot 2=6$$

(3) $|\boldsymbol{b}|=2$, $|\boldsymbol{c}|=1$，$\boldsymbol{b}$ と $\boldsymbol{c}$ のなす角は π (180°) だから，

$$\boldsymbol{b}\cdot\boldsymbol{c}=|\boldsymbol{b}|\cdot|\boldsymbol{c}|\cos\pi=2\cdot 1\cdot(-1)=-2$$

（別解）$\boldsymbol{c}$ の $\boldsymbol{b}$ 方向（x 軸方向）への正射影の大きさは 1（ただし，$\boldsymbol{b}$ と逆向き）．ゆえに，

$$\boldsymbol{b}\cdot\boldsymbol{c}=2\cdot(-1)=-2$$

(4) $|\boldsymbol{a}|=3\sqrt{2}$, $|\boldsymbol{c}|=1$，$\boldsymbol{a}$ と $\boldsymbol{c}$ のなす角は $3\pi/4$ (135°) だから，

$$\boldsymbol{a}\cdot\boldsymbol{c}=|\boldsymbol{a}|\cdot|\boldsymbol{c}|\cos\frac{3\pi}{4}=3\sqrt{2}\cdot 1\cdot\left(-\frac{1}{\sqrt{2}}\right)=-3$$

（別解）$\boldsymbol{a}$ の $\boldsymbol{c}$ 方向（x 軸方向）への正射影の大きさは 3（ただし，$\boldsymbol{c}$ と逆向き）．ゆえに，

$$\boldsymbol{a}\cdot\boldsymbol{c}=-3\cdot 1=-3$$

(5) $|\boldsymbol{b}|=2$, $|\boldsymbol{d}|=2$，$\boldsymbol{b}$ と $\boldsymbol{d}$ のなす角は $\pi/2$ (90°) だから，

$$\boldsymbol{b}\cdot\boldsymbol{d}=|\boldsymbol{b}|\cdot|\boldsymbol{d}|\cos\frac{\pi}{2}=2\cdot 2\cdot 0=0$$

（別解）$\boldsymbol{d}$ の $\boldsymbol{b}$ 方向（x 軸方向）への正射影の大きさは 0．ゆえに，

$$\boldsymbol{b}\cdot\boldsymbol{d}=2\cdot 0=0$$

■

注　2 つのベクトルが直交するときは，常に内積は 0 となる（命題 1.5(2)）．

ベクトルの内積は次の性質をもつ．このことから，内積は文字式の計算と同じように展開することができる．

命題 1.6【内積の基本性質 2】

(3)　$\boldsymbol{a}\cdot\boldsymbol{b}=\boldsymbol{b}\cdot\boldsymbol{a}$

(4)　$(k\boldsymbol{a})\cdot\boldsymbol{b}=k(\boldsymbol{a}\cdot\boldsymbol{b}),\quad \boldsymbol{a}\cdot(k\boldsymbol{b})=k(\boldsymbol{a}\cdot\boldsymbol{b})$　（k は実数）

(5)　$(\boldsymbol{a}_1+\boldsymbol{a}_2)\cdot\boldsymbol{b}=\boldsymbol{a}_1\cdot\boldsymbol{b}+\boldsymbol{a}_2\cdot\boldsymbol{b},\quad \boldsymbol{a}\cdot(\boldsymbol{b}_1+\boldsymbol{b}_2)=\boldsymbol{a}\cdot\boldsymbol{b}_1+\boldsymbol{a}\cdot\boldsymbol{b}_2$

説明　性質 (3) は，ベクトルの順序を入れ替えても内積が変わらないということをいっている．これは内積の定義より明らかである．

性質 (4) は，どちらかのベクトルが k 倍されると内積が k 倍されることをいっている．これも，$k\geqq 0$ のときは定義より明らかである．$k<0$ のときも容易に確かめることができる．

性質 (5) は，片方のベクトルが 2 つのベクトルの和になっているときは，別々に内積を求めて和をとればよいことを示している．つまり，展開できる（分配法則が成り立つ）．この性質についても，2 つのベクトルの和の正射影がそれぞれの正射影の和になることからわかる．図 1.32 を参照せよ．

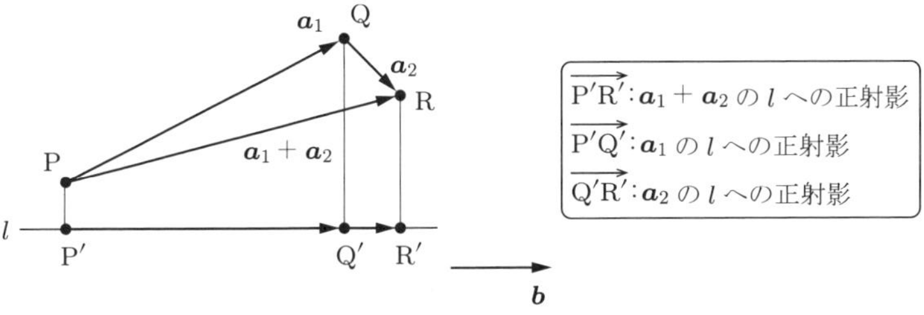

図 1.32　性質 (5) を正射影で考える

例題 1.4　$|\boldsymbol{a}|=2,\ |\boldsymbol{b}|=3,\ \boldsymbol{a}\cdot\boldsymbol{b}=5$ のとき，内積

$$(2\boldsymbol{a}+3\boldsymbol{b})\cdot(3\boldsymbol{a}-\boldsymbol{b})$$

を求めよ．

解　$(2\boldsymbol{a}+3\boldsymbol{b})\cdot(3\boldsymbol{a}-\boldsymbol{b})$

$$=(2\boldsymbol{a})\cdot(3\boldsymbol{a})+(2\boldsymbol{a})\cdot(-\boldsymbol{b})+(3\boldsymbol{b})\cdot(3\boldsymbol{a})+(3\boldsymbol{b})\cdot(-\boldsymbol{b})$$
$$=6\boldsymbol{a}\cdot\boldsymbol{a}-2\boldsymbol{a}\cdot\boldsymbol{b}+9\boldsymbol{b}\cdot\boldsymbol{a}-3\boldsymbol{b}\cdot\boldsymbol{b}=6|\boldsymbol{a}|^2+7\boldsymbol{a}\cdot\boldsymbol{b}-3|\boldsymbol{b}|^2$$
$$=6\cdot4+7\cdot5-3\cdot9=24+35-27=32$$

■

注　命題 1.6 は，内積 $(2\boldsymbol{a}+3\boldsymbol{b})\cdot(3\boldsymbol{a}-\boldsymbol{b})$ が文字式 $(2a+3b)(3a-b)$ と同じように展開できることを示している．$(2a+3b)(3a-b)=6a^2+7ab-3b^2$ となるから，ab は内積

$\boldsymbol{a}\cdot\boldsymbol{b}$ で置き換え，a^2 は $|\boldsymbol{a}|^2$，b^2 は $|\boldsymbol{b}|^2$ で置き換えて，

$$(2\boldsymbol{a}+3\boldsymbol{b})\cdot(3\boldsymbol{a}-\boldsymbol{b})=6|\boldsymbol{a}|^2+7\boldsymbol{a}\cdot\boldsymbol{b}-3|\boldsymbol{b}|^2$$

となることがわかる．

問 1.11　$|\boldsymbol{a}|=3,\ |\boldsymbol{b}|=4,\ \boldsymbol{a}\cdot\boldsymbol{b}=6$ のとき，次の値を求めよ．

(1)　$(\boldsymbol{a}+3\boldsymbol{b})\cdot(\boldsymbol{a}-2\boldsymbol{b})$　　(2)　$|\boldsymbol{a}+3\boldsymbol{b}|^2$　　(3)　$(\boldsymbol{a}+3\boldsymbol{b})\cdot(\boldsymbol{a}-3\boldsymbol{b})$

［ヒント］ (2)　$|\boldsymbol{a}+3\boldsymbol{b}|^2=(\boldsymbol{a}+3\boldsymbol{b})\cdot(\boldsymbol{a}+3\boldsymbol{b})$

(3)　$(a+3b)(a-3b)=a^2-9b^2$

内積と成分　内積を成分を用いて表すと，次のようになる．

命題 1.7　$\boldsymbol{a}=\begin{pmatrix}a_1\\a_2\end{pmatrix},\ \boldsymbol{b}=\begin{pmatrix}b_1\\b_2\end{pmatrix}$ とするとき，次式が成り立つ．

$$\boldsymbol{a}\cdot\boldsymbol{b}=a_1b_1+a_2b_2$$

証明　$\boldsymbol{a}=\begin{pmatrix}a_1\\a_2\end{pmatrix},\ \boldsymbol{b}=\begin{pmatrix}b_1\\b_2\end{pmatrix}$ より，

$$\boldsymbol{a}=a_1\boldsymbol{e}_1+a_2\boldsymbol{e}_2,\quad \boldsymbol{b}=b_1\boldsymbol{e}_1+b_2\boldsymbol{e}_2$$

である．命題 1.6 を用いて展開すると，

$$\begin{aligned}\boldsymbol{a}\cdot\boldsymbol{b}&=(a_1\boldsymbol{e}_1+a_2\boldsymbol{e}_2)\cdot(b_1\boldsymbol{e}_1+b_2\boldsymbol{e}_2)\\&=a_1b_1|\boldsymbol{e}_1|^2+a_1b_2\boldsymbol{e}_1\cdot\boldsymbol{e}_2+a_2b_1\boldsymbol{e}_2\cdot\boldsymbol{e}_1+a_2b_2|\boldsymbol{e}_2|^2\end{aligned}$$

ここで，$|\boldsymbol{e}_1|^2=|\boldsymbol{e}_2|^2=1,\ \boldsymbol{e}_1\cdot\boldsymbol{e}_2=0$ だから，$\boldsymbol{a}\cdot\boldsymbol{b}=a_1b_1+a_2b_2$ となる．　□

例 1.2　$\boldsymbol{a}=\begin{pmatrix}3\\2\end{pmatrix},\ \boldsymbol{b}=\begin{pmatrix}-1\\5\end{pmatrix}$ とするとき，

$$\boldsymbol{a}\cdot\boldsymbol{b}=3\cdot(-1)+2\cdot5=-3+10=7$$

問 1.12　次の 2 つのベクトルの内積を求めよ．

(1)　$\boldsymbol{a}=\begin{pmatrix}1\\2\end{pmatrix},\ \boldsymbol{b}=\begin{pmatrix}-4\\2\end{pmatrix}$　　(2)　$\boldsymbol{c}=\begin{pmatrix}3\\1\end{pmatrix},\ \boldsymbol{d}=\begin{pmatrix}2\\-1\end{pmatrix}$

(3)　$\boldsymbol{e}=\begin{pmatrix}1-\sqrt{3}\\1+\sqrt{3}\end{pmatrix},\ \boldsymbol{f}=\begin{pmatrix}1\\-1\end{pmatrix}$

命題 1.5 より，ベクトルの大きさを成分を用いて表すと，次のようになる．

命題 1.8 $\boldsymbol{a} = \begin{pmatrix} a_1 \\ a_2 \end{pmatrix}$ とするとき，$|\boldsymbol{a}| = \sqrt{a_1^2 + a_2^2}$ が成り立つ．

証明 命題 1.5 と命題 1.7 より，$|\boldsymbol{a}| = \sqrt{\boldsymbol{a} \cdot \boldsymbol{a}} = \sqrt{a_1^2 + a_2^2}$ となる． □

問 1.13 次のベクトルの大きさを求めよ．

(1) $\boldsymbol{a} = \begin{pmatrix} 1 \\ 2 \end{pmatrix}$ (2) $\boldsymbol{b} = \begin{pmatrix} 3 \\ 4 \end{pmatrix}$ (3) $\boldsymbol{c} = \begin{pmatrix} -1/2 \\ \sqrt{3}/2 \end{pmatrix}$

また，内積の定義の式 (1.1) を逆に用いると，次式が得られ，2 つのベクトルのなす角 θ を求めることができる．

$$\cos\theta = \frac{\boldsymbol{a} \cdot \boldsymbol{b}}{|\boldsymbol{a}||\boldsymbol{b}|} \tag{1.2}$$

とくに，$\mathbf{0}$ でない 2 つのベクトルが直交する（$\theta = \pi/2$ となる）ための条件は，内積が 0 となることである（命題 1.5 参照）．これは，$0 \leqq \theta \leqq \pi$ のとき，$\theta = \pi/2$ となるのは，$\cos\theta = 0$ となるとき，またそのときに限るからである．$\boldsymbol{a} = \mathbf{0}$ または $\boldsymbol{b} = \mathbf{0}$ の場合も $\boldsymbol{a}, \boldsymbol{b}$ は直交するということにすると，ベクトル $\boldsymbol{a}, \boldsymbol{b}$ が直交することと，$\boldsymbol{a} \cdot \boldsymbol{b} = 0$ となることは同値となる．

$$\boldsymbol{a} \perp \boldsymbol{b} \iff \boldsymbol{a} \cdot \boldsymbol{b} = 0 \tag{1.3}$$

例題 1.5 $\boldsymbol{a} = \begin{pmatrix} 3 \\ 2 \end{pmatrix}, \boldsymbol{b} = \begin{pmatrix} 5 \\ -1 \end{pmatrix}$ とするとき，$\boldsymbol{a}$ と $\boldsymbol{b}$ のなす角 θ を求めよ．

解

$$\boldsymbol{a} \cdot \boldsymbol{b} = 3 \cdot 5 + 2 \cdot (-1) = 15 - 2 = 13$$

$$|\boldsymbol{a}| = \sqrt{3^2 + 2^2} = \sqrt{13}, \quad |\boldsymbol{b}| = \sqrt{5^2 + (-1)^2} = \sqrt{26}$$

式 (1.2) より，

$$\cos\theta = \frac{\boldsymbol{a} \cdot \boldsymbol{b}}{|\boldsymbol{a}||\boldsymbol{b}|} = \frac{13}{\sqrt{13}\sqrt{26}} = \frac{13}{13\sqrt{2}} = \frac{1}{\sqrt{2}}$$

となる．したがって，$\theta = \pi/4$ (45°)． ■

問 1.14　次の2つのベクトルのなす角を求めよ．

(1)　$\boldsymbol{a}=\begin{pmatrix}1\\2\end{pmatrix}$, $\boldsymbol{b}=\begin{pmatrix}-4\\2\end{pmatrix}$　　(2)　$\boldsymbol{c}=\begin{pmatrix}3\\1\end{pmatrix}$, $\boldsymbol{d}=\begin{pmatrix}2\\-1\end{pmatrix}$

(3)　$\boldsymbol{e}=\begin{pmatrix}1-\sqrt{3}\\1+\sqrt{3}\end{pmatrix}$, $\boldsymbol{f}=\begin{pmatrix}1\\-1\end{pmatrix}$　　(4)　$\boldsymbol{g}=\begin{pmatrix}1\\-3\end{pmatrix}$, $\boldsymbol{h}=\begin{pmatrix}-2\\1\end{pmatrix}$

問 1.15　次の2つのベクトルが垂直になるような，実数 t の値を求めよ．

$$\boldsymbol{a}=\begin{pmatrix}t-1\\2\end{pmatrix},\quad \boldsymbol{b}=\begin{pmatrix}t\\-3\end{pmatrix}$$

演習問題

1.1　図 1.33 の正六角形について，次の各問いに答えよ．ただし，1 辺の長さは 1 とする．また，M は 2 点 A, F の中点である．

(1)　次のベクトルを $\boldsymbol{a}$, $\boldsymbol{b}$ を用いて表せ．

(a)　$\overrightarrow{OA}$　(b)　$\overrightarrow{OE}$　(c)　$\overrightarrow{OD}$

(d)　$\overrightarrow{AE}$　(e)　$\overrightarrow{CE}$　(f)　$\overrightarrow{OM}$

(2)　次の内積を求めよ．

(a)　$\boldsymbol{a}\cdot\boldsymbol{b}$　(b)　$\overrightarrow{OA}\cdot\overrightarrow{AE}$

(3)　次のベクトルの大きさを求めよ．

(a)　$\overrightarrow{OA}$　(b)　$\overrightarrow{AE}$　(c)　$\overrightarrow{MD}$

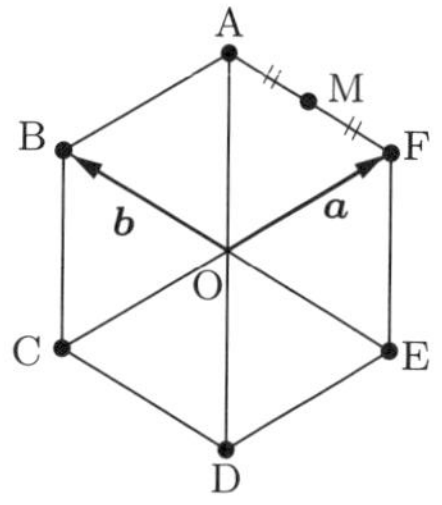

図 1.33

1.2　$\boldsymbol{a}=\begin{pmatrix}1\\2\end{pmatrix}$, $\boldsymbol{b}=\begin{pmatrix}-2\\3\end{pmatrix}$, t を実数とするとき，次の各問いに答えよ．

(1)　$t\boldsymbol{a}+\boldsymbol{b}$ を位置ベクトルとする点全体はどのような図形を描くか．

(2)　$(t\boldsymbol{a}+\boldsymbol{b})\perp\boldsymbol{a}$ となる t の値を求めよ．

(3)　$|t\boldsymbol{a}+\boldsymbol{b}|$ の最小値を求めよ．

1.3　図 1.34 の △ABC において，次の等式（**余弦定理**）をベクトルを用いて証明せよ．

$$a^2=b^2+c^2-2bc\cos A$$
$$b^2=c^2+a^2-2ca\cos B$$
$$c^2=a^2+b^2-2ab\cos C$$

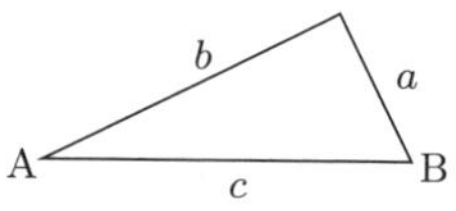

図 1.34

1.4　△ABC において，辺 AB を 3 : 1 に内分する点を P，辺 BC を 2 : 1 に内分する点を N とする．

(1)　直線 AN と直線 CP の交点を Q，直線 BQ と辺 AC の交点を R とするとき，点 R は辺 AC をどのような比に内分するか．

(2)　△APQ と △ABC の面積の比を求めよ．

第2章

空間ベクトル

前章では，平面における有向線分から定義された平面ベクトルを扱った．この章では，空間における有向線分から導かれる空間のベクトルを扱う．多くの議論が平面ベクトルの場合と同様に行われる．また，空間ベクトルに特有な事例として，空間における直線や平面のベクトルによる記述や，外積について説明する．

2.1 空間ベクトルの基本事項

平面ベクトルの場合と同様，空間における有向線分を考え，平行移動して一致するものを同一視したものを**空間ベクトル**とよぶ．有向線分 AB の定める空間ベクトルを，やはり $\overrightarrow{\mathrm{AB}}$ で表す．空間ベクトルの演算の仕方も，平面ベクトルの場合と同じである．また，原点 O を定めたとき，点 P とベクトル $\overrightarrow{\mathrm{OP}}$（P の位置ベクトル）が 1 対 1 に対応するのも同じである．

例題 2.1 図 2.1 の直方体について，次のベクトルの和を O を始点とする有向線分で表せ．

(1) $\overrightarrow{\mathrm{OA}}+\overrightarrow{\mathrm{OD}}$ (2) $\overrightarrow{\mathrm{OF}}-\overrightarrow{\mathrm{OD}}$ (3) $\overrightarrow{\mathrm{OA}}+\overrightarrow{\mathrm{OG}}$

(4) $\overrightarrow{\mathrm{OA}}+\overrightarrow{\mathrm{OC}}+\overrightarrow{\mathrm{OD}}$ (5) $\overrightarrow{\mathrm{CB}}+\overrightarrow{\mathrm{EG}}+\overrightarrow{\mathrm{BF}}$

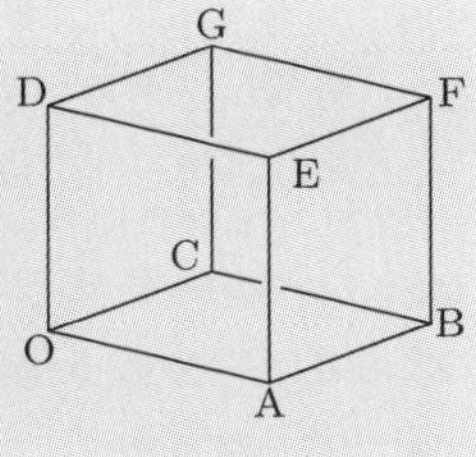

図 2.1 直方体

解 (1) $\overrightarrow{\mathrm{OA}}+\overrightarrow{\mathrm{OD}}=\overrightarrow{\mathrm{OE}}$ (2) $\overrightarrow{\mathrm{OF}}-\overrightarrow{\mathrm{OD}}=\overrightarrow{\mathrm{DF}}=\overrightarrow{\mathrm{OB}}$

(3) $\overrightarrow{\mathrm{OG}}=\overrightarrow{\mathrm{AF}}$ より，$\overrightarrow{\mathrm{OA}}+\overrightarrow{\mathrm{OG}}=\overrightarrow{\mathrm{OA}}+\overrightarrow{\mathrm{AF}}=\overrightarrow{\mathrm{OF}}$

(4) $\overrightarrow{\mathrm{OA}}+\overrightarrow{\mathrm{OC}}+\overrightarrow{\mathrm{OD}}=\overrightarrow{\mathrm{OA}}+\overrightarrow{\mathrm{AB}}+\overrightarrow{\mathrm{BF}}=\overrightarrow{\mathrm{OF}}$

(5) $\overrightarrow{\mathrm{CB}}=\overrightarrow{\mathrm{OA}}$, $\overrightarrow{\mathrm{EG}}=\overrightarrow{\mathrm{AC}}$, $\overrightarrow{\mathrm{BF}}=\overrightarrow{\mathrm{CG}}$ だから，

$$\overrightarrow{\mathrm{CB}}+\overrightarrow{\mathrm{EG}}+\overrightarrow{\mathrm{BF}}=\overrightarrow{\mathrm{OA}}+\overrightarrow{\mathrm{AC}}+\overrightarrow{\mathrm{CG}}=\overrightarrow{\mathrm{OG}}$$ ■

注 点 O を始点とする 2 つの有向線分で表されるベクトルの和は，この 2 つの線分を辺とする平行四辺形の対角線で表される．

同様にして，上の例題 2.1 (4) のように，点 O を始点とする 3 つの有向線分で表されるベクトルの和は，この 3 つの線分を辺とする**平行六面体**（上の例題では直方体）の対角線で表される．

2.1.1 空間ベクトルの成分

平面ベクトルの場合と同様，空間ベクトルも数の組で表すことができる．ただし，この場合は 3 つの数の組となる．

空間に図 2.2 のような**直交座標系**が定められた**座標空間**を考える．以後，空間は，この座標系が定められた座標空間と考える．x 軸の正の向きをもつ単位ベクトルを $\boldsymbol{e}_1$，y 軸の正の向きをもつ単位ベクトルを $\boldsymbol{e}_2$，z 軸の正の向きをもつ単位ベクトルを $\boldsymbol{e}_3$ とする．これらをこの座標空間の**基本単位ベクトル**とよぶ．

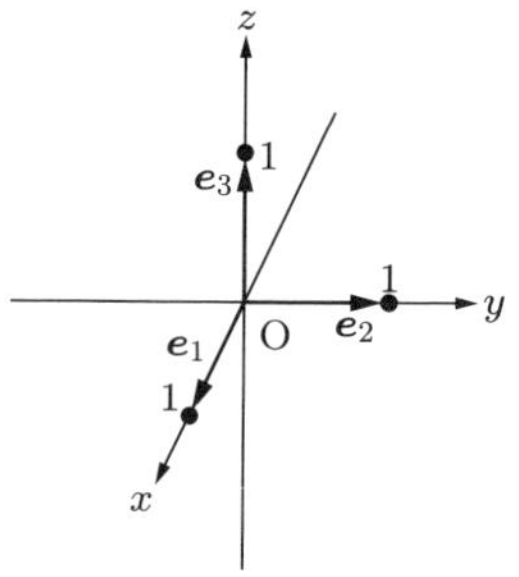

図 2.2　直交座標系と基本単位ベクトル

$\boldsymbol{p}$ を空間ベクトルとする．$\boldsymbol{p}$ をこの 3 つの基本単位ベクトルを目盛りに使って計ることを考えよう．$\boldsymbol{p}$ を位置ベクトルとする点 P ($\boldsymbol{p} = \overrightarrow{\mathrm{OP}}$) の座標を $(a,\ b,\ c)$ とすると，

$$\boldsymbol{p} = a\boldsymbol{e}_1 + b\boldsymbol{e}_2 + c\boldsymbol{e}_3 \tag{2.1}$$

と書かれる（図 2.3 参照．また，例題 2.1 の後の注をみよ）．

逆に，式 (2.1) の形に $\boldsymbol{p}$ が書かれれば，$(a,\ b,\ c)$ は点 P の座標に一致するから，このような表し方は 1 通りであることが，1.4 節と同じ方法で示せる．

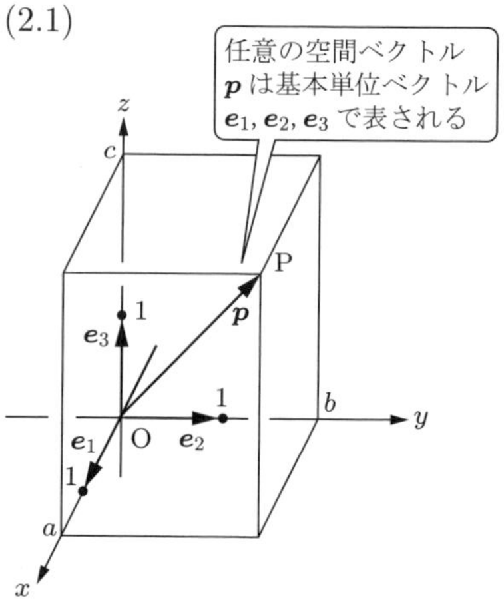

図 2.3　空間ベクトルの成分

このとき，$\boldsymbol{e}_1, \boldsymbol{e}_2, \boldsymbol{e}_3$ の係数の組 $\begin{pmatrix} a \\ b \\ c \end{pmatrix}$ をベクトル $\boldsymbol{p}$ の**成分**という．平面ベクトルの場合と同様，点 P の座標と区別するために，この本では縦に書くことにする．$\boldsymbol{p}$ の成分が $\begin{pmatrix} a \\ b \\ c \end{pmatrix}$ であるときに $\boldsymbol{p} = \begin{pmatrix} a \\ b \\ c \end{pmatrix}$ と書く．

結局，ベクトル $\boldsymbol{p}$ の成分は，これを位置ベクトルとする点 P の座標（を縦に書いたもの）に一致する．

$$\overrightarrow{\mathrm{OP}} = \begin{pmatrix} a \\ b \\ c \end{pmatrix} \iff \mathrm{P}(a,\, b,\, c)$$

したがって，ベクトル $\boldsymbol{p} = \begin{pmatrix} a \\ b \\ c \end{pmatrix}$ の大きさ $|\boldsymbol{p}|$ は，点 $\mathrm{P}(a, b, c)$ と原点 O との距離と等しく，

$$|\boldsymbol{p}| = \sqrt{a^2 + b^2 + c^2}$$

で与えられる．

成分を用いた空間ベクトルの演算も平面ベクトルの場合と同じで，成分の個数が増えるだけである．つまり，ベクトルを k 倍するときは各成分を同時に k 倍し，2 つのベクトルを加えるときは各成分どうしを加える．

$\boldsymbol{a} = \begin{pmatrix} a_1 \\ a_2 \\ a_3 \end{pmatrix}, \boldsymbol{b} = \begin{pmatrix} b_1 \\ b_2 \\ b_3 \end{pmatrix}$ とするとき，次が成り立つ．

$$k\boldsymbol{a} = \begin{pmatrix} ka_1 \\ ka_2 \\ ka_3 \end{pmatrix} \ (k \text{ は実数}), \quad \boldsymbol{a} + \boldsymbol{b} = \begin{pmatrix} a_1 + b_1 \\ a_2 + b_2 \\ a_3 + b_3 \end{pmatrix}$$

問 2.1　空間の 2 点 $\mathrm{A}(a_1, a_2, a_3)$, $\mathrm{B}(b_1, b_2, b_3)$ の $m : n$ の内分点，外分点の座標をそれぞれ求めよ．

■内　積　平面の場合と同様に，2 つの空間ベクトル $\boldsymbol{a}, \boldsymbol{b}$ の内積 $\boldsymbol{a} \cdot \boldsymbol{b}$ は，$\boldsymbol{a}, \boldsymbol{b}$ のなす角を θ として，

$$\boldsymbol{a} \cdot \boldsymbol{b} = |\boldsymbol{a}||\boldsymbol{b}| \cos\theta \tag{2.2}$$

で定められる．内積を成分で表すと，平面ベクトルの場合と同様，成分どうしを順にかけてすべて加えたものになる（命題 1.7 参照）．

$\boldsymbol{a} = \begin{pmatrix} a_1 \\ a_2 \\ b_3 \end{pmatrix}, \boldsymbol{b} = \begin{pmatrix} b_1 \\ b_2 \\ b_3 \end{pmatrix}$ とするとき，次が成り立つ．

$$\boldsymbol{a} \cdot \boldsymbol{b} = a_1 b_1 + a_2 b_2 + a_3 b_3$$

その他の内積の性質は平面ベクトルの場合と同じなので，ここで詳しく述べることは省略する．命題 1.5，1.6 を参照せよ．

例題 2.2　$\boldsymbol{a} = \begin{pmatrix} 1 \\ -1 \\ 0 \end{pmatrix}, \boldsymbol{b} = \begin{pmatrix} -2 \\ 0 \\ 2 \end{pmatrix}$ とするとき，以下を求めよ．

(1)　$\boldsymbol{a}$ と $\boldsymbol{b}$ の内積　　(2)　$\boldsymbol{a}$ と $\boldsymbol{b}$ のそれぞれの大きさ

(3)　$\boldsymbol{a}$ と $\boldsymbol{b}$ のなす角 θ

解　(1)　$\boldsymbol{a} \cdot \boldsymbol{b} = 1 \cdot (-2) + (-1) \cdot 0 + 0 \cdot 2 = -2 + 0 + 0 = -2$

(2)　$|\boldsymbol{a}| = \sqrt{1^2 + (-1)^2 + 0} = \sqrt{2}$,　$|\boldsymbol{b}| = \sqrt{(-2)^2 + 0 + 2^2} = \sqrt{8} = 2\sqrt{2}$

(3)　$\cos\theta = \dfrac{\boldsymbol{a} \cdot \boldsymbol{b}}{|\boldsymbol{a}||\boldsymbol{b}|} = \dfrac{-2}{\sqrt{2} \cdot 2\sqrt{2}} = \dfrac{-2}{4} = -\dfrac{1}{2}$

したがって，$\theta = 2\pi/3$　(120°) となる．■

問 2.2　次の2つのベクトルのなす角を求めよ．

(1)　$\boldsymbol{a} = \begin{pmatrix} 4 \\ -1 \\ 2 \end{pmatrix}$,　$\boldsymbol{b} = \begin{pmatrix} -1 \\ 2 \\ 3 \end{pmatrix}$　　(2)　$\boldsymbol{c} = \begin{pmatrix} 1 \\ -1 \\ 0 \end{pmatrix}$,　$\boldsymbol{d} = \begin{pmatrix} 0 \\ 1 \\ 1 \end{pmatrix}$

(3)　$\boldsymbol{e} = \begin{pmatrix} 2 \\ 1 \\ 1 \end{pmatrix}$,　$\boldsymbol{f} = \begin{pmatrix} 1 \\ 0 \\ 1 \end{pmatrix}$　　(4)　$\boldsymbol{g} = \begin{pmatrix} 4 \\ 1 \\ 1 \end{pmatrix}$,　$\boldsymbol{h} = \begin{pmatrix} -2 \\ 1 \\ -2 \end{pmatrix}$

2.2 直線と平面の方程式

この節では空間における直線と平面の方程式を求めよう．

2.2.1 直線の方程式

直線は，その上のどれか1点と，その直線に平行なベクトルが1つ与えられれば，1通りに定まる．

命題 2.1　点 $\mathrm{P}_o(a, b, c)$ を通り，ベクトル $\boldsymbol{l} = \begin{pmatrix} l \\ m \\ n \end{pmatrix}$ に平行な直線の方程式は，

$\boldsymbol{p}_o = \overrightarrow{\mathrm{OP}_o}$，$\boldsymbol{p} = \overrightarrow{\mathrm{OP}} = \begin{pmatrix} x \\ y \\ z \end{pmatrix}$ として，次で与えられる．

(1)　$\boldsymbol{p} = \boldsymbol{p}_o + t\boldsymbol{l}$　(t は実数)

(2)　$\dfrac{x-a}{l} = \dfrac{y-b}{m} = \dfrac{z-c}{n}$　(ただし，$l \neq 0$，$m \neq 0$，$n \neq 0$ のとき) (2.3)

(1) は，ベクトルを用いた直線の方程式で，直線の**ベクトル方程式**とよばれる．t

はすべての実数値をとる変数で，**媒介変数**または**パラメータ**とよばれる．(1) は媒介変数を用いているので，**媒介変数（パラメータ）表示**ともよばれる．

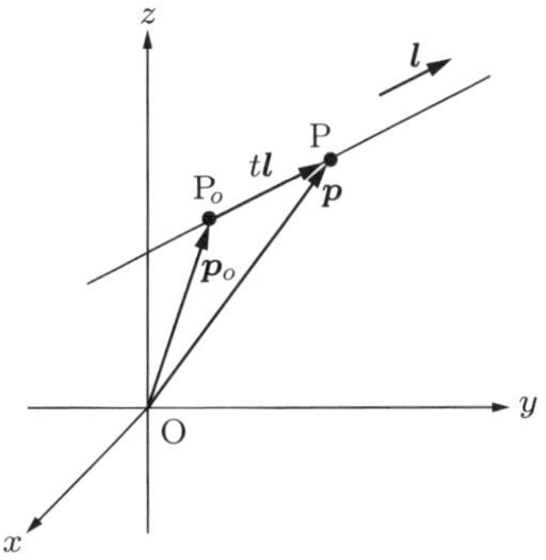

図 2.4 点 P_o を通りベクトル $\boldsymbol{l}$ に平行な直線

証明 (1) 直線上の任意の点 $P(x, y, z)$ をとると，$\overrightarrow{P_oP} \parallel \boldsymbol{l}$．よって，適当な実数 t が存在して，$\overrightarrow{P_oP} = t\boldsymbol{l}$ と書くことができる（図 2.4 参照）．

$$\overrightarrow{P_oP} = \overrightarrow{OP} - \overrightarrow{OP_o} = \boldsymbol{p} - \boldsymbol{p}_o$$

したがって，

$$\boldsymbol{p} - \boldsymbol{p}_o = t\boldsymbol{l} \tag{2.4}$$

より，次式が成り立つ．

$$\boldsymbol{p} = \boldsymbol{p}_o + t\boldsymbol{l}$$

なお，この式は，点 P が定点 P_o から $\boldsymbol{l}$ が t 個分離れていることを示している．

(2) ベクトル表示 (2.4) を成分で書くと，

$$\begin{pmatrix} x \\ y \\ z \end{pmatrix} - \begin{pmatrix} a \\ b \\ c \end{pmatrix} = t\begin{pmatrix} l \\ m \\ n \end{pmatrix} \implies \begin{pmatrix} x-a \\ y-b \\ z-c \end{pmatrix} = t\begin{pmatrix} l \\ m \\ n \end{pmatrix}$$

となる．両辺の各成分を比べて，

$$\begin{cases} x - a = tl \\ y - b = tm \\ z - c = tn \end{cases}$$

となる．順に両辺を l, m, n で割って，次式が得られる．

$$\frac{x-a}{l} = \frac{y-b}{m} = \frac{z-c}{n}$$

□

注 この証明により，(2) において $\boldsymbol{l}$ のどれかの成分が 0 の場合にも，方程式がどうなるかがわかる．たとえば，$l = 0,\ m \neq 0,\ n \neq 0$ の場合は

$$x = a, \quad \frac{y-b}{m} = \frac{z-c}{n}$$

となる．一般に，式 (2.3) において，分母が 0 となるときは分子を 0 とすればよい．

例題 2.3 点 $A(5, 3, -1)$ を通り，ベクトル $\boldsymbol{l} = \begin{pmatrix} 2 \\ -1 \\ 3 \end{pmatrix}$ に平行な直線の方程式を求めよ．また，この直線と xy 平面との交点を求めよ．

解　命題 2.1 より，求める方程式は

$$\frac{x-5}{2}=\frac{y-3}{-1}=\frac{z+1}{3}$$

となる．xy 平面との交点は，この方程式に $z=0$ を代入して

$$\frac{x-5}{2}=\frac{y-3}{-1}=\frac{1}{3}$$

これを解いて

$$x=\frac{17}{3},\quad y=\frac{8}{3}$$

となる．したがって，求める交点は，(17/3, 8/3, 0) となる．■

問 2.3　(1)　点 A(2, −2, 3) を通り，ベクトル $\boldsymbol{l}=\begin{pmatrix}1\\-2\\3\end{pmatrix}$ に平行な直線の方程式を求めよ．また，この直線と yz 平面との交点を求めよ．

(2)　点 B(−1, −2, 1) を通り，ベクトル $\boldsymbol{l}=\begin{pmatrix}0\\1\\-3\end{pmatrix}$ に平行な直線の方程式を求めよ．また，この直線と zx 平面との交点を求めよ．

命題 2.1 を用いて，2 点 A, B を通る直線の方程式を求めることができる．そのためには，この直線に平行なベクトル $\boldsymbol{l}$ として $\overrightarrow{\mathrm{AB}}$ を用いて命題 2.1 を使えばよいが，これを公式としたものが次の系である．これは**内分点の公式**とみることができる（問 1.5 (6) 参照）．

系 2.1　2 点 A, B を通る直線の媒介変数表示は，$\boldsymbol{a}=\overrightarrow{\mathrm{OA}}$, $\boldsymbol{b}=\overrightarrow{\mathrm{OB}}$, $\boldsymbol{p}=\begin{pmatrix}x\\y\\z\end{pmatrix}$ として，

$$\boldsymbol{p}=(1-t)\boldsymbol{a}+t\boldsymbol{b}\quad (t \text{ は媒介変数})$$

で与えられる．

証明　命題 2.1 (1) において，直線 AB 上の定点 P_o として点 A をとり，直線 AB に平行なベクトル $\boldsymbol{l}$ として $\overrightarrow{\mathrm{AB}}$ を用いればよい．このとき，

$$\boldsymbol{p}_o=\boldsymbol{a},\quad \boldsymbol{l}=\overrightarrow{\mathrm{AB}}=\boldsymbol{b}-\boldsymbol{a}$$

より，この直線のベクトル方程式は

$$\boldsymbol{p}=\boldsymbol{p}_o+t\boldsymbol{l}=\boldsymbol{a}+t(\boldsymbol{b}-\boldsymbol{a})=(1-t)\boldsymbol{a}+t\boldsymbol{b}$$

となる．□

系 2.1 において，媒介変数 t の値は次のような意味をもっている．

この系の証明より，点 P は，$\overrightarrow{\mathrm{AB}}$ を単位として定点 A から t だけ離れている．

t が増加するにつれて，点 P はこの直線上を $\overrightarrow{\mathrm{AB}}$ の向きに動き，$t=0$ のときに $\mathrm{P}=\mathrm{A}$ となり，$t=1$ のときに $\mathrm{P}=\mathrm{B}$ となる．

t は，この直線上の点 A を原点とする座標と考えられ，目盛りは $\overrightarrow{\mathrm{AB}}$ を単位として与えられる（図 2.5 参照）．

また，点 P は線分 AB を $t:1-t$ に内分する点である（どちらか片方が負の場合は，$|t|:|1-t|$ の外分となる）．

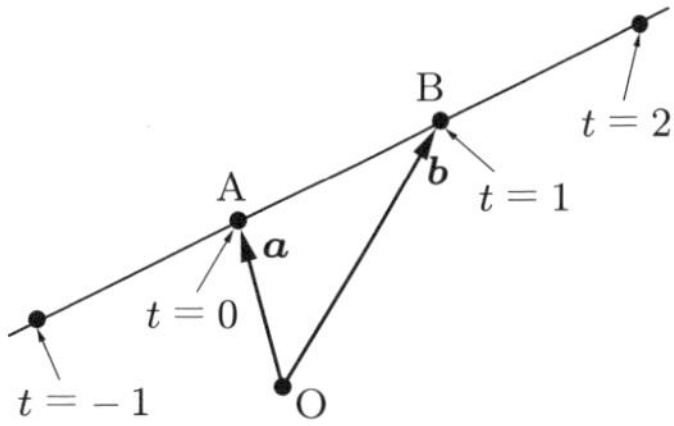

図 2.5　系 2.1 の媒介変数 t の意味

注　命題 2.1 や系 2.1 のベクトル表示は，平面における直線についても適用できる．

2.2.2 平面の方程式

図 2.6 のような，与えられた平面に垂直なベクトルを，この平面の**法線ベクトル**（または法ベクトル）とよぶ．平面は，その上のどれか 1 点と法線ベクトルが与えられれば 1 通りに定まる．

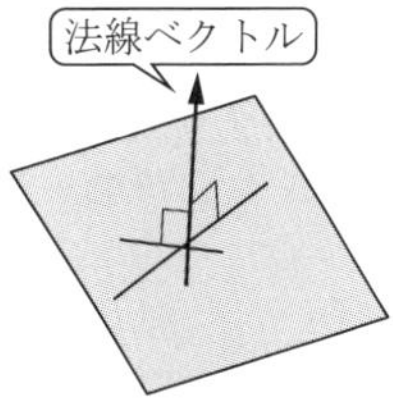

図 2.6　法線ベクトル

命題 2.2　点 $\mathrm{P}_o(a,b,c)$ を通り，ベクトル $\boldsymbol{n}=\begin{pmatrix} l \\ m \\ n \end{pmatrix}$ に垂直な平面の方程式は，$\boldsymbol{p}_o=\overrightarrow{\mathrm{OP}_o}$, $\boldsymbol{p}=\begin{pmatrix} x \\ y \\ z \end{pmatrix}$ として，次で与えられる．

(1)　$(\boldsymbol{p}-\boldsymbol{p}_o)\cdot\boldsymbol{n}=0$　（ベクトル方程式）

(2)　$l(x-a)+m(y-b)+n(z-c)=0$

証明　(1)　平面上の任意の点 $\mathrm{P}(x,y,z)$ をとると，$\overrightarrow{\mathrm{P}_o\mathrm{P}}\perp\boldsymbol{n}$ となる．ここで，

$$\overrightarrow{\mathrm{P}_o\mathrm{P}}=\overrightarrow{\mathrm{OP}}-\overrightarrow{\mathrm{OP}_o}=\boldsymbol{p}-\boldsymbol{p}_o$$

である（図 2.7 参照）．よって，次式が成り立つ．

$$(\boldsymbol{p}-\boldsymbol{p}_o)\cdot\boldsymbol{n}=0 \tag{2.5}$$

(2)　(1) のベクトル方程式 (2.5) を成分で書くと，

$$\boldsymbol{p}-\boldsymbol{p}_o=\begin{pmatrix}x\\y\\z\end{pmatrix}-\begin{pmatrix}a\\b\\c\end{pmatrix}=\begin{pmatrix}x-a\\y-b\\z-c\end{pmatrix},$$

$$\boldsymbol{n}=\begin{pmatrix}l\\m\\n\end{pmatrix}$$

より，

$$(\boldsymbol{p}-\boldsymbol{p}_o)\cdot\boldsymbol{n}=l(x-a)+m(y-b)+n(z-c)$$
$$=0$$

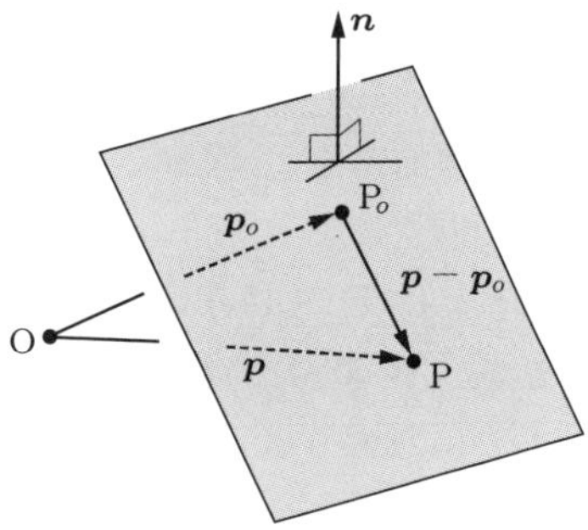

図 2.7　点 P_o を通り，ベクトル $\boldsymbol{n}$ を法線ベクトルとする平面

□

例題 2.4　点 A(5, 3, −1) を通り，ベクトル $\boldsymbol{n}=\begin{pmatrix}2\\-1\\3\end{pmatrix}$ に垂直な平面の方程式を求めよ．また，この平面と x 軸との交点を求めよ．

解　命題 2.2 より，求める方程式は

$$2(x-5)+(-1)(y-3)+3(z+1)=0$$

である．ゆえに，$2x-y+3z=4$ となる．

この方程式に $y=0,\ z=0$ を代入すると，$x=2$ となる．したがって，求める交点は，(2, 0, 0) である．■

問 2.4　(1)　点 A(2, −2, 3) を通り，ベクトル $\boldsymbol{n}=\begin{pmatrix}1\\-2\\3\end{pmatrix}$ に垂直な平面の方程式を求めよ．また，この平面と y 軸との交点を求めよ．

(2)　点 B(−1, −2, 1) を通り，ベクトル $\boldsymbol{m}=\begin{pmatrix}0\\1\\-3\end{pmatrix}$ に垂直な平面の方程式を求めよ．また，この平面と z 軸との交点を求めよ．

2.2.3 平面の媒介変数（パラメータ）表示

平面は，その上の 1 点 P_o と，その平面に平行な 2 つのベクトル $\boldsymbol{a}, \boldsymbol{b}$ が与えられれば，1 通りに定まる（ただし，$\boldsymbol{a}$ と $\boldsymbol{b}$ は平行でないとする）．

点 P を，この平面上の任意の点とすると，ベクトル $\overrightarrow{P_oP}$ はこの平面に平行である．したがって，適当な実数 $s,\ t$ を選ぶと，

$$\overrightarrow{P_oP}=s\boldsymbol{a}+t\boldsymbol{b}$$

と表すことができる．さらに，

$$\overrightarrow{\mathrm{OP}} = \overrightarrow{\mathrm{OP}_o} + \overrightarrow{\mathrm{P}_o\mathrm{P}}$$

だから，$\boldsymbol{p} = \overrightarrow{\mathrm{OP}}$ とすると，

$$\boldsymbol{p} = \overrightarrow{\mathrm{OP}_o} + s\boldsymbol{a} + t\boldsymbol{b} \quad (s,\ t \text{ は媒介変数}) \qquad (2.6)$$

となる（図 2.8 参照）．これを平面の媒介変数表示（またはパラメータ表示）とよぶ．

このとき，(s, t) はこの平面の，点 P_o を原点とする座標系を与える（1.4.2 項と比較せよ）．

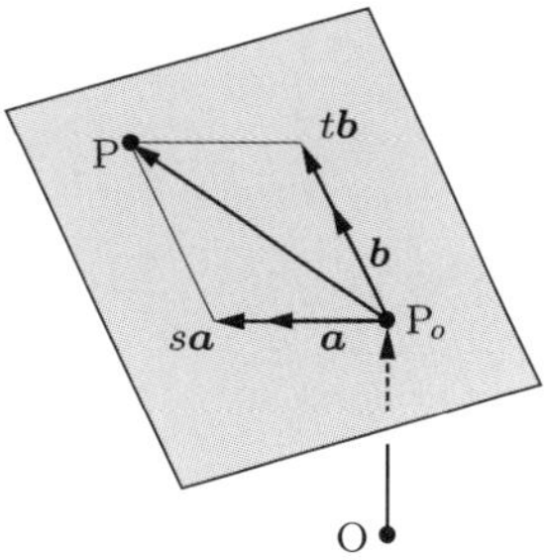

図 2.8　平面の媒介変数表示

2.3　外　積

2.3.1　空間の中での平行四辺形の面積

空間ベクトル $\boldsymbol{a}, \boldsymbol{b}$ に対し，$\boldsymbol{a}, \boldsymbol{b}$ の**外積**（または，ベクトル積）とよばれる空間ベクトル $\boldsymbol{a} \times \boldsymbol{b}$ を次のように定める（図 2.9 参照）．

(i)　$\boldsymbol{a} \times \boldsymbol{b}$ の大きさ：$\boldsymbol{a}$ と $\boldsymbol{b}$ が作る平行四辺形の面積の値．

(ii)　$\boldsymbol{a} \times \boldsymbol{b}$ の向き：この平行四辺形が乗っている平面に垂直で，$\boldsymbol{a}$ を $\boldsymbol{b}$ に重ねるように回転するとき，右ねじの進む向き．

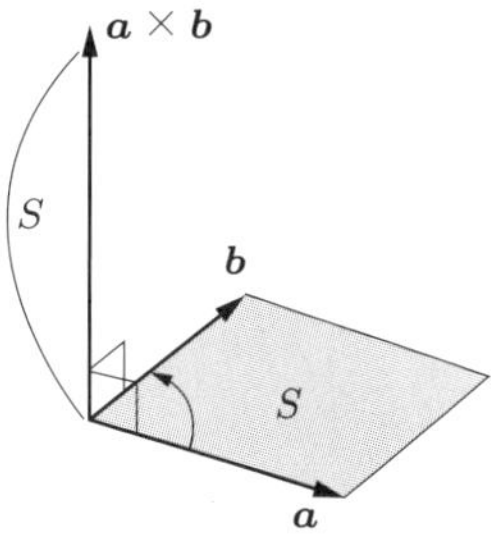

図 2.9　外積

注　(i) において，「$\boldsymbol{a}$ と $\boldsymbol{b}$ が作る平行四辺形」というのは，$\boldsymbol{a}$ と $\boldsymbol{b}$ をそれぞれ始点を共有する有向線分で表して $\boldsymbol{a} = \overrightarrow{\mathrm{PA}}$, $\boldsymbol{b} = \overrightarrow{\mathrm{PB}}$ としたときに，「線分 PA, PB を 2 辺とする平行四辺形」のことである．(ii) でも同様で，以下簡単のために，このような表現を使うことがある．

このとき，3 つのベクトル $\boldsymbol{a}, \boldsymbol{b}, \boldsymbol{a} \times \boldsymbol{b}$ は**右手系**をなす．すなわち，これらのベクトルの向きの配置が図 2.10(a) の右手の親指，人差し指，中指の定める向きの配置と同じである．

2.1 節において，空間には直交座標系が定められているとしたが，この直交座標系は**右手系**にとることにする．すなわち，

$$\boldsymbol{e}_1 = \begin{pmatrix} 1 \\ 0 \\ 0 \end{pmatrix}, \quad \boldsymbol{e}_2 = \begin{pmatrix} 0 \\ 1 \\ 0 \end{pmatrix}, \quad \boldsymbol{e}_3 = \begin{pmatrix} 0 \\ 0 \\ 1 \end{pmatrix}$$

を各軸の基本単位ベクトルとすると，$\boldsymbol{e}_1, \boldsymbol{e}_2, \boldsymbol{e}_3$ は右手系をなすものとする．この

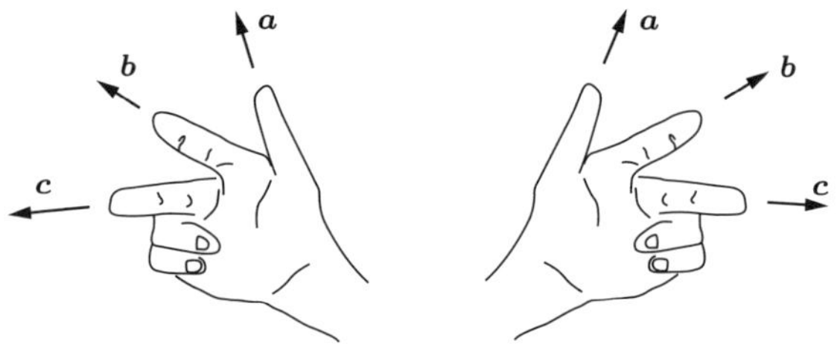

（a）右手系　　（b）左手系

図 2.10　3つのベクトル $\boldsymbol{a}, \boldsymbol{b}, \boldsymbol{c}$ の配置

とき，

$$\boldsymbol{e}_1 \times \boldsymbol{e}_2 = \boldsymbol{e}_3, \quad \boldsymbol{e}_2 \times \boldsymbol{e}_3 = \boldsymbol{e}_1, \quad \boldsymbol{e}_3 \times \boldsymbol{e}_1 = \boldsymbol{e}_2 \tag{2.7}$$

となる．

たとえば，$\boldsymbol{e}_1$ と $\boldsymbol{e}_2$ のつくる平行四辺形は1辺の長さが1の正方形となり，面積は1である．したがって，$\boldsymbol{e}_1 \times \boldsymbol{e}_2$ の大きさは1である．また，$\boldsymbol{e}_1$ を $\boldsymbol{e}_2$ に重ねるように回転するとき，右ネジが進む向きは $\boldsymbol{e}_3$ の向きに一致する．したがって，$\boldsymbol{e}_1 \times \boldsymbol{e}_2 = \boldsymbol{e}_3$ である（図 2.11 の右図参照）．ほかの場合も同様である．

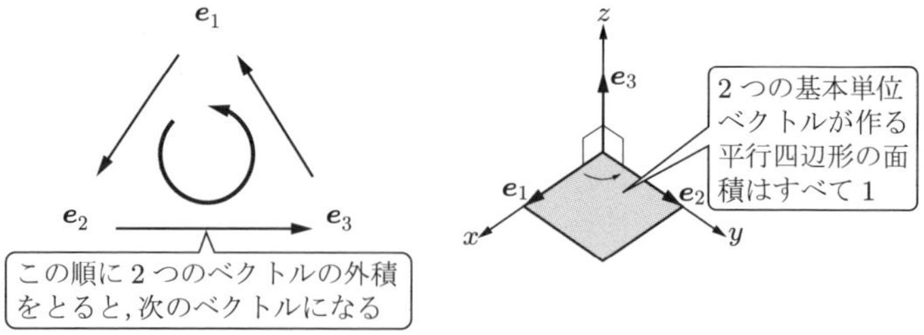

図 2.11　基本単位ベクトルの外積

また，$\boldsymbol{a} \mathbin{/\!/} \boldsymbol{b}$ なら $\boldsymbol{a} \times \boldsymbol{b} = \boldsymbol{0}$ だから

$$\boldsymbol{e}_1 \times \boldsymbol{e}_1 = \boldsymbol{e}_2 \times \boldsymbol{e}_2 = \boldsymbol{e}_3 \times \boldsymbol{e}_3 = \boldsymbol{0}$$

となる．また，外積の定義より，$\boldsymbol{b} \times \boldsymbol{a}$ と $\boldsymbol{a} \times \boldsymbol{b}$ は向きが逆で大きさは同じなので，

$$\boldsymbol{b} \times \boldsymbol{a} = -\boldsymbol{a} \times \boldsymbol{b}$$

が成り立つ．したがって，

$$\boldsymbol{e}_2 \times \boldsymbol{e}_1 = -\boldsymbol{e}_3, \quad \boldsymbol{e}_3 \times \boldsymbol{e}_2 = -\boldsymbol{e}_1, \quad \boldsymbol{e}_1 \times \boldsymbol{e}_3 = -\boldsymbol{e}_2$$

となる．

ここで，外積の基本的な性質をまとめておく．

命題 2.3【外積の基本性質】

(1) $\boldsymbol{b} \times \boldsymbol{a} = -\boldsymbol{a} \times \boldsymbol{b}$

(2) $(k\boldsymbol{a}) \times \boldsymbol{b} = \boldsymbol{a} \times (k\boldsymbol{b}) = k(\boldsymbol{a} \times \boldsymbol{b})$ （k は実数）

(3) $(\boldsymbol{a}_1 + \boldsymbol{a}_2) \times \boldsymbol{b} = \boldsymbol{a}_1 \times \boldsymbol{b} + \boldsymbol{a}_2 \times \boldsymbol{b}$, $\boldsymbol{a} \times (\boldsymbol{b}_1 + \boldsymbol{b}_2) = \boldsymbol{a} \times \boldsymbol{b}_1 + \boldsymbol{a} \times \boldsymbol{b}_2$

説明 (1) は上で説明した通り．(2) についても，$k \geqq 0$ の場合は定義より明らかである．$k < 0$ の場合は 2 つのベクトルの作る平行四辺形の面積は $|k|$ 倍になるが，最初のベクトルを 2 番目のベクトルに重ねるように回転するときに右ねじの進む向きは逆になる．したがって，外積は $-|k| = k$ 倍される．(3) の証明は第 4 章の内容を使ったほうがわかりやすい．付録 A.1 に証明を与えるので，第 4 章を学んだ後で読んでほしい．

2.3.2 外積の成分表示

外積 $\boldsymbol{a} \times \boldsymbol{b}$ の成分を具体的に $\boldsymbol{a}$ と $\boldsymbol{b}$ の成分で表すことを考えよう．まず，簡単のため，次の記号を使うことにする．

$$\begin{vmatrix} a & b \\ c & d \end{vmatrix} = ad - bc$$

（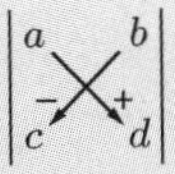

↘ 方向にかけたものから
↙ 方向にかけたものを引く）

これは，2 次の**行列式**とよばれるもので，第 6 章で詳しく説明する．

例 2.1 $\begin{vmatrix} 2 & 1 \\ 5 & 4 \end{vmatrix} = 2 \cdot 4 - 1 \cdot 5 = 8 - 5 = 3$

外積の基本性質（命題 2.3）を使うと，次がいえる．

命題 2.4 $\boldsymbol{a} = \begin{pmatrix} a_1 \\ a_2 \\ a_3 \end{pmatrix}$, $\boldsymbol{b} = \begin{pmatrix} b_1 \\ b_2 \\ b_3 \end{pmatrix}$ とするとき，次式が成り立つ．

$$\boldsymbol{a} \times \boldsymbol{b} = \begin{pmatrix} \begin{vmatrix} a_2 & b_2 \\ a_3 & b_3 \end{vmatrix} \\ \begin{vmatrix} a_3 & b_3 \\ a_1 & b_1 \end{vmatrix} \\ \begin{vmatrix} a_1 & b_1 \\ a_2 & b_2 \end{vmatrix} \end{pmatrix} = \begin{pmatrix} a_2b_3 - a_3b_2 \\ a_3b_1 - a_1b_3 \\ a_1b_2 - a_2b_1 \end{pmatrix}$$

この式は，$\overleftarrow{\rightarrow 1 \longrightarrow 2 \longrightarrow 3}$ の順に考えて，第 i 番目の成分のときは，第 i 番目を抜いて次の2つをとると覚えるとよい．たとえば，2番目の成分（y 成分）の場合だと，$\overleftarrow{\rightarrow 1 \longrightarrow \textcircled{2} \longrightarrow 3}$ より，(3, 1) をとり，$\begin{vmatrix} a_3 & b_3 \\ a_1 & b_1 \end{vmatrix}$ とすればよい．

命題 2.4 の証明　$\boldsymbol{a} = \begin{pmatrix} a_1 \\ a_2 \\ a_3 \end{pmatrix}$, $\boldsymbol{b} = \begin{pmatrix} b_1 \\ b_2 \\ b_3 \end{pmatrix}$ とすると，

$$\boldsymbol{a} = a_1\boldsymbol{e}_1 + a_2\boldsymbol{e}_2 + a_3\boldsymbol{e}_3, \quad \boldsymbol{b} = b_1\boldsymbol{e}_1 + b_2\boldsymbol{e}_2 + b_3\boldsymbol{e}_3$$

となる．外積の基本性質（命題 2.3 (2), (3)）を使って展開すると，

$$\begin{aligned}\boldsymbol{a} \times \boldsymbol{b} &= (a_1\boldsymbol{e}_1 + a_2\boldsymbol{e}_2 + a_3\boldsymbol{e}_3) \times (b_1\boldsymbol{e}_1 + b_2\boldsymbol{e}_2 + b_3\boldsymbol{e}_3) \\ &= a_1b_1\boldsymbol{e}_1 \times \boldsymbol{e}_1 + a_1b_2\boldsymbol{e}_1 \times \boldsymbol{e}_2 + a_1b_3\boldsymbol{e}_1 \times \boldsymbol{e}_3 \\ &\quad + a_2b_1\boldsymbol{e}_2 \times \boldsymbol{e}_1 + a_2b_2\boldsymbol{e}_2 \times \boldsymbol{e}_2 + a_2b_3\boldsymbol{e}_2 \times \boldsymbol{e}_3 \\ &\quad + a_3b_1\boldsymbol{e}_3 \times \boldsymbol{e}_1 + a_3b_2\boldsymbol{e}_3 \times \boldsymbol{e}_2 + a_3b_3\boldsymbol{e}_3 \times \boldsymbol{e}_3 \end{aligned} \tag{2.8}$$

となる．ここで，式 (2.7) より

$$\begin{aligned} &\boldsymbol{e}_1 \times \boldsymbol{e}_1 = \boldsymbol{0}, && \boldsymbol{e}_2 \times \boldsymbol{e}_2 = \boldsymbol{0}, && \boldsymbol{e}_3 \times \boldsymbol{e}_3 = \boldsymbol{0} \\ &\boldsymbol{e}_1 \times \boldsymbol{e}_2 = \boldsymbol{e}_3, && \boldsymbol{e}_2 \times \boldsymbol{e}_3 = \boldsymbol{e}_1, && \boldsymbol{e}_3 \times \boldsymbol{e}_1 = \boldsymbol{e}_2 \\ &\boldsymbol{e}_2 \times \boldsymbol{e}_1 = -\boldsymbol{e}_3, && \boldsymbol{e}_3 \times \boldsymbol{e}_2 = -\boldsymbol{e}_1, && \boldsymbol{e}_1 \times \boldsymbol{e}_3 = -\boldsymbol{e}_2 \end{aligned}$$

であるから，次式が成り立つ．

$$\begin{aligned}\boldsymbol{a} \times \boldsymbol{b} = {} & a_1b_1\boldsymbol{0} + a_1b_2\boldsymbol{e}_3 + a_1b_3(-\boldsymbol{e}_2) \\ & + a_2b_1(-\boldsymbol{e}_3) + a_2b_2\boldsymbol{0} + a_2b_3\boldsymbol{e}_1 \\ & + a_3b_1\boldsymbol{e}_2 + a_3b_2(-\boldsymbol{e}_1) + a_3b_3\boldsymbol{0} \\ = {} & \begin{array}{ccc} & a_1b_2\boldsymbol{e}_3 & -a_1b_3\boldsymbol{e}_2 \\ -a_2b_1\boldsymbol{e}_3 & & +a_2b_3\boldsymbol{e}_1 \\ +a_3b_1\boldsymbol{e}_2 & -a_3b_2\boldsymbol{e}_1 & \end{array} \\ = {} & (a_2b_3 - a_3b_2)\boldsymbol{e}_1 + (a_3b_1 - a_1b_3)\boldsymbol{e}_2 + (a_1b_2 - a_2b_1)\boldsymbol{e}_3 \end{aligned}$$

□

例題 2.5　$\boldsymbol{a} = \begin{pmatrix} 1 \\ 2 \\ -1 \end{pmatrix}$, $\boldsymbol{b} = \begin{pmatrix} -3 \\ 1 \\ 4 \end{pmatrix}$ とする．

(1)　$\boldsymbol{a} \times \boldsymbol{b}$ を求めよ．

(2)　点 $(2, 3, 1)$ を通り，ベクトル $\boldsymbol{a}$, $\boldsymbol{b}$ に平行な平面の方程式を求めよ．

解　(1)　$\boldsymbol{a} \times \boldsymbol{b} = \begin{pmatrix} \begin{vmatrix} 2 & 1 \\ -1 & 4 \end{vmatrix} \\ \begin{vmatrix} -1 & 4 \\ 1 & -3 \end{vmatrix} \\ \begin{vmatrix} 1 & -3 \\ 2 & 1 \end{vmatrix} \end{pmatrix} = \begin{pmatrix} 9 \\ -1 \\ 7 \end{pmatrix}$

(2)　求める平面に垂直なベクトルは，$\boldsymbol{a} \times \boldsymbol{b}$ で与えられる．したがって，(1) の結果を用いると，命題 2.2(2) より，求める平面の方程式は次式のようになる．

$$9(x-2)+(-1)(y-3)+7(z-1)=0 \quad \Rightarrow \quad 9x-y+7z=22$$ ■

問 2.5　次の外積を求めよ．

(1) $\begin{pmatrix} 2 \\ -1 \\ 5 \end{pmatrix} \times \begin{pmatrix} 3 \\ 1 \\ 4 \end{pmatrix}$　(2) $\begin{pmatrix} 2 \\ 1 \\ 0 \end{pmatrix} \times \begin{pmatrix} 3 \\ 2 \\ 0 \end{pmatrix}$　(3) $\begin{pmatrix} 1 \\ 5 \\ 3 \end{pmatrix} \times \begin{pmatrix} -1 \\ 2 \\ -3 \end{pmatrix}$

問 2.6　点 A$(-1, 3, 2)$ を通り，$\boldsymbol{a} = \begin{pmatrix} 1 \\ 1 \\ -3 \end{pmatrix}$, $\boldsymbol{b} = \begin{pmatrix} 2 \\ 1 \\ 2 \end{pmatrix}$ に平行な平面の方程式を求めよ．

問 2.7　空間において，3 点 A$(1, 3, -2)$, B$(4, 5, -4)$, C$(5, 7, -4)$ を通る平面を π とする．

(1)　平面 π の方程式を求めよ．

(2)　線分 AB, AC を 2 辺とする（平面 π 上の）平行四辺形の面積を求めよ．

(3)　△ABC の面積を求めよ．

演習問題

2.1　図 2.12 の立方体について，3 点 A, C, D の座標をそれぞれ，A$(1, 0, 0)$, C$(0, 1, 0)$, D$(0, 0, 1)$ とする．このとき，次の各問いに答えよ．

(1)　次の各ベクトルの成分を求めよ．

(a) $\overrightarrow{\mathrm{OE}}$　(b) $\overrightarrow{\mathrm{OG}}$　(c) $\overrightarrow{\mathrm{OF}}$

(d) $\overrightarrow{\mathrm{GB}}$　(e) $\overrightarrow{\mathrm{EF}}$

(2)　次の 2 つのベクトルのなす角を求めよ．

(a) $\overrightarrow{\mathrm{OE}}$ と $\overrightarrow{\mathrm{OG}}$　(b) $\overrightarrow{\mathrm{GB}}$ と $\overrightarrow{\mathrm{EC}}$

(c) $\overrightarrow{\mathrm{OG}}$ と $\overrightarrow{\mathrm{GB}}$

(3)　$\overrightarrow{\mathrm{OE}}$ と $\overrightarrow{\mathrm{OF}}$ のなす角の余弦（コサイン）を求めよ．

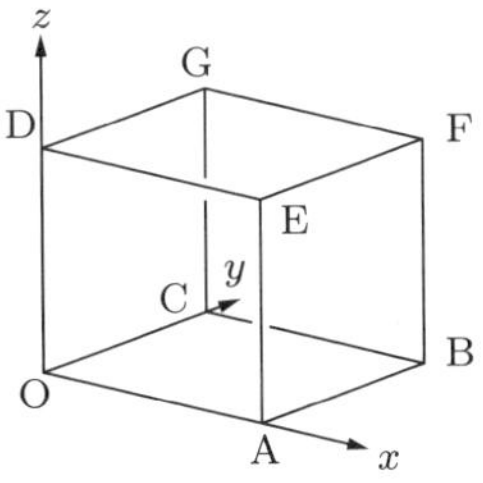

図 2.12

2.2 (1)　2点 $A(2,-2,3)$, $B(3,1,5)$ を通る直線の方程式を求めよ．

(2)　2点 $A(1, 3, 3)$, $B(2,1,3)$ を通る直線の方程式を求めよ．

(3)　(1) で求めた直線と，平面 $2x-3y+z+3=0$ との交点を求めよ．

2.3 (1)　点 $A(-2, 1, 5)$ を通り，直線 $(x-1)/2=-y+3=(z+1)/3$ に垂直な平面の方程式を求めよ．

(2)　点 $A(-2, 1, 5)$ から平面 $x-2y+2z=3$ へ下ろした垂線の足（点 A を通る垂線と平面 $x-2y+2z=3$ の交点）を求めよ．

2.4 図 2.13 のような四面体 ABCD において，頂点 A, B, C, D の位置ベクトルをそれぞれ $\boldsymbol{a}, \boldsymbol{b}, \boldsymbol{c}, \boldsymbol{d}$ とする．

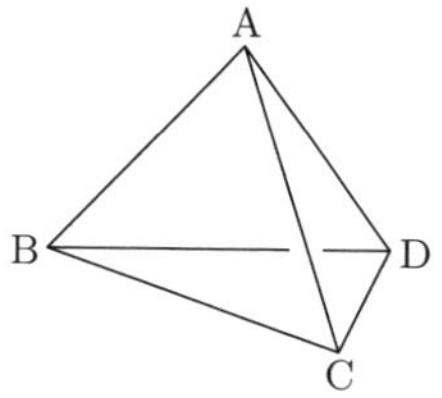

図 2.13

(1)　4つの面 △BCD, △ACD, △ABD, △ABC の重心の位置ベクトルをそれぞれ求めよ．

(2)　各頂点と対面の重心を結んで得られる4本の線分は1点で交わることを示せ．また，この点を G とすると，G は各線分を 3 : 1 に内分することを示せ（G を四面体 ABCD の**重心**とよぶ）．

(3)　四面体 ABCD には3組の対辺 {AB, CD}, {AC, BD}, {AD, BC} がある．この対辺の中点どうしを結ぶ3本の直線は，この四面体の重心で交わることを示せ．

2.5 四面体 ABCD の対辺のうちの2組について辺の長さの2乗の和が等しければ，残りの組の対辺は互いに垂直であることを示せ．また，逆も成り立つことを示せ．

たとえば，

$$\mathrm{AB}^2+\mathrm{CD}^2=\mathrm{AC}^2+\mathrm{BD}^2 \quad \Longleftrightarrow \quad \overrightarrow{\mathrm{AD}} \perp \overrightarrow{\mathrm{BC}}$$

である．

2.6 xyz 座標空間において，点 $P_o(x_o, y_o, z_o)$ と平面 π： $ax+by+cz+d=0$ との距離 l は

$$l=\frac{|ax_o+by_o+cz_o+d|}{\sqrt{a^2+b^2+c^2}}$$

で与えられる（図 2.14 参照）．

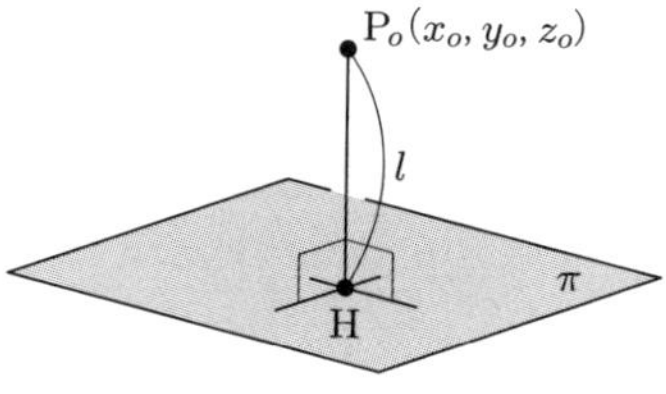

図 2.14

(1)　この公式を用いて，点 $(1, 5, -2)$ と平面 $2x-y-2z=3$ との距離を求めよ．

(2)　この公式を証明せよ．

2.7 2直線

$$l:\ \frac{x-1}{2}=-y+3=\frac{z+1}{3}, \quad m:\ \frac{x-6}{5}=\frac{y-5}{2}=z$$

は1点で交わる．

(1)　交点の座標を求めよ．

(2)　2直線 l, m が含まれる平面の方程式を求めよ．

2.8 空間において，2 直線 l, m はそれぞれ点 A, B を通る平行な直線とする．$\boldsymbol{u}$ を l, m に平行な単位ベクトルとするとき，これらの 2 直線の距離は次の式で与えられることを示せ．

$$|\overrightarrow{\mathrm{AB}} - (\overrightarrow{\mathrm{AB}} \cdot \boldsymbol{u})\boldsymbol{u}|$$

第3章
行　列

この章では，行列とその演算を定義し，それらの性質を考察する．行列は第 4 章で学ぶ線形写像を数の組で表したものと考えることができ，その積は写像の合成に合うように定義される．また，n 次正方行列については，そのべきや逆行列を考えることができる．

3.1 行列の定義

mn 個の実数（または複素数，文字）

$$a_{ij} \quad (i = 1, 2, \ldots, m, \quad j = 1, 2, \ldots, n)$$

を次のように配置したものを，$m \times n$ **行列**，(m, n) **型の行列**などとよぶ．a_{ij} を，この行列の**成分**または**要素**とよぶ．

$$\begin{pmatrix} a_{11} & a_{12} & \cdots & a_{1n} \\ a_{21} & a_{22} & \cdots & a_{2n} \\ & \cdots\cdots & & \\ a_{m1} & a_{m2} & \cdots & a_{mn} \end{pmatrix} \tag{3.1}$$

とくに，$n \times n$ 行列を n 次の**正方行列**とよぶ．

また，$1 \times n$ 行列 $(a_1\ a_2\ \cdots\ a_n)$ を n 次の**行ベクトル**，$m \times 1$ 行列 $\begin{pmatrix} b_1 \\ b_2 \\ \vdots \\ b_m \end{pmatrix}$ を m 次の**列ベクトル**とよぶ．

行列 (3.1) において，上から順に m 個の行ベクトル

$$\begin{array}{c} (a_{11}\ a_{12}\ \cdots\ a_{1n}) \\ (a_{21}\ a_{22}\ \cdots\ a_{2n}) \\ \cdots\cdots \\ (a_{m1}\ a_{m2}\ \cdots\ a_{mn}) \end{array}$$

が考えられるが，これらを行列 (3.1) の**行**とよび，順に第 1 行，第 2 行，…，第 m 行とよぶ．同様にして，左から順に並ぶ列ベクトル

$$\begin{pmatrix} a_{11} \\ a_{21} \\ \vdots \\ a_{m1} \end{pmatrix}, \quad \begin{pmatrix} a_{12} \\ a_{22} \\ \vdots \\ a_{m2} \end{pmatrix}, \quad \cdots, \quad \begin{pmatrix} a_{1n} \\ a_{2n} \\ \vdots \\ a_{mn} \end{pmatrix}$$

を行列 (3.1) の**列**とよび，順に第 1 列，第 2 列，…，第 n 列とよぶ．行列 (3.1) の第 i 行と第 j 列の交わるところにある成分 a_{ij} をこの行列の $\boldsymbol{(i,j)}$ **成分**とよぶ．(i,j) 成分 a_{ij} は上から i 番目，左から j 番目にある成分のことである．

行列の各名称をまとめたものを図 3.1 に示す．

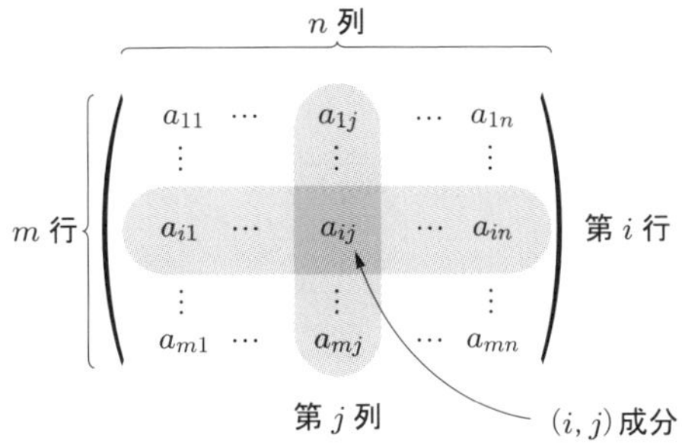

図 3.1 $m \times n$ 行列と各名称

行列を表すには，普通 A, B, C, ... などの大文字を使う．行ベクトル，列ベクトルを表すには $\boldsymbol{a}$, $\boldsymbol{b}$, $\boldsymbol{c}$, ... などの太字を使う．行列を成分で表す場合に，式 (3.1) のように表すかわりに，(i, j) 成分 a_{ij} で代表させて，簡単に

$$(a_{ij})$$

と表すこともある．

例 3.1 行列

$$A = \begin{pmatrix} 1 & 2 & 3 & 4 \\ 5 & 6 & 7 & 8 \\ 9 & 10 & 11 & 12 \end{pmatrix}$$

について，以下がいえる．

(i) 型は 3×4 行列

(ii) 第 2 行は $(5\ 6\ 7\ 8)$

(iii) 第 3 列は $\begin{pmatrix} 3 \\ 7 \\ 11 \end{pmatrix}$

(iv) $(3, 4)$ 成分は 12

問 3.1　行列 $A = \begin{pmatrix} 1 & 2 & 4 \\ 5 & 6 & 8 \end{pmatrix}$, $B = (5)$, $C = \begin{pmatrix} 3 & 4 \\ 1 & 0 \\ 5 & 8 \end{pmatrix}$ について，次の問いに答えよ．

(1)　上の行列はそれぞれ何型か．
(2)　A の第 2 列を求めよ．
(3)　C の第 2 行を求めよ．
(4)　A の $(1, 2)$ 成分を求めよ．
(5)　C の $(2, 1)$ 成分を求めよ．

■転置行列　$m \times n$ 行列 $A = (a_{ij})$ に対し，行番号と列番号を入れ替え，a_{ij} を (j, i) 成分とする $n \times m$ 行列を行列 A の**転置行列**とよび，

$$ {}^tA $$

で表す（図 3.2 参照）．

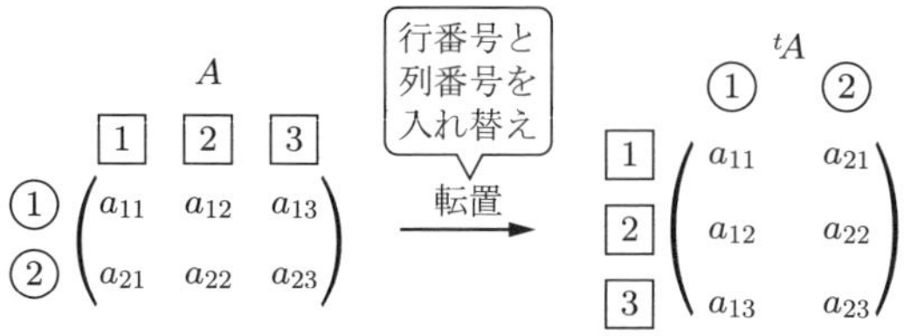

図 3.2　2×3 行列の転置行列

注　t は "transposed matrix" の頭文字である．右肩につけている本もあるが，多くは左肩につけている．右肩はべき指数のために空けておくためと思われる．

例 3.2　行列 $A = \begin{pmatrix} 1 & 2 & 3 & 4 \\ 5 & 6 & 7 & 8 \\ 9 & 10 & 11 & 12 \end{pmatrix}$ の転置行列は ${}^tA = \begin{pmatrix} 1 & 5 & 9 \\ 2 & 6 & 10 \\ 3 & 7 & 11 \\ 4 & 8 & 12 \end{pmatrix}$ である．

注　転置行列をとると，もとの行列の第 i 行は第 i 列にうつり，第 j 列は第 j 行にうつる．つまり，行と列が入れ替わる．したがって，1 成分ずつではなく，行単位，あるいは列単位でうつしていくのが能率のよい転置行列の求め方である．

問 3.2　次の行列の転置行列をそれぞれ求めよ．

$$A = \begin{pmatrix} 1 & 2 & 4 \\ 5 & 6 & 8 \end{pmatrix}, \quad B = (5), \quad C = \begin{pmatrix} 4 & 3 \\ 0 & -2 \\ 8 & 5 \end{pmatrix}$$

3.2 行列の演算

この節では，行列の間に定義された演算（和，差，実数倍，積）について説明する．

和　和は同じ型の行列の間に定義され，$(i,\,j)$ 成分どうしを加えることにより定められる．すなわち，$A=(a_{ij}),\ B=(b_{ij})$ をともに $m\times n$ 行列とするとき，A と B の和 $A+B$ を

$$A+B=(a_{ij}+b_{ij})$$

とする．

例 3.3　$A=\begin{pmatrix}1&2&3\\4&5&6\end{pmatrix},\quad B=\begin{pmatrix}-2&3&4\\1&7&-3\end{pmatrix}$ とすると，$A+B$ は次のようになる．

$$\begin{aligned}A+B&=\begin{pmatrix}1&2&3\\4&5&6\end{pmatrix}+\begin{pmatrix}-2&3&4\\1&7&-3\end{pmatrix}=\begin{pmatrix}1+(-2)&2+3&3+4\\4+1&5+7&6+(-3)\end{pmatrix}\\&=\begin{pmatrix}-1&5&7\\5&12&3\end{pmatrix}\end{aligned}$$

差　差も同様に同じ型の行列について定義され，各成分間の差をとることにより計算することができる．すなわち，$A=(a_{ij}),\ B=(b_{ij})$ をともに $m\times n$ 行列とするとき，A と B の差 $A-B$ は，

$$A-B=(a_{ij}-b_{ij})$$

とする．

例 3.4　$A=\begin{pmatrix}1&2&3\\4&5&6\end{pmatrix},\ B=\begin{pmatrix}-2&3&4\\1&7&-3\end{pmatrix}$ とすると，$A-B$ は次のようになる．

$$\begin{aligned}A-B&=\begin{pmatrix}1&2&3\\4&5&6\end{pmatrix}-\begin{pmatrix}-2&3&4\\1&7&-3\end{pmatrix}=\begin{pmatrix}1-(-2)&2-3&3-4\\4-1&5-7&6-(-3)\end{pmatrix}\\&=\begin{pmatrix}3&-1&-1\\3&-2&9\end{pmatrix}\end{aligned}$$

注　行列 $A=(a_{ij})$ に対し，$-a_{ij}$ を $(i,\,j)$ 成分とする行列 $(-a_{ij})$ を $-A$ で表す．$A-B$ は $A+(-B)$ と一致する．

実数倍　行列 $A=(a_{ij})$ に対し，すべての成分に実数 k をかけて得られる行列 (ka_{ij}) を A の k 倍とよび，kA で表す．

行列の和・差・実数倍を図 3.3 にまとめておく．

和

$$A + B = (a_{ij}) + (b_{ij}) = (a_{ij} + b_{ij})$$

成分ごとに和や差をとる

差

$$A - B = (a_{ij}) - (b_{ij}) = (a_{ij} - b_{ij})$$

実数倍

$$kA = k(a_{ij}) = (ka_{ij})$$

成分ごとに k 倍する

図 3.3　行列の和・差・実数倍

例 3.5　$A = \begin{pmatrix} 2 & -1 & 3 \\ 6 & 4 & -7 \end{pmatrix}$，とすると，$2A = \begin{pmatrix} 4 & -2 & 6 \\ 12 & 8 & -14 \end{pmatrix}$ となる．また，$(-1)A$ は $-A$ に等しい

以上の和，差，実数倍については，平面ベクトル，空間ベクトルの成分を用いた計算と同様である．いずれも数の集まりで，並べ方が違うだけである．

例題 3.1　$A = \begin{pmatrix} 3 & 4 \\ 1 & 0 \\ 5 & 8 \end{pmatrix}$, $B = \begin{pmatrix} 1 & 2 \\ 1 & 0 \\ 0 & -3 \end{pmatrix}$ のとき，$3A - 2B$ を求めよ．

解　$3A - 2B = 3\begin{pmatrix} 3 & 4 \\ 1 & 0 \\ 5 & 8 \end{pmatrix} - 2\begin{pmatrix} 1 & 2 \\ 1 & 0 \\ 0 & -3 \end{pmatrix} = \begin{pmatrix} 9 & 12 \\ 3 & 0 \\ 15 & 24 \end{pmatrix} - \begin{pmatrix} 2 & 4 \\ 2 & 0 \\ 0 & -6 \end{pmatrix} = \begin{pmatrix} 7 & 8 \\ 1 & 0 \\ 15 & 30 \end{pmatrix}$ ■

問 3.3　$A = \begin{pmatrix} -2 & 3 & 4 \\ 1 & 7 & -3 \end{pmatrix}$, $B = \begin{pmatrix} 1 & -2 & 1 \\ 0 & 2 & 3 \end{pmatrix}$ とするとき，次の行列を求めよ．

(1)　$A + B$　　(2)　$-3A$　　(3)　$2A + 3B$　　(4)　$3A - 2B$

■積　次に，**行列の積**を説明しよう．行列の積は，型が同じ行列に対して定義されるわけではないので，注意が必要である．

行列の積 AB は，A の各行と B の各列をかけることにより行われる．ここで「行と列をかける」とは，成分を順にかけて加えるということである．正確にいうと，次のようになる．

$A = (a_{ij})$ を $m \times k$ 行列，$B = (b_{ij})$ を $k \times n$ 行列とするとき，積 AB が定義され，その $(i,\ j)$ 成分 c_{ij} は，A の第 i 行と B の第 j 列の各成分を順にかけて加えたもので与えられる．

$$c_{ij} = a_{i1}b_{1j} + a_{i2}b_{2j} + \cdots + a_{ik}b_{kj} \tag{3.2}$$

積 AB は $m \times n$ 行列となる．

行列の積を図 3.4 に示す．

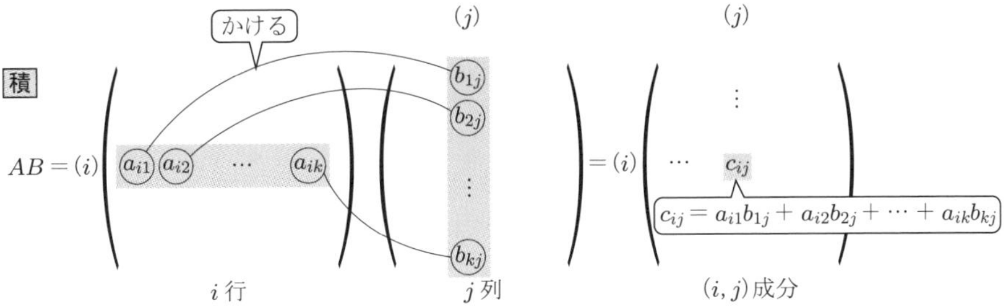

図 3.4 行列の積

「行列」の順序のとおり，左の行列の「行」と右の行列の「列」の積（内積）をとる．「列行」の順ではない．

このような計算が可能となるためには，左の行列 A の横の幅（列の個数）と右の行列 B の縦の幅（行の個数）とが一致する必要がある．そうでないと，A の第 i 行と B の第 j 列の各成分を順にかけるときに個数が合わなくなる．

参考 このような積の定義は奇異に思われるかもしれないが，実は，行列は「線形写像」を数の組で表したものと考えることができて，行列の積は写像の合成（積）に合うようにデザインされている（第 4 章の命題 4.3 およびその後の参考をみよ）．

例題 3.2

$$A = \begin{pmatrix} 1 & 0 & 1 \\ 2 & 1 & 0 \end{pmatrix}, \quad B = \begin{pmatrix} 3 & 0 \\ 1 & 2 \\ 2 & 1 \end{pmatrix}$$

とするとき，積 AB と BA を計算せよ．

解

$$AB = \begin{pmatrix} 1 & 0 & 1 \\ 2 & 1 & 0 \end{pmatrix} \begin{pmatrix} 3 & 0 \\ 1 & 2 \\ 2 & 1 \end{pmatrix} = \begin{pmatrix} 1\times3+0\times1+1\times2 & 1\times0+0\times2+1\times1 \\ 2\times3+1\times1+0\times2 & 2\times0+1\times2+0\times1 \end{pmatrix}$$

$$= \begin{pmatrix} 5 & 1 \\ 7 & 2 \end{pmatrix}$$

$$BA = \begin{pmatrix} 3 & 0 \\ 1 & 2 \\ 2 & 1 \end{pmatrix} \begin{pmatrix} 1 & 0 & 1 \\ 2 & 1 & 0 \end{pmatrix} = \begin{pmatrix} 3\times1+0\times2 & 3\times0+0\times1 & 3\times1+0\times0 \\ 1\times1+2\times2 & 1\times0+2\times1 & 1\times1+2\times0 \\ 2\times1+1\times2 & 2\times0+1\times1 & 2\times1+1\times0 \end{pmatrix}$$

$$= \begin{pmatrix} 3 & 0 & 3 \\ 5 & 2 & 1 \\ 4 & 1 & 2 \end{pmatrix}$$

■

注　一般には，積 AB が計算できても積 BA が計算できるとは限らない．また，例題 3.2 のように，両方計算できても $AB = BA$ とは限らない．

問 3.4　$A = \begin{pmatrix} 1 & 2 \\ 5 & 1 \end{pmatrix}$, $B = \begin{pmatrix} 1 & 1 & -1 \\ 1 & 0 & 3 \end{pmatrix}$, $C = \begin{pmatrix} 1 \\ 2 \\ -1 \end{pmatrix}$, $D = (2, -2, 1)$ とするとき，次の積を計算せよ．

(1)　AB　(2)　BC　(3)　${}^tBA$　(4)　CD　(5)　DC

3.3　行列の演算に関する性質

この節では，行列の演算のもつ性質について説明する．

零行列　すべての成分が 0 である $m \times n$ 行列

$$\begin{pmatrix} 0 & 0 & \cdots & 0 \\ 0 & 0 & \cdots & 0 \\ & \cdots\cdots & & \\ 0 & 0 & \cdots & 0 \end{pmatrix}$$

を O で表し，**零行列** または**ゼロ行列**とよぶ．A を零行列 O と同じ型の任意の行列とすると，

$$A + O = A \tag{3.3}$$

$$A + (-A) = O \tag{3.4}$$

が成り立ち，O は数における 0 の役割をはたす．また，かけ算が可能なら，常に

$$AO = O, \quad OB = O \tag{3.5}$$

が成り立つ．

単位行列　n 次正方行列において，行番号と列番号が同じ成分，(i, i) 成分を**対角成分**とよぶ．

対角成分がすべて 1 で，その他の成分がすべて 0 である n 次正方行列

$$\begin{pmatrix} 1 & 0 & \cdots & 0 \\ 0 & 1 & \cdots & 0 \\ \vdots & \vdots & \ddots & \vdots \\ 0 & 0 & \cdots & 1 \end{pmatrix}$$

を E で表し，n 次**単位行列** とよぶ．単位行列 E は数の 1 と類似の性質をもっていて，かけ算が可能なら常に

$$AE = A, \quad EB = B \tag{3.6}$$

が成り立つ．

問 3.5 $O = \begin{pmatrix} 0 & 0 & 0 \\ 0 & 0 & 0 \end{pmatrix}$ を 2×3 型の零行列，$E = \begin{pmatrix} 1 & 0 \\ 0 & 1 \end{pmatrix}$ を 2 次の単位行列とする．行列 $A = \begin{pmatrix} 3 & 4 \\ 1 & 0 \\ 5 & 8 \end{pmatrix}$, $B = \begin{pmatrix} -2 & 3 & 4 \\ 1 & 7 & -3 \end{pmatrix}$ について，次の積を計算し，これらの行列について式 (3.5)，(3.6) を確かめよ．

(1) AO　(2) OA　(3) AE　(4) EB

行列の積の性質　行列の積については次の性質が成り立つ．

命題 3.1 (1) $A(BC) = (AB)C$

(2) $A(B+C) = AB + AC$,　$(A+B)C = AC + BC$

(3) $(kA)B = k(AB)$　(k は実数)

(1) は，3 つの行列をかけるとき，どの 2 つから先に計算してもよい（結合法則が成り立つ）ことを示している．

(2) は，実数や文字の計算と同じように分配できる（分配法則が成り立つ）ことを示している．

(3) より，この共通の行列を単に kAB と書く．

証明 (1) $A = (a_{ij})$ を $m \times k$ 行列，$B = (b_{ij})$ を $k \times l$ 行列，$C = (c_{ij})$ を $l \times n$ 行列とする．$BC = (d_{ij})$ とすると，

$$d_{ij} = \sum_{\nu=1}^{l} b_{i\nu} c_{\nu j}$$

である．したがって，$A(BC)$ の (i,j) 成分は

$$\sum_{\mu=1}^{k} a_{i\mu} d_{\mu j} = \sum_{\mu=1}^{k} a_{i\mu} \left(\sum_{\nu=1}^{l} b_{\mu\nu} c_{\nu j} \right) = \sum_{\mu,\nu} a_{i\mu} b_{\mu\nu} c_{\nu j}$$

となる．同様にして，$(AB)C$ の (i,j) 成分も

$$\sum_{\nu=1}^{l} \left(\sum_{\mu=1}^{k} a_{i\mu} b_{\mu\nu} \right) c_{\nu j} = \sum_{\mu,\nu} a_{i\mu} b_{\mu\nu} c_{\nu j}$$

となり，上式と一致する．

(2), (3) も同様にして，両辺の (i,j) 成分を比べればよい．行列の積 AB の各成分は A の成分と B の成分の積（の和）よりなり，したがって，基本的には数の積 ab がこれらの性質をもつことから導かれる．詳しくは，問 3.7 に譲る．□

参考　命題 3.1 の (1) は，実は，行列の積が写像の合成に合うように定義されていることから導かれる．写像の合成については，$f\circ(g\circ h)=(f\circ g)\circ h$ が成り立つことは明らかであり，それに対応して，行列の積も同じ性質をもつ（命題 4.3 とその後の注を参照せよ）．

問 3.6　転置行列について，次の性質が成り立つことを示せ．

(1)　${}^t({}^tA)=A$　（転置行列の転置はもとに戻る）

(2)　${}^t(A+B)={}^tA+{}^tB$　（和の転置はそれぞれの転置の和になる）

(3)　${}^t(AB)={}^tB\,{}^tA$　（積の転置はそれぞれの転置の積になるが，積の順序は逆になる）

問 3.7　命題 3.1 の (2), (3) を示せ．

3.4　ブロック分割による計算

大きな行列をいくつかのブロックに分割し，そのまま計算することを考える．たとえば，よく使われるのは次のような場合である．

$m\times k$ 行列 A と $k\times n$ 行列 B の積 AB を考える．行列 B の列ベクトルを $\boldsymbol{b}_1, \boldsymbol{b}_2, \dots, \boldsymbol{b}_n$ とし，$B=(\boldsymbol{b}_1, \boldsymbol{b}_2, \dots, \boldsymbol{b}_n)$ と表す．このとき，

$$AB=A(\boldsymbol{b}_1, \boldsymbol{b}_2, \dots, \boldsymbol{b}_n)=(A\boldsymbol{b}_1, A\boldsymbol{b}_2, \dots, A\boldsymbol{b}_n) \tag{3.7}$$

となる．

すなわち，行列 A を B の各列ベクトルに左からかければよい．こうなることは，行列の積の定義から容易に確かめられる．

同様にして，行列 A を行ベクトルに分解して

$$A=\begin{pmatrix}\boldsymbol{a}_1\\ \boldsymbol{a}_2\\ \vdots\\ \boldsymbol{a}_m\end{pmatrix}$$

と表すと，

$$AB=\begin{pmatrix}\boldsymbol{a}_1\\ \boldsymbol{a}_2\\ \vdots\\ \boldsymbol{a}_m\end{pmatrix}B=\begin{pmatrix}\boldsymbol{a}_1B\\ \boldsymbol{a}_2B\\ \vdots\\ \boldsymbol{a}_mB\end{pmatrix} \tag{3.8}$$

となる．これも，行列の積の定義より明らかである．

一般に，次がいえる．

A を $m\times k$ 行列，B を $k\times n$ 行列とする．A, B をそれぞれ次のようにブロックに分割する．

$$A = \begin{pmatrix} A_{11} & A_{12} & \cdots & A_{1s} \\ A_{21} & A_{22} & \cdots & A_{2s} \\ & \cdots\cdots & & \\ A_{r1} & A_{r2} & \cdots & A_{rs} \end{pmatrix} \qquad (A_{ij} : m_i \times k_j \text{行列})$$

$$B = \begin{pmatrix} B_{11} & B_{12} & \cdots & B_{1t} \\ B_{21} & B_{22} & \cdots & B_{2t} \\ & \cdots\cdots & & \\ B_{s1} & B_{s2} & \cdots & B_{st} \end{pmatrix} \qquad (B_{ij} : k_i \times n_j \text{行列})$$

このとき，次式が成り立つ．

$$AB = \begin{pmatrix} C_{11} & C_{12} & \cdots & C_{1t} \\ C_{21} & C_{22} & \cdots & C_{2t} \\ & \cdots\cdots & & \\ C_{r1} & C_{r2} & \cdots & C_{rt} \end{pmatrix} \qquad \left(C_{ij} = \sum_{\nu=1}^{s} A_{i\nu} B_{\nu j} \right) \tag{3.9}$$

すなわち，数を成分とする行列の積と同じように計算してよい．ただし，この計算 (3.9) が可能なためには，各小行列の積が計算できなければならない（できさえすればよい）．言い換えると，A の横の幅（列の個数）の分割と B の縦の幅（行の個数）の分割が一致していることが条件となる．また，小行列の積の順序には注意する必要がある．

例題 3.3

$$A = \begin{pmatrix} 3 & 1 & 1 & 0 \\ 2 & 1 & 0 & 1 \\ 0 & 0 & 3 & 1 \\ 0 & 0 & 2 & 1 \end{pmatrix}, \quad B = \begin{pmatrix} 1 & -1 & 1 & 0 \\ -2 & 3 & 0 & 1 \\ 0 & 0 & 1 & -1 \\ 0 & 0 & -2 & 3 \end{pmatrix}$$

とするとき，A, B を適当にブロック分割して積 AB を計算せよ．

解

$$A = \left(\begin{array}{cc|cc} 3 & 1 & 1 & 0 \\ 2 & 1 & 0 & 1 \\ \hline 0 & 0 & 3 & 1 \\ 0 & 0 & 2 & 1 \end{array}\right) = \begin{pmatrix} A_1 & E \\ O & A_1 \end{pmatrix}, \quad A_1 = \begin{pmatrix} 3 & 1 \\ 2 & 1 \end{pmatrix}$$

$$B = \left(\begin{array}{cc|cc} 1 & -1 & 1 & 0 \\ -2 & 3 & 0 & 1 \\ \hline 0 & 0 & 1 & -1 \\ 0 & 0 & -2 & 3 \end{array}\right) = \begin{pmatrix} B_1 & E \\ O & B_1 \end{pmatrix}, \quad B_1 = \begin{pmatrix} 1 & -1 \\ -2 & 3 \end{pmatrix}$$

と分割すると

$$AB = \begin{pmatrix} A_1 & E \\ O & A_1 \end{pmatrix}\begin{pmatrix} B_1 & E \\ O & B_1 \end{pmatrix} = \begin{pmatrix} A_1B_1 & A_1+B_1 \\ O & A_1B_1 \end{pmatrix}$$

となる．ここで，

$$A_1B_1 = \begin{pmatrix} 3 & 1 \\ 2 & 1 \end{pmatrix}\begin{pmatrix} 1 & -1 \\ -2 & 3 \end{pmatrix} = \begin{pmatrix} 1 & 0 \\ 0 & 1 \end{pmatrix}, \quad A_1 + B_1 = \begin{pmatrix} 4 & 0 \\ 0 & 4 \end{pmatrix}$$

である．したがって，次式が得られる．

$$AB = \begin{pmatrix} 1 & 0 & 4 & 0 \\ 0 & 1 & 0 & 4 \\ 0 & 0 & 1 & 0 \\ 0 & 0 & 0 & 1 \end{pmatrix}$$

■

問 3.8

$$A = \begin{pmatrix} 1 & 3 & 1 & 0 \\ 2 & 5 & 0 & 1 \\ 0 & 0 & 1 & 3 \\ 0 & 0 & 2 & 5 \end{pmatrix}, \quad B = \begin{pmatrix} -5 & 3 & -31 & 18 \\ 2 & -1 & 12 & -7 \\ 0 & 0 & -5 & 3 \\ 0 & 0 & 2 & -1 \end{pmatrix}$$

とするとき，A, B を適当にブロック分割して積 AB を計算せよ．

3.5 正方行列

この節では，一番よく使われる行列の型である n 次正方行列を扱う．

行列のべき（k 乗）　3.2 節で扱ったように，任意の 2 つの行列 A, B をもってきたとき，和 $A+B$，積 AB が計算できるとは限らない（行列の和は同じ型の行列に対してのみ定義され，積は左の行列の列の個数と右の行列の行の個数が等しい行列に対してのみ定義される）．

しかし，A, B がともに n 次の正方行列ならば，和 $A+B$ も積 AB も常に計算でき，ともに n 次の正方行列になる．つまり，n 次の正方行列全体の中で和と積の計算を自由に行うことができる．したがって，とくに，行列 A のべき A^k が次のように定義される．

$$A^0 = E, \quad A^1 = A, \quad A^2 = AA, \quad \cdots$$
$$A^k = \underbrace{AA\cdots A}_{k\ 個} = A^{k-1}A$$

ここで，E は n 次の単位行列である．

注　n 次正方行列どうしでは，数の場合と同じように，自由に加えたりかけたりできる．しかし，数の場合とは異なる点もあるので注意が必要である．たとえば，一般には $AB \neq BA$ である．次の問いを参照せよ．

問 3.9　(1)　$A = \begin{pmatrix} 1 & 2 \\ 3 & 4 \end{pmatrix}, B = \begin{pmatrix} 0 & 1 \\ 1 & 0 \end{pmatrix}$ とするとき, AB と BA を計算し, $AB \neq BA$ となることを確かめよ．

(2)　$B = \begin{pmatrix} 1 & 2 \\ 0 & 0 \end{pmatrix}$ とするとき，B^2, B^3 を計算し，B^n を求めよ（ただし，n は自然数）．

(3)　次の行列 C について，C^2, C^3 を計算し，C^n を求めよ（ただし，n は自然数）．

$$C = \begin{pmatrix} 0 & 1 & 1 \\ 0 & 0 & 1 \\ 0 & 0 & 0 \end{pmatrix}$$

（ある自然数 n が存在して，n 乗すると O となるような行列を**べき零行列**とよぶ.）

正則行列　　n 次正方行列 A に対し，A の右からかけても左からかけても単位行列になるような n 次正方行列 B を，A の**逆行列**とよぶ．つまり，B が A の逆行列であるとは,

$$AB = E, \quad BA = E$$

となる行列 B のことである．このような行列 B は，もし存在すれば 1 つしかない．

実際，$AB' = B'A = E$ とすると，$B' = B'E = B'(AB) = (B'A)B = EB = B$ となり，B' は B に一致する．

A の逆行列を A^{-1} で表す．

注　逆行列は数の場合の逆数にあたる．数 a の逆数 $b = 1/a$ は，$ab = 1$ となる数 b のことである．行列の場合は一般に $AB \neq BA$ だから，$AB = E$ と $BA = E$ の 2 つの条件が必要になる．しかし，実は**どちらか片方の条件でよい**ことがいえる．すなわち，$AB = E$ ならば $BA = E$ となり，逆に $BA = E$ ならば $AB = E$ となる（系 6.2 参照）．

例 3.6　$A = \begin{pmatrix} 2 & 0 \\ 0 & 3 \end{pmatrix}$ の逆行列は $A^{-1} = \begin{pmatrix} 1/2 & 0 \\ 0 & 1/3 \end{pmatrix}$ で与えられる．実際，以下が成り立つ．

$$\begin{pmatrix} 2 & 0 \\ 0 & 3 \end{pmatrix}\begin{pmatrix} 1/2 & 0 \\ 0 & 1/3 \end{pmatrix} = \begin{pmatrix} 2 \cdot (1/2) & 0 \\ 0 & 3 \cdot (1/3) \end{pmatrix} = \begin{pmatrix} 1 & 0 \\ 0 & 1 \end{pmatrix}$$

$$\begin{pmatrix} 1/2 & 0 \\ 0 & 1/3 \end{pmatrix}\begin{pmatrix} 2 & 0 \\ 0 & 3 \end{pmatrix} = \begin{pmatrix} (1/2) \cdot 2 & 0 \\ 0 & (1/3) \cdot 3 \end{pmatrix} = \begin{pmatrix} 1 & 0 \\ 0 & 1 \end{pmatrix}$$

例 3.7　行列 $A = \begin{pmatrix} 1 & 2 \\ 2 & 4 \end{pmatrix}$ は逆行列をもたない．実際，$B = \begin{pmatrix} a & b \\ c & d \end{pmatrix}$ が A の逆行列だとすると，$AB = E$ とならなければならない．両辺はそれぞれ次式のように表される．

$$AB = \begin{pmatrix} 1 & 2 \\ 2 & 4 \end{pmatrix}\begin{pmatrix} a & b \\ c & d \end{pmatrix} = \begin{pmatrix} a+2c & b+2d \\ 2a+4c & 2b+4d \end{pmatrix}, \quad E = \begin{pmatrix} 1 & 0 \\ 0 & 1 \end{pmatrix}$$

成分を比較して，次式が得られる．

$$\begin{cases} a+2c=1 & \cdots ① \\ b+2d=0 & \cdots ② \\ 2a+4c=0 & \cdots ③ \\ 2b+4d=1 & \cdots ④ \end{cases}$$

式①と式③は矛盾しており，解がない（式②と式④も矛盾している）．したがって，このような行列 B は存在しない．

問 3.10　上の例 3.6 を参考にして，$\begin{pmatrix} 1 & 0 & 0 \\ 0 & 2 & 0 \\ 0 & 0 & 3 \end{pmatrix}$ の逆行列を求めよ．

数の場合は $a \neq 0$ ならば常に逆数 a^{-1} があったが，上の例 3.7 でみたように，行列の場合は $A \neq O$ でも逆行列があるとは限らない．そこで，逆行列をもつような正方行列を**正則行列**とよぶ．

2 次の正方行列が正則であるための条件は，次で与えられる．

定理 3.1　2 次の正方行列 $A = \begin{pmatrix} a & b \\ c & d \end{pmatrix}$ が正則となる（逆行列をもつ）ための条件は

$$ad - bc \neq 0$$

で，このとき逆行列 A^{-1} は

$$\frac{1}{ad-bc}\begin{pmatrix} d & -b \\ -c & a \end{pmatrix}$$

で与えられる．

注　(1)　$ad - bc$ は行列 A の**行列式**とよばれるもので，すでに外積のところで現れている（2.3 節参照）．これについては，第 6 章で詳しく説明する．

(2)　行列 A の対角成分を入れ替え，その他の成分にマイナスをつけ，行列式で割れば，A の逆行列が得られる．

証明

$$\begin{pmatrix} a & b \\ c & d \end{pmatrix}\begin{pmatrix} d & -b \\ -c & a \end{pmatrix} = \begin{pmatrix} ad-bc & 0 \\ 0 & ad-bc \end{pmatrix} = (ad-bc)\begin{pmatrix} 1 & 0 \\ 0 & 1 \end{pmatrix} \tag{3.10}$$

$$\begin{pmatrix} d & -b \\ -c & a \end{pmatrix}\begin{pmatrix} a & b \\ c & d \end{pmatrix} = \begin{pmatrix} da-bc & 0 \\ 0 & -cb+ad \end{pmatrix} = (ad-bc)\begin{pmatrix} 1 & 0 \\ 0 & 1 \end{pmatrix} \tag{3.11}$$

したがって，$ad-bc \neq 0$ ならば

$$\begin{pmatrix} a & b \\ c & d \end{pmatrix} \cdot \frac{1}{ad-bc}\begin{pmatrix} d & -b \\ -c & a \end{pmatrix} = \frac{1}{ad-bc}\begin{pmatrix} d & -b \\ -c & a \end{pmatrix} \cdot \begin{pmatrix} a & b \\ c & d \end{pmatrix} = \begin{pmatrix} 1 & 0 \\ 0 & 1 \end{pmatrix}$$

となる．よって，逆行列 A^{-1} が存在し，

$$A^{-1} = \frac{1}{ad-bc}\begin{pmatrix} d & -b \\ -c & a \end{pmatrix}$$

となる．逆に，$ad-bc=0$ ならば，逆行列はない．実際，このとき，式 (3.10) より

$$A\begin{pmatrix} d & -b \\ -c & a \end{pmatrix} = O$$

となる．もし，逆行列 A^{-1} があったとすると，この式の両辺の左から A^{-1} をかけて

$$A^{-1}A\begin{pmatrix} d & -b \\ -c & a \end{pmatrix} = \begin{pmatrix} 1 & 0 \\ 0 & 1 \end{pmatrix}\begin{pmatrix} d & -b \\ -c & a \end{pmatrix} = \begin{pmatrix} d & -b \\ -c & a \end{pmatrix} = O$$

が得られる．したがって，$d=0, -b=0, -c=0, a=0$, すなわち，$a=b=c=d=0$ となり，$A=O$ となってしまう．$A=O$ ならば，明らかに逆行列はないので，これは仮定に矛盾する． □

一般の次数の正方行列についても正則かどうかの同様の判定条件があり，逆行列の公式もある．それについては第 6 章の定理 6.3 で説明する．

問 3.11 $\begin{pmatrix} a & 0 & 0 \\ 0 & b & 0 \\ 0 & 0 & c \end{pmatrix}$ の形の行列を 3 次の**対角行列**とよぶ．この行列が正則となるための条件は $abc \neq 0$ ($\Longleftrightarrow$ $a \neq 0,\ b \neq 0,\ c \neq 0$) である．このことを示せ（問 3.10 を参照せよ）．

問 3.12 A, B がともに n 次正則行列ならば，AB も正則で

$$(AB)^{-1} = B^{-1}A^{-1}$$

となることを示せ．

問 3.13 A が正則行列ならば，その転置行列 ${}^tA$ も正則で

$$({}^tA)^{-1} = {}^t(A^{-1})$$

となることを示せ（したがって，転置行列の逆行列は逆行列の転置行列になる）．

■**対称行列**　転置行列と，もとの行列が等しくなるような行列を**対称行列**とよぶ．つまり，n 次の正方行列 $A=(a_{ij})$ が対称行列であるとは

$$A = {}^tA$$

となることである．

転置行列 ${}^tA$ の成分は，もとの行列 A の (i, j) 成分 a_{ij} を (j, i) 成分にしたものだから，成分を用いて上の条件を書き直すと

$$a_{ji} = a_{ij}$$

となる．a_{ji} と a_{ij} は行列の対角線（対角成分が乗っているほう）に関して対称な場所にあるから，対称行列では，この対角線に関して対称な位置にある成分は等しくなる．

例 3.8　次の行列は 3 次の対称行列の例である．

$$\begin{pmatrix} 1 & 2 & -1 \\ 2 & 3 & 4 \\ -1 & 4 & 5 \end{pmatrix} \qquad \begin{aligned} a_{12} &= a_{21} = 2 \\ a_{13} &= a_{31} = -1 \\ a_{23} &= a_{32} = 4 \end{aligned}$$

問 3.14　次の行列が対称行列になるように a, b, c を定めよ．

$$\begin{pmatrix} 3 & -1 & a \\ b & 5 & 6 \\ -2 & c & 7 \end{pmatrix}$$

問 3.15　A を任意の正方行列とすると，$A + {}^tA$, ${}^tAA$ はともに対称行列となることを示せ．

問 3.16　A が正則な対称行列ならば，その逆行列 A^{-1} も対称行列となることを示せ．

■**三角行列**　n 次正方行列 $A=(a_{ij})$ について，対角成分より下にある成分 a_{ij} $(i > j)$ がすべて 0 であるような行列を**上三角行列**とよぶ．また，対角成分より上にある成分 a_{ij} $(i < j)$ がすべて 0 であるような行列を**下三角行列**とよぶ．この 2 つを合わせて**三角行列**とよぶ．

$$\underset{\text{上三角行列}}{\begin{pmatrix} a_{11} & a_{12} & \cdots & \cdots & a_{1n} \\ & a_{22} & \cdots & \cdots & a_{2n} \\ & & \ddots & & \vdots \\ & O & & \ddots & \vdots \\ & & & & a_{nn} \end{pmatrix}}, \quad \underset{\text{下三角行列}}{\begin{pmatrix} a_{11} & & & & \\ a_{21} & a_{22} & & O & \\ \vdots & \vdots & \ddots & & \\ \vdots & \vdots & & \ddots & \\ a_{n1} & a_{n2} & \cdots & \cdots & a_{nn} \end{pmatrix}}$$

このとき次がいえる.

命題 3.2

(1) 次数の等しい 2 つの上三角行列の積は上三角行列になる.

(2) 次数の等しい 2 つの下三角行列の積は下三角行列になる.

証明 まず, 3 次の上三角行列の場合に確かめてみよう.

$$A = \begin{pmatrix} a_{11} & a_{12} & a_{13} \\ 0 & a_{22} & a_{23} \\ 0 & 0 & a_{33} \end{pmatrix}, \quad B = \begin{pmatrix} b_{11} & b_{12} & b_{13} \\ 0 & b_{22} & b_{23} \\ 0 & 0 & b_{33} \end{pmatrix}, \quad AB = (c_{ij})$$

とすると,

$$c_{21} = 0 \cdot b_{11} + a_{22} \cdot 0 + a_{23} \cdot 0 = 0$$

$$c_{31} = 0 \cdot b_{11} + 0 \cdot 0 + a_{33} \cdot 0 = 0$$

$$c_{32} = 0 \cdot b_{12} + 0 \cdot b_{22} + a_{33} \cdot 0 = 0$$

となり, AB は上三角行列となる. 一般に, $A = (a_{ij})$, $B = (b_{ij})$ をともに n 次の上三角行列とすると,

$$a_{ij} = 0 \ (i > j), \quad b_{ij} = 0 \ (i > j)$$

が成り立つ. $AB = (c_{ij})$ とすると,

$$c_{ij} = \sum_{k=1}^{n} a_{ik} b_{kj} \tag{3.12}$$

であり, ここで,

$$k < i \text{ なら } a_{ik} = 0, \quad k > j \text{ なら } b_{kj} = 0$$

だから, $i > j$ とすると, $a_{ik} = 0, b_{kj} = 0$ のどちらかが成り立つ (図 3.5 参照). したがって, 式 (3.12) の右辺のすべての項が 0 となり, $c_{ij} = 0$ となる.

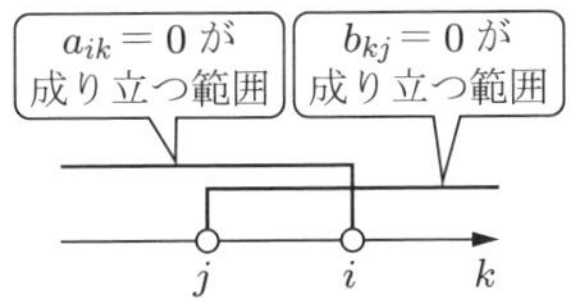

図 3.5

下三角行列の場合も同様である. □

問 3.17 次の下三角行列 A, B について積 AB を計算し, 命題 3.2 が確かに成り立っていることを確かめよ.

$$A = \begin{pmatrix} 2 & 0 & 0 \\ 1 & 2 & 0 \\ -1 & 1 & 2 \end{pmatrix}, \quad B = \begin{pmatrix} 3 & 0 & 0 \\ -1 & 4 & 0 \\ 3 & -2 & 1 \end{pmatrix}$$

演習問題

3.1 $A = \begin{pmatrix} -2 & 1 & 3 \end{pmatrix}$, $B = \begin{pmatrix} -3 \\ 2 \\ 1 \end{pmatrix}$, $C = \begin{pmatrix} 3 & 1 & 5 \\ 1 & -1 & 7 \end{pmatrix}$ とするとき，次の行列の積のうちで計算可能なものを選び出し，計算せよ．

(1) AB　(2) BA　(3) AC　(4) BC　(5) CB　(6) CBA

3.2 $A = \begin{pmatrix} 2 & 3 & -3 \\ 3 & 2 & -3 \end{pmatrix}$, $B = \begin{pmatrix} 1 & 5 & -3 \\ 3 & -2 & 6 \end{pmatrix}$, $C = \begin{pmatrix} 3 & 1 \\ 1 & -1 \\ 7 & 2 \end{pmatrix}$ とするとき，次の行列を求めよ．

(1) $2A + 3B$　(2) AC　(3) $B\,{}^tA$　(4) BCA

3.3 次の各行列について，2 乗と 3 乗を計算し，その結果を用いて n 乗を求めよ（ただし，n は自然数とする）．

(1) $A = \dfrac{1}{\sqrt{2}} \begin{pmatrix} 1 & 1 \\ 1 & -1 \end{pmatrix}$　(2) $B = \begin{pmatrix} -2 & -1 \\ 3 & 1 \end{pmatrix}$　(3) $C = \begin{pmatrix} -2 & 1 & 1 \\ -2 & 0 & 1 \\ -4 & 2 & 2 \end{pmatrix}$

3.4 ${}^tA = -A$ を満たす正方行列 A を**交代行列**とよぶ．

(1) 次の行列が交代行列になるように，a, b, c の値を定めよ．

$$\begin{pmatrix} 0 & a & -1 \\ -2 & b & 4 \\ 1 & c & 0 \end{pmatrix}$$

(2) 交代行列の対角成分はすべて 0 となることを示せ．

(3) 任意の正方行列 A は対称行列と交代行列の和として表すことができ，この表し方は一意的であることを示せ．

3.5

$$A = \begin{pmatrix} 1 & 1 & 0 \\ 0 & 1 & 1 \\ 0 & 0 & 1 \end{pmatrix}, \quad J = \begin{pmatrix} 0 & 1 & 0 \\ 0 & 0 & 1 \\ 0 & 0 & 0 \end{pmatrix}$$

とする．E を 3 次の単位行列とすると，$A = E + J$ となる．

(1) J^2, J^3 を求めよ．

(2) 展開公式 $(a+b)(a^2 - ab + b^2) = a^3 + b^3$ を用いて，$A = E + J$ の逆行列を求めよ．

(3) A^2, A^3 を求めよ．　(4) A^n を求めよ（n は自然数）．

3.6 $A = \begin{pmatrix} a & b \\ c & d \end{pmatrix}$ とするとき，次の等式が成り立つことを示せ（この関係式を**ケーリー・ハミルトンの定理**とよぶ）．

$$A^2 - (a+d)A + (ad - bc)E = O$$

3.7 n 次正方行列 $A = (a_{ij})$ に対し，行列 A の**トレース**（$\mathrm{tr}\, A$ と表す）をすべての対角成分の和として定義する．つまり，

$$\mathrm{tr}\, A = a_{11} + a_{22} + \cdots + a_{nn}$$

とする．このとき，次の等式が成り立つことを示せ．

$$\mathrm{tr}\, AB = \mathrm{tr}\, BA$$

3.8 (1) n 次列ベクトル $\boldsymbol{a} = \begin{pmatrix} a_1 \\ a_2 \\ \vdots \\ a_n \end{pmatrix}$, $\boldsymbol{b} = \begin{pmatrix} b_1 \\ b_2 \\ \vdots \\ b_n \end{pmatrix}$ に対し，**標準的内積** $(\boldsymbol{a}, \boldsymbol{b})$ を

$$(\boldsymbol{a}, \boldsymbol{b}) = a_1 b_1 + a_2 b_2 + \cdots + a_n b_n \ \left(= {}^t\boldsymbol{a}\boldsymbol{b} \right)$$

により定義する（平面ベクトル，空間ベクトルを成分で表したとき，これは第 1 章と第 2 章の内積 $\boldsymbol{a} \cdot \boldsymbol{b}$ と一致する）．

このとき，A を n 次正方行列とすると，

$$(A\boldsymbol{a}, \boldsymbol{b}) = (\boldsymbol{a}, {}^tA\boldsymbol{b})$$

となることを示せ．

(2) 複素数を成分とする n 次列ベクトル $\boldsymbol{a} = \begin{pmatrix} \alpha_1 \\ \alpha_2 \\ \vdots \\ \alpha_n \end{pmatrix}$, $\boldsymbol{b} = \begin{pmatrix} \beta_1 \\ \beta_2 \\ \vdots \\ \beta_n \end{pmatrix}$ に対し，**標準的複素内積** $(\boldsymbol{a}, \boldsymbol{b})_{\mathbf{C}}$ を

$$(\boldsymbol{a}, \boldsymbol{b})_{\mathbf{C}} = \alpha_1 \overline{\beta}_1 + \alpha_2 \overline{\beta}_2 + \cdots + \alpha_n \overline{\beta}_n \ \left(= {}^t\boldsymbol{a}\overline{\boldsymbol{b}} \right)$$

により定義する．このとき，A を複素数を成分とする n 次正方行列とすると，

$$(A\boldsymbol{a}, \boldsymbol{b})_{\mathbf{C}} = (\boldsymbol{a}, {}^t\overline{A}\boldsymbol{b})_{\mathbf{C}}$$

となることを示せ．

> **注**　ここで，$\overline{\boldsymbol{b}}$ は $\boldsymbol{b}$ の各成分 β_i をその共役複素数 $\overline{\beta}_i$ で置き換えて得られるベクトルである．同様にして，行列 $A = (a_{ij})$ に対し，各成分 a_{ij} を共役複素数 $\overline{a}_{ij}$ で置き換えて得られる行列 $(\overline{a}_{ij})$ を $\overline{A}$ で表す．${}^t\overline{A}$ はその転置行列である．${}^t\overline{A}$ を A^* で表すこともある．

3.9 A, B を n 次正方行列とするとき，n 次正方行列 $[A, B]$ を $[A, B] = AB - BA$ により定義する．このとき，次の等式が成立することを示せ（この恒等式を**ヤコビ律**とよぶ）．

$$[A, [B, C]] + [B, [C, A]] + [C, [A, B]] = O$$

3.10 A_1, A_2 を n 次正則行列，B を n 次正方行列とするとき，$2n$次正方行列

$$A = \begin{pmatrix} A_1 & B \\ O & A_2 \end{pmatrix}$$

の逆行列を求めよ．

3.11　A, B を n 次正方行列，E を n 次の単位行列とする．

(1)　$\begin{pmatrix} E & E \\ E & -E \end{pmatrix}\begin{pmatrix} A & B \\ B & A \end{pmatrix}\begin{pmatrix} E & E \\ E & -E \end{pmatrix}$ を求めよ．

(2)　(1) の結果を利用して $2n$ 次正方行列 $\begin{pmatrix} A & B \\ B & A \end{pmatrix}$ の逆行列を求めよ．ただし，$A+B$, $A-B$ はともに正則であるとする．

3.12　次の 3 つのタイプの n 次正方行列を**基本行列**とよぶ．

$$E(i;c)=\begin{array}{r@{}l} & \begin{array}{ccccccc} & & & (i) & & & \end{array} \\ \begin{array}{r} \\ \\ \\ (i) \\ \\ \\ \\ \end{array} & \left(\begin{array}{ccccccc} 1 & & & \vdots & & & O \\ & \ddots & & \vdots & & & \\ & & 1 & \vdots & & & \\ \cdots & \cdots & \cdots & c & & & \\ & & & & 1 & & \\ & O & & & & \ddots & \\ & & & & & & 1 \end{array}\right) \end{array},\quad E(i,j;c)=\begin{array}{r@{}l} & \begin{array}{ccccccc} & & (i) & & (j) & & \end{array} \\ \begin{array}{r} \\ \\ (i) \\ \\ (j) \\ \\ \\ \end{array} & \left(\begin{array}{ccccccc} 1 & & \vdots & & \vdots & & O \\ & \ddots & \vdots & & \vdots & & \\ \cdots & \cdots & 1 & \cdots & c & & \\ & & & \ddots & \vdots & & \\ \cdots & \cdots & \cdots & \cdots & 1 & & \\ & O & & & & \ddots & \\ & & & & & & 1 \end{array}\right) \end{array}$$

$$E(i,j)=\begin{array}{r@{}l} & \begin{array}{ccccccc} & & (i) & & (j) & & \end{array} \\ \begin{array}{r} \\ \\ (i) \\ \\ (j) \\ \\ \\ \end{array} & \left(\begin{array}{ccccccc} 1 & & \vdots & & \vdots & & O \\ & \ddots & \vdots & & \vdots & & \\ \cdots & \cdots & 0 & \cdots & 1 & & \\ & & \vdots & \ddots & \vdots & & \\ \cdots & \cdots & 1 & \cdots & 0 & & \\ & O & & & & \ddots & \\ & & & & & & 1 \end{array}\right) \end{array}$$

$E(i;c)$ は単位行列の (i,i) 成分の 1 を $c\ (\neq 0)$ に置き換えたもの，$E(i,j;c)$ は単位行列の (i,j) 成分の 0 を c に置き換えたもの，$E(i,j)$ は単位行列の (i,i) 成分と (j,j) 成分の 1 を 0 にし，(i,j) 成分と (j,i) 成分を 1 にしたものである．

(1)　これらの行列を $n\times m$ 行列 B に左からかけると，B の行はどのような変化を受けるか．

(2)　これらの行列を $m\times n$ 行列 C に右からかけると，C の列はどのような変化を受けるか．

(3)　基本行列はすべて正則で，その逆行列も基本行列となることを示せ．

第４章

平面と空間の１次変換

この章では，平面と空間における１次変換と線形変換について説明する．ここで示す基本的な例は，それ自体が重要なだけでなく，一般的なベクトル空間の線形変換を理解するための重要な手がかりとなる．

4.1 平面の１次変換

この節では，平面の点を平面の点にうつす写像の中で一番基本的な１次写像について説明する．

4.1.1 写　像

まず，一般の**写像**について基本的な概念をまとめておく．

A, B を集合とし，A の各要素 a に対し，B の１つの要素 b が対応づけられているときに，この対応を**写像**とよぶ（図 4.1 参照）．A をこの写像の**定義域**，B を**終域**とよぶ．写像を $f, g, \ldots$ などの文字で表し，集合 A, B を明示したいときは $f : A \to B$ と書く．写像 f により集合 A の要素 a に対応づけられる B の要素 b を $f(a)$ で表す．また，$f : a \mapsto b$ と書くこともある．$f(a)$ 全体の集合を $f(A)$ と書き，f の**像**とよぶ．

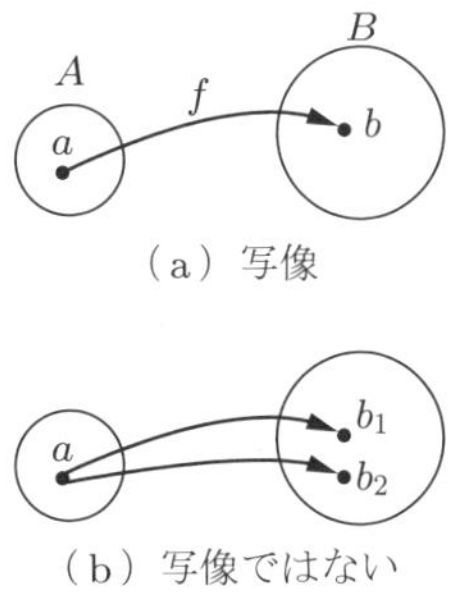

（a）写像

（b）写像ではない

図 4.1　写像

とくに，B が数の集合のときは，写像は**関数**とよばれる．また，$A = B$ の場合は，$A\ (= B)$ の**変換**とよばれることもある．

■1 対 1 の写像　写像 f により，集合 A の異なる要素が B の異なる要素に対応づけられるとき，f は**1 対 1 の写像**であるという．

■上への写像　集合 B の任意の要素 b に対し，f により対応づけられる A の要素が（少なくとも）１つ存在するとき，f は**上への写像**であるという．

一般には，「1 対 1 の写像」と「上への写像」は片方が他方を意味するものではないが，A, B が有限集合で，要素の個数が等しいときは，この２つの条件は一致する．

■合成写像　2 つの写像 $f: A \to B$, $g: B \to C$ に対し，f と g の**合成写像** $g \circ f: A \to C$ を $(g \circ f)(a) = g(f(a))$ により定める．これは，2 つの対応 f, g を続けて行うことにより得られる写像である．

■逆写像　$f: A \to B$ が 1 対 1 かつ上への写像の場合は，逆の対応を考えることができる．すなわち，任意の $b \in B$ に対し，$f(a) = b$ となる A の要素 a がただ 1 つ存在するので，b に対しこの a を対応させる．このようにして得られる写像を f の逆写像とよび，f^{-1} で表す．

上記のさまざまな写像を図 4.2 に示す．

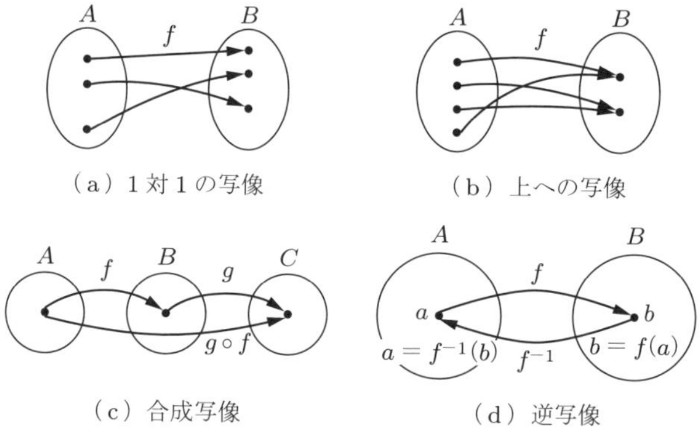

図 4.2　さまざまな写像

例 4.1　実数全体のなす集合 $\boldsymbol{R}$ から $\boldsymbol{R}$ への 4 つの写像（関数）

$$f(x) = x^2, \quad g(x) = x^3, \quad h(x) = 2^x, \quad k(x) = \tan x$$

を考える．このとき，f は 1 対 1 でも上への写像でもない．g は 1 対 1 かつ上への写像である．h は 1 対 1 だが上への写像ではない．k は上への写像だが，1 対 1 ではない．合成写像 $f \circ h$ と $h \circ f$ はそれぞれ $(f \circ h)(x) = 2^{2x}$, $(h \circ f)(x) = 2^{x^2}$ で与えられる．

h は上への写像ではないが，終域を $\boldsymbol{R}_{>0} = \{x \in \boldsymbol{R} \mid x > 0\}$ に取り換えると上への写像となり，逆写像（逆関数）が存在する．このときの逆写像は，$h^{-1}(y) = \log_2 y$ で与えられる．

集合 A から A への写像 $f: A \to A$ を A の**変換**とよぶこともある．この章では，平面（空間）または平面（空間）ベクトルの行列で表される変換を扱う．

4.1.2 ▌1 次変換と線形変換

平面から平面への写像 $f: E^2 \to E^2$ による点 $\mathrm{P}(x, y)$ の像を $\mathrm{P}'(x', y')$ とする．

点 P' の座標 x', y' が点 P の座標 x, y の 1 次の同次式になるような写像を平面の**1 次変換**とよぶ．つまり，f が 1 次変換であるとは，ある定数 a, b, c, d が存在して，

$$\begin{cases} x' = ax + by \\ y' = cx + dy \end{cases} \tag{4.1}$$

と書かれる場合のことをいう．

注 直線 E^1 の場合は，1 次の同次式で与えられる写像 $f(x)$ というと

$$f(x) = ax$$

となり，これは比例式である．平面の 1 次変換 f は，これを拡張したものと考えられる．

上の式 (4.1) は，行列 $A = \begin{pmatrix} a & b \\ c & d \end{pmatrix}$ を用いて

$$\begin{pmatrix} x' \\ y' \end{pmatrix} = \begin{pmatrix} a & b \\ c & d \end{pmatrix} \begin{pmatrix} x \\ y \end{pmatrix} \tag{4.2}$$

と書くことができる．この行列 A を 1 次変換 f の**行列**とよぶ．

平面の各点 P はベクトル $\overrightarrow{\mathrm{OP}}$ を表すものと考えることができた（命題 1.2 参照）．したがって，平面の 1 次変換 f は，ベクトル $\overrightarrow{\mathrm{OP}}$ をベクトル $\overrightarrow{\mathrm{OP}'}$ にうつす平面ベクトルの写像と考えることができる．この写像を

$$F : V^2 \to V^2, \quad \boldsymbol{x} = \overrightarrow{\mathrm{OP}} \mapsto \boldsymbol{x}' = \overrightarrow{\mathrm{OP}'}$$

とする（V^2 で平面ベクトル全体を表す）．このとき，式 (4.2) は，$\boldsymbol{x} = \overrightarrow{\mathrm{OP}}$ の成分に行列 A をかけて，像 $\boldsymbol{x}' = \overrightarrow{\mathrm{OP}'}$ の成分が得られることを示している．つまり，$\boldsymbol{x} = \begin{pmatrix} x \\ y \end{pmatrix}$ とするとき，次式が成り立つ．

$$F(\boldsymbol{x}) = A\boldsymbol{x} \tag{4.3}$$

この行列 $A = \begin{pmatrix} a & b \\ c & d \end{pmatrix}$ を F の**表現行列**，または単に F の**行列**とよぶ．

この写像 $F : V^2 \to V^2$ は次の性質をもつ．

定理 4.1 写像 $f : E^2 \to E^2$ より定まる平面ベクトル間の写像を $F : V^2 \to V^2$ とする．

このとき，f が 1 次変換ならば，F は次の性質をもつ．

(1)　$F(\boldsymbol{a}+\boldsymbol{b}) = F(\boldsymbol{a}) + F(\boldsymbol{b})$

(2)　$F(k\boldsymbol{a}) = k\,F(\boldsymbol{a})$　(k は実数)

逆に，F がこの性質をもつとき，f は1次変換である．

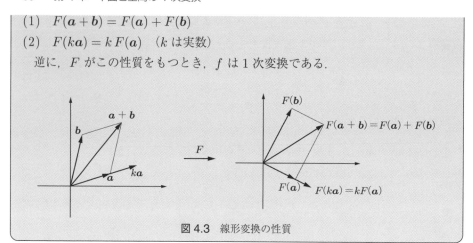

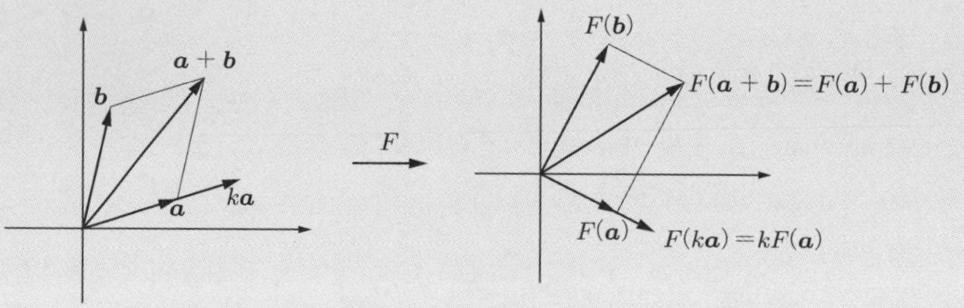

図 4.3　線形変換の性質

一般に，この定理の性質 (1), (2) をもつ V^2 から V^2 への写像 F を，V^2 の**線形変換**とよぶ．すなわち，この定理は，

$$[f \text{ は1次変換}] \iff [F \text{ は線形変換}]$$

を意味する．

証明　[⇒]　成分により平面ベクトルを表して，$\boldsymbol{a} = \begin{pmatrix} a_1 \\ a_2 \end{pmatrix}$, $\boldsymbol{b} = \begin{pmatrix} b_1 \\ b_2 \end{pmatrix}$ とするとき，f の行列を A とすると，式 (4.3) より，

(1)　$F(\boldsymbol{a}+\boldsymbol{b}) = A(\boldsymbol{a}+\boldsymbol{b}) = A\boldsymbol{a} + A\boldsymbol{b} = F(\boldsymbol{a}) + F(\boldsymbol{b})$

(2)　$F(k\boldsymbol{a}) = A(k\boldsymbol{a}) = kA\boldsymbol{a} = kF(\boldsymbol{a})$

したがって，F は線形変換である．

[⇐]　$F : V^2 \to V^2$ が性質 (1)，(2) を満たすものとする．$\boldsymbol{e}_1 = \begin{pmatrix} 1 \\ 0 \end{pmatrix}$, $\boldsymbol{e}_2 = \begin{pmatrix} 0 \\ 1 \end{pmatrix}$ を基本単位ベクトルとすると，一般のベクトル $\boldsymbol{x} = \begin{pmatrix} x \\ y \end{pmatrix}$ は，$\boldsymbol{x} = x\boldsymbol{e}_1 + y\boldsymbol{e}_2$ と表される．性質 (1)，(2) を使うと，

$$F(\boldsymbol{x}) = F(x\boldsymbol{e}_1 + y\boldsymbol{e}_2) = F(x\boldsymbol{e}_1) + F(y\boldsymbol{e}_2) = xF(\boldsymbol{e}_1) + yF(\boldsymbol{e}_2) \qquad (4.4)$$

ここで，$F(\boldsymbol{e}_1) = \begin{pmatrix} a \\ c \end{pmatrix}$, $F(\boldsymbol{e}_2) = \begin{pmatrix} b \\ d \end{pmatrix}$ とすると，

$$\text{式 (4.4)} = x\begin{pmatrix} a \\ c \end{pmatrix} + y\begin{pmatrix} b \\ d \end{pmatrix} = \begin{pmatrix} ax+by \\ cx+dy \end{pmatrix}$$

となる．したがって，像 $F(\boldsymbol{x}) = \begin{pmatrix} x' \\ y' \end{pmatrix}$ は

$$\begin{cases} x' = ax + by \\ y' = cx + dy \end{cases}$$

で与えられる．よって，この写像 F が表す平面の写像 $f : (x, y) \mapsto (x', y')$ は行列 $\begin{pmatrix} a & b \\ c & d \end{pmatrix}$ で与えられる 1 次変換である． □

注 この 2 つの写像 f と F を同じものと思って，同じ記号 f で表すことが多いが，本書ではこの 2 つを区別して，必要ならば，小文字と大文字で表すことにする（図 4.4 参照）．

$$f(\mathrm{P}) = \mathrm{P}' \iff F(\overrightarrow{\mathrm{OP}}) = \overrightarrow{\mathrm{OP}'}$$

写像 $f : E^2 \to E^2$ が 1 次変換かどうかは，平面 E^2 に定められた座標系による．これに対し，写像 $F : V^2 \to V^2$ が線形変換かどうかは，平面ベクトル全体 V^2 の基底によらない．

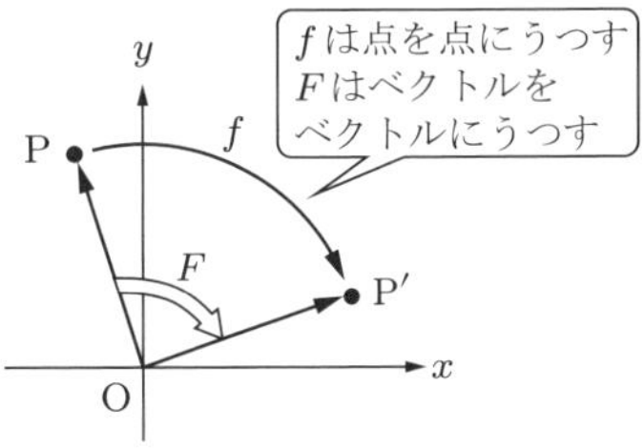

図 4.4 線形変換と 1 次変換

この定理の証明の後半より，$\boldsymbol{e}_1$ と $\boldsymbol{e}_2$ の像がわかれば線形変換の行列が求められることがわかる．

命題 4.1 平面ベクトルの線形変換 F について，$F(\boldsymbol{e}_1) = \begin{pmatrix} a \\ c \end{pmatrix}$, $F(\boldsymbol{e}_2) = \begin{pmatrix} b \\ d \end{pmatrix}$ とすると，F の行列は

$$\begin{pmatrix} a & b \\ c & d \end{pmatrix}$$

で与えられる．

すなわち，$F(\boldsymbol{e}_1)$ と $F(\boldsymbol{e}_2)$ の成分を並べれば，F の表現行列が得られる．

例題 4.1

(1) 平面の 1 次変換 $f : (x, y) \mapsto (2x + 3y, -x + 4y)$ について，次を求めよ．
  (a) 点 P(2, −1) の f による像
  (b) f の行列 A

(2) 平面ベクトルの線形変換 G が $G(\boldsymbol{e}_1) = \begin{pmatrix} -1 \\ 2 \end{pmatrix}$, $G(\boldsymbol{e}_2) = \begin{pmatrix} 3 \\ -2 \end{pmatrix}$ を満たすとき，次を求めよ．

(a)　G の行列 B

(b)　G によるベクトル $\boldsymbol{a} = \begin{pmatrix} 1 \\ -1 \end{pmatrix}$ の像

解　(1)　(a) $x = 2,\ y = -1$ を与式に代入して

$$\begin{aligned} 2x + 3y &= 2 \cdot 2 + 3 \cdot (-1) = 4 - 3 = 1 \\ -x + 4y &= -2 + 4 \cdot (-1) = -2 - 4 = -6 \end{aligned}$$

となる．したがって，像は点 $(1,\ -6)$ である．

(b) 点 $\mathrm{P}(x,\ y)$ の像を $(x',\ y')$ とすると，与式より

$$\begin{cases} x' = 2x + 3y \\ y' = -x + 4y \end{cases} \quad \text{すなわち，} \quad \begin{pmatrix} x' \\ y' \end{pmatrix} = \begin{pmatrix} 2 & 3 \\ -1 & 4 \end{pmatrix} \begin{pmatrix} x \\ y \end{pmatrix}$$

となる．したがって，f の行列 A は次で与えられる．

$$A = \begin{pmatrix} 2 & 3 \\ -1 & 4 \end{pmatrix}$$

(2)　(a) 命題 4.1 より，

$$B = (G(\boldsymbol{e}_1),\ G(\boldsymbol{e}_2)) = \begin{pmatrix} -1 & 3 \\ 2 & -2 \end{pmatrix}$$

(b) (a) で得られた行列を用いて，$\boldsymbol{a}$ の像は，

$$B\boldsymbol{a} = \begin{pmatrix} -1 & 3 \\ 2 & -2 \end{pmatrix} \begin{pmatrix} 1 \\ -1 \end{pmatrix} = \begin{pmatrix} -4 \\ 4 \end{pmatrix}$$ ■

問 4.1　次の 1 次変換の行列を求めよ．

(1)　$f : (x,\ y) \mapsto (-2x + 6y,\ 3x + 4y)$　　(2)　$f : (x,\ y) \mapsto (3x,\ 2x - y)$

(3)　$f : (x,\ y) \mapsto (3y,\ -x)$

問 4.2　次の条件を満たす線形変換の行列を求めよ．

(1)　$F(\boldsymbol{e}_1) = \begin{pmatrix} -3 \\ 1 \end{pmatrix},\ F(\boldsymbol{e}_2) = \begin{pmatrix} 4 \\ -2 \end{pmatrix}$　　(2)　$F(\boldsymbol{e}_1) = \boldsymbol{e}_2,\ F(\boldsymbol{e}_2) = \boldsymbol{e}_1$

(3)　$F(\boldsymbol{e}_1 + \boldsymbol{e}_2) = \begin{pmatrix} -2 \\ 2 \end{pmatrix},\ F(\boldsymbol{e}_2) = \begin{pmatrix} 1 \\ 3 \end{pmatrix}$

4.1.3　1 次変換の性質

平面の 1 次変換 f は次の性質をもつ．

命題 4.2 f を 1 次変換とする．

(1) f は原点を原点にうつす．つまり，$f(\mathrm{O}) = \mathrm{O}$ となる．

(2) f は直線を直線（または 1 点）にうつす．

(3) f は内分比を変えない．つまり，点 R が線分 PQ を $m:n$ に内分すれば，点 $f(\mathrm{R})$ は線分 $f(\mathrm{P})f(\mathrm{Q})$ を $m:n$ に内分する．

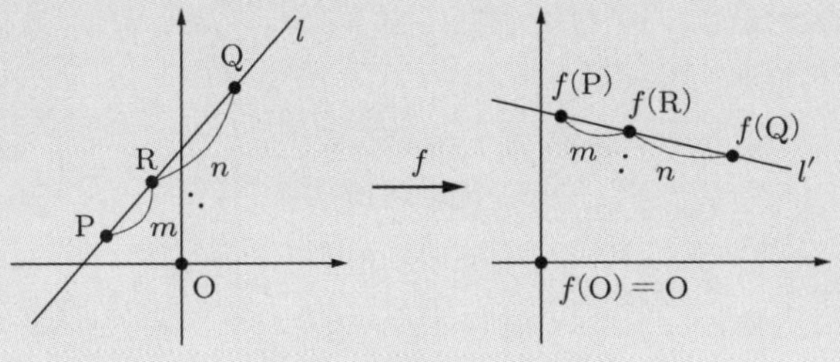

図 4.5 1 次変換の性質

証明 (1) f の行列を A とすると，$A\mathbf{0} = \mathbf{0}$ となる．これは原点が原点にうつされることを示している．

(2) $\overrightarrow{\mathrm{OP}} = \boldsymbol{p}$, $\overrightarrow{\mathrm{OQ}} = \boldsymbol{q}$ とするとき，2 点 P, Q を通る直線上の任意の点 R の位置ベクトル $\boldsymbol{r}$ は

$$\boldsymbol{r} = (1-t)\boldsymbol{p} + t\boldsymbol{q}$$

で与えられる（系 2.1 参照）．したがって，

$$F(\boldsymbol{r}) = F((1-t)\boldsymbol{p} + t\boldsymbol{q}) = (1-t)F(\boldsymbol{p}) + tF(\boldsymbol{q})$$

これは $f(R)$ が 2 点 $f(\mathrm{P})$，$f(\mathrm{Q})$ を通る直線上にあることを表す（$F(\boldsymbol{p}) = F(\boldsymbol{q})$ のときは，1 点 $f(\mathrm{P})$ となる）．

(3) (2) において，$t = m/(m+n)$ とすればよい． □

4.1.4 写像の合成と行列の積

線形変換，1 次変換の合成と，行列の積は対応している．

命題 4.3 (1) f, g を平面の 1 次変換，A, B をそれらを表す行列とすると，f と g の合成変換 $f \circ g$ を表す行列は AB となる．

(2) F, G を平面ベクトルの線形変換，A, B をそれらを表す行列とすると，F と G の合成変換 $F \circ G$ を表す行列は AB となる．

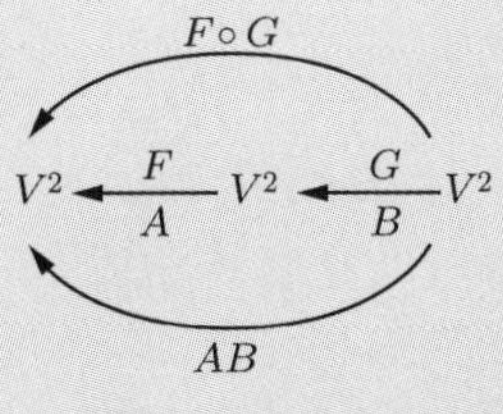

図 4.6 線形変換の合成と行列の積

証明　(1) は (2) より従うので，(2) を示せばよい．

$$(F \circ G)(\boldsymbol{x}) = F(G(\boldsymbol{x})) = AG(\boldsymbol{x}) = A(B\boldsymbol{x}) = (AB)\boldsymbol{x}$$

ここで，最後の等式で命題 3.1 (1) を用いた．

したがって，$F \circ G$ の行列は AB となる．□

注　命題 4.3 では「合成変換を表す行列は積となる」と述べているが，もともと写像の合成に行列の積が対応するように行列の積は定義されているのである．平面ベクトルの線形変換の場合に直接確かめてみよう．

$$G : \boldsymbol{x} = \begin{pmatrix} x_1 \\ x_2 \end{pmatrix} \mapsto \boldsymbol{y} = \begin{pmatrix} b_{11}x_1 + b_{12}x_2 \\ b_{21}x_1 + b_{22}x_2 \end{pmatrix} \text{ の行列を } B = \begin{pmatrix} b_{11} & b_{12} \\ b_{21} & b_{22} \end{pmatrix}$$

$$F : \boldsymbol{y} = \begin{pmatrix} y_1 \\ y_2 \end{pmatrix} \mapsto \boldsymbol{z} = \begin{pmatrix} a_{11}y_1 + a_{12}y_2 \\ a_{21}y_1 + a_{22}y_2 \end{pmatrix} \text{ の行列を } A = \begin{pmatrix} a_{11} & a_{12} \\ a_{21} & a_{22} \end{pmatrix}$$

とする．このとき，この 2 つの写像を合成すると

$$\begin{aligned}(F \circ G)(\boldsymbol{x}) = F(G(\boldsymbol{x})) &= \begin{pmatrix} a_{11}(b_{11}x_1 + b_{12}x_2) + a_{12}(b_{21}x_1 + b_{22}x_2) \\ a_{21}(b_{11}x_1 + b_{12}x_2) + a_{22}(b_{21}x_1 + b_{22}x_2) \end{pmatrix} \\ &= \begin{pmatrix} (a_{11}b_{11} + a_{12}b_{21})x_1 + (a_{11}b_{12} + a_{12}b_{22})x_2 \\ (a_{21}b_{11} + a_{22}b_{21})x_1 + (a_{21}b_{12} + a_{22}b_{22})x_2 \end{pmatrix}\end{aligned}$$

となる．したがって，$F \circ G$ も線形変換で，その表現行列は

$$\begin{pmatrix} a_{11}b_{11} + a_{12}b_{21} & a_{11}b_{12} + a_{12}b_{22} \\ a_{21}b_{11} + a_{22}b_{21} & a_{21}b_{12} + a_{22}b_{22} \end{pmatrix}$$

で与えられる．そこで，この行列を A と B の積 AB と定義するのである．

参考　上記の注の証明において，次のように行列のブロック分割を用いると見通しがよくなり，一般の形の行列にも通用する証明が得られる．線形変換

$$H : \boldsymbol{x} = \begin{pmatrix} x_1 \\ x_2 \end{pmatrix} \mapsto \boldsymbol{y} = \begin{pmatrix} a_{11}x_1 + a_{12}x_2 \\ a_{21}x_1 + a_{22}x_2 \end{pmatrix}$$

の行列を

$$A = \begin{pmatrix} a_{11} & a_{12} \\ a_{21} & a_{22} \end{pmatrix}$$

と定める．そして，$H(\boldsymbol{x}) = A\boldsymbol{x}$ となるように，積 $A\boldsymbol{x}$ を

$$A\boldsymbol{x} = \begin{pmatrix} a_{11}x_1 + a_{12}x_2 \\ a_{21}x_1 + a_{22}x_2 \end{pmatrix}$$

と定める．このとき，$\boldsymbol{e}_1 = \begin{pmatrix} 1 \\ 0 \end{pmatrix}$, $\boldsymbol{e}_2 = \begin{pmatrix} 0 \\ 1 \end{pmatrix}$ とすると $A\boldsymbol{e}_1$ と $A\boldsymbol{e}_2$ はそれぞれ A の第

1 列と第 2 列になる.

$$A\boldsymbol{e}_1 = \begin{pmatrix} a_{11} \\ a_{21} \end{pmatrix} = \boldsymbol{a}_1, \quad A\boldsymbol{e}_1 = \begin{pmatrix} a_{12} \\ a_{22} \end{pmatrix} = \boldsymbol{a}_2$$

したがって, H の行列 A は $H(\boldsymbol{e}_1)$ と $H(\boldsymbol{e}_2)$ を並べることにより得られる（命題 4.1 参照).

$$A = (H(\boldsymbol{e}_1), H(\boldsymbol{e}_2))$$

そこで, 2 つの線形変換 F, G の行列をそれぞれ A, B とし, B の列への分割を $B = (\boldsymbol{b}_1, \boldsymbol{b}_2)$ として, $F \circ G$ の行列を求めよう（$F \circ G$ が線形変換であることは容易に確かめられる). $(F \circ G)(\boldsymbol{e}_1)$ と $(F \circ G)(\boldsymbol{e}_2)$ を求めると

$$(F \circ G)(\boldsymbol{e}_1) = F(G(\boldsymbol{e}_1)) = F(\boldsymbol{b}_1) = A\boldsymbol{b}_1$$
$$(F \circ G)(\boldsymbol{e}_2) = F(G(\boldsymbol{e}_2)) = F(\boldsymbol{b}_2) = A\boldsymbol{b}_2$$

となる. したがって, $F \circ G$ の行列は

$$(A\boldsymbol{b}_1, A\boldsymbol{b}_2)$$

で与えられる. したがって, 積 AB を上式により定めるのである. これは積 AB の定義（式 (3.2)）と一致している.

4.1.5 平面の 1 次変換の例

正射影　正射影については 1.5 節において, 内積の説明に使用した. また, 実質的には正射影が線形変換であることを用いて内積の性質を示した（命題 1.6(5)).

図 4.7 は, 原点を通り, x 軸となす角が θ の直線 l 方向への正射影を平面の 1 次変換とみたときの図である. この 1 次変換 f_θ により, 点 P は点 P′ にうつされる.

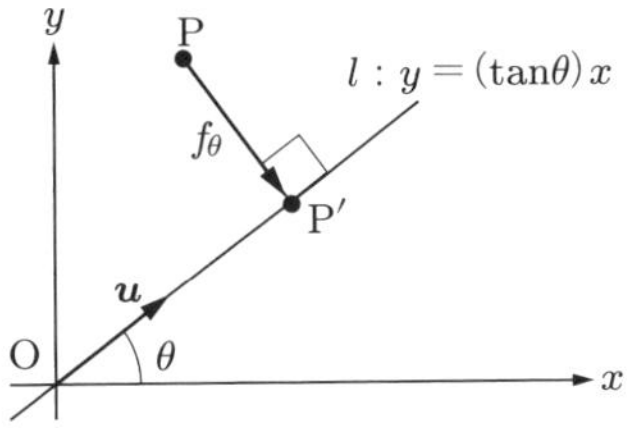

図 4.7　直線への正射影

命題 4.4　原点を通り, x 軸となす角が θ の直線 l への正射影 f_θ を表す行列は

$$\begin{pmatrix} \cos^2\theta & \cos\theta\sin\theta \\ \cos\theta\sin\theta & \sin^2\theta \end{pmatrix} \tag{4.5}$$

で与えられる.

証明　直線 l に平行な単位ベクトルを $\boldsymbol{u} = \begin{pmatrix} \cos\theta \\ \sin\theta \end{pmatrix}$ とすると，f_θ に対応する線形変換 $F_\theta : V^2 \to V^2$ は，$\boldsymbol{p} = \begin{pmatrix} x \\ y \end{pmatrix}$ として，

$$F_\theta(\boldsymbol{p}) = (\boldsymbol{p} \cdot \boldsymbol{u})\boldsymbol{u}$$

で与えられる．これを成分で書き表すと

$$\begin{aligned} F_\theta(\boldsymbol{p}) &= (x\cos\theta + y\sin\theta)\begin{pmatrix} \cos\theta \\ \sin\theta \end{pmatrix} = \begin{pmatrix} x\cos^2\theta + y\sin\theta\cos\theta \\ x\cos\theta\sin\theta + y\sin^2\theta \end{pmatrix} \\ &= \begin{pmatrix} \cos^2\theta & \cos\theta\sin\theta \\ \cos\theta\sin\theta & \sin^2\theta \end{pmatrix}\begin{pmatrix} x \\ y \end{pmatrix} \end{aligned}$$

となる．したがって，この線形変換を表す行列は式 (4.5) で与えられる．□

問 4.3　直線 $y = mx$ への正射影を表す行列は，

$$\frac{1}{m^2+1}\begin{pmatrix} 1 & m \\ m & m^2 \end{pmatrix}$$

で与えられる．

(1)　この公式を証明せよ．

(2)　この公式を用いて直線 $y = (1/2)x$ への正射影を表す行列を求めよ．

■ **対称移動**　原点を通り，x 軸となす角が θ の直線 l に関する対称移動 g_θ も代表的な1次変換のうちの1つである（図 4.8 参照）．

対応するベクトル変換 G_θ が線形変換となることは容易に確かめることができる．

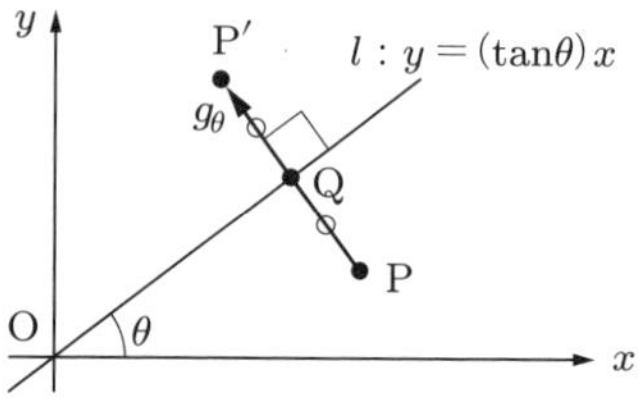

図 4.8　直線に関する対称移動

命題 4.5　原点を通り，x 軸となす角が θ の直線 l に関する対称移動 g_θ を表す行列は

$$\begin{pmatrix} \cos 2\theta & \sin 2\theta \\ \sin 2\theta & -\cos 2\theta \end{pmatrix} \tag{4.6}$$

で与えられる．

証明　直線 l に関して点 P を対称に移動した点を P′ とすると，線分 PP′ の中点 Q は点 P の直線 l への正射影である．したがって，g_θ に対応するベクトルの変換を

G_θ，直線 l への正射影に対応する線形変換を F_θ とすると，

$$\frac{\boldsymbol{x}+G_\theta(\boldsymbol{x})}{2}=F_\theta(\boldsymbol{x})$$

となる．したがって，命題 4.4 の結果を用いると，

$$\begin{aligned}G_\theta(\boldsymbol{x})&=2F_\theta(\boldsymbol{x})-\boldsymbol{x}=2\begin{pmatrix}x\cos^2\theta+y\sin\theta\cos\theta\\ x\cos\theta\sin\theta+y\sin^2\theta\end{pmatrix}-\begin{pmatrix}x\\ y\end{pmatrix}\\ &=\begin{pmatrix}(2\cos^2\theta-1)x+(2\sin\theta\cos\theta)y\\ (2\cos\theta\sin\theta)x+(2\sin^2\theta-1)y\end{pmatrix}=\begin{pmatrix}(\cos 2\theta)x+(\sin 2\theta)y\\ (\sin 2\theta)x+(-\cos 2\theta)y\end{pmatrix}\\ &=\begin{pmatrix}\cos 2\theta & \sin 2\theta\\ \sin 2\theta & -\cos 2\theta\end{pmatrix}\begin{pmatrix}x\\ y\end{pmatrix}\end{aligned}$$

が得られる．よって，G_θ は線形変換で，この線形変換を表す行列は式 (4.6) で与えられる． □

問 4.4 直線 $y=mx$ に関する対称移動を表す行列は，次式で与えられる．

$$\frac{1}{m^2+1}\begin{pmatrix}1-m^2 & 2m\\ 2m & m^2-1\end{pmatrix}$$

(1) この公式を証明せよ．

(2) この公式を用いて直線 $y=x$ に関する対称移動を表す行列を求めよ．

(3) この公式を用いて直線 $y=(1/2)x$ に関する対称移動を表す行列を求めよ．

回 転 任意の点 P に対し，P を原点のまわりに角 θ 回転して得られる点 Q にうつす写像を r_θ とする（図 4.9 参照）．極座標を用いて表すと，$r_\theta(r,\alpha)=(r,\alpha+\theta)$ となる．ここで，極座標とは，点 P の位置を原点 O からの距離 r と $\overrightarrow{\mathrm{OP}}$ が x 軸の正の向きをなす角 α の組 (r,α) で表す方法である（図 4.10 参照）．

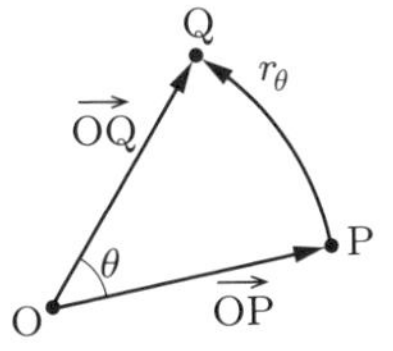

図 4.9 原点まわりの回転移動

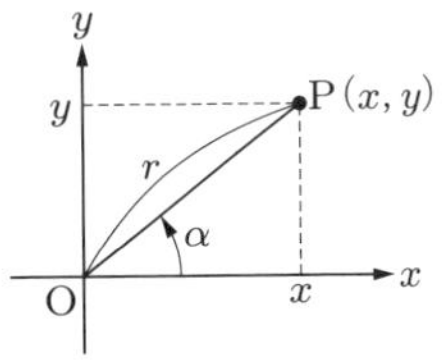

図 4.10 極座標

対応するベクトルの変換 R_θ が線形変換となることは容易に確かめることができ，したがって，r_θ は1次変換である（また，次の命題の証明より，直接行列で表される

ことがわかる).

命題 4.6　角 θ の回転 r_θ を表す行列は次で与えられる.

$$\begin{pmatrix} \cos\theta & -\sin\theta \\ \sin\theta & \cos\theta \end{pmatrix} \tag{4.7}$$

これを角 θ の**回転の行列**とよぶ.

証明　$r_\theta : \mathrm{P} \mapsto \mathrm{Q}$ とし, 点 P の直交座標を $(x,\ y)$, 極座標を $(r,\ \alpha)$ とすると,

$$\begin{cases} x = r\cos\alpha \\ y = r\sin\alpha \end{cases}$$

となる (図 4.10 参照). このとき, 点 Q の極座標は $(r,\ \alpha+\theta)$ となるから, Q の直交座標を $(x',\ y')$ とすると

$$\begin{cases} x' = r\cos(\alpha+\theta) = r(\cos\alpha\cos\theta - \sin\alpha\sin\theta) = x\cos\theta - y\sin\theta \\ y' = r\sin(\alpha+\theta) = r(\sin\alpha\cos\theta + \cos\alpha\sin\theta) = x\sin\theta + y\cos\theta \end{cases}$$

が得られる. したがって, r_θ は 1 次変換であり, r_θ を表す行列は式 (4.7) で与えられる. □

問 4.5　次の角度の回転の行列を求めよ.

(1)　$\pi/2$　(2)　$2\pi/3$　(3)　$\pi/4$　(4)　$\pi/3$　(5)　$5\pi/6$

問 4.6　(1)　x 軸に関する対称移動と原点のまわりの角 2θ の回転を続けて行うと, 直線 $y = (\tan\theta)x$ に関する対称移動となることを確かめよ.

(2)　まず, 角 $(-\theta)$ 回転することにより対称軸を x 軸にうつし, 次に x 軸に関して対称に移動し, 最後に角 θ 回転すれば, 直線 $y = (\tan\theta)x$ に関する対称移動となる. このことを用いて対称移動の行列を求めよ.

問 4.7　直線 $y = (\tan\alpha)x$ に関する対称移動と直線 $y = (\tan\beta)x$ に関する対称移動を続けて行うと, 原点のまわりの回転となることを確かめよ. また, これはどのような角の回転か.

4.2 空間の 1 次変換

4.2.1 空間の 1 次変換の行列

平面の場合と同様, 行列で与えられる座標空間の写像 f を空間の 1 次変換とよぶ.

すなわち，xyz 空間の点 $\mathrm{P}(x, y, z)$ の像を点 $\mathrm{P}'(x', y', z')$ とすると，

$$\begin{cases} x' = a_{11}x + a_{12}y + a_{13}z \\ y' = a_{21}x + a_{22}y + a_{23}z \\ z' = a_{31}x + a_{32}y + a_{33}z \end{cases}$$

つまり，

$$\begin{pmatrix} x' \\ y' \\ z' \end{pmatrix} = \begin{pmatrix} a_{11} & a_{12} & a_{13} \\ a_{21} & a_{22} & a_{23} \\ a_{31} & a_{32} & a_{33} \end{pmatrix} \begin{pmatrix} x \\ y \\ z \end{pmatrix}$$

の形に書かれる場合に，この写像は 1 次変換である．行列

$$A = \begin{pmatrix} a_{11} & a_{12} & a_{13} \\ a_{21} & a_{22} & a_{23} \\ a_{31} & a_{32} & a_{33} \end{pmatrix}$$

をこの 1 次変換の**表現行列**，あるいは単に**行列**とよぶ．

この 1 次変換は空間ベクトルの線形変換 F を与え，同じ行列 A を用いて，$\boldsymbol{x}$ を空間ベクトルとするとき，

$$F(\boldsymbol{x}) = A\boldsymbol{x}$$

で与えられる．

4.2.2 空間の 1 次変換の例

平面への正射影

例 4.2 【xy 平面への正射影】 図 4.11 のように，点 $\mathrm{P}(x,\ y,\ z)$ から xy 平面へ下ろした垂線と，xy 平面との交点を $\mathrm{P}'(x',\ y',\ z')$ とする．点 P に P′ を対応させる写像 p を，xy 平面への**正射影**とよぶ．$x' = x,\ y' = y,\ z' = 0$ より

$$\begin{cases} x' = 1 \cdot x + 0 \cdot y + 0 \cdot z \\ y' = 0 \cdot x + 1 \cdot y + 0 \cdot z \\ z' = 0 \cdot x + 0 \cdot y + 0 \cdot z \end{cases}$$

と書くことができるから，p は 1 次変換で，p の行列は

$$\begin{pmatrix} 1 & 0 & 0 \\ 0 & 1 & 0 \\ 0 & 0 & 0 \end{pmatrix}$$

で与えられる．

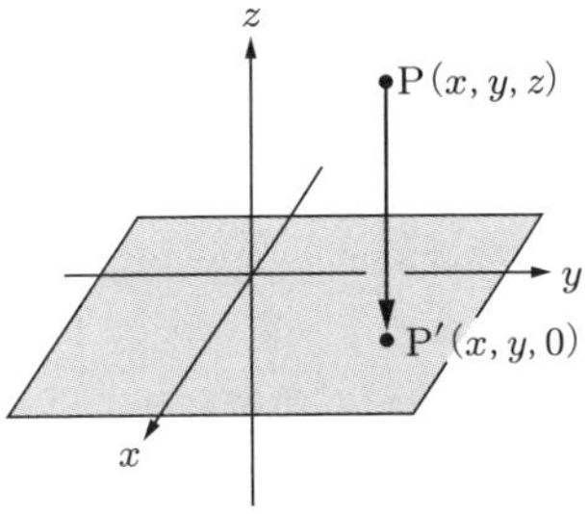

図 4.11 xy 平面への正射影

問 4.8　yz 平面への正射影と，zx 平面への正射影を表す行列をそれぞれ求めよ．

次に，一般の平面への正射影を考えよう．π を原点を通る平面とする．図 4.12 のように，任意の点 $\mathrm{P}(x, y, z)$ に対し，P から π に下ろした垂線と π との交点を H とする．点 P を点 H にうつす写像 p_π は1次変換である．実際，点 P の位置ベクトルを $\boldsymbol{p}$，π に垂直な単位ベクトルを $\boldsymbol{n}$ とすると，像の位置ベクトル $\boldsymbol{h} = \overrightarrow{\mathrm{OH}}$ は，$\boldsymbol{p}$ の $\boldsymbol{n}$ 方向への正射影 $p_n(\boldsymbol{p})$ を $\boldsymbol{p}$ から引くことにより得られる（図 4.12 参照）．つまり，$\boldsymbol{h} = \boldsymbol{p} - p_n(\boldsymbol{p})$ である．ここで，$p_n(\boldsymbol{p})$ は $p_n(\boldsymbol{p}) = (\boldsymbol{p} \cdot \boldsymbol{n})\boldsymbol{n}$ で与えられるから，

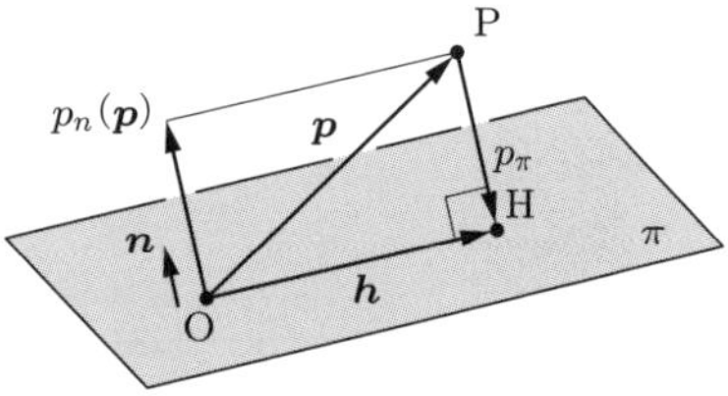

図 4.12　平面への正射影

$$\boldsymbol{h} = \boldsymbol{p} - (\boldsymbol{p} \cdot \boldsymbol{n})\boldsymbol{n}$$

となる．この式より p_π が1次変換であることがわかる．$\boldsymbol{n} = \begin{pmatrix} \alpha \\ \beta \\ \gamma \end{pmatrix}$ としたときに正射影 p_π を表す行列を求めよう．上式より

$$\boldsymbol{h} = \begin{pmatrix} x \\ y \\ z \end{pmatrix} - (\alpha x + \beta y + \gamma z)\begin{pmatrix} \alpha \\ \beta \\ \gamma \end{pmatrix} = \begin{pmatrix} (1-\alpha^2)x - \alpha\beta y - \alpha\gamma z \\ -\alpha\beta x + (1-\beta^2)y - \beta\gamma z \\ -\alpha\gamma x - \beta\gamma y + (1-\gamma^2)z \end{pmatrix}$$

となる．したがって，p_π を表す行列は次で与えられる．

$$\begin{pmatrix} 1-\alpha^2 & -\alpha\beta & -\alpha\gamma \\ -\alpha\beta & 1-\beta^2 & -\beta\gamma \\ -\alpha\gamma & -\beta\gamma & 1-\gamma^2 \end{pmatrix} \tag{4.8}$$

問 4.9　次の平面への正射影を表す行列をそれぞれ求めよ．

(1)　平面 $x + y + z = 0$　　(2)　平面 $x + 2y + 2z = 0$

■対称移動　図 4.13 のように，π を原点を通る平面とするとき，空間の点 $\mathrm{P}(x, y, z)$ に対し，π に関して P と対称な位置にある点を P′ とする．点 P を点 P′ にうつす写像 r_π を平面 π に関する**対称移動**とよぶ．点 P と点 P′ の中点は，点 P の平面 π への正射影だから，

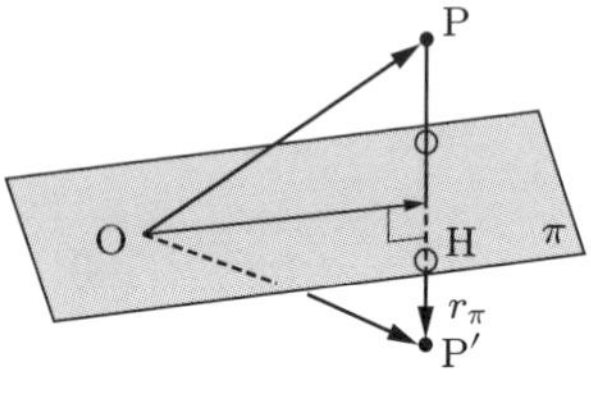

図 4.13　対称移動

$$\frac{\boldsymbol{p}+\boldsymbol{p}'}{2} = p_\pi(\boldsymbol{p})$$

となり，したがって，平面 π に垂直な単位ベクトルを $\begin{pmatrix} \alpha \\ \beta \\ \gamma \end{pmatrix}$ とするとき

$$\boldsymbol{p}' = 2p_\pi(\boldsymbol{p}) - \boldsymbol{p} = 2\begin{pmatrix} (1-\alpha^2)x - \alpha\beta y - \alpha\gamma z \\ -\alpha\beta x + (1-\beta^2)y - \beta\gamma z \\ -\alpha\gamma x - \beta\gamma y + (1-\gamma^2)z \end{pmatrix} - \begin{pmatrix} x \\ y \\ z \end{pmatrix}$$

$$= \begin{pmatrix} (1-2\alpha^2)x - 2\alpha\beta y - 2\alpha\gamma z \\ -2\alpha\beta x + (1-2\beta^2)y - 2\beta\gamma z \\ -2\alpha\gamma x - 2\beta\gamma y + (1-2\gamma^2)z \end{pmatrix}$$

となる．よって，求める行列は次で与えられる．

$$\begin{pmatrix} 1-2\alpha^2 & -2\alpha\beta & -2\alpha\gamma \\ -2\alpha\beta & 1-2\beta^2 & -2\beta\gamma \\ -2\alpha\gamma & -2\beta\gamma & 1-2\gamma^2 \end{pmatrix} \tag{4.9}$$

問 4.10 次の平面に関する対称移動を表す行列をそれぞれ求めよ．

(1) xy 平面 (2) 平面 $x+y+z=0$ (3) 平面 $x+2y+2z=0$

回 転

例 4.3 【z 軸のまわりの回転】 図 4.14 のように，点 $\mathrm{P}(x, y, z)$ に対し，P を z 軸のまわりに角 α 回転して得られる点 $\mathrm{P}'(x', y', z')$ を対応させる写像を g_α^z とする．このとき，z 座標はもとの点と変わらず，xy 平面の点 (x, y) は原点のまわりに角度 α 回転される．したがって，4.1.5 項 (3) 回転の行列 (4.7) より

$$\begin{pmatrix} x' \\ y' \end{pmatrix} = \begin{pmatrix} \cos\alpha & -\sin\alpha \\ \sin\alpha & \cos\alpha \end{pmatrix}\begin{pmatrix} x \\ y \end{pmatrix}$$

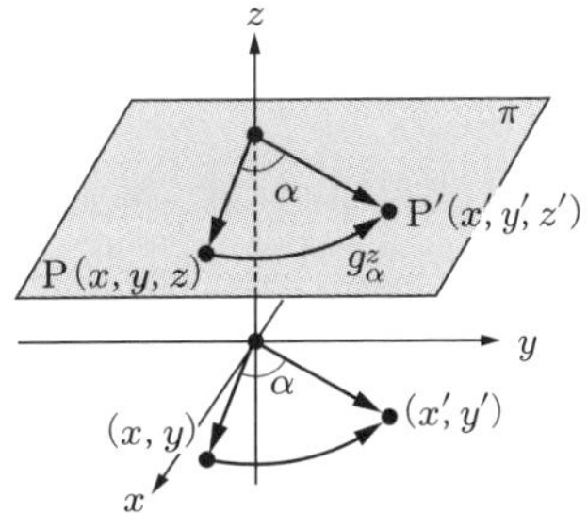

図 4.14 z 軸のまわりの回転

となる．よって，$x' = x\cos\alpha - y\sin\alpha$, $y' = x\sin\alpha + y\cos\alpha$, $z' = z$ となる．

$$\begin{cases} x' = (\cos\alpha)\cdot x - (\sin\alpha)\cdot y + 0\cdot z \\ y' = (\sin\alpha)\cdot x + (\cos\alpha)\cdot y + 0\cdot z \\ z' = \ 0\cdot x + \ 0\cdot y + \ 1\cdot z \end{cases}$$

と書くことができるから，g_α^z は 1 次変換で，その行列 R_α^z は

$$\begin{pmatrix} \cos\alpha & -\sin\alpha & 0 \\ \sin\alpha & \cos\alpha & 0 \\ 0 & 0 & 1 \end{pmatrix}$$

で与えられる.

問 4.11　x 軸のまわりの角 θ の回転を表す行列 R_θ^x と, y 軸のまわりの角 θ の回転を表す行列 R_θ^y をそれぞれ求めよ.

演習問題

4.1 平面において, 次の1次変換の表現行列と, 1次変換による点 (a, b) の像を求めよ.

(1) 直線 $y = x$ への正射影　　(2) 直線 $y = -x$ への正射影

(3) 直線 $y = x$ に関する対称移動　　(4) 直線 $y = -x$ に関する対称移動

4.2 複素平面において, 複素数 $z = x + iy$ に $e^{i\theta} = \cos\theta + i\sin\theta$ をかけることにより, z を角 θ だけ回転することができる. このことを用いて, 平面の回転を表す行列を求めよ.

4.3 平面において, 直線 $y = 2x$ に関する対称変換を f, 直線 $y = (1/3)x$ に関する対称変換を g とする.

(1) f の表現行列 A を求めよ.　　(2) g の表現行列 B を求めよ.

(3) $f \circ g$ の表現行列 C を求めよ.

(4) $f \circ g$ は原点のまわりのある角 θ $(0 \leqq \theta \leqq \pi)$ の回転となる. 角 θ を求めよ.

4.4 平面において, 次の点の座標を求めよ.

(1) 点 P(4, 5) を点 A(2, 1) のまわりに $\pi/3$ の回転をして得られる点 Q.

(2) 点 P(4, 5) を直線 $y = 2x + 2$ に関して対称移動して得られる点 R.

4.5 空間において原点を通り, 単位ベクトル $\boldsymbol{u} = \begin{pmatrix} \alpha \\ \beta \\ \gamma \end{pmatrix}$ に平行な直線 l への正射影を表す行列を求めよ.

4.6 空間において, 直線 $l : x = y = z$ のまわりの回転を考える. 次の各場合に l のまわりの角 θ の回転を表す行列を求めよ. ただし, l の向きはベクトル $\boldsymbol{l} = \begin{pmatrix} 1 \\ 1 \\ 1 \end{pmatrix}$ により与えられているものとする.

(1) $\theta = 2\pi/3$　　(2) $\theta = \pi/2$

第5章

連立1次方程式

この章では，連立1次方程式を行列に対する変形を用いて解く方法である，掃き出し計算法について説明する．連立1次方程式の解法は線形代数の計算の基礎でもあり，多くの概念の具体例を与えるものでもある．また，歴史的には，行列や行列式は，連立方程式を解くために考えられたものである．

5.1 掃き出し計算法

5.1.1 消去法

与えられた連立1次方程式に対し，表5.1に示す**基本変形**を用いて文字を消していくことにより，解を求めることができる．この方法を**消去法**とよぶ．

表 5.1 基本変形

番号	基本変形	表記
I	1つの方程式に0でない定数 c をかける	ⓘ → ⓘ × c
II	1つの方程式にほかの方程式の定数倍を加える	ⓘ → ⓘ + ⓙ × c
III	2つの方程式を入れ替える	ⓘ ⇄ ⓙ

ここで，ⓘは i 番目の方程式を表す．

例 5.1 次の3元連立1次方程式を消去法を用いて解いてみよう．

$$\begin{cases} x + 2y - z = -2 & \cdots ① \\ 2x + 3y + z = 0 & \cdots ② \\ 3x - y + 2z = 6 & \cdots ③ \end{cases}$$

基本変形を用いて1つずつ文字を消去していく．

$$\begin{cases} x + 2y - z = -2 & \cdots ① \\ 2x + 3y + z = 0 & \cdots ② \\ 3x - y + 2z = 6 & \cdots ③ \end{cases} \Rightarrow \begin{cases} x + 2y - z = -2 & \cdots ①' \\ - y + 3z = 4 & \cdots ②' \\ - 7y + 5z = 12 & \cdots ③' \end{cases}$$

（② − ① × 2，③ − ① × 3　(②, ③から x を消去)）

$$\Rightarrow \begin{cases} x + 2y - z = -2 & \cdots ①'' \\ - y + 3z = 4 & \cdots ②'' \\ - 16z = -16 & \cdots ③'' \end{cases}$$

（③′ − ②′ × 7　(③′ から y を消去)）

$$\Rightarrow \begin{cases} ③'' \text{より } z=1 \\ \text{これを } ②'' \text{に代入して } y=-1 \\ \text{これらを } ①'' \text{に代入して } x=1 \end{cases} \quad \therefore \begin{cases} x=1 \\ y=-1 \\ z=1 \end{cases}$$

5.1.2 掃き出し計算法

前項でみた基本変形を行う場合，“x, y, z, $=$”の位置は固定されており，変化するのは各文字の係数と定数項のみである．したがって，“x, y, z, $=$”を省略し，数のみを書いて行列を作り，この行列に対して変形を行えばよい．

例 5.1 の連立 1 次方程式の場合は，このようにして得られる行列は

$$\left(\begin{array}{ccc|c} 1 & 2 & -1 & -2 \\ 2 & 3 & 1 & 0 \\ 3 & -1 & 2 & 6 \end{array}\right)$$

となる．ここで，各行は 1 つの方程式を表している．たとえば，1 番目の方程式 ① は行ベクトル $(1, 2, -1, -2)$ で表されており，第 1 行で表される．同様にして，第 2 式 ② は第 2 行，第 3 式 ③ は第 3 行で表される．また，各列は 1 つの文字の係数（または定数項）を表す．最後の列は右辺の定数項を表すので，区別するために縦棒で区切ってある．

このようにして連立方程式が 1 つの行列で表される．

$$\begin{array}{cccc} x\text{の係数} & y\text{の係数} & z\text{の係数} & \text{定数項} \\ \downarrow & \downarrow & \downarrow & \downarrow \end{array}$$
$$\left(\begin{array}{ccc|c} 1 & 2 & -1 & -2 \\ 2 & 3 & 1 & 0 \\ 3 & -1 & 2 & 6 \end{array}\right) \begin{array}{l} \leftarrow ① \\ \leftarrow ② \\ \leftarrow ③ \end{array}$$

5.1.1 項で行った方程式に対する変形は，この行列の行に対する変形にいい直すことができる．

$$\left(\begin{array}{ccc|c} 1 & 2 & -1 & -2 \\ 2 & 3 & 1 & 0 \\ 3 & -1 & 2 & 6 \end{array}\right) \underset{\boxed{\begin{array}{c} ② - ① \times 2 \\ ③ - ① \times 3 \end{array}}}{\Rightarrow} \left(\begin{array}{ccc|c} 1 & 2 & -1 & -2 \\ 0 & -1 & 3 & 4 \\ 0 & -7 & 5 & 12 \end{array}\right)$$

$$\underset{\boxed{③ - ② \times 7}}{\Rightarrow} \left(\begin{array}{ccc|c} 1 & 2 & -1 & -2 \\ 0 & -1 & 3 & 4 \\ 0 & 0 & -16 & -16 \end{array}\right) \underset{\boxed{\text{方程式に戻す}}}{\Rightarrow} \begin{cases} x + 2y - z = -2 & \cdots ① \\ - y + 3z = 4 & \cdots ② \\ - 16z = -16 & \cdots ③ \end{cases}$$

$$\Rightarrow \begin{cases} ③\text{より } z=1 \\ \text{これを ② に代入して } y=-1 \\ \text{これらを ① に代入して } x=1 \end{cases} \quad \therefore \begin{cases} x=1 \\ y=-1 \\ z=1 \end{cases}$$

使われる変形は，方程式に対する基本変形を行列の行に対する変形にいい直したもので，表 5.2 に示す 3 種類になる．これらを**行基本変形**（または**行基本操作**）とよぶ．

表 5.2 行基本変形

番号	行基本変形	表記
I	1 つの行に 0 でない定数 c をかける	ⓘ → ⓘ × c
II	1 つの行にほかの行の定数倍を加える	ⓘ → ⓘ + ⓙ × c
III	2 つの行を入れ替える	ⓘ ⇄ ⓙ

ここで，ⓘは行列の第 i 行を表す．

例 5.1 でみたもとの連立 1 次方程式では，2 番目，3 番目の方程式からは x を消し，さらに 3 番目の方程式からは y を消す，という変形を行った．これを行列の変形にいい直すと，1 番目の列は一番上の成分のみを残して残りの成分を 0 にし，2 番目の列からは 1 番目と 2 番目の成分を残して 3 番目の成分を 0 にする，という変形になる（表 5.2 の行基本変形の II を使う）．

■ **階段行列**　上記の変形の結果，得られた行列は次のようになった．

$$\left(\begin{array}{ccc|c} 1 & 2 & -1 & -2 \\ 0 & -1 & 3 & 4 \\ 0 & 0 & -16 & -16 \end{array}\right)$$

この行列の，左下に集まっている 0 以外の成分全体（網掛けがされている部分）を考えると，左端は階段状の形になり，各行の左端には「カド（角）」（∟の形）ができる．このように，「行番号が進むにつれて左に連続して並ぶ 0 の個数が増えていくような行列」を**階段行列**とよぶ．

例 5.2 次の行列の中で，階段行列はどれだろうか．

$$A=\begin{pmatrix} 1 & 1 & -2 & 8 \\ 0 & 0 & 3 & -1 \\ 0 & 0 & 0 & 14 \end{pmatrix}, \quad B=\begin{pmatrix} 1 & -2 & 8 \\ 0 & 0 & -1 \\ 0 & 0 & 14 \end{pmatrix}, \quad C=\begin{pmatrix} 1 \\ -1 \\ 3 \end{pmatrix}$$

$$D=\begin{pmatrix} 1 & 1 & -2 & 8 \end{pmatrix}$$

階段行列なのは A と D である．B と C は階段行列ではない．

実際，B については第 2 行と第 3 行の左端に並ぶ 0 の個数はともに 2 で増えていない．別のいい方をすると，第 3 行にはカドがあるのに第 2 行にはカドがない．零行ベクトルになるまでは，各行にカドができないといけない．B については ③ + ② × 14 という変形を行って第2行にカドを作ることができる．こうすれば階段行列になる．

C についても同じである．②＋①, ③−①×3 という操作を使って $(2,1)$, $(3,1)$ 成分を掃き出せば（0 にすれば），階段行列に直すことができる．

■掃き出し計算法　このようにして，行基本変形を用いて行列を階段行列に変形することにより，連立1次方程式を解くことができる．この方法を，**掃き出し計算法**とよぶ．掃き出し計算法を使って，いくつかの連立1次方程式を解いてみよう．

例題 5.1　次の連立1次方程式を掃き出し計算法を用いて解け．

(1) $\begin{cases} 2x+4y+z=-5 \\ x+y-z=-2 \\ 3x-y+2z=7 \end{cases}$　(2) $\begin{cases} 2x+4y+z=-5 \\ x+y-z=-2 \\ 3x+7y+3z=-8 \end{cases}$

(3) $\begin{cases} 2x+4y+z=-5 \\ x+y-z=-2 \\ 3x+7y+3z=6 \end{cases}$

解　(1)

$$\left(\begin{array}{ccc|c} 2 & 4 & 1 & -5 \\ 1 & 1 & -1 & -2 \\ 3 & -1 & 2 & 7 \end{array}\right) \underset{\substack{\text{①} \rightleftarrows \text{②} \\ (a_{11}\text{ を 1 にする})}}{\Rightarrow} \left(\begin{array}{ccc|c} 1 & 1 & -1 & -2 \\ 2 & 4 & 1 & -5 \\ 3 & -1 & 2 & 7 \end{array}\right)$$

$$\underset{\substack{\text{②}-\text{①}\times 2 \\ \text{③}-\text{①}\times 3}}{\Rightarrow} \left(\begin{array}{ccc|c} 1 & 1 & -1 & -2 \\ 0 & 2 & 3 & -1 \\ 0 & -4 & 5 & 13 \end{array}\right) \underset{\text{③}+\text{②}\times 2}{\Rightarrow} \left(\begin{array}{ccc|c} 1 & 1 & -1 & -2 \\ 0 & 2 & 3 & -1 \\ 0 & 0 & 11 & 11 \end{array}\right)$$

これを方程式に戻すと，以下のように計算できる．

$$\begin{cases} x+y-z=-2 & \cdots\text{①} \\ 2y+3z=-1 & \cdots\text{②} \\ 11z=11 & \cdots\text{③} \end{cases} \Rightarrow \begin{cases} \text{③より } z=1 \\ \text{これを ② に代入して } y=-2 \\ \text{これらを ① に代入して } x=1 \end{cases}$$

$$\therefore \begin{cases} x=1 \\ y=-2 \\ z=1 \end{cases}$$

(2)

$$\left(\begin{array}{ccc|c} 2 & 4 & 1 & -5 \\ 1 & 1 & -1 & -2 \\ 3 & 7 & 3 & -8 \end{array}\right) \underset{\substack{\text{①} \rightleftarrows \text{②} \\ (a_{11}\text{ を 1 にする})}}{\Rightarrow} \left(\begin{array}{ccc|c} 1 & 1 & -1 & -2 \\ 2 & 4 & 1 & -5 \\ 3 & 7 & 3 & -8 \end{array}\right) \underset{\substack{\text{②}-\text{①}\times 2 \\ \text{③}-\text{①}\times 3}}{\Rightarrow} \left(\begin{array}{ccc|c} 1 & 1 & -1 & -2 \\ 0 & 2 & 3 & -1 \\ 0 & 4 & 6 & -2 \end{array}\right)$$

$$\underset{\text{③}-\text{②}\times 2}{\Rightarrow} \left(\begin{array}{ccc|c} 1 & 1 & -1 & -2 \\ 0 & 2 & 3 & -1 \\ 0 & 0 & 0 & 0 \end{array}\right)$$

カドのない第3列の未知数 z を任意定数 α とおいて方程式へ戻すと，

$$\begin{cases} x+\ y-\ z=-2 & \cdots① \\ \quad 2y+3z=-1 & \cdots② \\ \qquad\quad z=\alpha & \cdots③ \end{cases}$$

$$\Rightarrow \begin{cases} ③\text{より } z=\alpha \\ \text{これを ② に代入して } y=-\dfrac{3}{2}\alpha-\dfrac{1}{2} \\ \text{これらを ① に代入して計算すると，} x=\dfrac{5}{2}\alpha-\dfrac{3}{2} \end{cases}$$

$$\therefore \begin{cases} x=\dfrac{5}{2}\alpha-\dfrac{3}{2} \\ y=-\dfrac{3}{2}\alpha-\dfrac{1}{2} \quad (\alpha\text{ は任意定数}) \\ z=\alpha \end{cases}$$

(3) $$\left(\begin{array}{ccc|c} 2 & 4 & 1 & -5 \\ 1 & 1 & -1 & -2 \\ 3 & 7 & 3 & 6 \end{array}\right) \underset{\boxed{\substack{①\rightleftarrows②\\(a_{11}\text{ を }1\text{ にする})}}}{\Rightarrow} \left(\begin{array}{ccc|c} 1 & 1 & -1 & -2 \\ 2 & 4 & 1 & -5 \\ 3 & 7 & 3 & 6 \end{array}\right) \underset{\boxed{\substack{②-①\times2\\③-①\times3}}}{\Rightarrow} \left(\begin{array}{ccc|c} 1 & 1 & -1 & -2 \\ 0 & 2 & 3 & -1 \\ 0 & 4 & 6 & 12 \end{array}\right)$$

$$\underset{\boxed{③-②\times2}}{\Rightarrow} \left(\begin{array}{ccc|c} 1 & 1 & -1 & -2 \\ 0 & 2 & 3 & -1 \\ 0 & 0 & 0 & 14 \end{array}\right) \Rightarrow \begin{cases} x+y-z=-2 & \cdots① \\ \quad 2y+3z=-1 & \cdots② \\ \qquad\quad 0=14 & \cdots③ \end{cases}$$

③を満たす x, y, z は存在しない． $\therefore$ 解なし

［解説］ この解法をみると，最後の階段行列の形をみれば，解の種類（解があるのかどうか，解が1通りなのか無数にあるのか）がわかることに気づく．

(1) では，係数の部分には各列にカドがあるので，任意定数はなく，解はただ1組になる．

(2)，(3) では，最後の列にはカドがないので，係数の部分で，カドがない列に対応する未知数を任意定数とおけば，解を得ることができる．

(2) では，第3列にカドがない．第3列は z の係数を集めたものだったから，z を任意定数とおく．解は無数に存在することになる．

(3) の方程式では，階段行列の最後の列にカドができている．こうなると，最後の行が表す方程式は $0=c\ (\neq 0)$ となり，解は存在しなくなる． ■

問 5.1 次の連立1次方程式を掃き出し計算法により解け．

(1) $\begin{cases} 3x+5y=1 \\ 2x+3y=1 \end{cases}$ (2) $\begin{cases} 3x+5y \qquad\ =-7 \\ 2x+4y+\ z=-5 \\ 3x-\ y+2z=7 \end{cases}$

(3) $\begin{cases} x-\ 3y-\ z=-4 \\ 2x+\ 4y+\ z=8 \\ 3x+11y+3z=20 \end{cases}$ (4) $\begin{cases} 4x+5y+6z=-5 \\ x-\ y+3z=-2 \\ 3x+6y+3z=-4 \end{cases}$

(5) $\begin{cases} x + 2y - 2z = 2 \\ 2x + 4y - z = 1 \end{cases}$　　(6) $\begin{cases} 2x + 4y - 2z + w = 3 \\ x + 2y - 2z + 3w = -2 \end{cases}$

［ヒント］ (1), (2) ① − ② を行って，(1, 1) 成分に 1 を作れ．

(3) 任意定数が必要である．

(4) 解はあるのだろうか．

(5) z は任意定数とはおけない．階段のカドがないところを任意定数とおく．

(6) 階段のカドがないところを任意定数とおく．この場合は任意定数は 2 つ出てくる．それをたとえば α, β とおけ．

5.2 行列の階数

行列 A を行基本変形を用いて階段行列に直したとき，その階段行列の $\mathbf{0}$（零行ベクトル）ではない行の個数（階段の段数）r を行列 A の**階数**（ランク）とよび，

$$\operatorname{rank} A$$

で表す（図 5.1 参照）．

3 段

$$A \xRightarrow{\text{基本変形}} \begin{pmatrix} 1 & 2 & 3 & 4 \\ 0 & 0 & 5 & 6 \\ 0 & 0 & 0 & 7 \end{pmatrix}$$

なら，行列 A の階数は 3 になる ($\operatorname{rank} A = 3$)

2 段

$$B \xRightarrow{\text{基本変形}} \begin{pmatrix} 1 & 2 & 3 & 4 \\ 0 & 5 & 6 & 7 \\ 0 & 0 & 0 & 0 \end{pmatrix}$$

なら，行列 B の階数は 2 になる ($\operatorname{rank} B = 2$)

図 5.1　階数

例 5.3　行列

$$A = \begin{pmatrix} 1 & 2 & 1 & -1 \\ 2 & 4 & 5 & 3 \\ 3 & 6 & 9 & 7 \end{pmatrix}$$

の階数を求めよう．

行基本変形を用いて A を階段行列に直すと次のようになる．

$$\begin{pmatrix} 1 & 2 & 1 & -1 \\ 2 & 4 & 5 & 3 \\ 3 & 6 & 9 & 7 \end{pmatrix} \underset{\substack{② - ① \times 2 \\ ③ - ① \times 3}}{\Rightarrow} \begin{pmatrix} 1 & 2 & 1 & -1 \\ 0 & 0 & 3 & 5 \\ 0 & 0 & 6 & 10 \end{pmatrix} \underset{③ - ② \times 2}{\Rightarrow} \begin{pmatrix} 1 & 2 & 1 & -1 \\ 0 & 0 & 3 & 5 \\ 0 & 0 & 0 & 0 \end{pmatrix}$$

得られた階段行列の $\mathbf{0}$ ではない行は，第 1 行と第 2 行の 2 つである．したがって，行列 A の階数は 2 である．

$$\operatorname{rank} A = 2$$

階数の意味　$\mathrm{rank}\, A = 2$ ということは，行基本変形というふるいにかけると 2 つ行が残ったということを意味する．このとき，A の 2 つの行を用いてほかの行を作ることができる．実際，第 1 行を $\boldsymbol{a}$，第 2 行を $\boldsymbol{b}$，第 3 行を $\boldsymbol{c}$ とおいて例 5.3 の変形を追いかけてみると，最初の変形で第 2 行は $\boldsymbol{b} - 2\boldsymbol{a}$ となり，第 3 行は $\boldsymbol{c} - 3\boldsymbol{a}$ となる．2 回目の変形で，第 3 行は

$$(\boldsymbol{c} - 3\boldsymbol{a}) - 2(\boldsymbol{b} - 2\boldsymbol{a}) = \boldsymbol{a} - 2\boldsymbol{b} + \boldsymbol{c}$$

となるが，これが零ベクトルとなるから

$$\boldsymbol{a} - 2\boldsymbol{b} + \boldsymbol{c} = \boldsymbol{0}$$

である．よって，$\boldsymbol{c} = -\boldsymbol{a} + 2\boldsymbol{b}$ となり，$\boldsymbol{c}$ は $\boldsymbol{a}$ と $\boldsymbol{b}$ を用いて表すことができる．したがって，3 つの行で表されるものがあれば，2 つの行で表すことができ，3 つもいらないということになる．

連立 1 次方程式を解くときは，各方程式を行ベクトルで表して行列を作り，それを階段行列に直すことにより解を求めた．これも，ふるいにかけていらない方程式をふるい落とし，解が容易に求められる形に変形しているのである．この場合，階数は「本当に必要な（ほかの方程式では表すことができない）方程式の個数」を表している．詳しくは 8.3 節をみてほしい．

問 5.2　階段行列に直すことにより，次の行列の階数を求めよ．

$$A = \begin{pmatrix} 1 & 5 & 2 & -7 \end{pmatrix}, \quad B = \begin{pmatrix} 1 \\ -2 \\ 3 \\ 6 \end{pmatrix}, \quad C = \begin{pmatrix} 1 & 1 & 2 & -4 \\ -1 & 3 & 1 & 4 \\ 3 & 2 & 2 & -1 \end{pmatrix}$$

$$D = \begin{pmatrix} 1 & 2 & 3 & 4 \\ 5 & 6 & 7 & 8 \\ 9 & 10 & 11 & 12 \\ 13 & 14 & 15 & 16 \end{pmatrix}$$

5.3 行列の階数と連立 1 次方程式の解

5.1 節において，連立 1 次方程式がどのようなときに解をもち，任意定数の個数はどのようになるかをみた．その結果は，5.2 節でみた階数を用いると，より明快に述べることができる．

まず，ここで改めて，連立 1 次方程式が行列とその積を用いて表されることを確認しよう．

5.3.1 行列とベクトルによる連立1次方程式の表現

たとえば，連立1次方程式

$$\begin{cases} x + 2y - z = -2 & \cdots ① \\ 2x + 3y + z = 0 & \cdots ② \\ 3x - y + 2z = 6 & \cdots ③ \end{cases}$$

において，

$$A = \begin{pmatrix} 1 & 2 & -1 \\ 2 & 3 & 1 \\ 3 & -1 & 2 \end{pmatrix}, \quad \boldsymbol{x} = \begin{pmatrix} x \\ y \\ z \end{pmatrix}, \quad \boldsymbol{b} = \begin{pmatrix} -2 \\ 0 \\ 6 \end{pmatrix}$$

とおくと，この方程式は

$$A\boldsymbol{x} = \boldsymbol{b}$$

と表される．実際，$A\boldsymbol{x} = \boldsymbol{b}$ とすると

$$A\boldsymbol{x} = \begin{pmatrix} 1 & 2 & -1 \\ 2 & 3 & 1 \\ 3 & -1 & 2 \end{pmatrix} \begin{pmatrix} x \\ y \\ z \end{pmatrix} = \begin{pmatrix} x + 2y - z \\ 2x + 3y + z \\ 3x - y + 2z \end{pmatrix} = \begin{pmatrix} -2 \\ 0 \\ 6 \end{pmatrix}$$

となり，各成分を比べて式 ①〜③ が得られる．また，逆も成り立つ．

この行列 A を，この連立1次方程式の**係数行列**とよぶ．また，行列 A と $\boldsymbol{b}$ を横に並べて得られる行列を $(A, \boldsymbol{b})$ で表し，**拡大係数行列**とよぶ．上の例では，

$$(A, \boldsymbol{b}) = \begin{pmatrix} 1 & 2 & -1 & -2 \\ 2 & 3 & 1 & 0 \\ 3 & -1 & 2 & 6 \end{pmatrix}$$

である．掃き出し計算法では，この拡大係数行列を行基本変形を用いて変形することにより，連立1次方程式を解いた．

一般の連立1次方程式は次の形で表される．

$$\begin{cases} a_{11}x_1 + a_{12}x_2 + \cdots + a_{1n}x_n = b_1 \\ a_{21}x_1 + a_{22}x_2 + \cdots + a_{2n}x_n = b_2 \\ \cdots\cdots \\ a_{m1}x_1 + a_{m2}x_2 + \cdots + a_{mn}x_n = b_m \end{cases} \tag{5.1}$$

この連立方程式の方程式の個数は m，未知数の個数は n である．この場合の係数行列 A は

$$A = (a_{ij}) = \begin{pmatrix} a_{11} & a_{12} & \cdots & a_{1n} \\ a_{21} & a_{22} & \cdots & a_{2n} \\ & \cdots\cdots & & \\ a_{m1} & a_{m2} & \cdots & a_{mn} \end{pmatrix}$$

であり，$m \times n$ 行列となる．未知数を成分とする n 次の列ベクトルと，右辺の定数を成分とする m 次の列ベクトルをそれぞれ

$$\boldsymbol{x} = \begin{pmatrix} x_1 \\ x_2 \\ \vdots \\ x_n \end{pmatrix}, \quad \boldsymbol{b} = \begin{pmatrix} b_1 \\ b_2 \\ \vdots \\ b_m \end{pmatrix}$$

とすると，連立 1 次方程式 (5.1) はやはり

$$A\boldsymbol{x} = \boldsymbol{b}$$

と表される．

5.3.2 解の判別

係数行列や拡大係数行列の階数によって，連立 1 次方程式の解の判別を行うことができる．例題 5.1 の 3 つの方程式を例にして考えよう．例題 5.1 で解いたのは，次の 3 つの連立 1 次方程式であった．

$$(1)\begin{cases} 2x+4y+z=-5 \\ x+y-z=-2 \\ 3x-y+2z=7 \end{cases} \quad (2)\begin{cases} 2x+4y+z=-5 \\ x+y-z=-2 \\ 3x+7y+3z=-8 \end{cases} \quad (3)\begin{cases} 2x+4y+z=-5 \\ x+y-z=-2 \\ 3x+7y+3z=6 \end{cases}$$

これらの拡大係数行列に行基本変形をほどこし，階段行列に直すと次のようになる．

$$(1)\quad \left(\begin{array}{ccc|c} 2 & 4 & 1 & -5 \\ 1 & 1 & -1 & -2 \\ 3 & -1 & 2 & 7 \end{array}\right) \Rightarrow \left(\begin{array}{ccc|c} 1 & 1 & -1 & -2 \\ 0 & 2 & 3 & -1 \\ 0 & 0 & 11 & 11 \end{array}\right) \Rightarrow \text{解は 1 組存在する．}$$

$$(2)\quad \left(\begin{array}{ccc|c} 2 & 4 & 1 & -5 \\ 1 & 1 & -1 & -2 \\ 3 & 7 & 3 & -8 \end{array}\right) \Rightarrow \left(\begin{array}{ccc|c} 1 & 1 & -1 & -2 \\ 0 & 2 & 3 & -1 \\ 0 & 0 & 0 & 0 \end{array}\right) \Rightarrow \text{解は無数に存在する．}$$

$$(3)\quad \left(\begin{array}{ccc|c} 2 & 4 & 1 & -5 \\ 1 & 1 & -1 & -2 \\ 3 & 7 & 3 & 6 \end{array}\right) \Rightarrow \left(\begin{array}{ccc|c} 1 & 1 & -1 & -2 \\ 0 & 2 & 3 & -1 \\ 0 & 0 & 0 & 14 \end{array}\right) \Rightarrow \text{解は存在しない．}$$

(3) のように，階段行列に直したときに最後の列にカドができると，（$\boldsymbol{0}$ でない）最後の行が表す方程式が $0 = c\ (\neq 0)$ となり，解がなくなる．逆に，最後の列にカドができなければ，解は存在することになる．

最後の列にカドができるということは，

$$\operatorname{rank}(A, \boldsymbol{b}) = \operatorname{rank} A + 1 \quad （すなわち，\operatorname{rank}(A, \boldsymbol{b}) > \operatorname{rank} A）$$

となることである．したがって，解が存在するための条件は，

$$\mathrm{rank}(A,\,\boldsymbol{b}) = \mathrm{rank}\,A$$

となることである，ということができる．また，この条件が成り立つとき，係数行列の部分の階段のカドになっていないところを任意定数とおいた．その個数は $n-$（カドの個数）となる（ここで，n は係数行列 A の列の個数で，未知数の個数でもある）．$\mathbf{0}$ でない行には必ず1つカドがあるから

$$(\text{カドの個数}) = \mathrm{rank}\,A$$

である．ゆえに，任意定数の個数は $n - \mathrm{rank}\,A$ となる．

以上をまとめると，次の定理が得られる．

定理 5.1　連立1次方程式 $A\boldsymbol{x} = \boldsymbol{b}$ について次が成り立つ．ただし，係数行列 A は $m \times n$ 行列とする．

(1)　解が存在するための条件は $\mathrm{rank}(A,\,\boldsymbol{b}) = \mathrm{rank}\,A$ となることである．

(2)　この条件をみたすとき，任意定数の個数は $n - \mathrm{rank}\,A$ である．

(3)　とくに，解が1通りであるための条件は

$$\mathrm{rank}(A,\,\boldsymbol{b}) = \mathrm{rank}\,A = n$$

となることである．

5.4　表による計算

前節でみたように，連立1次方程式は行基本変形を用いて行列を階段行列に直すことにより，解があるのかどうか，任意定数はいくつ必要なのかがわかった．また，その段階で方程式に戻せば，簡単な計算により実際に解が得られた．ここでは，解を求める計算のすべてを行列の形のままで行う方法を説明しよう．実は，行基本変形のみで直接答えを導くことができるのである．また，表記をさらに簡単にするために，行列ではなく表の形で変形することにする．

では，具体的な例で計算方法をみていこう．

例 5.4　次の連立1次方程式は，例5.1と同じ方程式である．

$$\begin{cases} x + 2y - z = -2 \\ 2x + 3y + z = 0 \\ 3x - y + 2z = 6 \end{cases}$$

これを次のように解く．

解法

1	2	−1	−2
2	3	1	0
3	−1	2	6

②−①×2
③−①×3

1	2	−1	−2
0	−1	3	4
0	−7	5	12

③−②×7

1	2	−1	−2
0	−1	3	4
0	0	−16	−16

5.1 節では，ここで方程式へ戻したが，さらに変形を続ける．

②×1/(−1)
③×1/(−16)

1	2	−1	−2
0	1	−3	−4
0	0	1	1

基本変形の I を用いて階段のカドの成分を 1 にする．

①+③
②+③×3

1	2	0	−1
0	1	0	−1
0	0	1	1

右下のカドから順番にその上を掃き出す．

①−②×2

1	0	0	1
0	1	0	−1
0	0	1	1

完成．ここで方程式へ戻すと

$$\begin{cases} x = 1 \\ y = -1 \\ z = 1 \end{cases}$$

となり，答えがすでに得られている．

例 5.5

$$\begin{cases} 3x + 6y + 7z + 10u - 5w = -3 \\ x + 2y + 2z + 3u - w = 0 \\ 2x + 4y + 7z + 9u - 6w = -5 \end{cases}$$

解法

3	6	7	10	−5	−3
1	2	2	3	−1	0
2	4	7	9	−6	−5

① ⇄ ②

1	2	2	3	−1	0
3	6	7	10	−5	−3
2	4	7	9	−6	−5

②−①×3
③−①×2

1	2	2	3	−1	0
0	0	1	1	−2	−3
0	0	3	3	−4	−5

③−②×3

1	2	2	3	−1	0
0	0	1	1	−2	−3
0	0	0	0	2	4

5.1 節では，ここで方程式へ戻したが，さらに変形を続ける．

③×1/2

1	2	2	3	−1	0
0	0	1	1	−2	−3
0	0	0	0	1	2

基本変形の I を用いて階段のカドの成分を 1 にする．

①+③
②+③×2

1	2	2	3	0	2
0	0	1	1	0	1
0	0	0	0	1	2

右下のカドから順番にその上を掃き出す．

①−②×2

1	2	0	1	0	0
0	0	1	1	0	1
0	0	0	0	1	2
	↑ α		↑ β		

完成

ここまで変形してから方程式に戻すと，ただちに解が求められる形になっている．任意定数を代入し，移項するだけでよい（慣れてくれば，表の最後をみただけで，解を書き下すことができるであろう）．

$$\begin{cases} x+2y \quad +u = 0 \\ z+u = 1 \\ w = 2 \\ y = \alpha \\ u = \beta \end{cases} \Rightarrow \begin{cases} x = -2\alpha-\beta \\ y = \alpha \\ z = -\beta+1 \\ u = \beta \\ w = 2 \end{cases} \quad (\alpha,\ \beta \text{は任意定数})$$

次に，掃き出し計算法の手順をまとめておく．

掃き出し計算法の手順

行基本変形を用いて次の順で行列を変形していく．

(i)　階段行列に直す．

(ii)　階段のカドの成分を1にする（各行に適当な定数をかけて）．

(iii)　階段のカドの上を，右下のカドから順に掃き出していく．

(iv)　カドがない列の未知数を任意定数とおく．

（その個数は **(未知数の個数) − (カドの個数)** だけある．）

ただし，これはあくまで1つの原則であり，最終的に階段行列で，カドの成分が1，カドの上の成分がすべて0という形に変形できればよい．したがって，適宜手順の順番を入れ替えてもよい．また，カドを作るたびにその成分を1にし，その上の成分を掃き出すという方法もある．

問 5.3　次の連立1次方程式を上の方法を用いて解け．

(1) $\begin{cases} 3x+2y=10 \\ 2x-3y=11 \end{cases}$　(2) $\begin{cases} x+5y = 7 \\ 2x+4y+z=5 \\ 3x-y+2z=-1 \end{cases}$

(3) $\begin{cases} x-y-z=2 \\ 2x+3y-z=0 \\ 3x+7y-z=-2 \end{cases}$　(4) $\begin{cases} 3x-3y+2z-2w=-2 \\ 2x-2y+z+w=1 \end{cases}$

5.5 逆行列の計算

掃き出し計算法を用いて，行列の逆行列を計算することができる．これは，係数が等しい，いくつかの連立方程式を同時に解くことに相当する．前節に引き続き具体的な例を用いて説明しよう．

例 5.6 次の行列の逆行列を求めよう.

$$A = \begin{pmatrix} 1 & 2 & 1 \\ 2 & 5 & 5 \\ 3 & 8 & 8 \end{pmatrix}$$

解法 行列 A と単位行列 E とを横に並べて行列を作る. この行列に対し掃き出しを行い, 左半分を単位行列に変形する. このとき, 右側にできる行列が A の逆行列である.

A			E				
1	2	1	1	0	0		
2	5	5	0	1	0		
3	8	8	0	0	1	② − ① × 2	
1	2	1	1	0	0	③ − ① × 3	
0	1	3	−2	1	0		
0	2	5	−3	0	1		
1	2	1	1	0	0	③ − ② × 2	
0	1	3	−2	1	0		
0	0	−1	1	−2	1		
1	2	1	1	0	0	③ × 1/(−1)	
0	1	3	−2	1	0		基本変形のIを用いて階段のカドの成分を1にする.
0	0	1	−1	2	−1	① − ③	
1	2	0	2	−2	1	② − ③ × 3	
0	1	0	1	−5	3		右（下）のカドから順番にその上を掃き出す.
0	0	1	−1	2	−1		
1	0	0	0	8	−5	① − ② × 2	
0	1	0	1	−5	3		完成
0	0	1	−1	2	−1		
E			A^{-1}				

$$\therefore\ A^{-1} = \begin{pmatrix} 0 & 8 & -5 \\ 1 & -5 & 3 \\ -1 & 2 & -1 \end{pmatrix}$$

■例 5.6 の方法で A の逆行列が計算できることの説明 もし,

$$AB = E$$

となる 3 次正方行列 B が存在すれば, その列ベクトルを順に $\boldsymbol{b}_1, \boldsymbol{b}_2, \boldsymbol{b}_3$ とすると,

$$AB = A(\boldsymbol{b}_1, \boldsymbol{b}_2, \boldsymbol{b}_3) = (A\boldsymbol{b}_1, A\boldsymbol{b}_2, A\boldsymbol{b}_3) = E \tag{5.2}$$

となるから, 各列を比べて

$$A\boldsymbol{b}_1 = \boldsymbol{e}_1, \quad A\boldsymbol{b}_2 = \boldsymbol{e}_2, \quad A\boldsymbol{b}_3 = \boldsymbol{e}_3$$

となる. すなわち, $\boldsymbol{b}_1$, $\boldsymbol{b}_2$, $\boldsymbol{b}_3$ はそれぞれ, 連立 1 次方程式

$$A\boldsymbol{x} = \boldsymbol{e}_1, \quad A\boldsymbol{x} = \boldsymbol{e}_2, \quad A\boldsymbol{x} = \boldsymbol{e}_3 \tag{5.3}$$

の解である．逆に，上の連立1次方程式が解をもてば，これらの解を並べて B とすると，式(5.2)を満たす行列 B が得られる．式(5.3)の3つの連立1次方程式の係数行列はすべて同じである．したがって，掃き出し計算法を用いて解くとき，縦棒の右に右辺の $\boldsymbol{e}_1$, $\boldsymbol{e}_2$, $\boldsymbol{e}_3$ を並べることにより同時に解くことができる．それぞれの解 $\boldsymbol{x} = \boldsymbol{b}_1$, $\boldsymbol{b}_2$, $\boldsymbol{b}_3$ は最後の段の縦棒の右側にこの順番で現れるから，全体で A^{-1} となる．

一般の n 次の場合も同様である．

注　n 次正方行列 A に対して，上の方法で求めた行列 B は，あくまで A の右側からかけると単位行列 E となる（$AB = E$ となる）行列であるが，この B は A の左側からかけても E になることが，次のようにして示される．

上で説明したように，行基本変形を用いて

$$(A,\, E) \longrightarrow (E,\, B) \tag{5.4}$$

と変形すると，$AB = E$ となった．ここで，逆の行基本変形を逆の順に行うと，$(E,\, B)$ はもとに戻り，

$$(E,\, B) \longrightarrow (A,\, E)$$

となるが，E と B を入れ替えて，$(B,\, E)$ に対し同じ操作を行うと，結果も左右入れ替わり，

$$(B,\, E) \longrightarrow (E,\, A)$$

となる．これは，式(5.4)において A と B が入れ替わっているから，

$$BA = E$$

となることを示している．したがって，B は A の逆行列である．

以上より，行列 A が正則かどうかを $\operatorname{rank} A$ により判定できることがわかる．

定理 5.2　n 次正方行列 A が正則行列であるための必要かつ十分な条件は

$$\operatorname{rank} A = n$$

となることである．

証明　$\operatorname{rank} A = n$ なら，連立1次方程式 $A\boldsymbol{x} = \boldsymbol{e}_i$ はすべて解をただ1つもつ（定理5.1(3)）．その解を $\boldsymbol{x} = \boldsymbol{b}_i$ とすると，$B = (\boldsymbol{b}_1, \boldsymbol{b}_2, \ldots, \boldsymbol{b}_n)$ は A の逆行列である．

逆に，$\operatorname{rank} A < n$ なら逆行列は存在しない．なぜなら，$\operatorname{rank} E = n$ より $\operatorname{rank}(A,\ E) = n$ となるので，もし $\operatorname{rank} A < n$ とすると，$\operatorname{rank}(A,\ \boldsymbol{e}_j) > \operatorname{rank} A$ となる j が存在する．したがって，どれかの方程式 $A\boldsymbol{x} = \boldsymbol{e}_j$ が解をもたなくなる． □

この定理については，6.6.1 項で改めて考察する．

問 5.4 次の行列の逆行列を上の方法を用いて求めよ．

(1) $A = \begin{pmatrix} 2 & -1 \\ 3 & -2 \end{pmatrix}$ (2) $B = \begin{pmatrix} 1 & -1 & 2 \\ 2 & -3 & 1 \\ -1 & 1 & 3 \end{pmatrix}$ (3) $C = \begin{pmatrix} 1 & 2 & -1 & 1 \\ 2 & 2 & -4 & 3 \\ 1 & 3 & -2 & -1 \\ 2 & 1 & -4 & 4 \end{pmatrix}$

問 5.5 次の行列が逆行列をもたないような実数 a の値を求めよ．

$$\begin{pmatrix} 1 & 3 & a \\ -1 & -1 & 6 \\ 3 & 1 & 4 \end{pmatrix}$$

参考 【基本行列を用いた定理 5.2 の証明】 内容的にはほとんど同じだが，**基本行列**を用いて定理 5.2 を示すことができる．

演習問題 3.12 より，行基本変形は基本行列を左からかけることにより実現できる．A を n 次の正方行列として，$\operatorname{rank} A = n$ とすると，行基本変形を用いて単位行列に直すことができる．このときに用いた行基本変形に対応する基本行列の積を B とすると

$$BA = E \tag{5.5}$$

となる．基本行列は正則なのでその積である B も正則である．B^{-1} を式 (5.5) の両辺の左からかけて，次式が得られる．

$$A = B^{-1}$$

したがって，$AB = BA = E$，すなわち，B は A の逆行列である．

このとき，ブロック分割による行列の計算を用いて

$$B(A,\ E) = (BA,\ BE) = (E,\ B) \tag{5.6}$$

となるが，これは行列 $(A,\ E)$ に対し，A を単位行列になるように行基本変形を行ったとき，右側の単位行列 E は A の逆行列に変形されることを示す．

注 式 (5.6) を連立方程式の解法とみると，$AB = E$ となることがわかるが，式 (5.5) をみれば $BA = E$ でもある．このことからも，$B = A^{-1}$ となることがわかる．

5.6 同次形の連立 1 次方程式

右辺の定数項がすべて 0 であるような連立 1 次方程式

$$\begin{cases} a_{11}x_1 + \ a_{12}x_2 + \cdots + \ a_{1n}x_n = 0 \\ a_{21}x_1 + \ a_{22}x_2 + \cdots + \ a_{2n}x_n = 0 \\ \qquad \cdots\cdots \\ a_{m1}x_1 + a_{m2}x_2 + \cdots + a_{mn}x_n = 0 \end{cases} \tag{5.7}$$

を，**同次形の連立1次方程式**あるいは**連立同次1次方程式**とよぶ．この連立1次方程式は，係数行列を A とすると

$$A\boldsymbol{x} = \boldsymbol{0}$$

と書くことができる．このときは $\operatorname{rank} A = \operatorname{rank}(A, \boldsymbol{0})$ となるので，連立1次方程式が解をもつための条件（定理 5.1(1)）を満たし，常に解をもつ．実際，$x_1 = x_2 = \cdots = x_n = 0$ は解である．この解を**自明解**とよび，これ以外の解を**非自明解**とよぶ．

連立同次1次方程式の場合は，自明解をもつことはわかっているので，非自明解をもつかどうかが問題となる．

定理 5.1 より，ただちに次が得られる．

定理 5.3　同次方程式 (5.7) が非自明解をもつための条件は

$$\operatorname{rank} A < n$$

となることである．ここで，A はこの連立1次方程式の係数行列である．

証明　定理 5.1 より，任意定数の個数は $n - \operatorname{rank} A$ で与えられる．これが1以上となることが非自明解をもつための条件だから，$\operatorname{rank} A < n$ が条件となる（常に $\operatorname{rank} A \leqq n$ であることに注意せよ）． □

例題 5.2　次の同次形の連立1次方程式が非自明解をもつかどうかを判別せよ．

(1) $\begin{cases} x + \ y - \ z = 0 \\ 2x + 3y - 3z = 0 \\ x + 2y - 2z = 0 \end{cases}$　　(2) $\begin{cases} 2x + 4y - \ z = 0 \\ x + 3y - \ z = 0 \\ x + 2y - 2z = 0 \end{cases}$

解　係数行列の階数を求め，未知数の個数3と比較する．階段行列への変形は表の形で行うことにする．係数行列を A とおく．

(1)

1	1	−1	
2	3	−3	
1	2	−2	②−①×2
1	1	−1	③−①
0	1	−1	
0	1	−1	
1	1	−1	③−②
0	1	−1	
0	0	0	

rank $A = 2 < 3$
したがって，非自明解をもつ．

(2)

2	4	−1	
1	3	−1	
1	2	−2	①⇄②
1	3	−1	
2	4	−1	
1	2	−2	②−①×2
1	3	−1	③−①
0	−2	1	
0	−1	−1	②⇄③
1	3	−1	
0	−1	−1	
0	−2	1	③−②×2
1	3	−1	
0	−1	−1	
0	0	3	

rank $A = 3$
したがって，非自明解をもたない． ■

問 5.6　次の同次形の連立 1 次方程式が非自明解をもつかどうかを判別せよ．ただし，a, b は実数とする．

(1) $\begin{cases} 2x + 3y - 4z = 0 \\ x + ay - 2z = 0 \end{cases}$　　(2) $\begin{cases} x - 3y + 5z = 0 \\ 2x - 5y + 8z = 0 \\ x - 2y + bz = 0 \end{cases}$

演習問題

5.1　次の連立 1 次方程式を掃き出し計算法を用いて解け．

(1) $2x - 3y + 4z + 7u = 6$　　(2) $\begin{cases} x - 2y + 3z - u = 5 \\ 2x - 4y + 5z + 7u = 6 \end{cases}$

(3) $\begin{cases} x - 2y + z = 2 \\ 2x - 3y - 2z = 6 \\ 3x - 4y - 5z = 9 \end{cases}$　　(4) $\begin{cases} x + y + z = 6 \\ x - y - z = -2 \\ 2x - y + 3z = -12 \\ 3x + y + 2z = 7 \end{cases}$

5.2　a を定数とし，x, y, z についての次の連立 1 次方程式を掃き出し計算法を用いて解け．

(1) $\begin{cases} x - 2y = 5 \\ 2x + ay = 3 \\ 3x + (a+1)y = 5 \end{cases}$　　(2) $\begin{cases} x + 2y + a^2 z = a \\ 2x + 9y + (a+6)z = 7 \\ x + 4y + 3z = 3 \end{cases}$

5.3　空間において，以下を求めよ．

(1) 3 つの平面 $x - y - z = 1$, $x - 2y + z = -3$, $2x + y + 3z = 3$ の共有点の座標

(2) 2 つの平面 $x + y + z = 1$, $x + 2y + 3z = -1$ の交線の方程式

5.4 次の行列の逆行列を掃き出し計算法を用いて求めよ．

(1) $\begin{pmatrix} -1 & 2 & 2 \\ 2 & -1 & 2 \\ 2 & 2 & -1 \end{pmatrix}$　(2) $\begin{pmatrix} 1 & 1 & 1 & 0 \\ 1 & 1 & 0 & 1 \\ 1 & 0 & 1 & 1 \\ 0 & 1 & 1 & 1 \end{pmatrix}$

5.5 次の行列について以下の問いに答えよ．ただし，a は定数とする．

$$A = \begin{pmatrix} a & 1 & 1 \\ 1 & a & 1 \\ 1 & 1 & a \end{pmatrix}$$

(1) A の階数を求めよ．

(2) $\operatorname{rank} A = 3$ のとき，A の逆行列を求めよ．

5.6 演習問題 3.12 より，行基本変形は基本行列を左からかけることにより実現できる．このことを用いて，n 次正方行列 A が $\operatorname{rank} A = n$ を満たせば，以下が成り立つことを示せ．

(1) A は基本行列の積で表すことができる．

(2) A は正則行列である．

第6章

行列式

この章では，n 次の正方行列の行列式を定義し，その性質や応用を考える．行列式を用いることにより，連立 1 次方程式の解や正則行列の逆行列を具体的に与えることができるようになる．

6.1 順列の符号

この節では，一般の n 次正方行列の行列式を説明する準備として，**順列の符号**を定義する．

n 個の数 $1, 2, \ldots, n$ を 1 つずつ用いて得られる数の列 $(j_1, j_2, \ldots, j_n)$ を $\{1, 2, \ldots, n\}$ の**順列**とよぶ．$\{1, 2, \ldots, n\}$ の順列 $(j_1, j_2, \ldots, j_n)$ は $1, 2, \ldots, n$ を並べ直したものであり，全体で $n!$ 個ある．

$\{1, 2, \ldots, n\}$ の順列 $(j_1, j_2, \ldots, j_n)$ に対し，その**符号**

$$\varepsilon(j_1, j_2, \ldots, j_n)$$

を次のように定める．

この順列の 2 つの数を入れ替えていき，$(1, 2, \ldots, n)$ の順に並べ直す．このとき，偶数回の入れ替えで並べ直せれば $\varepsilon(j_1, j_2, \ldots, j_n) = 1$，奇数回の入れ替えで並べ直せれば $\varepsilon(j_1, j_2, \ldots, j_n) = -1$ とする．すなわち，入れ替えの回数を k とするとき，

$$\varepsilon(j_1, j_2, \ldots, j_n) = (-1)^k \tag{6.1}$$

とする（図 6.1 参照）．

ここで用いた 2 つの数の入れ替えを，**互換**とよぶ．

1 つの順列を並べ直す方法は何通りもあるが，並べ直すのに用いた互換の個数が偶数か奇数かは，実は一定となる．

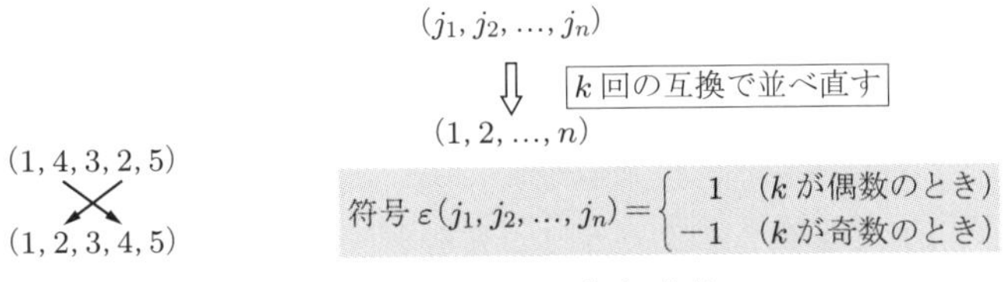

（a）4 と 2 の互換の例　　（b）符号 ε

図 6.1　符号の定義

命題 6.1　1 つの順列の成分を大きさの順に並べ直すときに用いる互換の個数の偶奇は一定である．

したがって，式 (6.1) により順列の符号を定義することができるのである．この証明は付録 A.2 で与える．

例 6.1　$\{1, 2, 3, 4\}$ の 2 つの順列

$$(4, 1, 2, 3), \quad (3, 4, 1, 2)$$

の符号を求めよう．

$$(4, 1, 2, 3) \underset{\boxed{\text{4 と 1 を入れ替える}}}{\longrightarrow} (1, 4, 2, 3) \underset{\boxed{\text{4 と 2 を入れ替える}}}{\longrightarrow} (1, 2, 4, 3) \underset{\boxed{\text{4 と 3 を入れ替える}}}{\longrightarrow} (1, 2, 3, 4)$$

3 度の互換で (1, 2, 3, 4) に直すことができたから，

$$\varepsilon(4, 1, 2, 3) = (-1)^3 = -1$$

となる．

$$(3, 4, 1, 2) \underset{\boxed{\text{3 と 1 を入れ替える}}}{\longrightarrow} (1, 4, 3, 2) \underset{\boxed{\text{4 と 2 を入れ替える}}}{\longrightarrow} (1, 2, 3, 4)$$

2 度の互換で (1, 2, 3, 4) に直すことができたから，

$$\varepsilon(3, 4, 1, 2) = (-1)^2 = 1$$

となる．

注　$\{1, 2, \ldots, n\}$ の順列ではない場合でも，小さいほうから順に並べ直すのに必要な互換の回数が偶数なら符号は 1，奇数なら符号は -1 とする．たとえば，順列 (8, 5, 3) は，1 度の互換で (3, 5, 8) に直すことができるから，

$$\varepsilon(8, 5, 3) = -1$$

となる．

問 6.1　次の順列の符号を求めよ．

(1)　(3, 2, 1, 4)　　(2)　(4, 3, 5, 1, 2)　　(3)　(4, 3, 5, 2)

■転　位　　1 つの順列 $(j_1, j_2, \ldots, j_n)$ に対し，もとの順番のまま取り出して得られる 2 つの数の組 (j_k, j_l) $(k < l)$ で左の数のほうが大きいもの $(j_k > j_l)$ を，この順列の**転位**とよぶ．

例 6.2 順列 (2, 4, 1, 5, 3) の転位は，(2, 1), (4, 1), (4, 3), (5, 3) の 4 つである．

このとき，次がいえる．

命題 6.2 順列 $(j_1, j_2, \ldots, j_n)$ の転位の個数を m とすると，次式が成り立つ．

$$\varepsilon(j_1, j_2, \ldots, j_n) = (-1)^m$$

証明 (j_k, j_l) $(k < l)$ を転位とすると，この 2 つの数の間には必ず，隣り合う 2 つの数よりなる転位がある（そうでないとすると，$j_k < j_l$ となり，転位であることに矛盾する）．この隣り合う 2 つの数を入れ替えると，ほかの数との大小関係は変わらないから，転位の個数は 1 つだけ減る．このようにして m 回隣り合う転位を入れ替えることにより，転位の個数は 0 となる．転位の個数が 0 ということは小さいほうから大きさの順に並んでいるということである．したがって，m 回の互換で並べ直すことができるので，

$$\varepsilon(j_1, j_2, \ldots, j_n) = (-1)^m$$

となる． □

例 6.3 上の例 6.2 より，順列 (2, 4, 1, 5, 3) の転位の個数は 4 であった．したがって，

$$\varepsilon(2,\ 4,\ 1,\ 5,\ 3) = (-1)^4 = 1$$

となる．

このように，順列の符号を求めるには転位の個数を数えてもよい．

6.2 行列式の定義

n 次の正方行列

$$A = \begin{pmatrix} a_{11} & a_{12} & \cdots & a_{1n} \\ a_{21} & a_{22} & \cdots & a_{2n} \\ \vdots & \vdots & \ddots & \vdots \\ a_{n1} & a_{n2} & \cdots & a_{nn} \end{pmatrix}$$

の**行列式** $\det A$ を，次のように定義する．

$$\det A = \sum_{(i_1, i_2, \ldots, i_n):\text{順列}} \varepsilon(i_1, i_2, \ldots, i_n) a_{i_1 1} a_{i_2 2} \cdots a_{i_n n} \qquad (6.2)$$

ここで，$(i_1, i_2, \ldots, i_n)$ は n 個の数 $1, 2, \ldots, n$ の順列で，和は $\{1, 2, \ldots, n\}$ のすべての順列についてとられる．$\varepsilon(i_1, i_2, \ldots, i_n)$ は順列 $(i_1, i_2, \ldots, i_n)$ の符号である．

上の n 次の正方行列 A の行列式 $\det A$ を表すのに，次の記号も使われる．

$$|A|, \quad \begin{vmatrix} a_{11} & a_{12} & \cdots & a_{1n} \\ a_{21} & a_{22} & \cdots & a_{2n} \\ & \cdots\cdots & & \\ a_{n1} & a_{n2} & \cdots & a_{nn} \end{vmatrix}$$

式 (6.2) より，行列 A の行列式は，A の各列から 1 つずつ行番号が重ならないように成分を選んで積をとり，行番号の作る順列の符号をつけたものの総和である．

次数が小さい場合の行列式を計算してみよう．

例 6.4　【2 次の行列式（$n=2$)】

$$A = \begin{pmatrix} a_{11} & a_{12} \\ a_{21} & a_{22} \end{pmatrix}$$

とすると，定義より，

$$\det A = \sum_{(i,\, j):\text{順列}} \varepsilon(i,\, j) a_{i1} a_{j2}$$

この場合，$\{1,\ 2\}$ の順列は $(1,\ 2), (2,\ 1)$ の 2 つである．

符号は $\varepsilon(1,\ 2) = 1,\ \varepsilon(2,\ 1) = -1$ となる．したがって，

$$\det A = \varepsilon(1,2) a_{11} a_{22} + \varepsilon(2,1) a_{21} a_{12} = a_{11} a_{22} - a_{21} a_{12}$$

となる．

注　A の成分を $\begin{pmatrix} a & b \\ c & d \end{pmatrix}$ と書くと，$\det A = ad - bc$ となり，すでに外積の成分表示（2.3.2 項）や定理 3.1 に出現している．

例 6.5　【3 次の行列式（$n=3$)】

$$A = \begin{pmatrix} a_{11} & a_{12} & a_{13} \\ a_{21} & a_{22} & a_{23} \\ a_{31} & a_{32} & a_{33} \end{pmatrix}$$

とすると，定義より，

$$\det A = \sum_{(i,\, j,\, k):\text{順列}} \varepsilon(i,\, j,\, k) a_{i1} a_{j2} a_{k3}$$

表 6.1

順列	入れ替えの 1 つの例	入れ替えの回数	符号
$(1,2,3)$		0	1
$(1,3,2)$	$(1,3,2) \to (1,2,3)$	1	-1
$(2,1,3)$	$(2,1,3) \to (1,2,3)$	1	-1
$(2,3,1)$	$(2,3,1) \to (2,1,3) \to (1,2,3)$	2	1
$(3,1,2)$	$(3,1,2) \to (1,3,2) \to (1,2,3)$	2	1
$(3,2,1)$	$(3,2,1) \to (1,2,3)$	1	-1

$\varepsilon(i,\, j,\, k)$ の値を一覧にすると，表 6.1 のようになる．

これを用いると，

$$\begin{aligned}\det A &= \varepsilon(1,2,3)a_{11}a_{22}a_{33} + \varepsilon(1,3,2)a_{11}a_{32}a_{23} + \varepsilon(2,1,3)a_{21}a_{12}a_{33} \\ &\quad + \varepsilon(2,3,1)a_{21}a_{32}a_{13} + \varepsilon(3,1,2)a_{31}a_{12}a_{23} + \varepsilon(3,2,1)a_{31}a_{22}a_{13} \\ &= a_{11}a_{22}a_{33} - a_{11}a_{32}a_{23} - a_{21}a_{12}a_{33} \\ &\quad + a_{21}a_{32}a_{13} + a_{31}a_{12}a_{23} - a_{31}a_{22}a_{13} \\ &= (a_{11}a_{22}a_{33} + a_{21}a_{32}a_{13} + a_{31}a_{12}a_{23}) \\ &\quad - (a_{11}a_{32}a_{23} + a_{21}a_{12}a_{33} + a_{31}a_{22}a_{13}) \qquad (6.3)\end{aligned}$$

となる．この式 (6.3) は公式としては少し長いが，図 6.2 を用いれば，容易に覚えることができる．この図を用いて計算する方法を**サラスの方法**とよぶ．左上から右下方向に 3 つとってかけたものの総和から，右上から左下方向に 3 つとってかけたものの総和を引けばよい．

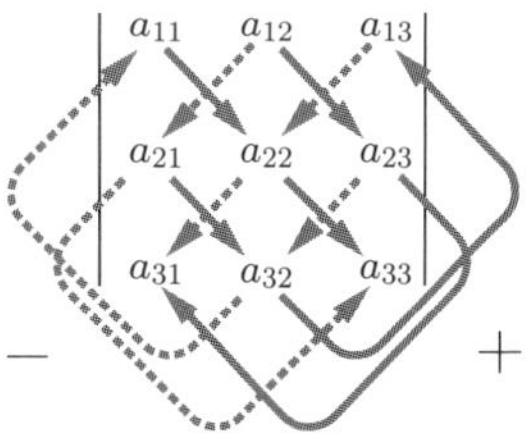

図 6.2 サラスの方法

6.3 行列式の性質

6.3.1 転置行列の行列式

まず，n 次正方行列 A に対し，転置行列 ${}^tA$ の行列式がもとの行列 A の行列式と同じであることを示そう．A の転置行列 ${}^tA$ とは，A の (i,j) 成分を (j,i) 成分とする行列のことであった（3.1 節参照）．

定理 6.1 A を n 次正方行列とするとき，

$$\det {}^tA = \det A$$

証明 簡単のために 3 次の場合に示す．一般の n 次の場合も同様である．

$A=(a_{ij})$ の転置行列を ${}^tA=(a'_{ij})$ とすると，$a'_{ij}=a_{ji}$ だから，行列式の定義式 (6.2) より，

$$\begin{aligned}\det {}^tA &= \sum_{(i,\,j,\,k):\text{順列}} \varepsilon(i,\,j,\,k)a'_{i1}a'_{j2}a'_{k3} \\ &= \sum_{(i,\,j,\,k):\text{順列}} \varepsilon(i,\,j,\,k)a_{1i}a_{2j}a_{3k} \qquad (6.4)\end{aligned}$$

ここで，各 $a_{1i}a_{2j}a_{3k}$ の積の順序を変えて，$a_{1i}a_{2j}a_{3k}=a_{i'1}a_{j'2}a_{k'3}$ のように，列番号が $1,2,3$ の順になるようにする．ここで，i' は列番号が 1 となる成分（1 つしかない）の行番号である．j' と k' もそれぞれ列番号が 2 と 3 となる成分の行番号である．そうすると，$(i',\,j',\,k')$ も $\{1,2,3\}$ の順列全体を動き，式 (6.4) を書き直すと

$$\det {}^tA = \sum_{(i',\,j',\,k'):\text{順列}} \varepsilon(i,\,j,\,k)a_{i'1}a_{j'2}a_{k'3}$$

となる．このとき，$\varepsilon(i,j,k)=\varepsilon(i',j',k')$ となることが実はいえる．これを例を用いて示そう．

例 6.6　$a_{12}a_{23}a_{31}$ の場合

$$a_{12}a_{23}a_{31} \quad \Rightarrow \quad a_{31}a_{12}a_{23}$$

のように並べ替える．このとき，$(i,j,k)=(2,3,1)$ で $(i',j',k')=(3,1,2)$ である．この入れ替えを次のように番号だけで行おう．$a_{12}a_{23}a_{31}$ の行番号を上に，列番号を下に書いて並べると

$$\begin{pmatrix} 1 & 2 & 3 \\ 2 & 3 & 1 \end{pmatrix}$$
$$\begin{matrix} \uparrow & \uparrow & \uparrow \\ a_{12} & a_{23} & a_{31} \end{matrix}$$

となる．各列が 1 つの成分の行番号と列番号を与えている．この行列の 2 つの列を入れ替えていき，下の行の数字が $1,2,3$ の順になるように並べ直すと，

$$\underset{a_{12}\ a_{23}\ a_{31}}{\begin{pmatrix} 1 & 2 & 3 \\ 2 & 3 & 1 \end{pmatrix}} \xrightarrow[\boxed{\text{①列} \rightleftarrows \text{③列}}]{} \underset{a_{31}\ a_{23}\ a_{12}}{\begin{pmatrix} 3 & 2 & 1 \\ 1 & 3 & 2 \end{pmatrix}} \xrightarrow[\boxed{\text{②列} \rightleftarrows \text{③列}}]{} \underset{a_{31}\ a_{12}\ a_{23}}{\begin{pmatrix} 3 & 1 & 2 \\ 1 & 2 & 3 \end{pmatrix}}$$

となる．これで並べ替え $a_{12}a_{23}a_{31} \Rightarrow a_{31}a_{12}a_{23}$ が行われた．このとき，下の行をみると，$(i,j,k)=(2,3,1)$ が 2 回の互換で $(1,2,3)$ に並べ直されている．また，上の行を逆の順にみると，$(i',j',k')=(3,1,2)$ がやはり 2 回の互換で $(1,2,3)$ に並べ直されることがわかる．

このように，一般に (i,j,k) と (i',j',k') は，同じ回数の互換を行うことにより $(1,2,3)$ に並べ直すことができる．よって，$\varepsilon(i,j,k)=\varepsilon(i',j',k')$ となる．した

がって,

$$\det {}^t\!A = \sum_{(i',\, j',\, k'):\text{順列}} \varepsilon(i,\, j,\, k) a_{i'1} a_{j'2} a_{k'3} = \sum_{(i',\, j',\, k'):\text{順列}} \varepsilon(i',\, j',\, k') a_{i'1} a_{j'2} a_{k'3}$$
$$= \det A$$

以上より, 3 次の場合に $\det {}^t\!A = \det A$ となることが示された. □

参考 行列式の定義式

$$\det A = \sum_{(i_1, i_2, \ldots, i_n):\text{順列}} \varepsilon(i_1, i_2, \ldots, i_n) a_{i_1 1} a_{i_2 2} \cdots a_{i_n n}$$

において, 順列 $(i_1, i_2, \ldots, i_n)$ は列番号 $(1, 2, \ldots, n)$ に対する行番号を並べたものである. この対応関係を明確にするために, 順列 $(i_1, i_2, \ldots, i_n)$ のかわりに, 集合 $M = \{1, 2, \ldots, n\}$ から M 自身の上への 1 対 1 の写像

$$\sigma : M \longrightarrow M; \quad \sigma(1) = i_1,\ \sigma(2) = i_2,\ \ldots,\ \sigma(n) = i_n$$

を考えることにする. これを n 個の数の**置換**とよぶ. この置換を

$$\sigma = \begin{pmatrix} 1 & 2 & \cdots & n \\ i_1 & i_2 & \cdots & i_n \end{pmatrix}$$

と表すことにする. これらは n 個の数の順列の個数と同じだけ, すなわち $n!$ 個ある. n 個の数の置換全体を S_n で表すことにすると, S_n は普通の写像の合成に関して**群**をなし, n 次**対称群**とよばれる (たとえば, 文献 [8] を参照). S_n の群としての性質を用いれば, 上の証明の細部がもう少し簡明になる. これらの記号を用いると, 行列式の定義は次のように書かれる.

$$\det A = \sum_{\sigma \in S_n} \varepsilon(\sigma) a_{\sigma(1)1} a_{\sigma(2)2} \cdots a_{\sigma(n)n} \tag{6.5}$$

ここで, $\varepsilon(\sigma)$ は σ が m 個の互換の積となるとき $(-1)^m$ と定める.

また, $\det {}^t\!A = \det A$ であるから, 行と列を入れ替えて

$$\det A = \sum_{\sigma \in S_n} \varepsilon(\sigma) a_{1\sigma(1)} a_{2\sigma(2)} \cdots a_{n\sigma(n)} \tag{6.6}$$

としてもよい. この式 (6.6) を行列式の定義として用いている本が多い. 本書で式 (6.2) を行列式の定義として採用した理由は, 7.3 節で説明する.

6.3.2 行列式の性質

まず, 行列式の基本性質として次を挙げよう.

命題 6.3【行列式の基本性質】

(1)　行または列のどれか2つを入れ替えると，行列式の値は (-1) 倍される．

(2)　行または列のどれかが k 倍されると，行列式の値は k 倍される．

(3)　行または列のそれぞれについて，分配法則が成り立つ．

(1) の性質を，行列式は行と列について交代的であるという．(2), (3) の性質をあわせて，行列式は行と列について線形であるという．

証明　$\det {}^tA = \det A$ より，列について示せば十分である．

(2) と (3) は行列式の定義式 (6.2) より容易にわかる．(1) を示そう．

n 次正方行列 $A = (a_{ij})$ の第 k 列と第 l 列 $(k < l)$ を入れ替えたとすると，新しい行列 A' の (i, j) 成分 a'_{ij} は $a'_{ik} = a_{il}$, $a'_{il} = a_{ik}$，その他の列成分は $a'_{ij} = a_{ij}$ となる．したがって，定義より

$$\begin{aligned}\det A' &= \sum_{(i_1, i_2, \ldots, i_n):\text{順列}} \varepsilon(i_1, \ldots, i_k, \ldots, i_l, \ldots, i_n) a'_{i_1 1} \cdots a'_{i_k k} \cdots a'_{i_l l} \cdots a'_{i_n n} \\ &= \sum_{(i_1, i_2, \ldots, i_n):\text{順列}} \varepsilon(i_1, \ldots, i_k, \ldots, i_l, \ldots, i_n) a_{i_1 1} \cdots a_{i_k l} \cdots a_{i_l k} \cdots a_{i_n n}\end{aligned}$$

ここで，k 番目の成分と l 番目の成分 $(k < l)$ を入れ替えて列番号を $(1, 2, \ldots, n)$ の順に直すと

$$\det A' = \sum_{(i_1, i_2, \ldots, i_n):\text{順列}} \varepsilon(i_1, \ldots, i_k, \ldots, i_l, \ldots, i_n) a_{i_1 1} \cdots a_{i_l k} \cdots a_{i_k l} \cdots a_{i_n n}$$

となる．各項の行番号の作る順列 $(i_1, \ldots, i_l, \ldots, i_k, \ldots, i_n)$ は，一度 k 番目と l 番目を入れ替えると $(i_1, \ldots, i_k, \ldots, i_l, \ldots, i_n)$ となるから，

$$\varepsilon(i_1, \ldots, i_k \ldots, i_l, \ldots, i_n) = -\varepsilon(i_1, \ldots, i_l, \ldots, i_k, \ldots, i_n)$$

となる．したがって，

$$\begin{aligned}\det A' &= \sum_{(i_1, i_2, \ldots, i_n):\text{順列}} -\varepsilon(i_1, \ldots, i_l, \ldots, i_k, \ldots, i_n) a_{i_1 1} \cdots a_{i_l k} \cdots a_{i_k l} \cdots a_{i_n n} \\ &= -\det A\end{aligned}$$

□

次に，命題 6.3 の性質を用いた変形の例をいくつかあげておく．

例 6.7　(1) $\begin{vmatrix} 0 & 0 & 1 \\ 0 & 5 & 3 \\ 8 & 7 & 6 \end{vmatrix} \underset{\text{①行 ⇄ ③ 行とすると } (-1) \text{ 倍される}}{=} -\begin{vmatrix} 8 & 7 & 6 \\ 0 & 5 & 3 \\ 0 & 0 & 1 \end{vmatrix}$,

$$\begin{vmatrix} 0 & 0 & 1 \\ 0 & 5 & 3 \\ 8 & 7 & 6 \end{vmatrix} \underset{\boxed{\text{①列} \rightleftarrows \text{③列とすると}(-1)\text{倍される}}}{=} -\begin{vmatrix} 1 & 0 & 0 \\ 3 & 5 & 0 \\ 6 & 7 & 8 \end{vmatrix}$$

(2) $\begin{vmatrix} 2 & 4 & 6 \\ 3 & 1 & 3 \\ 1 & 7 & 9 \end{vmatrix} \underset{\boxed{\text{①行} = 2(1,2,3)\text{より}}}{=} 2\begin{vmatrix} 1 & 2 & 3 \\ 3 & 1 & 3 \\ 1 & 7 & 9 \end{vmatrix}$, $\begin{vmatrix} 2 & 4 & 6 \\ 3 & 1 & 3 \\ 1 & 7 & 9 \end{vmatrix} \underset{\boxed{\text{③列} = 3\begin{pmatrix} 2 \\ 1 \\ 3 \end{pmatrix}\text{より}}}{=} 3\begin{vmatrix} 2 & 4 & 2 \\ 3 & 1 & 1 \\ 1 & 7 & 3 \end{vmatrix}$

(3) $\begin{vmatrix} 2 & 0 & 3 \\ 3 & 1 & 0 \\ 5 & 9 & 7 \end{vmatrix} \underset{\boxed{\text{①行} = (2,0,0) + (0,0,3)\text{より}}}{=} \begin{vmatrix} 2 & 0 & 0 \\ 3 & 1 & 0 \\ 5 & 9 & 7 \end{vmatrix} + \begin{vmatrix} 0 & 0 & 3 \\ 3 & 1 & 0 \\ 5 & 9 & 7 \end{vmatrix}$,

$$\begin{vmatrix} 2 & 0 & 3 \\ 3 & 1 & 0 \\ 5 & 9 & 7 \end{vmatrix} \underset{\boxed{\text{③列} = \begin{pmatrix} 3 \\ 0 \\ 0 \end{pmatrix} + \begin{pmatrix} 0 \\ 0 \\ 7 \end{pmatrix}\text{より}}}{=} \begin{vmatrix} 2 & 0 & 3 \\ 3 & 1 & 0 \\ 5 & 9 & 0 \end{vmatrix} + \begin{vmatrix} 2 & 0 & 0 \\ 3 & 1 & 0 \\ 5 & 9 & 7 \end{vmatrix}$$

命題 6.3 から導かれる性質としては次のようなものがある.

系 6.1【性質の追加】

(4) 1 つの行または列のすべての成分が 0 ならば行列式の値は 0 である.

(5) 2 つの行または列が等しい行列式の値は 0 である.

(6) 1 つの行（列）にほかの行（列）の定数倍を加えても行列式の値は変化しない.

証明 これらについても列について証明すれば十分である.

(4) これは，定義式に当てはめればすぐわかる．実際，定義式の各項はすべての列から 1 つずつ成分を取り出したものの積（に ± をつけたもの）だから，どれかの列の成分がすべて 0 なら，すべての項が 0 になる.

しかし，たとえば，第 k 列が $\mathbf{0}$ ベクトルであるとして，次のように命題 6.3(2) を用いても示すことができる.

$$\det A = \det(\boldsymbol{a}_1, \boldsymbol{a}_2, \dots, \mathbf{0}, \dots, \boldsymbol{a}_n) = \det(\boldsymbol{a}_1, \boldsymbol{a}_2, \dots, 0 \cdot \mathbf{0}, \dots, \boldsymbol{a}_n) = 0 \cdot \det A = 0$$

(5) たとえば，第 k 列と第 l 列が同じだとすると，第 k 列と第 l 列を入れ替えても行列は変わらない．しかし，基本性質の (1) によると行列式はマイナスがつくから,

$$\det A = -\det A$$

となる．したがって，$\det A = 0$ が得られる.

(6) たとえば，第 k 列に第 l 列の c 倍を加えたとする．(2), (3) を使って展開した

後に (5) を用いると，

$$\begin{aligned}&\det(\boldsymbol{a}_1, \ldots, \boldsymbol{a}_k + c\boldsymbol{a}_l, \ldots, \boldsymbol{a}_l, \ldots, \boldsymbol{a}_n)\\&\quad= \det(\boldsymbol{a}_1, \ldots, \boldsymbol{a}_k, \ldots, \boldsymbol{a}_l, \ldots, \boldsymbol{a}_n) + c\det(\boldsymbol{a}_1, \ldots, \boldsymbol{a}_l, \ldots, \boldsymbol{a}_l, \ldots, \boldsymbol{a}_n)\\&\quad= \det A + c \cdot 0 = \det A\end{aligned}$$

となる．したがって，行列式は変わらない． □

次に，系 6.1 の性質を用いると行列式の値が簡単に求められる例をいくつかあげておく．

例 6.8　(4) $\begin{vmatrix} 91 & 76 & 38 \\ 77 & 106 & 95 \\ 0 & 0 & 0 \end{vmatrix} \underset{\boxed{\text{③ 行}=\mathbf{0}\text{ より}}}{=} 0$, $\begin{vmatrix} 127 & 0 & 81 \\ 315 & 0 & 97 \\ 416 & 0 & 38 \end{vmatrix} \underset{\boxed{\text{② 列}=\mathbf{0}\text{ より}}}{=} 0$

(5) $\begin{vmatrix} 135 & 67 & 29 \\ 81 & 38 & 59 \\ 135 & 67 & 29 \end{vmatrix} \underset{\boxed{\text{① 行}=\text{③ 行より}}}{=} 0$, $\begin{vmatrix} 63 & 14 & 14 \\ 81 & 61 & 61 \\ 47 & 34 & 34 \end{vmatrix} \underset{\boxed{\text{② 列}=\text{③ 列より}}}{=} 0$

(6) $\begin{vmatrix} 1 & 2 & 3 \\ 4 & 5 & 6 \\ 7 & 8 & 9 \end{vmatrix} \underset{\boxed{\text{③ 行}-\text{② 行}}}{=} \begin{vmatrix} 1 & 2 & 3 \\ 4 & 5 & 6 \\ 3 & 3 & 3 \end{vmatrix} \underset{\boxed{\text{② 行}-\text{① 行}}}{=} \begin{vmatrix} 1 & 2 & 3 \\ 3 & 3 & 3 \\ 3 & 3 & 3 \end{vmatrix} \underset{\boxed{\text{(5) より}}}{=} 0$

$\begin{vmatrix} 1 & 2 & 3 \\ 4 & 5 & 6 \\ 7 & 8 & 9 \end{vmatrix} \underset{\boxed{\text{③ 列}-\text{② 列}}}{=} \begin{vmatrix} 1 & 2 & 1 \\ 4 & 5 & 1 \\ 7 & 8 & 1 \end{vmatrix} \underset{\boxed{\text{② 列}-\text{① 列}}}{=} \begin{vmatrix} 1 & 1 & 1 \\ 4 & 1 & 1 \\ 7 & 1 & 1 \end{vmatrix} \underset{\boxed{\text{(5) より}}}{=} 0$

例 6.9　【ヴァンデルモンドの行列式】　次の等式を示そう．この行列式はヴァンデルモンドの行列式とよばれる．

$$\begin{vmatrix} 1 & 1 & \cdots & 1 \\ x_1 & x_2 & \cdots & x_n \\ x_1^2 & x_2^2 & \cdots & x_n^2 \\ & \cdots\cdots & & \\ x_1^{n-1} & x_2^{n-1} & \cdots & x_n^{n-1} \end{vmatrix} = \prod_{i>j}(x_i - x_j) \tag{6.7}$$

この右辺は $1 \leqq j < i \leqq n$ を満たす自然数の組 (i, j) に対する $(x_i - x_j)$ のすべての積で，**差積**とよばれる．

上の行列式を x_i の多項式とみて，x_i に x_j を代入すると，第 i 列と第 j 列が等しくなるので，行列式の値は 0 になる．したがって，この行列式は $(x_i - x_j)$ を因数にもつ．これがすべての $1 \leqq j < i \leqq n$ についていえるから，左辺は右辺により割り切れる．$1 \leqq j < i \leqq n$ を満たす自然数の組 (i, j) の個数は ${}_n\mathrm{C}_2 = n(n-1)/2$ だから，右辺の次数は $n(n-1)/2$ となる．左辺の各項の次数はすべて $1 + 2 + \cdots + (n-1) = n(n-1)/2$ である．したがって，両辺の次数は等しい．両辺の $1 \cdot x_2 \cdot x_3^2 \cdot \cdots \cdot x_n^{n-1}$ の係数はともに 1 なので両辺は等しくなる．

注 普通，$\Delta(x_1, x_2, \ldots, x_n) = \prod_{i<j}(x_i - x_j)$ を $x_1, x_2, \ldots, x_n$ の**差積**とよぶことが多い（上式 (6.7) の右辺とは i と j の大小が逆）．これを用いると，ヴァンデルモンドの行列式の値は $(-1)^{\{n(n-1)/2\}}\Delta(x_1, x_2, \ldots, x_n)$ と書くことができる．

6.4 行列式の計算

6.4.1 計算の準備

次数 n が大きい場合の行列式を定義に従って計算するのは，なかなか大変である．一般には，次の項以降で説明するように，行列式の性質を利用して適当に形を変形しておいてから余因子展開などを利用するという方法をとる．しかし，行列の形によっては行列式の値が簡単にわかる場合や，次数の小さな行列式の計算に帰着できる場合がある．ここではそのようないくつかの例について説明する．

まず，三角行列（とくに，対角行列）の行列式は対角成分の積になることに注意する．

命題 6.4

$$\begin{vmatrix} a_{11} & a_{12} & \cdots & \cdots & a_{1n} \\ & a_{22} & \cdots & \cdots & a_{2n} \\ & & \ddots & & \vdots \\ & O & & \ddots & \vdots \\ & & & & a_{nn} \end{vmatrix} = \begin{vmatrix} a_{11} & & & & \\ a_{21} & a_{22} & & O & \\ \vdots & \vdots & \ddots & & \\ \vdots & \vdots & & \ddots & \\ a_{n1} & a_{n2} & \cdots & \cdots & a_{nn} \end{vmatrix} = a_{11}a_{22}\cdots a_{nn}$$

証明 まず，上三角行列について示そう．行列式の定義

$$\det A = \sum_{(i_1, i_2, \ldots, i_n):\text{順列}} \varepsilon(i_1, i_2, \ldots, i_n) a_{i_1 1} a_{i_2 2} \cdots a_{i_n n}$$

において，$a_{21} = \cdots = a_{n1} = 0$ だから，$i_1 = 1$ となる項のみが残る．

$$\det A = \sum_{(1, i_2, \ldots, i_n):\text{順列}} \varepsilon(1, i_2, \ldots, i_n) a_{11} a_{i_2 2} \cdots a_{i_n n}$$

ここで，$a_{32} = \cdots = a_{n2} = 0$ だから $i_2 \leqq 2$ の項のみ残るが，$i_1 = 1$ であるから $i_2 = 2$ でなければならない．$i_3, \ldots, i_n$ についても同様に考えて，$i_1 = 1$, $i_2 = 2, \cdots, i_n = n$ 以外の項はすべて 0 になることがわかる．したがって，

$$\det A = \varepsilon(1, 2, \ldots, n) a_{11} a_{22} \cdots a_{nn} = a_{11} a_{22} \cdots a_{nn}$$

となる．

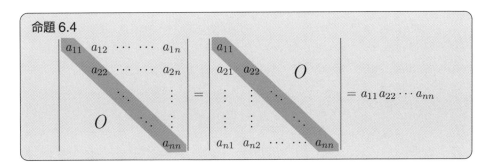

下三角行列については同様の議論を逆に i_n から順に適用すればよい．または，$\det {}^t\!A = \det A$ となることを用いれば，下三角行列についての結果は上三角行列についての結果より導かれる．　□

次の補題も，同様の議論により示すことができる．

補題 6.1

$$\begin{vmatrix} a_{11} & \cdots & a_{1n} \\ 0 & & \\ \vdots & \boxed{\;B\;} & \\ 0 & & \end{vmatrix} = \begin{vmatrix} a_{11} & 0 \ \cdots & 0 \\ a_{21} & & \\ \vdots & \boxed{\;B\;} & \\ a_{n1} & & \end{vmatrix} = a_{11}|B|$$

証明　左側の行列式を $|A|$ とする．この行列式について，$|A| = a_{11}|B|$ となることを示せば十分である．行列式の定義

$$|A| = \sum_{(i_1, i_2, \ldots, i_n):\text{順列}} \varepsilon(i_1, i_2, \ldots, i_n) a_{i_1 1} a_{i_2 2} \cdots a_{i_n n}$$

において，$a_{21} = \cdots = a_{n1} = 0$ だから，$i_1 = 1$ となる項のみが残る．

$$\begin{aligned} |A| &= \sum_{(1, i_2, \ldots, i_n):\text{順列}} \varepsilon(1,\, i_2, \ldots, i_n) a_{11} a_{i_2 2} \cdots a_{i_n n} \\ &= a_{11} \sum_{(1, i_2, \ldots, i_n):\text{順列}} \varepsilon(1,\, i_2, \ldots, i_n) a_{i_2 2} \cdots a_{i_n n} \end{aligned}$$

ここで，順列 $(1,\, i_2, \ldots, i_n)$ を互換を用いて $(1,\, 2, \ldots, n)$ に並べ替えるとき，1 は動かす必要がないから $i_2, \ldots, i_n$ の部分を $(2, \ldots, n)$ に並べ替えればよい．したがって，

$$\varepsilon(1,\, i_2, \ldots, i_n) = \varepsilon(i_2, \ldots, i_n)$$

となる．これを上式に代入すると，

$$|A| = a_{11} \sum_{(i_2, \ldots, i_n):\text{順列}} \varepsilon(i_2, \ldots, i_n) a_{i_2 2} \cdots a_{i_n n} = a_{11} \det B$$

が得られる．　□

注　命題 6.4 は補題 6.1 を繰り返し適用することによっても証明できる．

実は，もう少し一般的なことがいえる．証明の方法も同様である．

補題 6.2 A_1, A_2 がともに正方行列なら，次式が成り立つ．

$$\begin{vmatrix} A_1 & B \\ O & A_2 \end{vmatrix} = \begin{vmatrix} A_1 & O \\ B & A_2 \end{vmatrix} = |A_1||A_2|$$

補題 6.2 において，とくに A_1 が 1 次の場合 $(A_1 = (a_{11}))$ が補題 6.1 である．

証明 $|{}^tA| = |A|$ より，$\begin{vmatrix} A_1 & B \\ O & A_2 \end{vmatrix} = |A_1||A_2|$ を示せば十分である．

$A = \begin{pmatrix} A_1 & B \\ O & A_2 \end{pmatrix}$ とし，A_1 を k 次の正方行列，A_2 を l 次の正方行列，$k+l=n$ とする．

$$\det A = \sum_{(i_1,i_2,\ldots,i_n):\text{順列}} \varepsilon(i_1, i_2, \ldots, i_n) a_{i_1 1} a_{i_2 2} \cdots a_{i_n n}$$

において，$a_{k+1,1} = \cdots = a_{n,1} = 0$ だから，$1 \leqq i_1 \leqq k$ となる項のみが残る．$i_2, \ldots, i_k$ についても同様だから，

$$1 \leqq i_1,\, i_2, \ldots, i_k \leqq k$$

となる項のみが残る．つまり，$(i_1,\, i_2,\, \ldots, i_k)$ が $(1,\, 2,\, \ldots, k)$ の順列である項のみを考えればよい．このとき，残りの $i_{k+1},\, i_{k+2},\, \ldots, i_n$ は $k+1,\, k+2, \ldots, n$ のどれかでないといけないから，やはり $(i_{k+1},\, i_{k+2},\, \ldots, i_n)$ は $k+1,\, k+2,\, \ldots, n$ の順列になっている．このような順列 $(i_1,\, i_2, \ldots, i_n)$ を互換を用いて $(1,\, 2, \ldots, n)$ に並べ替えるとき，最初の k 個と後の l 個はそれぞれの中で並べ替えればよい．よって，

$$\varepsilon(i_1,\, i_2, \ldots, i_n) = \varepsilon(i_1, \ldots, i_k)\varepsilon(i_{k+1}, \ldots, i_n)$$

となる．これを上式に代入すると，

$$\begin{aligned}
\det A &= \sum_{(i_1,\ldots,i_n):\text{順列}} \varepsilon(i_1,\ldots,i_k)\varepsilon(i_{k+1},\ldots,i_n) a_{i_1 1} \cdots a_{i_n n} \\
&= \sum_{(i_1,\ldots,i_n):\text{順列}} \{\varepsilon(i_1,\ldots,i_k) a_{i_1 1} \cdots a_{i_k k}\}\{\varepsilon(i_{k+1},\ldots,i_n) a_{i_{k+1} k+1} \cdots a_{i_n n}\} \\
&= \left\{ \sum_{(i_1,\ldots,i_k):\text{順列}} \varepsilon(i_1,\ldots,i_k) a_{i_1 1} \cdots a_{i_k k} \right\} \left\{ \sum_{(i_{k+1},\ldots,i_n):\text{順列}} \varepsilon(i_{k+1},\ldots,i_n) a_{i_{k+1} k+1} \cdots a_{i_n n} \right\} \\
&= |A_1||A_2|
\end{aligned}$$

□

問 6.2　$A_1, A_2, \ldots, A_k$ がすべて正方行列のとき，次が成り立つことを示せ．

$$\begin{vmatrix} A_1 & & & * \\ & A_2 & & \\ & & \ddots & \\ O & & & A_k \end{vmatrix} = |A_1||A_2|\cdots|A_k|$$

ここで，$*$ は，この部分はどのような成分でもよいことを示す．

6.4.2 掃き出し計算法

ここでは，行列式の手軽な計算方法として，掃き出し計算法を用いて与えられた行列を三角行列に直し，命題 6.4 を用いて計算する方法を紹介しよう．与えられた行列の変形には次の 3 種類の操作を用いる．これらを**行基本変形**とよんだ（5.1 節参照）．

Ⅰ　1 つの行に 0 でない数をかける．

Ⅱ　1 つの行にほかの行の定数倍を加える．

Ⅲ　2 つの行（または列）を入れ替える．

行基本変形によって，任意の正方行列は必ず三角行列に直すことができる（下の例 6.10 を参照せよ）．**列基本変形**を用いてもよいが，行基本変形だけで十分である．これらの操作によって，行列式がどのように変化するかは，すでに 6.3 節の命題 6.3 やその系 6.1 で説明した．ここでそれらを表 6.2 にまとめておく．Ⅱ の操作では行列式は変わらないことに注意しよう．

表 6.2　行基本変形と行列式

番号	行基本変形	表記	$\det A$ の変化
Ⅰ	1 つの行に 0 でない定数 k をかける．	ⓘ行 × k	k 倍される
Ⅱ	1 つの行にほかの行の定数倍を加える．	ⓘ行+ⓙ行 × k	変わらない
Ⅲ	2 つの行を入れ替える．	ⓘ行 ⇄ ⓙ行	(-1) 倍される

$\det {}^tA = \det A$ より，列基本変形についても同じことがいえる．

例 6.10　行基本変形を用いて三角行列に直すことにより，次の行列式を計算しよう．

$$|D| = \begin{vmatrix} 2 & 1 & 11 & 9 \\ 1 & -1 & 5 & 2 \\ 3 & 0 & 16 & 12 \\ 1 & 5 & 3 & 15 \end{vmatrix}$$

計算例

$$|D| = \begin{vmatrix} 2 & 1 & 11 & 9 \\ 1 & -1 & 5 & 2 \\ 3 & 0 & 16 & 12 \\ 1 & 5 & 3 & 15 \end{vmatrix} \underset{\text{①行} \rightleftarrows \text{②行}}{=} - \begin{vmatrix} 1 & -1 & 5 & 2 \\ 2 & 1 & 11 & 9 \\ 3 & 0 & 16 & 12 \\ 1 & 5 & 3 & 15 \end{vmatrix} \underset{\substack{\text{②行}-\text{①行}\times 2 \\ \text{③行}-\text{①行}\times 3 \\ \text{④行}-\text{①行}}}{=} - \begin{vmatrix} 1 & -1 & 5 & 2 \\ 0 & 3 & 1 & 5 \\ 0 & 3 & 1 & 6 \\ 0 & 6 & -2 & 13 \end{vmatrix}$$

$$\underset{\substack{\text{③行}-\text{②行}\\ \text{④行}-\text{②行}\times 2}}{=} -\begin{vmatrix} 1 & -1 & 5 & 2 \\ 0 & 3 & 1 & 5 \\ 0 & 0 & 0 & 1 \\ 0 & 0 & -4 & 3 \end{vmatrix} \underset{\text{③行}\rightleftarrows\text{④行}}{=} \begin{vmatrix} 1 & -1 & 5 & 2 \\ 0 & 3 & 1 & 5 \\ 0 & 0 & -4 & 3 \\ 0 & 0 & 0 & 1 \end{vmatrix}$$

$$\underset{\text{命題 6.4}}{=} 1 \cdot 3 \cdot (-4) \cdot 1 = -12$$

6.4.3 余因子展開

n 次正方行列

$$A = \begin{pmatrix} a_{11} & a_{12} & \cdots & a_{1n} \\ a_{21} & a_{22} & \cdots & a_{2n} \\ \vdots & \vdots & \ddots & \vdots \\ a_{n1} & a_{n2} & \cdots & a_{nn} \end{pmatrix}$$

に対し，A から第 i 行と第 j 列を取り除いて得られる $(n-1)$ 次の正方行列の行列式に $(-1)^{i+j}$ をかけたもの

$$\tilde{a}_{ij} = (-1)^{i+j} \begin{vmatrix} a_{11} & a_{12} & \cdots & a_{1j} & \cdots & a_{1n} \\ \vdots & \vdots & & \vdots & & \vdots \\ a_{i1} & a_{i2} & \cdots & a_{ij} & \cdots & a_{in} \\ \vdots & \vdots & & \vdots & & \vdots \\ a_{n1} & a_{n2} & \cdots & a_{nj} & \cdots & a_{nn} \end{vmatrix} \quad \text{（影の部分は除く）}$$

を，A の (i,j) 成分の**余因子**または**余因数**とよぶ.

つまり，(i,j) 成分 a_{ij} を含む行と列を除いて得られる小行列式に $(-1)^{i+j}$ をかけたものが $\tilde{a}_{ij}$ である.

例 6.11 次の行列式について，(1, 2) 成分の余因子 $\tilde{a}_{12}$ と (3, 1) 成分の余因子 $\tilde{a}_{31}$ を求めよう.

$$\begin{vmatrix} 6 & 3 & -4 \\ -2 & 1 & 8 \\ 11 & -1 & 5 \end{vmatrix}$$

$$\tilde{a}_{12} = (-1)^{1+2} \begin{vmatrix} -2 & 8 \\ 11 & 5 \end{vmatrix} = -\{(-2) \cdot 5 - 8 \cdot 11\} = 98$$

$$\tilde{a}_{31} = (-1)^{3+1} \begin{vmatrix} 3 & -4 \\ 1 & 8 \end{vmatrix} = \{3 \cdot 8 - (-4) \cdot 1\} = 28$$

問 6.3 次の行列式について，指示された成分の余因子を求めよ．

$$\begin{vmatrix} 5 & -3 & 2 \\ -2 & 4 & 6 \\ 10 & -1 & 7 \end{vmatrix}$$

(1)　(2, 1) 成分　　(2)　(1, 3) 成分　　(3)　(2, 3) 成分

この余因子を用いて，行列式は次のように展開することができる．これを**余因子展開**または**余因数展開**とよぶ．

定理 6.2【余因子展開】 A を n 次正方行列とするとき，次が成り立つ．

(1)　$\det A = a_{i1}\tilde{a}_{i1} + a_{i2}\tilde{a}_{i2} + \cdots + a_{in}\tilde{a}_{in}$　（第 i 行に関する展開）

(2)　$\det A = a_{1j}\tilde{a}_{1j} + a_{2j}\tilde{a}_{2j} + \cdots + a_{nj}\tilde{a}_{nj}$　（第 j 列に関する展開）

第 i 行に関する展開は，第 i 行の各成分に，その成分の余因子をかけたものをすべて加えれば $\det A$ が得られることを示している．第 j 列に関する展開も同様である．

証明　$\det {}^tA = \det A$ より，列に関する展開 (2) を示せば十分である．

行列 A の第 j 列 $\boldsymbol{a}_j$ を

$$\boldsymbol{a}_j = \begin{pmatrix} a_{1j} \\ 0 \\ \vdots \\ 0 \end{pmatrix} + \begin{pmatrix} 0 \\ a_{2j} \\ \vdots \\ 0 \end{pmatrix} + \cdots + \begin{pmatrix} 0 \\ 0 \\ \vdots \\ a_{nj} \end{pmatrix}$$

のように分解すると，行列式の列についての線形性（命題 6.3(2)，(3)）より

$$\det A = \sum_{i=1}^{n} \begin{vmatrix} a_{11} & \cdots & 0 & \cdots & a_{1n} \\ \vdots & & \vdots & & \vdots \\ a_{i-1,1} & \cdots & 0 & \cdots & a_{i-1,n} \\ a_{i1} & \cdots & a_{ij} & \cdots & a_{in} \\ a_{i+1,1} & \cdots & 0 & \cdots & a_{i+1,n} \\ \vdots & & \vdots & & \vdots \\ a_{n1} & \cdots & 0 & \cdots & a_{nn} \end{vmatrix}$$

となる．この i 番目の項を次の手順で変形する．

(i)　第 i 行を，1 つ上の行と順に $i-1$ 回入れ替えて，一番上まで移動する．

(ii)　第 j 列を，1 つ左の列と順に $j-1$ 回入れ替えて，一番左まで移動する．

1 回の入れ替えで行列式は (-1) 倍されるから，これらの入れ替えで各行列式は $(-1)^{i+j-2} = (-1)^{i+j}$ 倍される．

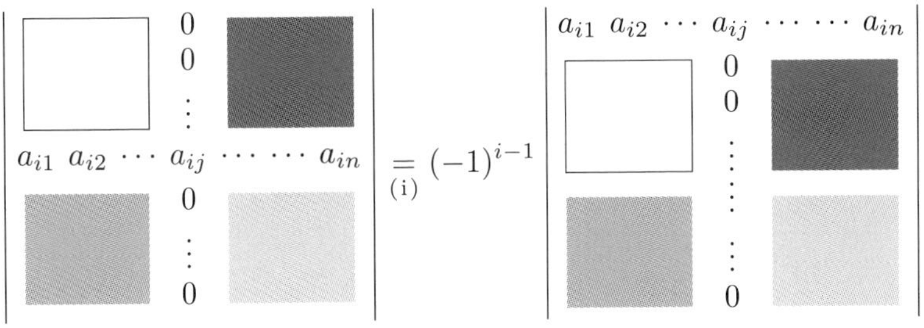

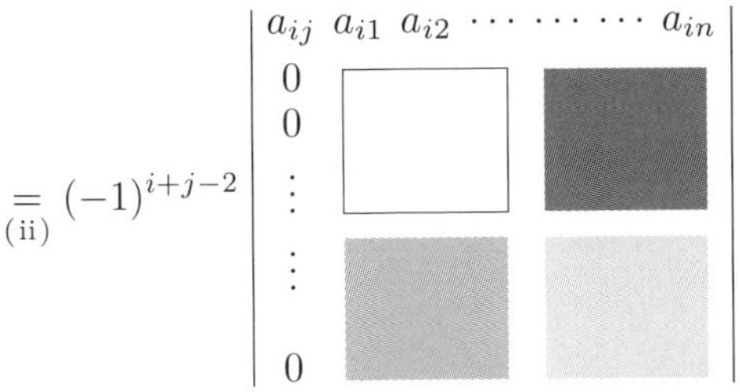

ここで，補題 6.1 を用いると，$(-1)^{i+j-2} = (-1)^{i+j}$ に注意して，これは

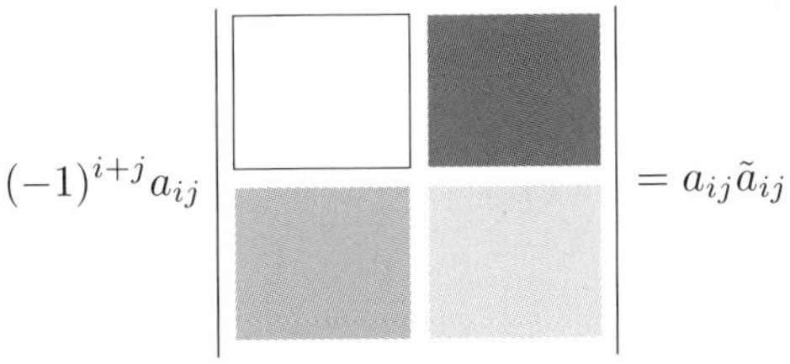

となる．したがって，

$$\det A = \sum_{i=1}^{n} a_{ij}\tilde{a}_{ij}$$

が得られる． □

例題 6.1 第 2 列についての余因子展開により，次の行列式の値を求めよ．

$$\begin{vmatrix} 2 & 3 & 5 \\ -3 & 0 & 4 \\ 5 & -1 & 7 \end{vmatrix}$$

解 $\begin{vmatrix} 2 & 3 & 5 \\ -3 & 0 & 4 \\ 5 & -1 & 7 \end{vmatrix} = 3\tilde{a}_{12} + 0\tilde{a}_{22} + (-1)\tilde{a}_{32}$

$$= 3 \cdot (-1)^{1+2} \begin{vmatrix} -3 & 4 \\ 5 & 7 \end{vmatrix} + 0 \cdot (-1)^{2+2} \begin{vmatrix} 2 & 5 \\ 5 & 7 \end{vmatrix} + (-1) \cdot (-1)^{3+2} \begin{vmatrix} 2 & 5 \\ -3 & 4 \end{vmatrix}$$

$$= 3 \cdot 41 + 0 \cdot (-11) + (-1) \cdot (-23) = 123 + 0 + 23 = 146$$ ■

問 6.4　上の例題 6.1 の行列式の値を，次の行または列について余因子展開して求めよ．
(1)　第 1 行　　(2)　第 2 行　　(3)　第 3 列

6.4.4 掃き出してから余因子展開

上の例題 6.1 でみたように，ある行または列について余因子展開するときに，その行または列に含まれるある成分が 0 ならば，その成分についての余因子は計算する必要がない（結局 0 をかけることになるから）．したがって，一般には，なるべく 0 の多い行または列について展開するほうが計算は簡単になる．さらに一歩進めて，0 がなければ掃き出しを行って，ある行または列に 0 を増やしてから余因子展開を行えば計算は楽になる．もし 1 つの成分以外の成分を 0 にできれば余因子は 1 つだけ計算すればよいことになる．行基本変形の II では行列式の値は変わらないことを思い出してほしい．

例 6.12　次の行列式は，例題 6.1 と同じものである．これを，第 2 列を掃き出してから余因子展開することにより計算しよう．

$$\begin{vmatrix} 2 & 3 & 5 \\ -3 & 0 & 4 \\ 5 & -1 & 7 \end{vmatrix}$$

$$\begin{vmatrix} 2 & 3 & 5 \\ -3 & 0 & 4 \\ 5 & -1 & 7 \end{vmatrix} \underset{\text{①行＋③行×3}}{=} \begin{vmatrix} 17 & 0 & 26 \\ -3 & 0 & 4 \\ 5 & -1 & 7 \end{vmatrix} \underset{\text{② 列について余因子展開}}{=} (-1)\tilde{a}_{32}$$

$$= (-1)\cdot(-1)^{3+2}\begin{vmatrix} 17 & 26 \\ -3 & 4 \end{vmatrix} = 17\cdot 4 - 26\cdot(-3) = 68 + 78 = 146$$

問 6.5　指示された行または列を掃き出してから余因子展開することにより，次の行列式の値を計算せよ．

(1) $\begin{vmatrix} 7 & 1 & 8 \\ -3 & 1 & 4 \\ 5 & -1 & 6 \end{vmatrix}$（第 2 列）　　(2) $\begin{vmatrix} 7 & 11 & -3 \\ -13 & 1 & 4 \\ 5 & 0 & -1 \end{vmatrix}$（第 3 行）

(3) $\begin{vmatrix} -10 & 15 & 5 & -3 \\ 6 & 0 & -4 & 0 \\ -13 & 1 & 4 & -1 \\ 5 & 2 & -1 & 2 \end{vmatrix}$（第 2 行）

参考　余因子展開の図形的意味については，3 次の行列式について，7.2.3 項で説明する．2 次の場合は 7.1.2 項の補題 7.1 がそれにあたる．一般の n 次の場合にも同様の見方をすることができる（4 次の場合については演習問題 8.4 参照）．

6.5 行列の積の行列式

命題 6.5 A, B をともに n 次の正方行列とするとき，次式が成り立つ．

$$|AB| = |A||B|$$

証明 行列 A を列に分解して $A = (\boldsymbol{a}_1, \boldsymbol{a}_2, \ldots, \boldsymbol{a}_n)$ とし，$B = (b_{ij})$ とする．このとき，AB の列への分解を $AB = (\boldsymbol{c}_1, \boldsymbol{c}_2, \ldots, \boldsymbol{c}_n)$ とすると

$$(\boldsymbol{c}_1, \boldsymbol{c}_2, \ldots, \boldsymbol{c}_n) = (\boldsymbol{a}_1, \boldsymbol{a}_2, \ldots, \boldsymbol{a}_n)(b_{ij})$$

となる．したがって，

$$\begin{aligned} \boldsymbol{c}_1 &= b_{11}\boldsymbol{a}_1 + b_{21}\boldsymbol{a}_2 + \cdots + b_{n1}\boldsymbol{a}_n \\ \boldsymbol{c}_2 &= b_{12}\boldsymbol{a}_1 + b_{22}\boldsymbol{a}_2 + \cdots + b_{n2}\boldsymbol{a}_n \\ &\cdots\cdots \\ \boldsymbol{c}_n &= b_{1n}\boldsymbol{a}_1 + b_{2n}\boldsymbol{a}_2 + \cdots + b_{nn}\boldsymbol{a}_n \end{aligned}$$

これらを $|\boldsymbol{c}_1, \boldsymbol{c}_2, \ldots, \boldsymbol{c}_n|$ に代入して行列式の性質を用いて展開すると，

$$|\boldsymbol{c}_1, \boldsymbol{c}_2, \ldots, \boldsymbol{c}_n| = \sum_{i_1, i_2, \ldots, i_n = 1}^{n} b_{i_1 1} b_{i_2 2} \cdots b_{i_n n} |\boldsymbol{a}_{i_1}, \boldsymbol{a}_{i_2}, \ldots, \boldsymbol{a}_{i_n}|$$

となる．ここで，$\boldsymbol{a}_{i_1}, \boldsymbol{a}_{i_2}, \ldots, \boldsymbol{a}_{i_n}$ の中に同じものがあれば，系 6.1(5) より，$|\boldsymbol{a}_{i_1}, \boldsymbol{a}_{i_2}, \ldots, \boldsymbol{a}_{i_n}| = 0$ となるので，$(i_1, i_2, \ldots, i_n)$ が $\{1, 2, \ldots, n\}$ の順列となっている項のみを考えればよい．したがって，

$$|\boldsymbol{c}_1, \boldsymbol{c}_2, \ldots, \boldsymbol{c}_n| = \sum_{(i_1, i_2, \ldots, i_n):\text{順列}} b_{i_1 1} b_{i_2 2} \cdots b_{i_n n} |\boldsymbol{a}_{i_1}, \boldsymbol{a}_{i_2}, \ldots, \boldsymbol{a}_{i_n}|$$

ここで，$|\boldsymbol{a}_{i_1}, \boldsymbol{a}_{i_2}, \ldots, \boldsymbol{a}_{i_n}| = \varepsilon(i_1, i_2, \ldots, i_n)|\boldsymbol{a}_1, \boldsymbol{a}_2, \ldots, \boldsymbol{a}_n|$ を用いると，

$$\begin{aligned} &|\boldsymbol{c}_1, \boldsymbol{c}_2, \ldots, \boldsymbol{c}_n| \\ &= \left\{ \sum_{(i_1, i_2, \ldots, i_n):\text{順列}} \varepsilon(i_1, i_2, \ldots, i_n) b_{i_1 1} b_{i_2 2} \cdots b_{i_n n} \right\} |\boldsymbol{a}_1, \boldsymbol{a}_2, \ldots, \boldsymbol{a}_n| \\ &= |B||A| = |A||B| \end{aligned}$$

となる． □

6.6 行列式の応用

この節では，行列式の応用として，行列式を用いた逆行列の計算と連立 1 次方程式

の解法を説明する．また，正則であるための条件が行列の階数と行列式を用いて与えられることに注意する．

6.6.1 逆行列

次の定理により，n 次正方行列の逆行列が行列式を用いて具体的に与えられる．

定理 6.3　n 次正方行列 A が逆行列をもつ（正則である）ための必要かつ十分な条件は

$$\det A \neq 0$$

となることであり，このとき A の逆行列 A^{-1} は

$$A^{-1} = \frac{{}^t(\tilde{a}_{ij})}{|A|}$$

で与えられる．ここで，$\tilde{a}_{ij}$ は (i, j) 成分の余因子である．

証明　［必要性］ n 次正方行列 A が逆行列 B をもてば $AB = E$．両辺の行列式の値を考えて，$|AB| = |A||B| = |E| = 1$．したがって，$|A| \neq 0$ となる．
［十分性］ $B = {}^t(\tilde{a}_{ij})$ とし，$AB = (c_{ij})$ とすると，

$$c_{ij} = \sum_{k=1}^{n} a_{ik}\tilde{a}_{jk}$$

である．この値は，$i = j$ なら，余因子展開の公式（定理 6.2）より $|A|$ に一致する（$|A|$ の第 i 行についての展開）．したがって，$c_{ii} = |A|$ となる．

$i \neq j$ なら，これは行列式 $|A|$ の第 j 行を第 i 行で置き換えたものを第 j 行について余因子展開したものである．この場合，2 つの行が一致しているから，行列式の値は 0 となる．したがって，$c_{ij} = 0$．すなわち，$AB = |A|E$ となる．両辺を $|A|$ $(\neq 0)$ で割って，

$$A\left(\frac{{}^t(\tilde{a}_{ij})}{|A|}\right) = E \tag{6.8}$$

が得られる．

また，$BA = (d_{ij})$ とすると，

$$d_{ij} = \sum_{k=1}^{n} \tilde{a}_{ki}a_{kj} = \sum_{k=1}^{n} a_{kj}\tilde{a}_{ki}$$

今度は，列に関する余因子展開の公式より，この値は $\delta_{ij}|A|$ に一致することがわかる．ここで，$\delta_{ij} = \begin{cases} 1 & (i = j) \\ 0 & (i \neq j) \end{cases}$ であり，クロネッカーのデルタとよばれている．し

たがって，$BA = |A|E$ となり，

$$\left(\frac{{}^t(\tilde{a}_{ij})}{|A|}\right) A = E \tag{6.9}$$

が得られる．

式 (6.8), (6.9) より，A の左右どちらからかけても単位行列となるから，${}^t(\tilde{a}_{ij})/|A|$ は A の逆行列である． □

例 6.13 2次の正方行列

$$A = \begin{pmatrix} a & b \\ c & d \end{pmatrix}$$

の場合は

$$|A| = ad - bc \neq 0$$

となることが逆行列をもつための条件となり，このとき

$$\tilde{a}_{11} = (-1)^{1+1}\det(d) = d, \quad \tilde{a}_{12} = (-1)^{1+2}\det(c) = -c$$
$$\tilde{a}_{21} = (-1)^{2+1}\det(b) = -b, \quad \tilde{a}_{22} = (-1)^{2+2}\det(a) = a$$

となるから，

$$A^{-1} = \frac{1}{ad-bc}\,{}^t\!\begin{pmatrix} d & -c \\ -b & a \end{pmatrix} = \frac{1}{ad-bc}\begin{pmatrix} d & -b \\ -c & a \end{pmatrix}$$

となる．これは定理 3.1 と同じ結果である．

例 6.14 3次の正方行列

$$A = \begin{pmatrix} 1 & 2 & 1 \\ 2 & 5 & 5 \\ 1 & 1 & 0 \end{pmatrix}$$

の逆行列を求めよう．まず，A の行列式の値を求めると

$$\begin{vmatrix} 1 & 2 & 1 \\ 2 & 5 & 5 \\ 1 & 1 & 0 \end{vmatrix} \underset{\substack{\text{②行}-\text{①行}\times 2 \\ \text{③行}-\text{①行}}}{=} \begin{vmatrix} 1 & 2 & 1 \\ 0 & 1 & 3 \\ 0 & -1 & -1 \end{vmatrix} \underset{\text{③行}+\text{②行}}{=} \begin{vmatrix} 1 & 2 & 1 \\ 0 & 1 & 3 \\ 0 & 0 & 2 \end{vmatrix} = 2$$

となる．行列式は 0 ではないから，逆行列が存在する．

$$\tilde{a}_{11} = (-1)^{1+1}\begin{vmatrix} 5 & 5 \\ 1 & 0 \end{vmatrix} = -5, \quad \tilde{a}_{12} = (-1)^{1+2}\begin{vmatrix} 2 & 5 \\ 1 & 0 \end{vmatrix} = 5, \quad \tilde{a}_{13} = (-1)^{1+3}\begin{vmatrix} 2 & 5 \\ 1 & 1 \end{vmatrix} = -3$$

$$\tilde{a}_{21} = (-1)^{2+1}\begin{vmatrix} 2 & 1 \\ 1 & 0 \end{vmatrix} = 1, \quad \tilde{a}_{22} = (-1)^{2+2}\begin{vmatrix} 1 & 1 \\ 1 & 0 \end{vmatrix} = -1, \quad \tilde{a}_{23} = (-1)^{2+3}\begin{vmatrix} 1 & 2 \\ 1 & 1 \end{vmatrix} = 1$$

$$\tilde{a}_{31} = (-1)^{3+1}\begin{vmatrix} 2 & 1 \\ 5 & 5 \end{vmatrix} = 5, \quad \tilde{a}_{32} = (-1)^{3+2}\begin{vmatrix} 1 & 1 \\ 2 & 5 \end{vmatrix} = -3, \quad \tilde{a}_{33} = (-1)^{3+3}\begin{vmatrix} 1 & 2 \\ 2 & 5 \end{vmatrix} = 1$$

したがって，

$$A^{-1} = \frac{1}{2}\,{}^t\!\begin{pmatrix} -5 & 5 & -3 \\ 1 & -1 & 1 \\ 5 & -3 & 1 \end{pmatrix} = \frac{1}{2}\begin{pmatrix} -5 & 1 & 5 \\ 5 & -1 & -3 \\ -3 & 1 & 1 \end{pmatrix}$$

定理 6.3 は，正方行列が正則行列となる条件を行列式を用いて与えている．定理 5.2 では，正則行列となる条件が行列の階数を用いて与えられた．ここで，この 2 つの定理をまとめておく．

定理 6.4【正則となるための条件】　n 次正方行列 A について，次の 3 つの条件は同値である．

(1)　A は正則（逆行列をもつ）

(2)　$\mathrm{rank}\,A = n$

(3)　$|A| \neq 0$

証明　(1) $\Longleftrightarrow$ (2) は定理 5.2，(1) $\Longleftrightarrow$ (3) は定理 6.3 で示された．□

ここで，n 次正方行列 A に対し，$AB = E$（または $BA = E$）となる行列 B が存在すれば，A は正則で $B = A^{-1}$ となることを確認しよう．

系 6.2　A を n 次正方行列とする．

(1)　$AB = E$ となる正方行列 B が存在すれば，A は正則で $B = A^{-1}$.

(2)　$BA = E$ となる正方行列 B が存在すれば，A は正則で $B = A^{-1}$.

証明　(1)　$AB = E$ とすると $|AB| = |A||B| = |E| = 1$ より $|A| \neq 0$. よって，定理 6.4 より A は正則となり，逆行列 A^{-1} が存在する．$AB = E$ の両辺の左から A^{-1} をかけると，$B = A^{-1}$ となることがわかる．

(2) では右から A^{-1} をかければよい．□

6.6.2 クラーメルの公式

連立 1 次方程式の係数行列が正則であるときは，行列式を用いて解を求めることができる．まず，次の命題が成り立つことに注意しよう．

命題 6.6　連立 1 次方程式

$$A\boldsymbol{x} = \boldsymbol{b}$$

において，係数行列 A が正則行列なら，解がただ 1 組存在し，

$$x = A^{-1}b$$

で与えられる.

証明 $\boldsymbol{x} = A^{-1}\boldsymbol{b}$ とすると

$$A\boldsymbol{x} = A(A^{-1}\boldsymbol{b}) = (AA^{-1})\boldsymbol{b} = E\boldsymbol{b} = \boldsymbol{b}$$

となる．したがって，$\boldsymbol{x} = A^{-1}\boldsymbol{b}$ は解である．また，

$$A\boldsymbol{x} = \boldsymbol{b}$$

とすると，両辺の左から A^{-1} をかけて，

$$A^{-1}(A\boldsymbol{x}) = A^{-1}\boldsymbol{b}$$

となる．ここで，左辺 $= A^{-1}(A\boldsymbol{x}) = (A^{-1}A)\boldsymbol{x} = E\boldsymbol{x} = \boldsymbol{x}$ となるから，$\boldsymbol{x} = A^{-1}\boldsymbol{b}$ となる．したがって，解が存在して，$\boldsymbol{x} = A^{-1}\boldsymbol{b}$ の 1 通りである． □

問 6.6 $ad - bc \neq 0$ のとき，係数行列の逆行列を用いて，x, y についての連立 1 次方程式

$$\begin{cases} ax + by = m \\ cx + dy = n \end{cases}$$

の解を求めよ．

また，係数行列が正則なら，**クラーメルの公式**とよばれる次の公式により，各未知数の値を行列式を用いて具体的に与えることができる．

定理 6.5【クラーメルの公式】 係数行列 A が n 次正方行列で正則であるとき，係数行列 A の列への分割を $A = (\boldsymbol{a}_1, \boldsymbol{a}_2, \ldots, \boldsymbol{a}_n)$ とすると，連立 1 次方程式

$$A\boldsymbol{x} = \boldsymbol{b} \tag{6.10}$$

の解は次で与えられる．

$$x_i = \frac{|\boldsymbol{a}_1, \ldots, \overset{\text{第 } i \text{ 列}}{\overset{\downarrow}{\boldsymbol{b}}}, \ldots, \boldsymbol{a}_n|}{|A|}$$

（右辺の分子は，行列 A の第 i 列を式 (6.10) の右辺 $\boldsymbol{b}$ で置き換えたものの行列式である.）

証明 上の命題 6.6 により，A が正則であるとき，連立 1 次方程式 (6.10) の解は

$$\boldsymbol{x} = A^{-1}\boldsymbol{b}$$

で与えられる．ここへ定理 6.3 の結果を代入すると

$$\boldsymbol{x} = A^{-1}\boldsymbol{b} = \frac{1}{|A|}{}^t(\tilde{a}_{ij})\boldsymbol{b}$$

となる．したがって，$\boldsymbol{b} = {}^t(b_1, b_2, \ldots, b_n)$ とすると，

$$\begin{aligned} x_i &= \frac{1}{|A|}(\tilde{a}_{1i}b_1 + \tilde{a}_{2i}b_2 + \cdots + \tilde{a}_{ni}b_n) \\ &= \frac{1}{|A|}(b_1\tilde{a}_{1i} + b_2\tilde{a}_{2i} + \cdots + b_n\tilde{a}_{ni}) \end{aligned}$$

この最後の式の括弧の中は，A の第 i 列を $\boldsymbol{b}$ で置き換えたものを第 i 列について余因子展開したものに等しい．□

例 6.15　次の連立 1 次方程式をクラーメルの公式を用いて解いてみよう．

$$\begin{cases} x + 2y - z = -2 \\ 2x + 3y + z = 0 \\ 3x - y + 2z = 6 \end{cases}$$

係数行列 A と $\boldsymbol{b}$ は次のようになる．

$$A = \begin{pmatrix} 1 & 2 & -1 \\ 2 & 3 & 1 \\ 3 & -1 & 2 \end{pmatrix}, \quad \boldsymbol{b} = \begin{pmatrix} -2 \\ 0 \\ 6 \end{pmatrix}$$

$|A|$ は

$$|A| = \begin{vmatrix} 1 & 2 & -1 \\ 2 & 3 & 1 \\ 3 & -1 & 2 \end{vmatrix} = \begin{vmatrix} 1 & 2 & -1 \\ 0 & -1 & 3 \\ 0 & -7 & 5 \end{vmatrix} = \begin{vmatrix} 1 & 2 & -1 \\ 0 & -1 & 3 \\ 0 & 0 & -16 \end{vmatrix} = 16$$

となり，0 ではないのでクラーメルの公式が使える．x, y, z はそれぞれ以下のように求められる．

$$x = \frac{1}{16}\begin{vmatrix} -2 & 2 & -1 \\ 0 & 3 & 1 \\ 6 & -1 & 2 \end{vmatrix} \underset{\boxed{③行+①行\times 3}}{=} \frac{1}{16}\begin{vmatrix} -2 & 2 & -1 \\ 0 & 3 & 1 \\ 0 & 5 & -1 \end{vmatrix} \underset{補題\ 6.1}{=} \frac{1}{16}\cdot(-2)\begin{vmatrix} 3 & 1 \\ 5 & -1 \end{vmatrix} = \frac{16}{16}$$

$$= 1$$

$$y = \frac{1}{16}\begin{vmatrix} 1 & -2 & -1 \\ 2 & 0 & 1 \\ 3 & 6 & 2 \end{vmatrix} \underset{\boxed{①列-③列\times 2}}{=} \frac{1}{16}\begin{vmatrix} 3 & -2 & -1 \\ 0 & 0 & 1 \\ -1 & 6 & 2 \end{vmatrix}$$

$$\underset{\boxed{② 行についての余因子展開}}{=} \frac{1}{16}\cdot 1\cdot(-1)^{2+3}\begin{vmatrix} 3 & -2 \\ -1 & 6 \end{vmatrix} = -\frac{1}{16}\cdot 16 = -1$$

$$z = \frac{1}{16}\begin{vmatrix} 1 & 2 & -2 \\ 2 & 3 & 0 \\ 3 & -1 & 6 \end{vmatrix} \underset{\boxed{③行+①行\times 3}}{=} \frac{1}{16}\begin{vmatrix} 1 & 2 & -2 \\ 2 & 3 & 0 \\ 6 & 5 & 0 \end{vmatrix}$$

$$\underset{\boxed{\text{③列についての余因子展開}}}{=} \frac{1}{16}\cdot(-2)\cdot(-1)^{1+3}\begin{vmatrix} 2 & 3 \\ 6 & 5 \end{vmatrix} = \frac{1}{16}\cdot(-2)\cdot(-8) = \frac{16}{16} = 1$$

問 6.7 クラーメルの公式を用いて，次の連立 1 次方程式を解け．

(1) $\begin{cases} 2x + y - z = -4 \\ 3x - 2y - 2z = 2 \\ 5x - z = 5 \end{cases}$ (2) $\begin{cases} 2x + y + z = 0 \\ x - 3y + 2z = -9 \\ 3x + y - 4z = 13 \end{cases}$

演習問題

6.1 次の行列式の値を求めよ．

(1) $\begin{vmatrix} 2 & -1 & 3 \\ 3 & 1 & 1 \\ 5 & 1 & 4 \end{vmatrix}$ (2) $\begin{vmatrix} 1 & 1 & 1 \\ a & b & c \\ a^2 & b^2 & c^2 \end{vmatrix}$ (3) $\begin{vmatrix} x & y & z \\ z & x & y \\ y & z & x \end{vmatrix}$

6.2 次の行列式の値を 0 とする x の値を求めよ．

(1) $\begin{vmatrix} x & 1 & 1 \\ 1 & x & 1 \\ 1 & 1 & x \end{vmatrix}$ (2) $\begin{vmatrix} x & -1 & 0 \\ 0 & x & -1 \\ -2 & -1 & x+2 \end{vmatrix}$

6.3 A, B を実数を成分とする n 次正方行列とするとき，次の等式が成り立つことを示せ．

(1) $\begin{vmatrix} O & A \\ B & O \end{vmatrix} = (-1)^n|A||B|$ (2) $\begin{vmatrix} A & B \\ B & A \end{vmatrix} = |A+B||A-B|$

(3) $\begin{vmatrix} A & B \\ -B & A \end{vmatrix} = |\det(A+iB)|^2$ （i は虚数単位）

6.4 次の等式が成り立つ．

$$|A| = \begin{vmatrix} a & b & c & d \\ -b & a & d & -c \\ -c & -d & a & b \\ -d & c & -b & a \end{vmatrix} = (a^2+b^2+c^2+d^2)^2$$

(1) $A\,{}^tA$ を計算することにより，この等式を示せ．

(2) 演習問題 6.3 (3) を用いて，この等式を示せ．

6.5 次の n 次の行列式の値を求めよ．

$$\begin{vmatrix} a & 1 & 1 & \cdots & 1 \\ 1 & a & 1 & \cdots & 1 \\ 1 & 1 & a & \cdots & 1 \\ \vdots & \vdots & \vdots & \ddots & \vdots \\ 1 & 1 & 1 & \cdots & a \end{vmatrix} \quad \left(\begin{array}{l}\text{対角成分はすべて } a, \\ \text{ほかの成分はすべて } 1\end{array}\right)$$

6.6 次の連立同次1次方程式が非自明解をもつような a の値を求めよ．

(1) $\begin{cases} ax - z = 0 \\ 3x + (a+1)y - 3z = 0 \\ 2x + (a-3)z = 0 \end{cases}$　(2) $\begin{cases} ax + ay + z = 0 \\ x + ay + 2az = 0 \\ 2x + 2ay + (a+2)z = 0 \end{cases}$

6.7 平面において，次を示せ．

(1) 3点 $(x_1,\ y_1)$, $(x_2,\ y_2)$, $(x_3,\ y_3)$ が同一直線上にあるための条件は，次式が成り立つことである．

$$\begin{vmatrix} x_1 & y_1 & 1 \\ x_2 & y_2 & 1 \\ x_3 & y_3 & 1 \end{vmatrix} = 0$$

(2) どの2つも平行でない3直線 $a_1x + b_1y + c_1 = 0$, $a_2x + b_2y + c_2 = 0$, $a_3x + b_3y + c_3 = 0$ が1点で交わるための条件は，次式が成り立つことである．

$$\begin{vmatrix} a_1 & b_1 & c_1 \\ a_2 & b_2 & c_2 \\ a_3 & b_3 & c_3 \end{vmatrix} = 0$$

6.8 次の行列 A が正則となるとき，A の逆行列を求めよ．

$$A = \begin{pmatrix} a & b & c \\ c & a & b \\ b & c & a \end{pmatrix}$$

6.9 次の等式が成り立つことを示せ．

$$\begin{vmatrix} x & -1 & 0 & \cdots & \cdots & \cdots & 0 \\ 0 & x & -1 & 0 & \cdots & \cdots & 0 \\ 0 & 0 & x & -1 & 0 & \cdots & 0 \\ \vdots & \vdots & \ddots & \ddots & \ddots & \ddots & \vdots \\ \vdots & \vdots & & \ddots & \ddots & \ddots & 0 \\ 0 & 0 & \cdots & \cdots & 0 & x & -1 \\ a_n & a_{n-1} & \cdots & \cdots & \cdots & a_2 & x + a_1 \end{vmatrix} = x^n + a_1x^{n-1} + a_2x^{n-2} + \cdots + a_n$$

第 7 章

行列式の図形的意味

この章では，行列式の図形的な意味を考察する．2 次の行列式は，2 つの列ベクトルが表す平面ベクトルの作る平行四辺形の「符号つきの面積」や，行列が定める平面の線形変換の「符号つきの面積の倍率」を与える．また，3 次の行列式についても同様のことがいえる．

7.1 2 次の行列式

この節では，2 次の行列式の図形的意味を考える．

7.1.1 平行四辺形の符号つきの面積

2 つの平面ベクトル $\boldsymbol{a}, \boldsymbol{b}$ の作る平行四辺形の面積を求めよう．ここで，2 つのベクトル $\boldsymbol{a}, \boldsymbol{b}$ の作る平行四辺形とは，$\overrightarrow{\mathrm{PA}} = \overrightarrow{\mathrm{BC}} = \boldsymbol{a}$, $\overrightarrow{\mathrm{PB}} = \overrightarrow{\mathrm{AC}} = \boldsymbol{b}$ となる平行四辺形 PACB のことである（図 7.1 参照）．平行四辺形の面積は（底辺）×（高さ）で求められる．$\boldsymbol{a}, \boldsymbol{b}$ のなす角を α $(0 \leqq \alpha \leqq \pi)$ とすると，線分 PA を底辺と考えるとき，高さ h は $h = |\boldsymbol{b}|\sin\alpha$ で与えられる．したがって，この平行四辺形の面積 S は

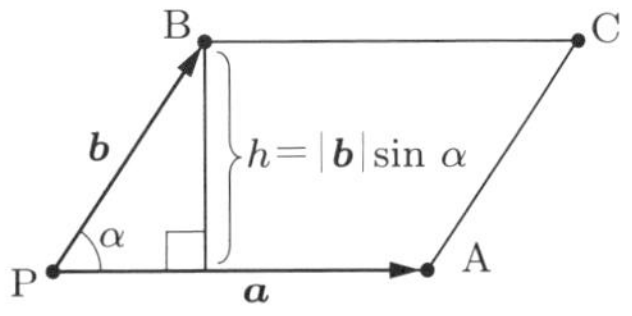

図 7.1　平行四辺形の面積

$$S = |\boldsymbol{a}||\boldsymbol{b}|\sin\alpha$$

となる．

ここで，$\boldsymbol{a}, \boldsymbol{b}$ のなす角 α を $0 \leqq \alpha \leqq \pi$ の範囲で選んだが，これからは角を測る向きも考えに入れることにして，**$\boldsymbol{a}$ から $\boldsymbol{b}$ まで測った一般角 θ を用いる**ことにしよう．そして改めて

$$S(\boldsymbol{a},\ \boldsymbol{b}) = |\boldsymbol{a}||\boldsymbol{b}|\sin\theta \quad (\theta : \boldsymbol{a} \text{ から } \boldsymbol{b} \text{ まで測った一般角})$$

と定める．こうすると，$S(\boldsymbol{a},\ \boldsymbol{b})$ はマイナスの値をとる場合も出てくる．たとえば，$-\pi < \theta < 0$ のときは $\sin\theta < 0$ となり，$|\boldsymbol{b}|\sin\theta = -h$ となるから，$S(\boldsymbol{a},\ \boldsymbol{b}) = -S$ となる（図 7.2 参照）．それでは，どのような場合にマイナスとなるかを詳しく考えてみよう．

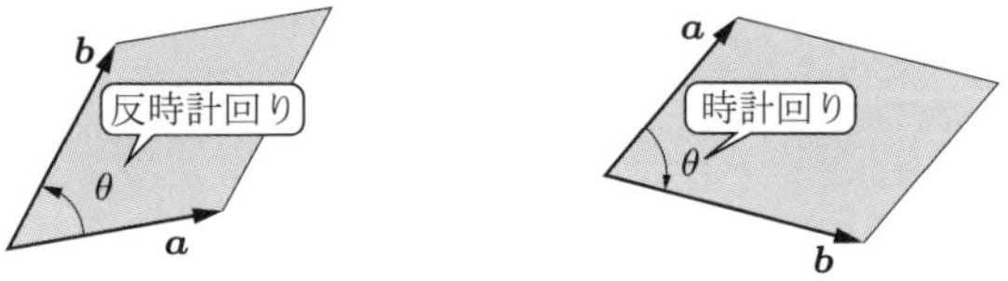

（a）$0 \leqq \theta (\leqq \pi), S(\boldsymbol{a}, \boldsymbol{b}) \geqq 0$　　（b）$(-\pi <) \theta \leqq 0, S(\boldsymbol{a}, \boldsymbol{b}) \leqq 0$

図 7.2　θ によって $S(\boldsymbol{a}, \boldsymbol{b})$ の符号が変わる

ベクトル $\boldsymbol{a}$ からベクトル $\boldsymbol{b}$ まで測った一般角 θ は，$-\pi < \theta \leqq \pi$ の範囲で考えると 1 通りに定まり，この範囲では $\theta \geqq 0$ なら $\sin\theta \geqq 0$ であり，$\theta < 0$ なら $\sin\theta < 0$ だから，θ と $\sin\theta$ の正負は一致する．したがって，

$$\theta \geqq 0 \quad \Rightarrow \quad S(\boldsymbol{a}, \boldsymbol{b}) = S$$

$$\theta < 0 \quad \Rightarrow \quad S(\boldsymbol{a}, \boldsymbol{b}) = -S$$

となる．つまり，図 7.2 にみるように，ベクトル $\boldsymbol{a}$ を $\boldsymbol{b}$ に重ねるように（平行四辺形の中を通って，つまり最短コースをとって）回転するとき，**回転の向きが正の向き（反時計回り）ならプラス，負の向き（時計回り）ならマイナス**となる．

別のいい方をすると，2 つのベクトル $\boldsymbol{a}$ と $\boldsymbol{b}$ を始点を共有する有向線分で表して，$\boldsymbol{a} = \overrightarrow{\mathrm{OA}}, \boldsymbol{b} = \overrightarrow{\mathrm{OB}}$ としたとき，ベクトル $\boldsymbol{a}$ に平行な直線 OA は平面を 2 つの部分に分けるが，直線 OA 上をベクトル $\boldsymbol{a}$ の向きに進むとき，**有向線分 OB が左側にあるときはプラスで，右側にあるときはマイナス**になる（図 7.3 参照）．

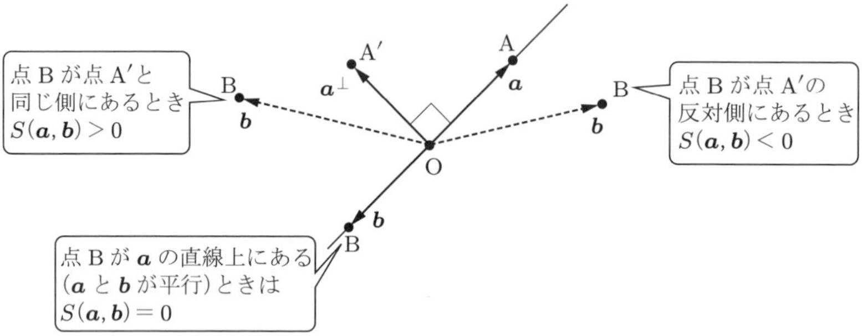

図 7.3　$S(\boldsymbol{a}, \boldsymbol{b})$ の符号と点 B の位置

また，次のように表現することもできる．$\boldsymbol{a}$ を $+\pi/2$ 回転したものを $\boldsymbol{a}^{\perp} = \overrightarrow{\mathrm{OA'}}$ で表すと，**有向線分 OB（点 B）が直線 OA に関して有向線分 OA′（点 A′）と同じ側にあるときはプラス，反対側にあるときはマイナス**となる．

$\boldsymbol{a}$ と $\boldsymbol{b}$ が平行なら $\theta = 0$ または $\theta = \pi$ だから，定義より $S(\boldsymbol{a}, \boldsymbol{b}) = 0$ となる．また，逆もいえる．

以上をまとめると次のようになる．

> $S(\boldsymbol{a},\ \boldsymbol{b})$ は，$\boldsymbol{a}, \boldsymbol{b}$ が作る平行四辺形の**符号のついた面積**で，その符号は 2 つのベクトル $\boldsymbol{a}, \boldsymbol{b}$ の位置関係を示している．
>
> (i)　$S(\boldsymbol{a},\ \boldsymbol{b}) = 0 \iff \boldsymbol{a} /\!/ \boldsymbol{b}$
>
> (ii)　$S(\boldsymbol{a},\ \boldsymbol{b}) > 0 \iff \boldsymbol{a} \to \boldsymbol{b}$ は反時計回り（$\boldsymbol{b}$ は $\boldsymbol{a}$ の左側）
>
> (iii)　$S(\boldsymbol{a},\ \boldsymbol{b}) < 0 \iff \boldsymbol{a} \to \boldsymbol{b}$ は時計回り（$\boldsymbol{b}$ は $\boldsymbol{a}$ の右側）
>
> ここで，$\boldsymbol{a} \to \boldsymbol{b}$ は，ベクトル $\boldsymbol{a}$ を $\boldsymbol{b}$ に重ねるような最小の回転を表す．

注　ここでは便宜上，$\boldsymbol{a} = \overrightarrow{\mathrm{OA}}$，$\boldsymbol{b} = \overrightarrow{\mathrm{OB}}$ とするとき，有向線分 OB が有向線分 OA の右（左）側にあるとき，「$\boldsymbol{b}$ は $\boldsymbol{a}$ の右（左）側」と表現している．

7.1.2　$S(\boldsymbol{a},\ \boldsymbol{b})$ の成分表示

$S(\boldsymbol{a},\ \boldsymbol{b})$ を $\boldsymbol{a}, \boldsymbol{b}$ の成分で表してみよう．

$$\boldsymbol{a} = \begin{pmatrix} a \\ c \end{pmatrix}, \quad \boldsymbol{b} = \begin{pmatrix} b \\ d \end{pmatrix}$$

とすると，$S(\boldsymbol{a},\ \boldsymbol{b})$ は a, b, c, d を用いて次のように表される．

> **命題 7.1**　$S(\boldsymbol{a},\ \boldsymbol{b}) = \begin{vmatrix} a & b \\ c & d \end{vmatrix} = ad - bc$

証明　加法定理を用いてこの公式を示そう．

2 つのベクトル $\boldsymbol{a}, \boldsymbol{b}$ の大きさを $|\boldsymbol{a}| = r$, $|\boldsymbol{b}| = R$ とし，$\boldsymbol{a}, \boldsymbol{b}$ が x 軸の正の向きとなす角をそれぞれ α, β とすると，

$$\begin{cases} a = r\cos\alpha \\ c = r\sin\alpha \end{cases}, \quad \begin{cases} b = R\cos\beta \\ d = R\sin\beta \end{cases}$$

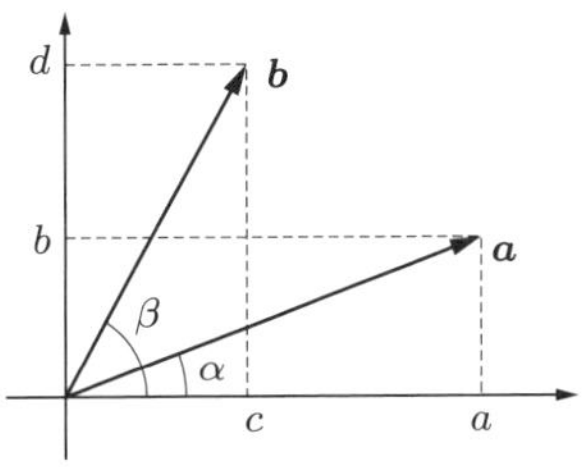

図 7.4

となる（図 7.4 参照）．このとき，$\theta = \beta - \alpha$ であるから，

$$S(\boldsymbol{a},\ \boldsymbol{b}) = |\boldsymbol{a}||\boldsymbol{b}|\sin\theta = rR\sin(\beta - \alpha)$$

となる．ここで，加法定理の公式 $\sin(\beta - \alpha) = \sin\beta\cos\alpha - \cos\beta\sin\alpha$ を用いれば，

$$\begin{aligned} S(\boldsymbol{a},\ \boldsymbol{b}) &= rR\sin(\beta - \alpha) = rR(\sin\beta\cos\alpha - \cos\beta\sin\alpha) \\ &= (R\sin\beta)(r\cos\alpha) - (R\cos\beta)(r\sin\alpha) \\ &= da - bc = ad - bc \end{aligned}$$

□

命題 7.1 の証明には，次の補題を用いる方法もある．この補題は，3 次以上の行列式を考える場合に参考になる (7.2.1 項の式 (7.1) を参照せよ)．

ベクトル $\boldsymbol{a}$ を $+\pi/2$ 回転して得られるベクトルを $\boldsymbol{a}^\perp$ とする．すなわち，$\pi/2$ の回転を与える行列を $R_{\pi/2}$ とするとき，$\boldsymbol{a}^\perp = R_{\pi/2}\boldsymbol{a}$ である（図 7.5 参照）．このとき，$S(\boldsymbol{a}, \boldsymbol{b})$ は $\boldsymbol{a}^\perp$ と $\boldsymbol{b}$ の内積 $\boldsymbol{a}^\perp \cdot \boldsymbol{b}$ で与えられる．

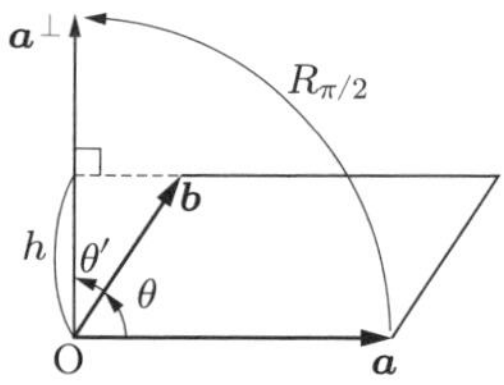

図 7.5

補題 7.1　$S(\boldsymbol{a},\ \boldsymbol{b}) = \boldsymbol{a}^\perp \cdot \boldsymbol{b}$

証明　$\boldsymbol{b}$ から $\boldsymbol{a}^\perp$ まで測った角を θ' とすると，$\boldsymbol{a}$ を底辺とみたとき，平行四辺形の高さ h は $|\boldsymbol{b}|\cos\theta'$ の絶対値で与えられる．しかも，$\cos\theta'$ は，点 O を通る $\boldsymbol{a}$ 方向の直線に関して $\boldsymbol{b}$ が $\boldsymbol{a}^\perp$ と同じ側にあるときプラスとなり，反対側にあるときマイナスになるから，その符号は $\sin\theta$ と同じである（実は，$\theta' = \pi/2 - \theta$ となっているから $\cos\theta' = \sin\theta$ である）．また，$|\boldsymbol{a}^\perp| = |\boldsymbol{a}|$ より底辺の長さは $|\boldsymbol{a}^\perp|$ に等しい．したがって，

$$S(\boldsymbol{a},\ \boldsymbol{b}) = |\boldsymbol{a}^\perp||\boldsymbol{b}|\cos\theta' = \boldsymbol{a}^\perp \cdot \boldsymbol{b}$$

これで補題 7.1 は証明された．□

命題 7.1 の別証明　$\pi/2$ の回転は，行列

$$\begin{pmatrix} \cos(\pi/2) & -\sin(\pi/2) \\ \sin(\pi/2) & \cos(\pi/2) \end{pmatrix} = \begin{pmatrix} 0 & -1 \\ 1 & 0 \end{pmatrix}$$

で与えられるから（命題 4.6），$\boldsymbol{a} = \begin{pmatrix} a \\ c \end{pmatrix}$ とするとき，$\boldsymbol{a}^\perp = \begin{pmatrix} 0 & -1 \\ 1 & 0 \end{pmatrix}\begin{pmatrix} a \\ c \end{pmatrix}$ $= \begin{pmatrix} -c \\ a \end{pmatrix}$ となる．

したがって，$\boldsymbol{a}^\perp \cdot \boldsymbol{b} = -cb + ad = ad - bc$ となる．ゆえに，補題 7.1 より $S(\boldsymbol{a},\ \boldsymbol{b})$ $= ad - bc$ が得られる．□

注　$S(\boldsymbol{a},\ \boldsymbol{b})$ は 2 つの平面ベクトル $\boldsymbol{a}, \boldsymbol{b}$ により値が定まる．命題 7.1 は $\boldsymbol{a}, \boldsymbol{b}$ の標準基底に関する成分についての式であり，ほかの成分を用いると一般には命題 7.1 は成り立たない．これは平面ベクトルや空間ベクトルの内積，空間ベクトルの外積の場合も同様である．

例題 7.1　平面上の 3 点 A(1, 3), B(23, 17), C(7, 5) を頂点とする △ABC の面積 S を求めよ．また，この三角形の周上を A, B, C の順に回るのは，時計回りと反時計回りのどちらであるか．

解　図 7.6 のように，この三角形は 2 つのベクトル $\boldsymbol{a} = \overrightarrow{\mathrm{AB}}$ と $\boldsymbol{b} = \overrightarrow{\mathrm{AC}}$ を 2 辺としており，面積 S は $\boldsymbol{a}, \boldsymbol{b}$ の作る平行四辺形の面積の半分である．したがって，$|S(\boldsymbol{a}, \boldsymbol{b})|$ の 1/2 になる．

$$\overrightarrow{\mathrm{AB}} = \begin{pmatrix} 22 \\ 14 \end{pmatrix}, \quad \overrightarrow{\mathrm{AC}} = \begin{pmatrix} 6 \\ 2 \end{pmatrix}$$

だから，

$$S(\boldsymbol{a},\ \boldsymbol{b}) = 22 \cdot 2 - 6 \cdot 14 = 44 - 84 = -40$$

となる．ゆえに，

$$S = \frac{1}{2}|-40| = 20$$

また，$S(\boldsymbol{a},\ \boldsymbol{b}) < 0$ だから，A→ B→ C という回り方は時計回り（右回り）である．■

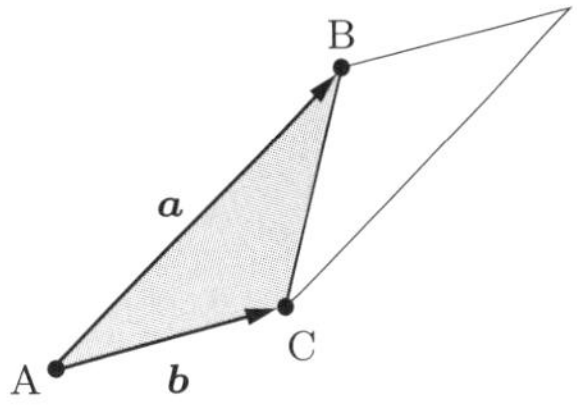

図 7.6

■ $S(\boldsymbol{a},\ \boldsymbol{b})$ **の基本性質**　ここで，$S(\boldsymbol{a},\ \boldsymbol{b})$ の基本的な性質をまとめておこう．

命題 7.2【$S(\boldsymbol{a},\ \boldsymbol{b})$ の基本性質】

(1)　$S(\boldsymbol{b},\ \boldsymbol{a}) = -S(\boldsymbol{a},\ \boldsymbol{b})$

(2)　$S(k\boldsymbol{a},\ \boldsymbol{b}) = kS(\boldsymbol{a},\ \boldsymbol{b}), \quad S(\boldsymbol{a},\ k\boldsymbol{b}) = kS(\boldsymbol{a},\ \boldsymbol{b})$　（k は実数）

(3)　$S(\boldsymbol{a}_1 + \boldsymbol{a}_2,\ \boldsymbol{b}) = S(\boldsymbol{a}_1,\ \boldsymbol{b}) + S(\boldsymbol{a}_2, \boldsymbol{b})$

$S(\boldsymbol{a},\ \boldsymbol{b}_1 + \boldsymbol{b}_2) = S(\boldsymbol{a},\ \boldsymbol{b}_1) + S(\boldsymbol{a},\ \boldsymbol{b}_2)$

証明　これらの性質は，$S(\boldsymbol{a},\ \boldsymbol{b})$ の定義や補題 7.1 を用いて確かめることができるが，命題 7.1 より，$S(\boldsymbol{a},\ \boldsymbol{b})$ は $\boldsymbol{a}, \boldsymbol{b}$ の成分を列とする行列式で与えられるので，行列式の基本性質（命題 6.3）を言い換えたものにほかならない．□

7.1.3 平面の 1 次変換と 2 次の行列式

行列式は，2 つの列ベクトルが作る平行四辺形の符号つきの面積という図形的意味をもっていた．この項では，もう一歩踏み込んだ図形的な意味を説明しよう．4.1 節で説明したように，2 次の正方行列 A は平面の 1 次変換を表している．この 1 次変換により図形は別の図形にうつされるが，その 2 つの図形の面積比が A の行列式の絶対値で与えられる．行列式の符号は，この写像が 2 つのベクトルの位置関係（向き）を変えるかどうかを表している．位置関係（向き）を変える場合は，図形は裏返しにうつされ，そうでないときは，表のままうつされる．

> **定理 7.1**　2 次の正方行列 A で表される 1 次変換で，図形の面積は $|\det A|$ 倍される．また，$\det A < 0$ なら図形は裏返り，$\det A > 0$ なら図形は表のままである．

証明　証明は 3 つのステップで行う．

(i)　たとえば，4 点 O(0, 0), A(1, 0), C(1, 1), B(0, 1) を頂点とする正方形（内部も含む）$\mathrm{D} = \{(x, y) \mid 0 \leqq x \leqq 1,\ 0 \leqq y \leqq 1\}$ の像を考えよう．この正方形はベクトル $\boldsymbol{e}_1$ と $\boldsymbol{e}_2$ を 2 辺としている．$A = \begin{pmatrix} a & b \\ c & d \end{pmatrix}$ とすると

$$A\boldsymbol{e}_1 = \begin{pmatrix} a \\ c \end{pmatrix}, \quad A\boldsymbol{e}_2 = \begin{pmatrix} b \\ d \end{pmatrix}$$

となる．したがって，正方形 D は，A の 2 つの列ベクトル

$$\boldsymbol{a} = \begin{pmatrix} a \\ c \end{pmatrix}, \quad \boldsymbol{b} = \begin{pmatrix} b \\ d \end{pmatrix}$$

を 2 辺とする平行四辺形 O′A′C′B′ にうつされる（図 7.7 参照）．

実際，正方形 D の内部および周上の点 P の位置ベクトル $\boldsymbol{p}$ は

$$\boldsymbol{p} = s\boldsymbol{e}_1 + t\boldsymbol{e}_2 \quad (0 \leqq s \leqq 1,\ 0 \leqq t \leqq 1)$$

で与えられるが，その像は

$$A\boldsymbol{p} = A(s\boldsymbol{e}_1 + t\boldsymbol{e}_2) = sA\boldsymbol{e}_1 + tA\boldsymbol{e}_2$$

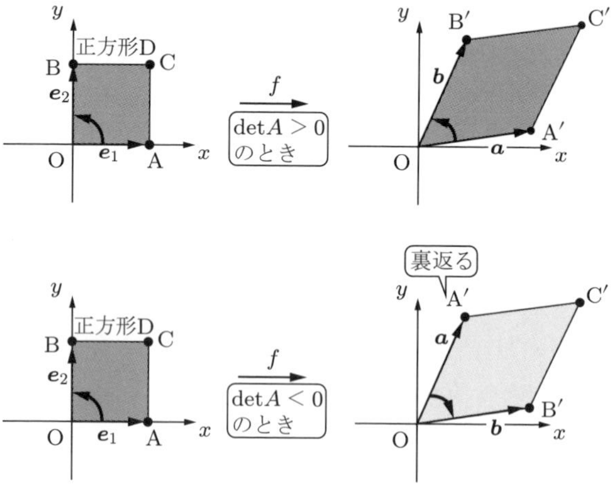

図 7.7　行列式の正負と面の表裏

$$= s\boldsymbol{a} + t\boldsymbol{b} \quad (0 \leqq s \leqq 1,\ 0 \leqq t \leqq 1)$$

となる．これは $\boldsymbol{a} = \begin{pmatrix} a \\ c \end{pmatrix}$, $\boldsymbol{b} = \begin{pmatrix} b \\ d \end{pmatrix}$ を 2 辺とする平行四辺形の内部および周上の点の位置ベクトル全体である．

したがって，面積 1 の正方形 D は，面積 $|\det A|$ の平行四辺形にうつされる．また，$\det A < 0$ なら $\boldsymbol{e}_1, \boldsymbol{e}_2$ の位置関係と，それらの像 $\boldsymbol{a}, \boldsymbol{b}$ の位置関係が逆になり，図形が裏返る．

(ii)　この事情は x 軸と y 軸に平行な辺をもつ正方形の位置や大きさによらない．実際，このような正方形は，一辺の長さを k とすると，この正方形の左下の頂点の位置ベクトルを $\boldsymbol{c}$ として

$$\boldsymbol{p} = \boldsymbol{c} + sk\boldsymbol{e}_1 + tk\boldsymbol{e}_2 \quad (0 \leqq s \leqq 1,\ 0 \leqq t \leqq 1)$$

で与えられ，その像は

$$\begin{aligned} A\boldsymbol{p} &= A(\boldsymbol{c} + sk\boldsymbol{e}_1 + tk\boldsymbol{e}_2) = A\boldsymbol{c} + skA\boldsymbol{e}_1 + tkA\boldsymbol{e}_2 \\ &= A\boldsymbol{c} + sk\boldsymbol{a} + tk\boldsymbol{b} \quad (0 \leqq s \leqq 1,\ 0 \leqq t \leqq 1) \end{aligned}$$

となる．これは 1 つの頂点の位置ベクトルが $A\boldsymbol{c}$ で，$k\boldsymbol{a}, k\boldsymbol{b}$ を 2 辺とする平行四辺形の内部および周上の点の位置ベクトル全体である．したがって，この場合の正方形の像は $\boldsymbol{e}_1, \boldsymbol{e}_2$ の作る正方形の像と相似で，相似比は $k:1$ である（図 7.8 参照）．

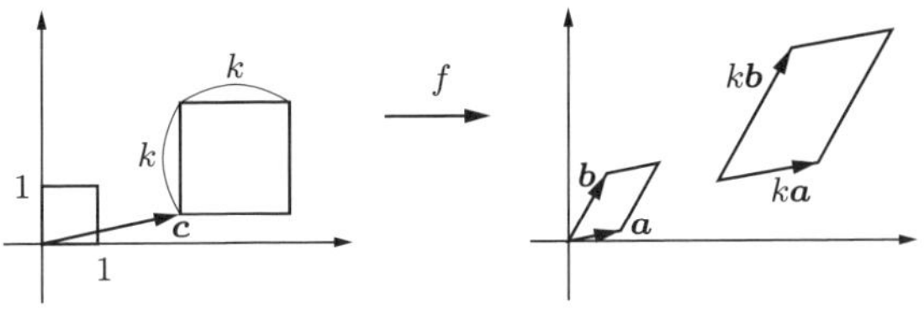

図 7.8　軸に平行な辺をもつ正方形の像

(iii)　一般の図形の場合は，図 7.9 のように小さな正方形の集まりによって近似して考えればよい．

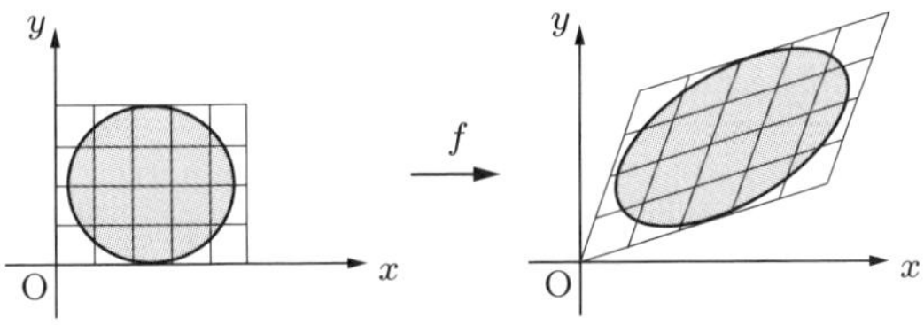

図 7.9　小さな正方形で近似する　□

例 7.1
$$A = \begin{pmatrix} \cos\theta & -\sin\theta \\ \sin\theta & \cos\theta \end{pmatrix}, \quad B = \begin{pmatrix} \cos 2\theta & \sin 2\theta \\ \sin 2\theta & -\cos 2\theta \end{pmatrix}$$
とする．A は角 θ の回転の行列，B は直線 $y = (\tan\theta)x$ に関する対称移動の行列である（4.1 節の式 (4.7), (4.6)）．

この 2 種類の 1 次変換は，たとえば，1 つの三角形をそれと合同な三角形にうつすが，行列 A では図形は裏返らないのに対し，行列 B では図形は裏返る．実際，
$$\det A = \cos^2\theta + \sin^2\theta = 1, \quad \det B = -\cos^2\theta - \sin^2\theta = -1$$
となり，行列式の絶対値はともに 1 だが，$\det B$ の符号はマイナスである．

次の図 7.10 は，直角三角形 ABC を $\pi/2$ の回転して得られる $\triangle$A′B′C′ と，直線 $y = (1/2)x$ に関して対称にうつして得られる $\triangle$A″B″C″ を示している．

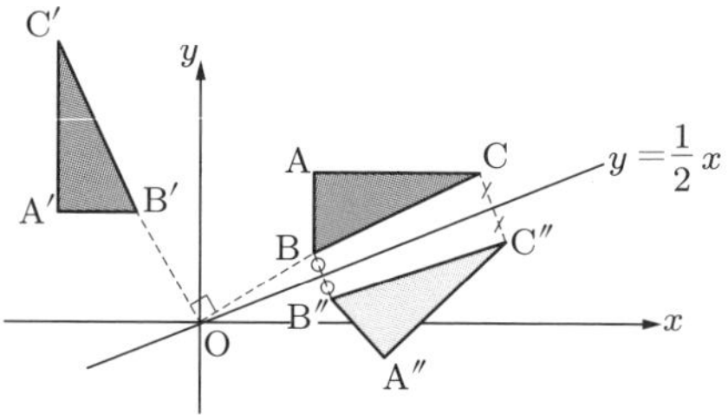

図 7.10　回転移動と対称移動

$\triangle$ABC を平面の中で連続的に移動して $\triangle$A′B′C′ に重ねることはできるが，$\triangle$A″B″C″ に重ねることはできない．

■行列の積の行列式　n 次正方行列 A, B について
$$|AB| = |A||B|$$
が成り立った（命題 6.5）．2 次の正方行列については，行列式が 1 次変換の「符号つきの面積の倍率」を表すことから，また，行列の積には写像の合成が対応することから，この性質は明らかであろう．

7.2　3 次の行列式

■外積の成分の図形的意味　空間ベクトル $\boldsymbol{a} = \begin{pmatrix} a_1 \\ a_2 \\ a_3 \end{pmatrix}$, $\boldsymbol{b} = \begin{pmatrix} b_1 \\ b_2 \\ b_3 \end{pmatrix}$ の外積 $\boldsymbol{a} \times \boldsymbol{b}$ の成分は，2 次の行列式を用いて

$$\boldsymbol{a} \times \boldsymbol{b} = \begin{pmatrix} \begin{vmatrix} a_2 & b_2 \\ a_3 & b_3 \end{vmatrix} \\ \begin{vmatrix} a_3 & b_3 \\ a_1 & b_1 \end{vmatrix} \\ \begin{vmatrix} a_1 & b_1 \\ a_2 & b_2 \end{vmatrix} \end{pmatrix}$$

と表された（命題 2.4）．これは形式的なものではなく，次のような図形的な意味がある．

空間ベクトル $\boldsymbol{a}$ と $\boldsymbol{b}$ で作られる平行四辺形の yz 平面への正射影を考えよう．これはやはり平行四辺形となり，$\boldsymbol{a}$ と $\boldsymbol{b}$ の yz 平面への正射影 $\boldsymbol{a}_1, \boldsymbol{b}_1$ で作られる．$\boldsymbol{a}_1$, $\boldsymbol{b}_1$ を yz 平面のベクトルとみて成分で表すと，$\boldsymbol{a}_1 = \begin{pmatrix} a_2 \\ a_3 \end{pmatrix}$, $\boldsymbol{b}_1 = \begin{pmatrix} b_2 \\ b_3 \end{pmatrix}$ となり，$\boldsymbol{a} \times \boldsymbol{b}$ の x 成分 $\begin{vmatrix} a_2 & b_2 \\ a_3 & b_3 \end{vmatrix}$ は，この正射影の符号のついた面積 $S(\boldsymbol{a}_1,\ \boldsymbol{b}_1)$ にほかならない（図 7.11 参照）．同様にして，$\boldsymbol{a}$ と $\boldsymbol{b}$ の zx 平面への正射影をそれぞれ $\boldsymbol{a}_2, \boldsymbol{b}_2$ とし，xy 平面への正射影をそれぞれ $\boldsymbol{a}_3, \boldsymbol{b}_3$ とすると

$\boldsymbol{a} \times \boldsymbol{b}$ の y 成分は $S(\boldsymbol{a}_2,\ \boldsymbol{b}_2)$

$\boldsymbol{a} \times \boldsymbol{b}$ の z 成分は $S(\boldsymbol{a}_3,\ \boldsymbol{b}_3)$

に等しい．

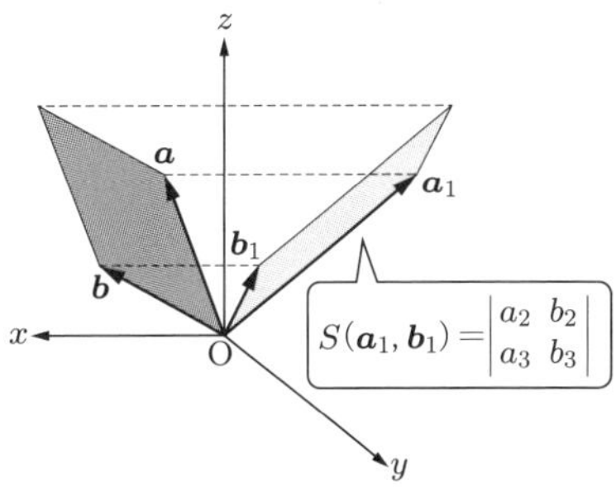

図 7.11　外積の成分

とくに，空間における平行四辺形の面積 S は，各座標平面への正射影の面積を $S_x,\ S_y,\ S_z$ とするとき

$$S = \sqrt{S_x^2 + S_y^2 + S_z^2}$$

で与えられる．これはピタゴラスの定理の拡張とみることもできる．

問 7.1　平面ベクトル $\boldsymbol{a}, \boldsymbol{b}$ を xyz 空間の xy 平面に平行なベクトルと同一視すると，$\boldsymbol{a} \times \boldsymbol{b} = S(\boldsymbol{a}, \boldsymbol{b})\boldsymbol{e}_3$ となることを示せ．

7.2.1 平行六面体の体積

平行六面体　xyz 空間における 3 つのベクトル $\boldsymbol{a}, \boldsymbol{b}, \boldsymbol{c}$ が作る図 7.12 のような**平行六面体**の体積 V を考えよう（ここで，3 つのベクトル $\boldsymbol{a}, \boldsymbol{b}, \boldsymbol{c}$ が作る平行六面体とは，$\boldsymbol{a} = \overrightarrow{\mathrm{OA}}$, $\boldsymbol{b} = \overrightarrow{\mathrm{OB}}$, $\boldsymbol{c} = \overrightarrow{\mathrm{OC}}$ としたとき，線分 OA, OB, OC を 3 辺とする平行

六面体のことである）．

図 7.12 において，2 つのベクトル $\boldsymbol{a}$ と $\boldsymbol{b}$ が作る平行四辺形を底面と考えると，外積の定義より，底面積 S は

$$S = |\boldsymbol{a} \times \boldsymbol{b}|$$

で与えられる．また，$\boldsymbol{a} \times \boldsymbol{b}$ と $\boldsymbol{c}$ がなす角を θ とすると，高さ h は

$$h = |\boldsymbol{c}| \cos\theta$$

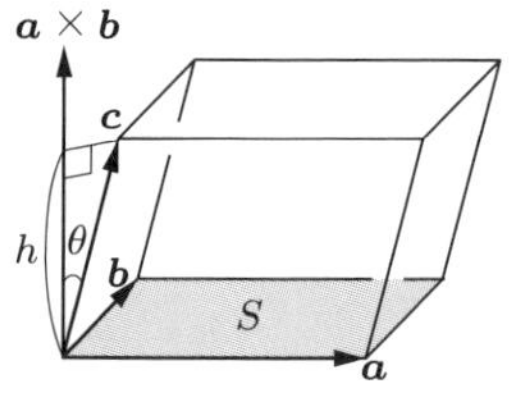

図 7.12　平行六面体の体積

で与えられる．したがって，$V = |\boldsymbol{a} \times \boldsymbol{b}||\boldsymbol{c}| \cos\theta = (\boldsymbol{a} \times \boldsymbol{b}) \cdot \boldsymbol{c}$ となる．そこで，一般に 3 つの空間ベクトル $\boldsymbol{a}, \boldsymbol{b}, \boldsymbol{c}$ に対し，

$$V(\boldsymbol{a},\ \boldsymbol{b},\ \boldsymbol{c}) = (\boldsymbol{a} \times \boldsymbol{b}) \cdot \boldsymbol{c} \tag{7.1}$$

と定義することにする（7.1.2 項の補題 7.1 と比較せよ）．このとき，上図のような配置の場合には $V(\boldsymbol{a},\ \boldsymbol{b},\ \boldsymbol{c}) = V$ となるが，一般には $\cos\theta$ がマイナスとなることもあるので，$V(\boldsymbol{a},\ \boldsymbol{b},\ \boldsymbol{c}) = \pm V$ となる．

ここで，$V(\boldsymbol{a},\ \boldsymbol{b},\ \boldsymbol{c})$ が，どのような場合にプラスになり，どのような場合にマイナスになるかを考えよう．

有向線分 OA, OB の定める平面を α とする．$0 \leqq \theta \leqq \pi$ とすると，$\cos\theta > 0$ となるのは，$0 \leqq \theta < \pi/2$ のときである．これは平面 α に関して，ベクトル $\boldsymbol{c}$ が $\boldsymbol{a} \times \boldsymbol{b}$ と同じ側にある（$\boldsymbol{a} \times \boldsymbol{b} = \overrightarrow{\mathrm{OA'}}$ とするとき，点 C が点 A′ と同じ側にある）ことを示している．つまり，$\boldsymbol{a}, \boldsymbol{b}, \boldsymbol{c}$ が**右手系**（2.3.1 項参照）をなしている場合である．

逆に，ベクトル $\boldsymbol{c}$ が $\boldsymbol{a} \times \boldsymbol{b}$ と反対側にあれば（$\boldsymbol{a}, \boldsymbol{b}, \boldsymbol{c}$ が**左手系**をなしていれば），$\cos\theta < 0$ となる．

また，$V(\boldsymbol{a},\ \boldsymbol{b},\ \boldsymbol{c}) = 0$ となるのは，$\boldsymbol{a}, \boldsymbol{b}, \boldsymbol{c}$ の作る平行六面体の体積が 0 となるときで，これは $\boldsymbol{a}, \boldsymbol{b}, \boldsymbol{c}$ が同一平面上にある（同一平面に平行な）ときである．

以上をまとめると，次のようになる．

$V(\boldsymbol{a},\ \boldsymbol{b},\ \boldsymbol{c})$ は，平行六面体の**符号のついた体積**で，その符号は 3 つのベクトル $\boldsymbol{a}, \boldsymbol{b}, \boldsymbol{c}$ の位置関係を表している．

（i）$V(\boldsymbol{a},\ \boldsymbol{b},\ \boldsymbol{c}) = 0 \iff \boldsymbol{a}, \boldsymbol{b}, \boldsymbol{c}$ は同一平面上にある．

（ii）$V(\boldsymbol{a},\ \boldsymbol{b},\ \boldsymbol{c}) > 0 \iff \boldsymbol{a}, \boldsymbol{b}, \boldsymbol{c}$ は右手系をなす．
（$\boldsymbol{c}$ は平面 α に関して $\boldsymbol{a} \times \boldsymbol{b}$ と同じ側）

（iii）$V(\boldsymbol{a},\ \boldsymbol{b},\ \boldsymbol{c}) < 0 \iff \boldsymbol{a}, \boldsymbol{b}, \boldsymbol{c}$ は左手系をなす．
（$\boldsymbol{c}$ は平面 α に関して $\boldsymbol{a} \times \boldsymbol{b}$ と反対側）

■ **$V(\boldsymbol{a},\ \boldsymbol{b},\ \boldsymbol{c})$ の性質**　ここでは $V(\boldsymbol{a},\ \boldsymbol{b},\ \boldsymbol{c})$ の基本的な性質について考えよう．

$S(\boldsymbol{a},\ \boldsymbol{b})$ が 2 つのベクトルの関数であるのに対し，$V(\boldsymbol{a},\ \boldsymbol{b},\ \boldsymbol{c})$ は 3 つのベクトルの関数であるが，やはり 2 つのベクトルを入れ替えるとマイナスがつき，また，各ベクトルについて線形であることがわかる．

命題 7.3【$V(\boldsymbol{a},\ \boldsymbol{b},\ \boldsymbol{c})$ の基本性質】

(1)　$\boldsymbol{a}, \boldsymbol{b}, \boldsymbol{c}$ のどれか 2 つを入れ替えると $V(\boldsymbol{a},\ \boldsymbol{b},\ \boldsymbol{c})$ は (-1) 倍される．

$$V(\boldsymbol{b},\ \boldsymbol{a},\ \boldsymbol{c}) = -V(\boldsymbol{a},\ \boldsymbol{b},\ \boldsymbol{c}),\quad V(\boldsymbol{a},\ \boldsymbol{c},\ \boldsymbol{b}) = -V(\boldsymbol{a},\ \boldsymbol{b},\ \boldsymbol{c})$$
$$V(\boldsymbol{c},\ \boldsymbol{b},\ \boldsymbol{a}) = -V(\boldsymbol{a},\ \boldsymbol{b},\ \boldsymbol{c})$$

(2)　$\boldsymbol{a}, \boldsymbol{b}, \boldsymbol{c}$ のどれかが k 倍されると $V(\boldsymbol{a},\ \boldsymbol{b},\ \boldsymbol{c})$ は k 倍される．

$$V(k\boldsymbol{a},\ \boldsymbol{b},\ \boldsymbol{c}) = V(\boldsymbol{a},\ k\boldsymbol{b},\ \boldsymbol{c}) = V(\boldsymbol{a},\ \boldsymbol{b},\ k\boldsymbol{c}) = kV(\boldsymbol{a},\ \boldsymbol{b},\ \boldsymbol{c})$$

(3)　$\boldsymbol{a}, \boldsymbol{b}, \boldsymbol{c}$ のそれぞれについて分配法則が成り立つ．

$$V(\boldsymbol{a}_1 + \boldsymbol{a}_2,\ \boldsymbol{b},\ \boldsymbol{c}) = V(\boldsymbol{a}_1,\ \boldsymbol{b},\ \boldsymbol{c}) + V(\boldsymbol{a}_2,\ \boldsymbol{b},\ \boldsymbol{c})$$
$$V(\boldsymbol{a},\ \boldsymbol{b}_1 + \boldsymbol{b}_2,\ \boldsymbol{c}) = V(\boldsymbol{a},\ \boldsymbol{b}_1,\ \boldsymbol{c}) + V(\boldsymbol{a},\ \boldsymbol{b}_2,\ \boldsymbol{c})$$
$$V(\boldsymbol{a},\ \boldsymbol{b},\ \boldsymbol{c}_1 + \boldsymbol{c}_2) = V(\boldsymbol{a},\ \boldsymbol{b},\ \boldsymbol{c}_1) + V(\boldsymbol{a},\ \boldsymbol{b},\ \boldsymbol{c}_2)$$

(1) を満たすとき，「$V(\boldsymbol{a},\ \boldsymbol{b},\ \boldsymbol{c})$ は $\boldsymbol{a}, \boldsymbol{b}, \boldsymbol{c}$ について**交代的**である」という．

(2), (3) はまとめて，「$V(\boldsymbol{a},\ \boldsymbol{b},\ \boldsymbol{c})$ は $\boldsymbol{a}, \boldsymbol{b}, \boldsymbol{c}$ について（多重）**線形**である」という．

証明　(1)　3 つのベクトルが同一平面上にあるときは，V の値は 0 となるから成り立つ．また，3 つのベクトルが同一平面上にないときは，2 つのベクトルを入れ替えると，平行六面体の体積は変わらないが，右手系と左手系は入れ替わる（$V(\boldsymbol{a},\ \boldsymbol{b},\ \boldsymbol{c})$ の符号を変えることなく，$\boldsymbol{a}, \boldsymbol{b}, \boldsymbol{c}$ を連続的に，直交する 3 つのベクトル $\boldsymbol{a}, \boldsymbol{b}', \boldsymbol{c}'$ に変形できるから，このことは基本的に $\boldsymbol{e}_1, \boldsymbol{e}_2, \boldsymbol{e}_3$ で確かめれば十分である．図 7.13 参照）．したがって，マイナスの符号 “$-$” がつく．

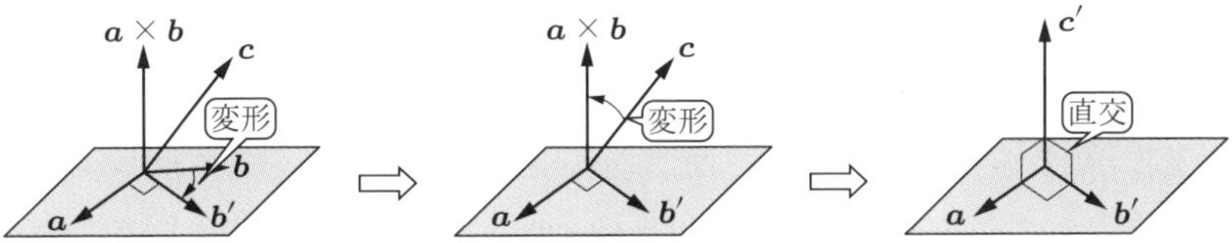

図 7.13　右手系と左手系を入れ替えない変形

(2), (3) は，ともに定義式 $V(\boldsymbol{a}, \boldsymbol{b}, \boldsymbol{c}) = (\boldsymbol{a} \times \boldsymbol{b}) \cdot \boldsymbol{c}$ から容易に導かれる．外積と内積がともに各ベクトルについて線形であるから，$V(\boldsymbol{a},\ \boldsymbol{b},\ \boldsymbol{c})$ は各ベクトルについて線形であることがわかる．　□

注　$V(\boldsymbol{a}, \boldsymbol{b}, \boldsymbol{c})$ は一般には $\boldsymbol{a}, \boldsymbol{b}, \boldsymbol{c}$ の**スカラー3重積**とよばれ，$(\boldsymbol{a}, \boldsymbol{b}, \boldsymbol{c})$ と書かれる．

7.2.2 3次の行列式 $V(\boldsymbol{a}_1, \boldsymbol{a}_2, \boldsymbol{a}_3)$

3次の正方行列

$$A = \begin{pmatrix} a_{11} & a_{12} & a_{13} \\ a_{21} & a_{22} & a_{23} \\ a_{31} & a_{32} & a_{33} \end{pmatrix}$$

に対し，その3つの列ベクトルを成分とする空間ベクトルを

$$\boldsymbol{a}_1 = \begin{pmatrix} a_{11} \\ a_{21} \\ a_{31} \end{pmatrix}, \quad \boldsymbol{a}_2 = \begin{pmatrix} a_{12} \\ a_{22} \\ a_{32} \end{pmatrix}, \quad \boldsymbol{a}_3 = \begin{pmatrix} a_{13} \\ a_{23} \\ a_{33} \end{pmatrix}$$

とすると，次が成り立つ．

命題 7.4　$\det A = V(\boldsymbol{a}_1, \boldsymbol{a}_2, \boldsymbol{a}_3)$

したがって，行列式 $\det A$ は，「A の3つの列が表す空間ベクトルが作る平行六面体の符号つきの体積」という意味をもつ．

証明　定義式を用いて $V(\boldsymbol{a}_1, \boldsymbol{a}_2, \boldsymbol{a}_3)$ の成分表示を求めよう．定義の式 $V(\boldsymbol{a}_1, \boldsymbol{a}_2, \boldsymbol{a}_3) = (\boldsymbol{a}_1 \times \boldsymbol{a}_2) \cdot \boldsymbol{a}_3$ に外積の成分表示（命題2.4）を代入すると，

$$\begin{aligned} &V(\boldsymbol{a}_1, \boldsymbol{a}_2, \boldsymbol{a}_3) \\ &\quad = (a_{21}a_{32} - a_{31}a_{22})a_{13} + (a_{31}a_{12} - a_{11}a_{32})a_{23} + (a_{11}a_{22} - a_{21}a_{12})a_{33} \\ &\quad = (a_{21}a_{32}a_{13} + a_{31}a_{12}a_{23} + a_{11}a_{22}a_{33}) \\ &\qquad - (a_{31}a_{22}a_{13} + a_{11}a_{32}a_{23} + a_{21}a_{12}a_{33}) \end{aligned} \tag{7.2}$$

となる．これは，$\det A$ を A の成分で表した式 (6.3) に一致する．　□

例題 7.2　4点 P(1, −3, 7), A(3, 7, 4), B(2, −1, 4), C(8, 2, −5) を頂点とする四面体の体積 V を求めよ．

解　$\boldsymbol{a} = \overrightarrow{\mathrm{PA}}, \boldsymbol{b} = \overrightarrow{\mathrm{PB}}, \boldsymbol{c} = \overrightarrow{\mathrm{PC}}$ とすると，この四面体はこれらのベクトルで作られる．この3つのベクトルで作られる四面体と平行六面体の体積を比較しよう．図7.14において，四面体の底面の面積 S は平行六面体の底面の面積の 1/2 で，四面体の体積は

$$(\text{底面積}) \times (\text{高さ}) \times \frac{1}{3}$$

で与えられるから，四面体の体積は平行六面体の体積の $1/6$ 倍となる．したがって，求める体積 V は

$$V = \frac{1}{6}|V(\boldsymbol{a},\ \boldsymbol{b},\ \boldsymbol{c})|$$

となる．

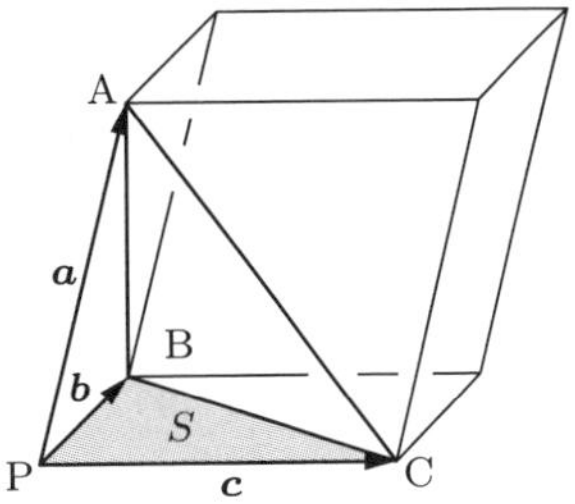

図 7.14

$$\boldsymbol{a} = \begin{pmatrix} 2 \\ 10 \\ -3 \end{pmatrix},\quad \boldsymbol{b} = \begin{pmatrix} 1 \\ 2 \\ -3 \end{pmatrix},\quad \boldsymbol{c} = \begin{pmatrix} 7 \\ 5 \\ -12 \end{pmatrix}$$

であるから，

$$V(\boldsymbol{a},\ \boldsymbol{b},\ \boldsymbol{c}) = \begin{vmatrix} 2 & 1 & 7 \\ 10 & 2 & 5 \\ -3 & -3 & -12 \end{vmatrix} \underset{\boxed{\text{③ 行から }-3\text{ をくくり出す}}}{=} -3\begin{vmatrix} 2 & 1 & 7 \\ 10 & 2 & 5 \\ 1 & 1 & 4 \end{vmatrix} \underset{\boxed{\text{①行} \rightleftarrows \text{③行}}}{=} 3\begin{vmatrix} 1 & 1 & 4 \\ 10 & 2 & 5 \\ 2 & 1 & 7 \end{vmatrix}$$

$$\underset{\boxed{\text{②行}-\text{①行}\times 10,\ \text{③行}-\text{①行}\times 2}}{=} 3\begin{vmatrix} 1 & 1 & 4 \\ 0 & -8 & -35 \\ 0 & -1 & -1 \end{vmatrix} \underset{\boxed{\text{②列}-\text{③列}}}{=} 3\begin{vmatrix} 1 & -3 & 4 \\ 0 & 27 & -1 \\ 0 & 0 & -1 \end{vmatrix}$$

$$= 3 \cdot 1 \cdot 27 \cdot (-1) = -81$$

したがって，

$$V = \frac{1}{6} \cdot 81 = \frac{27}{2}$$

■

7.2.3　余因子展開の図形的意味

命題 7.4 より，$\det A = V(\boldsymbol{a}_1,\ \boldsymbol{a}_2,\ \boldsymbol{a}_3)$ であった．ここで，$V(\boldsymbol{a}_1,\ \boldsymbol{a}_2,\ \boldsymbol{a}_3)$ は行列 A の 3 つの列 $\boldsymbol{a}_1$，$\boldsymbol{a}_2$，$\boldsymbol{a}_3$ が作る平行六面体の符号つきの体積で

$$V(\boldsymbol{a}_1,\ \boldsymbol{a}_2,\ \boldsymbol{a}_3) = (\boldsymbol{a}_1 \times \boldsymbol{a}_2) \cdot \boldsymbol{a}_3$$

により定義されていた．したがって，

$$\det A = (\boldsymbol{a}_1 \times \boldsymbol{a}_2) \cdot \boldsymbol{a}_3$$

が得られる．

ここで，右辺の式 $(\boldsymbol{a}_1 \times \boldsymbol{a}_2) \cdot \boldsymbol{a}_3$ は，この平行六面体の符号つきの体積を，$\boldsymbol{a}_1$，$\boldsymbol{a}_2$ が作る平行四辺形を底面とみて，(底面積) × (高さ) により求める式とみることができる (7.2.1 項参照)．

他方，$(\boldsymbol{a}_1 \times \boldsymbol{a}_2) \cdot \boldsymbol{a}_3$ を成分を用いて表してみると，

$$\boldsymbol{a}_1 \times \boldsymbol{a}_2 = \begin{pmatrix} a_{11} \\ a_{21} \\ a_{31} \end{pmatrix} \times \begin{pmatrix} a_{12} \\ a_{22} \\ a_{32} \end{pmatrix} = \begin{pmatrix} \begin{vmatrix} a_{21} & a_{22} \\ a_{31} & a_{32} \end{vmatrix} \\ \begin{vmatrix} a_{31} & a_{32} \\ a_{11} & a_{12} \end{vmatrix} \\ \begin{vmatrix} a_{11} & a_{12} \\ a_{21} & a_{22} \end{vmatrix} \end{pmatrix}$$

より，

$$\begin{aligned} (\boldsymbol{a}_1 \times \boldsymbol{a}_2) \cdot \boldsymbol{a}_3 &= \begin{vmatrix} a_{21} & a_{22} \\ a_{31} & a_{32} \end{vmatrix} a_{13} + \begin{vmatrix} a_{31} & a_{32} \\ a_{11} & a_{12} \end{vmatrix} a_{23} + \begin{vmatrix} a_{11} & a_{12} \\ a_{21} & a_{22} \end{vmatrix} a_{33} \\ &= a_{13} \begin{vmatrix} a_{21} & a_{22} \\ a_{31} & a_{32} \end{vmatrix} - a_{23} \begin{vmatrix} a_{11} & a_{12} \\ a_{31} & a_{32} \end{vmatrix} + a_{33} \begin{vmatrix} a_{11} & a_{12} \\ a_{21} & a_{22} \end{vmatrix} \end{aligned} \tag{7.3}$$

となる．この最後の式は，行列式 $|A|$ から次のようにして求めることができる．

$$a_{13} \begin{vmatrix} a_{11} & a_{12} & a_{13} \\ a_{21} & a_{22} & a_{23} \\ a_{31} & a_{32} & a_{33} \end{vmatrix} - a_{23} \begin{vmatrix} a_{11} & a_{12} & a_{13} \\ a_{21} & a_{22} & a_{23} \\ a_{31} & a_{32} & a_{33} \end{vmatrix} + a_{33} \begin{vmatrix} a_{11} & a_{12} & a_{13} \\ a_{21} & a_{22} & a_{23} \\ a_{31} & a_{32} & a_{33} \end{vmatrix}$$

ここで，影の部分は取り除くことを示している．

これは行列式 $|A|$ の第 3 列についての余因子展開にほかならない（6.4.3 項参照）．すなわち，3 次の場合，余因子展開は平行六面体の体積を（底面積）×（高さ）により求めることに相当している．2 次の場合も同様のことがいえる（補題 7.1 参照）．

一般の n 次の場合も同様である．n 次正方行列 A の行列式の値 $|A|$ は，n 次元空間において A の n 個の列ベクトルが作る平行 $2n$ 面体の（符号つきの）体積の値を与え，余因子展開は，この平行 $2n$ 面体の体積を（底面積）×（高さ）により求めることに相当する（次節および，第 8 章の演習問題 8.4 を参照せよ）．

7.2.4 3 次の行列式と空間の 1 次変換

3 次の正方行列

$$A = \begin{pmatrix} a_{11} & a_{12} & a_{13} \\ a_{21} & a_{22} & a_{23} \\ a_{31} & a_{32} & a_{33} \end{pmatrix}$$

は，空間の 1 次変換 $f_A \colon (x, y, z) \mapsto (x', y', z')$

$$\begin{cases} x' = a_{11}x + a_{12}y + a_{13}z \\ y' = a_{21}x + a_{22}y + a_{23}z \\ z' = a_{31}x + a_{32}y + a_{33}z \end{cases}$$

を与えた（4.2 節参照）．

2 次の行列式の場合と同様，A の行列式 $\det A$ は，この写像の「符号つきの体積の倍率」を与える（2 次の場合は 7.1.3 項をみよ）．すなわち，この写像により，任意の立体の体積は $|\det A|$ 倍され，$\det A > 0$ なら「向き」はそのままで，$\det A < 0$ なら「向き」は逆にうつされる．

ここで，「向き」とは，空間では（同一平面上にない）3 つのベクトルの配置のことで，2 種類あり，「右手系」と「左手系」という名前で表現される．また，平面では（平行でない）2 つのベクトルの配置のことで，「正の回転」，「負の回転」で表される．

$\det A > 0$ なら，f_A は右（左）手系のベクトルの組を右（左）手系のベクトルの組にうつす．

$\det A < 0$ なら，f_A は右（左）手系のベクトルの組を左（右）手系のベクトルの組にうつす．

$A = (\boldsymbol{a}, \boldsymbol{b}, \boldsymbol{c})$ を A の列への分割とすると，図 7.15 のように $\boldsymbol{e}_1, \boldsymbol{e}_2, \boldsymbol{e}_3$ が作る体積が 1 の立方体は，$\boldsymbol{a}, \boldsymbol{b}, \boldsymbol{c}$ の作る平行六面体にうつされる．したがって，体積は $|\det A|$ 倍される．これは，大きさが違っても座標軸に平行な辺をもつ任意の立方体（直方体でもよい）でも同じである．したがって，任意の立体の場合は，このような小立方体（または直方体）の集まりで近似して考えれば，やはり体積が $|\det A|$ 倍されることがわかる．この議論は 7.1.3 項と同じである．

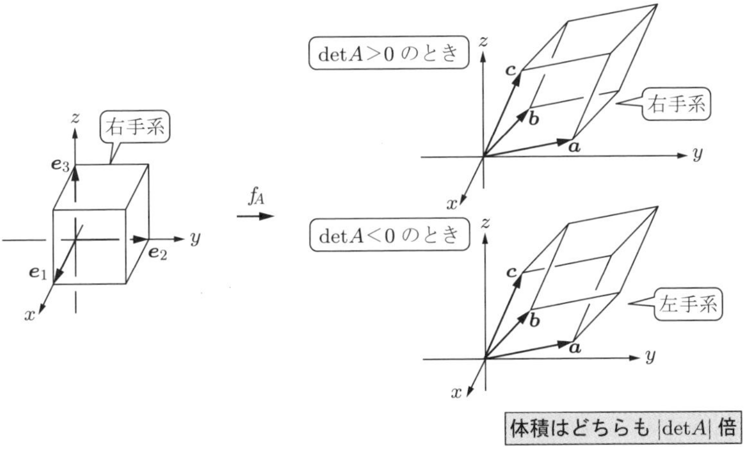

図 7.15　行列式と右（左）手系

問 7.2　図 7.16 の場合，$\det A$ の符号は正か負か．ただし，

$$A = (\boldsymbol{a},\ \boldsymbol{b},\ \boldsymbol{c})$$

とする．

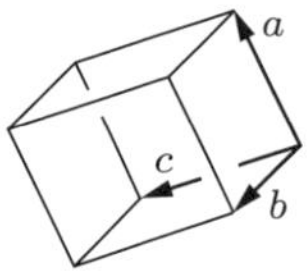

図 7.16

7.3 行列式の定義の見直し

ここでは，$V(\boldsymbol{a}_1,\ \boldsymbol{a}_2,\ \boldsymbol{a}_3)$ が行列式を用いて計算できること（命題 7.4）を用いて $V(\boldsymbol{a}_1,\ \boldsymbol{a}_2,\ \boldsymbol{a}_3)$ を計算し，一般の n 次の行列式の定義（式 (6.2)）の動機づけを行う．

$\boldsymbol{a}_1 = \begin{pmatrix} a_{11} \\ a_{21} \\ a_{31} \end{pmatrix},\ \boldsymbol{a}_2 = \begin{pmatrix} a_{12} \\ a_{22} \\ a_{32} \end{pmatrix},\ \boldsymbol{a}_3 = \begin{pmatrix} a_{13} \\ a_{23} \\ a_{33} \end{pmatrix}$ とすると，

$$\begin{aligned} \boldsymbol{a}_1 &= a_{11}\boldsymbol{e}_1 + a_{21}\boldsymbol{e}_2 + a_{31}\boldsymbol{e}_3 \\ \boldsymbol{a}_2 &= a_{12}\boldsymbol{e}_1 + a_{22}\boldsymbol{e}_2 + a_{32}\boldsymbol{e}_3 \\ \boldsymbol{a}_3 &= a_{13}\boldsymbol{e}_1 + a_{23}\boldsymbol{e}_2 + a_{33}\boldsymbol{e}_3 \end{aligned}$$

である．これを $V(\boldsymbol{a}_1,\ \boldsymbol{a}_2,\ \boldsymbol{a}_3)$ に代入して $\boldsymbol{a}_1,\ \boldsymbol{a}_2,\ \boldsymbol{a}_3$ についての線形性を用いて展開すると，次のようになる．

$$\begin{aligned} &V(\boldsymbol{a}_1,\ \boldsymbol{a}_2,\ \boldsymbol{a}_3) \\ &\quad = V(a_{11}\boldsymbol{e}_1 + a_{21}\boldsymbol{e}_2 + a_{31}\boldsymbol{e}_3, a_{12}\boldsymbol{e}_1 + a_{22}\boldsymbol{e}_2 + a_{32}\boldsymbol{e}_3, a_{13}\boldsymbol{e}_1 + a_{23}\boldsymbol{e}_2 + a_{33}\boldsymbol{e}_3) \\ &\quad = a_{11}a_{12}a_{13}V(\boldsymbol{e}_1,\ \boldsymbol{e}_1,\ \boldsymbol{e}_1) + a_{11}a_{12}a_{23}V(\boldsymbol{e}_1,\ \boldsymbol{e}_1,\ \boldsymbol{e}_2) + \cdots \\ &\qquad + a_{31}a_{32}a_{33}V(\boldsymbol{e}_3,\ \boldsymbol{e}_3,\ \boldsymbol{e}_3) \\ &\quad = \sum_{i,j,k=1}^{3} a_{i1}a_{j2}a_{k3}V(\boldsymbol{e}_i,\ \boldsymbol{e}_j,\ \boldsymbol{e}_k) \end{aligned} \tag{7.4}$$

ここで，$\boldsymbol{e}_i,\ \boldsymbol{e}_j,\ \boldsymbol{e}_k$ のなかに同じものがあれば，$V(\boldsymbol{e}_i,\ \boldsymbol{e}_j,\ \boldsymbol{e}_k) = 0$ だから，最後の和は i, j, k がすべて異なるものについてだけ考えればよい．このとき，i, j, k は $1, 2, 3$ の 1 つの**順列**（$1, 2, 3$ を並べ替えたもの）で，全体で $3! = 3 \cdot 2 \cdot 1 = 6$ 個存在する．i, j, k が $1, 2, 3$ の順列のとき，3 つのベクトル $\boldsymbol{e}_i, \boldsymbol{e}_j, \boldsymbol{e}_k$ は $\boldsymbol{e}_1, \boldsymbol{e}_2, \boldsymbol{e}_3$ を並べ替えたものになり，したがって，単位立方体を作るから，$V(\boldsymbol{e}_i,\ \boldsymbol{e}_j,\ \boldsymbol{e}_k) = \pm 1$ となる．± 1 のどちらであるかは，2 つのベクトルを入れ替えると (-1) 倍されることと，$V(\boldsymbol{e}_1,\ \boldsymbol{e}_2,\ \boldsymbol{e}_3) = 1$ となることを用いると求めることができる．例を示そう．

例 7.2　$V(\boldsymbol{e}_2,\ \boldsymbol{e}_3,\ \boldsymbol{e}_1) \underset{\boxed{\boldsymbol{e}_2 \text{ と } \boldsymbol{e}_1 \text{ を入れ替える}}}{=} -V(\boldsymbol{e}_1,\ \boldsymbol{e}_3,\ \boldsymbol{e}_2) \underset{\boxed{\boldsymbol{e}_3 \text{ と } \boldsymbol{e}_2 \text{ を入れ替える}}}{=} V(\boldsymbol{e}_1,\ \boldsymbol{e}_2,\ \boldsymbol{e}_3) = 1$

このように，$V(\boldsymbol{e}_i, \boldsymbol{e}_j, \boldsymbol{e}_k)$ の値は，2 つのベクトルを入れ替えるという操作（互換）を何回行うと $\boldsymbol{e}_i, \boldsymbol{e}_j, \boldsymbol{e}_k$ を $\boldsymbol{e}_1, \boldsymbol{e}_2, \boldsymbol{e}_3$ に直すことができるかで決まる．1 回入れ替えるごとに (-1) 倍されるから，偶数回で $\boldsymbol{e}_1, \boldsymbol{e}_2, \boldsymbol{e}_3$ に直すことができれば $+1$，奇数回で直すことができれば -1 となる．すなわち，この値は順列 (i, j, k) の符号 $\varepsilon(i, j, k)$ にほかならない．

$$V(\boldsymbol{e}_i, \boldsymbol{e}_j, \boldsymbol{e}_k) = \varepsilon(i, j, k)$$

したがって，この式を式 (7.4) に代入することにより，

$$V(\boldsymbol{a}_1,\ \boldsymbol{a}_2,\ \boldsymbol{a}_3) = \sum_{(i,j,k)\,:\,\text{順列}} \varepsilon(i, j, k) a_{i1} a_{j2} a_{k3} \tag{7.5}$$

が得られる．この式の右辺は 3 次の行列式の定義式である．

以上の議論は容易に一般の n 次正方行列に適用することができる．すなわち，n 個の n 次列ベクトルの関数 $V(\boldsymbol{a}_1, \boldsymbol{a}_2, \ldots, \boldsymbol{a}_n)$ が各ベクトルについて交代的で線形であり，$V(\boldsymbol{e}_1, \boldsymbol{e}_2, \ldots, \boldsymbol{e}_n) = 1$ ならば，各 $\boldsymbol{a}_k$ を基本単位ベクトルで表して代入し，展開することにより，行列式の定義式 (6.2) が得られる．そして n 次元空間において，n 個のベクトルが作る平行 $2n$ 面体の符号つきの体積はこれらの条件を満たすと考えられ，したがって，各ベクトルの（標準的）成分を並べて得られる行列の行列式で与えられる．

n 個の n 次列ベクトルの関数は，これらのベクトルを列とする n 次正方行列 A の関数とみることができるから，次の命題が得られる．

命題 7.5　各 n 次正方行列 A に対し実数値 $V(A)$ が定まり，$V(A)$ が A の各列について交代的かつ線形で，$V(E) = 1$ ならば，

$$V(A) = \det A$$

となる．ここで，E は n 次の単位行列である．

7.3.1 2 次の三角行列の行列式の見直し

三角行列の行列式は対角成分の積になった（命題 6.4）．とくに，2 次の行列式の場合は

$$\begin{vmatrix} a & b \\ 0 & d \end{vmatrix} = \begin{vmatrix} a & 0 \\ c & d \end{vmatrix} = ad$$

となる．

この事実を図 7.17 を用いて説明しよう．$\begin{vmatrix} a & b \\ 0 & d \end{vmatrix}$ の場合で考える．この行列式の値

は，2 つの列ベクトル $\boldsymbol{a} = \begin{pmatrix} a \\ 0 \end{pmatrix}$, $\boldsymbol{b} = \begin{pmatrix} b \\ d \end{pmatrix}$ の作る平行四辺形の符号つきの面積である（命題 7.1）.

$\boldsymbol{a}$ を底辺とするとき，この平行四辺形の高さは $\boldsymbol{b}$ の y 成分 d で与えられる（符号も含めて）. したがって，$\det A = ad$ となる．b は横方向のずれであり，面積には影響しない.

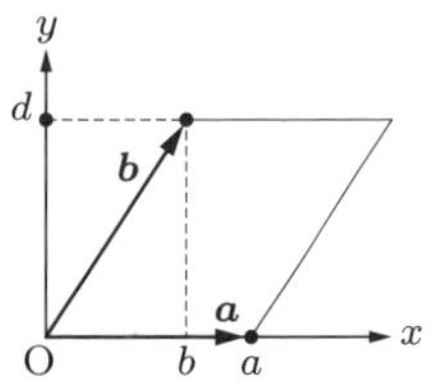

図 7.17

また，一般の n 次の行列式の場合でも，A_1, A_2 がともに正方行列なら，

$$\begin{vmatrix} A_1 & B \\ O & A_2 \end{vmatrix} = |A_1||A_2|$$

が成り立つ（補題 6.2）．2 次の三角行列の場合と比べると，$|A_1|$ が底面積，$|A_2|$ が高さにあたる．B は底面方向のずれであり，体積には影響しない.

演習問題

7.1 平面において，4 点 A(11, 39), B(101, 147), C(71, 113), D(115, 166) を考える.

(1) ベクトル $\overrightarrow{\mathrm{AB}}$, $\overrightarrow{\mathrm{AC}}$, $\overrightarrow{\mathrm{AD}}$ の成分を求めよ.

(2) $S(\overrightarrow{\mathrm{AB}}, \overrightarrow{\mathrm{AC}})$, $S(\overrightarrow{\mathrm{AB}}, \overrightarrow{\mathrm{AD}})$, $S(\overrightarrow{\mathrm{AC}}, \overrightarrow{\mathrm{AD}})$ を求めよ.

(3) 4 点 A, B, C, D を頂点とする四角形の面積を求めよ．また，4 つの頂点がどのような順序で並んでいるか，反時計回りの順に並べよ.

7.2 xyz 座標空間において，5 つの点 A(11, 23, 51), B(113, 57, −17), C(71, 63, 91), D(50, 36, 38), E(25, 51, 121) を考える.

(1) 外積 $\overrightarrow{\mathrm{AB}} \times \overrightarrow{\mathrm{AC}}$ を求めよ.

(2) $(\overrightarrow{\mathrm{AB}} \times \overrightarrow{\mathrm{AC}}) \cdot \overrightarrow{\mathrm{AD}}$ と $(\overrightarrow{\mathrm{AB}} \times \overrightarrow{\mathrm{AC}}) \cdot \overrightarrow{\mathrm{AE}}$ の符号を求めよ.

(3) これら 5 つの点を頂点とする多面体の体積を求めよ.

7.3 空間の 2 直線 l, m はねじれの位置にあり（すなわち，交点をもたず，平行でもない），l は点 A を通り，ベクトル $\boldsymbol{l}$ に平行で，m は点 B を通り，ベクトル $\boldsymbol{m}$ に平行であるとする．このとき，l, m の共通垂線の長さは次の式で与えられることを示せ.

$$\frac{|V(\boldsymbol{l}, \boldsymbol{m}, \overrightarrow{\mathrm{AB}})|}{|\boldsymbol{l} \times \boldsymbol{m}|}$$

7.4 次の等式を示せ（(2) より，外積もヤコビ律（演習問題 3.9）を満たすことがわかる）.

(1) $\boldsymbol{a} \times (\boldsymbol{b} \times \boldsymbol{c}) = (\boldsymbol{a} \cdot \boldsymbol{c})\boldsymbol{b} - (\boldsymbol{a} \cdot \boldsymbol{b})\boldsymbol{c}$

(2) $\boldsymbol{a} \times (\boldsymbol{b} \times \boldsymbol{c}) + \boldsymbol{b} \times (\boldsymbol{c} \times \boldsymbol{a}) + \boldsymbol{c} \times (\boldsymbol{a} \times \boldsymbol{b}) = \boldsymbol{0}$

第8章

ベクトル空間

第 1 章，第 2 章ではそれぞれ平面ベクトル，空間ベクトルを扱ったが，この章では，一般のベクトルを扱う．いくつか（無限個でもよい）の数の組で表され，同時に足され，同時に定数倍されるものがベクトルであると考えることができるが，それらのなす集合であるベクトル空間の定義から始める．また，生成，1 次独立・1 次従属，基底，次元といった，線形代数の基本的概念について説明する．

8.1 数ベクトル空間

平面ベクトルは，その成分を考えることにより，2 個の数の組で表すことができた．同様にして，空間ベクトルは 3 個の数の組で表すことができた．そして，ベクトルの和，定数倍が数を用いて容易に計算することができるようになった．そこで，成分の個数を一般化し，改めてベクトルの集合の標準モデルとして，**数ベクトル空間**を考えることにする．またさらに，集合に和と実数倍という 2 つの演算が定義されていて，演算も含めて数ベクトル空間と同一視できる集合を**ベクトル空間**とよぶ（図 8.1 参照）．

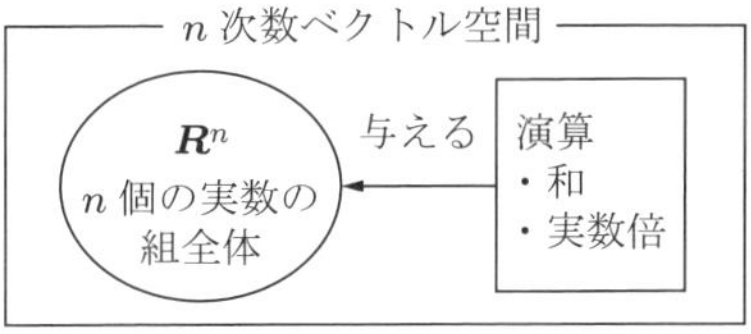

図 8.1　数ベクトル空間

数ベクトル空間を厳密に定義すると，次のようになる．

順序づけられた n 個の実数の組 $(a_1, a_2, \ldots, a_n)$ 全体を $\boldsymbol{R}^n$ で表す．

$$\boldsymbol{R}^n = \{(a_1, a_2, \ldots, a_n) \mid a_1, a_2, \ldots, a_n \in \boldsymbol{R}\}$$

この集合において，和と実数倍を次のように定義する．

(i)　和：$(a_1, a_2, \ldots, a_n) + (b_1, b_2, \ldots, b_n) = (a_1 + b_1, a_2 + b_2, \ldots, a_n + b_n)$

(ii)　実数倍：$k\,(a_1, a_2, \ldots, a_n) = (ka_1, ka_2, \ldots, ka_n)$　（k は実数）

このような 2 つの演算が与えられた集合 $\boldsymbol{R}^n$ を n 次**数ベクトル空間** とよぶ．また，その要素を n 次**数ベクトル** とよぶ．

そして，平面ベクトル全体 V^2 や空間ベクトル全体 V^3 と同じように，集合 V に和と定数倍が定義されていて，ある $\boldsymbol{R}^n$（またはその部分集合）と，演算も含めて同一視できるものを**ベクトル空間**とよぶ．そして，その要素を**ベクトル**とよぶ．

「$\boldsymbol{R}^n$ の部分集合と，演算も含めて同一視できる」ということをもう少し正確にいうと，次のようになる．

ある1対1の写像

$$\varphi : V \to \boldsymbol{R}^n, \quad \boldsymbol{v} \mapsto \boldsymbol{a_v}$$

が存在して，φ は和と実数倍を保つ，すなわち

（i）$\varphi(\boldsymbol{u}+\boldsymbol{v}) = \varphi(\boldsymbol{u}) + \varphi(\boldsymbol{v})$

（ii）$\varphi(k\boldsymbol{u}) = k\varphi(\boldsymbol{u})$　（k は実数）

を満たす．つまり，φ による対応で，V の要素とみたときの演算と，$\boldsymbol{R}^n$ の要素とみたときの演算が一致するということである．

以下，いくつかの例を挙げよう．

例 8.1　上で述べたように，成分を考えることにより，平面ベクトル全体 V^2 は $\boldsymbol{R}^2$，空間ベクトル全体 V^3 は $\boldsymbol{R}^3$ と同一視できる（ただし，第1章，第2章では成分を縦に並べた）．また，複素数 $z = a + bi$ を数ベクトル (a, b) と対応させると，この対応は和と実数倍を保つ．したがって，複素数全体 $\boldsymbol{C}$ はベクトル空間であり，複素数はベクトルである．

例 8.2　$1 \times n$ 行列 $(a_1, a_2, \ldots, a_n)$ は自然に数ベクトル $(a_1, a_2, \ldots, a_n)$ と同一視され，そのとき演算も同じであるからベクトルで，したがって，n 次の**行ベクトル**とよんだ（3.1節参照）．数ベクトルとみた目は変わらないが，行列なので，ほかの行列との積が考えられる．n 次の行ベクトル全体を $\boldsymbol{V}_n$ で表し，$\boldsymbol{R}^n$ と区別する．

同様にして，$n \times 1$ 行列 $\begin{pmatrix} a_1 \\ a_2 \\ \vdots \\ a_n \end{pmatrix}$ も自然に数ベクトル $(a_1, a_2, \ldots, a_n)$ と同一視される．成分の並べ方を縦にしただけである．これらを n 次の**列ベクトル**とよんだ．n 次の列ベクトル全体を $\boldsymbol{V}^n$ で表すことにする．

$\boldsymbol{R}^n, \boldsymbol{V}_n, \boldsymbol{V}^n$ は，ほぼ同じものと思えるが，$\boldsymbol{R}^n$ が2つの演算しかもたないのに対し，ほかの2つは行列としての演算をもつ．それらを利用するために，数ベクトルを列ベクトルで表したり，また，行ベクトルで表すということをしばしば行う．

例 8.3　$m \times n$ 行列全体 $M_{m,n}$ は，成分の並べ方を横1列に変えることにより，$\boldsymbol{R}^{mn}$ と同一視できる．和は同じ場所の成分どうしを加え，定数倍は各成分を同時に定数倍する，ということについては両者は同じである．したがって，$M_{m,n}$ はベクトル空間である．

たとえば，2×2 行列 $\begin{pmatrix} a & b \\ c & d \end{pmatrix}$ は，数ベクトル $(a,b,c,d)\in \boldsymbol{R}^4$ と（和と実数倍に関しては）同一視できる．

例 8.4 【n 次以下の多項式全体 P_n】 n 次以下の多項式

$$f(x) = a_0x^n + a_1x^{n-1} + \cdots + a_n \quad (a_0,\ a_1,\ \ldots,\ a_n \in \boldsymbol{R})$$

は数ベクトル $(a_0, a_1, \ldots, a_n) \in \boldsymbol{R}^{n+1}$ で表すことができ，このとき多項式としての和と実数倍は，数ベクトルとしての和と実数倍とそれぞれ一致する．よって，P_n はベクトル空間である．

例 8.5 【未知数が $x_1, x_2, \ldots, x_n$ の 1 次方程式全体】 1 次方程式 $a_1x_1 + a_2x_2 + \cdots + a_nx_n = b$ を数ベクトル $(a_1, \ldots, a_n, b)$ で表すと，2 つの演算も含めて $\boldsymbol{R}^{n+1}$ と同一視できる．第 5 章では，この関係を用いて 1 次方程式を行ベクトルで表し，連立 1 次方程式を解いた．

例 8.6 数列 $\{a_n\}$: $a_1, a_2, \ldots, a_n, \ldots$ 全体を W とし，和と実数倍を

$$\{a_n\} + \{b_n\} = \{a_n + b_n\}, \quad k\{a_n\} = \{ka_n\} \quad (k \text{ は実数})$$

により定める．このとき，W は $\boldsymbol{R}^n$ において n を無限大にしたもの

$$\boldsymbol{R}^\infty = \{(a_1, a_2, \ldots, a_n, \ldots) \mid a_n \in \boldsymbol{R}\}$$

と同一視される．したがって，W はベクトル空間である（$\boldsymbol{R}^\infty$ も数ベクトル空間の仲間に入れることにする）．

8.2 部分空間

ここではベクトル空間 V を 1 つ固定して，その部分集合が V の演算に関してベクトル空間となる場合を考える．

8.2.1 1 次結合

ベクトル空間 V のいくつかのベクトル $\boldsymbol{a}_1, \boldsymbol{a}_2, \ldots, \boldsymbol{a}_n$ の定数倍の和

$$k_1\boldsymbol{a}_1 + k_2\boldsymbol{a}_2 + \cdots + k_n\boldsymbol{a}_n \quad (k_1,\ k_2,\ \ldots,\ k_n \in \boldsymbol{R}) \tag{8.1}$$

を $\boldsymbol{a}_1, \boldsymbol{a}_2, \ldots, \boldsymbol{a}_n$ の **1 次結合**または**線形結合**とよぶ．

$\boldsymbol{a}_1, \boldsymbol{a}_2, \ldots, \boldsymbol{a}_n$ の 1 次結合は，2 つの演算である和と実数倍を用いてベクトル $\boldsymbol{a}_1, \boldsymbol{a}_2, \ldots, \boldsymbol{a}_n$ から作られる．各ベクトル $\boldsymbol{a}_i$ を k_i 倍してすべてを加えればよい．

逆に，式 (8.1) において，$k_1 = k_2 = \cdots = k_n = 1$ とすると和

$$\boldsymbol{a}_1 + \boldsymbol{a}_2 + \cdots + \boldsymbol{a}_n$$

が得られ，$n = 1$ とすると $\boldsymbol{a}_1$ の実数倍 $k\boldsymbol{a}_1$ が得られる．

このようにして，1 次結合とは 2 つの演算，和と実数倍を合わせたものと考えられる．

8.2.2 部分空間

ベクトル空間 V の空でない部分集合 W の中の要素について，2 つの演算（和と実数倍）を行ってもその結果が W に含まれるときに，W は V の**部分空間**である，という．つまり，

(i)　$\boldsymbol{a}, \boldsymbol{b} \in W \quad \Rightarrow \quad \boldsymbol{a} + \boldsymbol{b} \in W$

(ii)　$\boldsymbol{a} \in W,\ k \in \boldsymbol{R} \quad \Rightarrow \quad k\boldsymbol{a} \in W$

が成り立つ場合に，W を V の部分空間とよぶ．

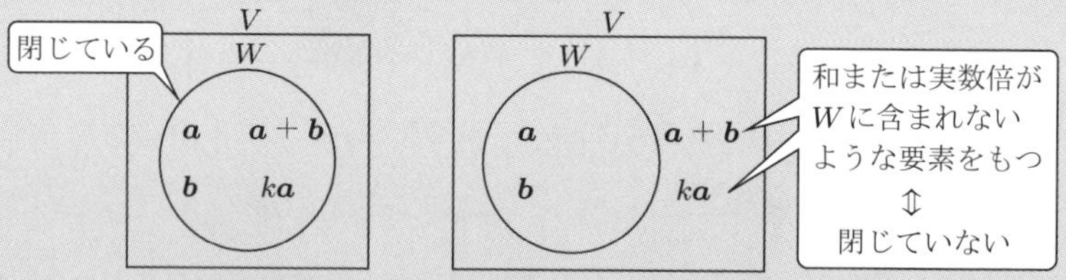

（a）部分空間である　（b）部分空間ではない

図 8.2　部分空間

ベクトル空間の定義より，ベクトル空間の部分空間はベクトル空間である．

(i) が成り立つとき，W は和に関して**閉じている**という．同様にして，(ii) が成り立つとき，W は実数倍に関して**閉じている**という．

注 1　W が V の部分空間のときは，$\boldsymbol{a} \in W$ とすると，

$$0\boldsymbol{a} = \boldsymbol{0} \in W, \quad (-1)\boldsymbol{a} = -\boldsymbol{a} \in W$$

となる．したがって，部分空間 W は常に零ベクトル $\boldsymbol{0}$ を含み，また，$\boldsymbol{a}$ が W のベクトルならその逆ベクトル $-\boldsymbol{a}$ を常に含む．

注 2　部分空間の定義の (i), (ii) の条件は次の 1 つの条件にまとめることができる．

$$\text{(iii)} \quad \boldsymbol{a}, \boldsymbol{b} \in W,\ \ k, l \in \boldsymbol{R} \quad \Rightarrow \quad k\boldsymbol{a} + l\boldsymbol{b} \in W$$

すなわち，V の空でない部分集合 W が V の部分空間になるための条件は，「1 次結合に関して閉じている」ことである．

問 8.1 上の注 2 を確かめよ．

例 8.7 数ベクトル空間 $\boldsymbol{R}^n$ において，n 番目の成分が 0 のベクトル全体

$$W = \{(a_1, a_2, \ldots, a_{n-1}, 0) \in \boldsymbol{R}^n\}$$

は $\boldsymbol{R}^n$ の部分空間である．この W は，自然な対応

$$(a_1, a_2, \ldots, a_{n-1}, 0) \in W \quad \Longleftrightarrow \quad (a_1, a_2, \ldots, a_{n-1}) \in \boldsymbol{R}^{n-1}$$

により $\boldsymbol{R}^{n-1}$ と同一視できる．この同一視により，$\boldsymbol{R}^{n-1}$ を $\boldsymbol{R}^n$ の部分空間とみることができる．

また，一般に $n > m$ とするとき，$\boldsymbol{R}^m$ の要素を，最後に $n-m$ 個の成分 0 を付け加えることにより $\boldsymbol{R}^n$ の要素とみて，$\boldsymbol{R}^m$ を $\boldsymbol{R}^n$ の部分空間とみなす．

例 8.8 P_n を n 次以下の多項式全体とすると，$n > m$ のとき，P_m は P_n の部分空間である．

例 8.9 数列 $\{x_n\}_{n=1}^{\infty}$ 全体のなすベクトル空間 $\boldsymbol{R}^\infty$ において，漸化式

$$x_{n+2} = 2x_{n+1} + 3x_n \ (n = 1,\, 2, \ldots)$$

を満たすもの全体は $\boldsymbol{R}^\infty$ の部分空間である．一般に，k 項漸化式

$$x_{n+k-1} + a_1 x_{n+k-2} + \cdots + a_{k-1} x_n = 0 \quad (a_{k-1} \neq 0,\ n = 1,\, 2, \ldots)$$

を満たす数列全体は $\boldsymbol{R}^\infty$ の部分空間である．

例題 8.1 $\boldsymbol{R}^3$ において，次の部分集合は部分空間か．

(1) $W_1 = \{(x,\, y,\, z) \in \boldsymbol{R}^3 \mid x + y + z = 0\}$

(2) $W_2 = \{(x,\, y,\, z) \in \boldsymbol{R}^3 \mid x + y + z = 1\}$

(3) $W_3 = \{(x,\, y,\, z) \in \boldsymbol{R}^3 \mid x^2 + y = 0\}$

解 (1) (i) $0+0+0=0$ より $\boldsymbol{0}$ は W_1 に含まれる．したがって，W_1 は空集合ではない．

(ii) $\boldsymbol{a} = (a_1,\, a_2,\, a_3),\ \boldsymbol{b} = (b_1,\, b_2,\, b_3) \in W_1$ とすると，W_1 の定義より，

$$a_1 + a_2 + a_3 = 0, \quad b_1 + b_2 + b_3 = 0$$

このとき，

$$\boldsymbol{a} + \boldsymbol{b} = (a_1 + b_1,\, a_2 + b_2,\, a_3 + b_3)$$

であり，

$$(a_1 + b_1) + (a_2 + b_2) + (a_3 + b_3) = (a_1 + a_2 + a_3) + (b_1 + b_2 + b_3) = 0 + 0 = 0$$

となる．したがって，$\boldsymbol{a}+\boldsymbol{b} \in W_1$.

(iii) $\boldsymbol{a}=(a_1,\, a_2,\, a_3) \in W_1$ とすると，

$$a_1+a_2+a_3=0$$

また，$k \in \boldsymbol{R}$ とすると，

$$k\boldsymbol{a}=(ka_1,\, ka_2,\, ka_3)$$

ここで，

$$ka_1+ka_2+ka_3=k(a_1+a_2+a_3)=k0=0$$

となるので，$k\boldsymbol{a} \in W_1$ である．

以上より，W_1 は空集合ではなく，和と実数倍について閉じているから，$\boldsymbol{R}^3$ の部分空間である．

(2)　$0+0+0=0 \neq 1$ より $\mathbf{0}$ は W_2 に含まれない．したがって，W_2 は $\boldsymbol{R}^3$ の部分空間ではない（上の注 1 より，部分空間は $\mathbf{0}$ を含んでいる必要がある）．

(3)　$\boldsymbol{a}=(1,\,-1,\,0),\, \boldsymbol{b}=(-1,\,-1,\,0) \in W_3$ である．しかし，

$$\boldsymbol{a}+\boldsymbol{b}=(0,\,-2,\,0) \notin W_3$$

なので，W_3 は和について閉じていない．したがって，W_3 は部分空間ではない．

参考　$\boldsymbol{R}^3$ のベクトル $(a_1,\, a_2,\, a_3)$ を空間の点 $(a_1,\, a_2,\, a_3)$ で表して図示すると，上の部分集合 W_1，W_2，W_3 は図 8.3 のような図形になる．

W_1 は原点を通る平面で表され，$\begin{pmatrix} 1 \\ 1 \\ 1 \end{pmatrix}$ はその法線ベクトルである（命題 2.2 参照）．W_2 は W_1 と平行な平面で表されるが，原点は通らない．W_3 は平面ではない曲面になる．

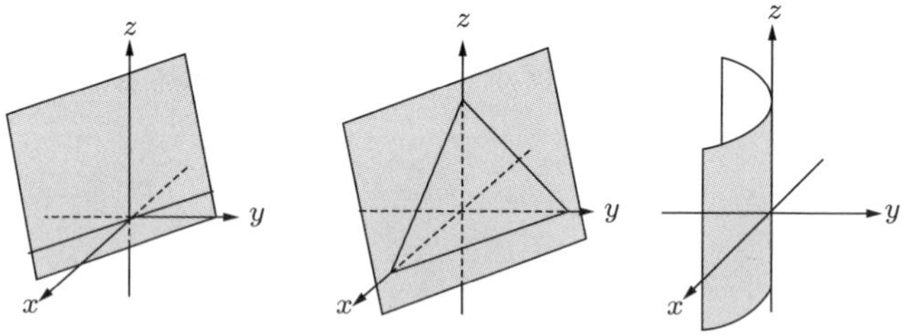

（a）W_1　（b）W_2　（c）W_3

図 8.3　部分集合 W_1，W_2，W_3 の図示

■

問 8.2 $\boldsymbol{R}^3$ の要素 $\boldsymbol{x} = (x, y, z)$ で方程式

$$\begin{cases} x + y + z = 0 \\ x - 2y + 3z = 0 \end{cases}$$

を満たすもの全体を V とする．V は $\boldsymbol{R}^3$ の部分空間となることを示せ．また，ベクトル (x, y, z) を空間の点 (x, y, z) で表すと，V はどのような図形になるか．

参考 一般に，数ベクトル空間 $\boldsymbol{R}^n$ において，ベクトルの成分の連立同次 1 次方程式で与えられる部分集合 V は $\boldsymbol{R}^n$ の部分空間である．実際，成分を縦に並べ，ベクトル $\boldsymbol{x} = (x_1, x_2, , \ldots, , x_n)$ を列ベクトル $\tilde{\boldsymbol{x}} = \begin{pmatrix} x_1 \\ x_2 \\ \vdots \\ x_n \end{pmatrix}$ で表し，係数行列を A とすると，方程式は

$$A\tilde{\boldsymbol{x}} = \boldsymbol{0} \tag{8.2}$$

となる．式 (8.2) は自明解 $\tilde{\boldsymbol{x}} = \boldsymbol{0}$ をもち，また $\tilde{\boldsymbol{x}} = \tilde{\boldsymbol{a}}, \tilde{\boldsymbol{x}} = \tilde{\boldsymbol{b}}$ がともに式 (8.2) の解ならば

$$A(\tilde{\boldsymbol{a}} + \tilde{\boldsymbol{b}}) = A\tilde{\boldsymbol{a}} + A\tilde{\boldsymbol{b}} = \boldsymbol{0} + \boldsymbol{0} = \boldsymbol{0}$$

となる．したがって，$\boldsymbol{a} + \boldsymbol{b} \in V$.

また，$\tilde{\boldsymbol{x}} = \tilde{\boldsymbol{a}}$ が式 (8.2) の解ならば，$A(k\tilde{\boldsymbol{a}}) = kA\tilde{\boldsymbol{a}} = k\boldsymbol{0} = \boldsymbol{0}$ となり，$k\boldsymbol{a} \in V$ となる．以上より，V は部分空間である．

実は逆もいえ，$\boldsymbol{R}^n$ の任意の部分空間は連立同次 1 次方程式で与えられることが示される．

注 ここでは数ベクトル $\boldsymbol{x}$ を表す列ベクトルを $\tilde{\boldsymbol{x}}$ で表したが，今後は同じ文字 $\boldsymbol{x}$ を用いることにする．

8.2.3 生 成

ベクトル空間 V のいくつかのベクトル $\boldsymbol{a}_1, \boldsymbol{a}_2, \ldots, \boldsymbol{a}_m$ の 1 次結合全体のなす集合を

$$\langle \boldsymbol{a}_1, \boldsymbol{a}_2, \ldots, \boldsymbol{a}_m \rangle$$

で表す．このとき，次の命題が成り立つ．

命題 8.1 ベクトル空間 V において，$\boldsymbol{a}_1, \boldsymbol{a}_2, \ldots, \boldsymbol{a}_m \in V$ とすると，$\langle \boldsymbol{a}_1, \boldsymbol{a}_2, \ldots, \boldsymbol{a}_m \rangle$ は V の部分空間である．

証明 (i) $\boldsymbol{0} = 0 \cdot \boldsymbol{a}_1 + 0 \cdot \boldsymbol{a}_2 + \cdots + 0 \cdot \boldsymbol{a}_m \in \langle \boldsymbol{a}_1, \boldsymbol{a}_2, \ldots, \boldsymbol{a}_m \rangle$
したがって，

$$\langle \boldsymbol{a}_1, \boldsymbol{a}_2, \ldots, \boldsymbol{a}_m \rangle \neq \emptyset$$

(ii) $\boldsymbol{a},\ \boldsymbol{b} \in \langle \boldsymbol{a}_1, \boldsymbol{a}_2, \ldots, \boldsymbol{a}_m \rangle$ とすると

$$\boldsymbol{a} = k_1\boldsymbol{a}_1 + k_2\boldsymbol{a}_2 + \cdots + k_m\boldsymbol{a}_m, \quad \boldsymbol{b} = l_1\boldsymbol{a}_1 + l_2\boldsymbol{a}_2 + \cdots + l_m\boldsymbol{a}_m$$

と表される．このとき，

$$\boldsymbol{a} + \boldsymbol{b} = (k_1 + l_1)\boldsymbol{a}_1 + (k_2 + l_2)\boldsymbol{a}_2 + \cdots + (k_m + l_m)\boldsymbol{a}_m$$

となるので，$\boldsymbol{a} + \boldsymbol{b} \in \langle \boldsymbol{a}_1, \boldsymbol{a}_2, \ldots, \boldsymbol{a}_m \rangle$.

(iii) $\boldsymbol{a} = k_1\boldsymbol{a}_1 + k_2\boldsymbol{a}_2 + \cdots + k_m\boldsymbol{a}_m \in \langle \boldsymbol{a}_1, \boldsymbol{a}_2, \ldots, \boldsymbol{a}_m \rangle$

とすると，$c\boldsymbol{a} = ck_1\boldsymbol{a}_1 + ck_2\boldsymbol{a}_2 + \cdots + ck_m\boldsymbol{a}_m \in \langle \boldsymbol{a}_1, \boldsymbol{a}_2, \ldots, \boldsymbol{a}_m \rangle$. □

$U = \langle \boldsymbol{a}_1, \boldsymbol{a}_2, \ldots, \boldsymbol{a}_k \rangle$ を $\boldsymbol{a}_1, \boldsymbol{a}_2, \ldots, \boldsymbol{a}_k$ で**生成**される V の部分空間とよぶ．また，V の部分空間 U に対し，$U = \langle \boldsymbol{a}_1, \boldsymbol{a}_2, \ldots, \boldsymbol{a}_k \rangle$ となるとき，ベクトルの組 $\{\boldsymbol{a}_1, \boldsymbol{a}_2, \ldots, \boldsymbol{a}_k\}$ を U の**生成系**とよぶ．

例 8.10　$\boldsymbol{R}^n$ において，

$$\boldsymbol{e}_1 = (1, 0, 0, \ldots, 0), \quad \boldsymbol{e}_2 = (0, 1, 0, \ldots, 0), \quad \ldots, \quad \boldsymbol{e}_n = (0, 0, \ldots, 0, 1)$$

とすると，任意のベクトル $\boldsymbol{x} = (x_1, x_2, \ldots, x_n) \in \boldsymbol{R}^n$ は

$$\boldsymbol{x} = x_1\boldsymbol{e}_1 + x_2\boldsymbol{e}_2 + \cdots + x_n\boldsymbol{e}_n$$

と書くことができる．したがって，

$$\boldsymbol{e}_1, \quad \boldsymbol{e}_2, \quad \ldots, \quad \boldsymbol{e}_n$$

は $\boldsymbol{R}^n$ を生成する．

例 8.11　$\boldsymbol{R}^3$ において

$$\boldsymbol{a}_1 = (1,\ 0,\ 0), \quad \boldsymbol{a}_2 = (0,\ 1,\ 0), \quad \boldsymbol{a}_3 = (0,\ 0,\ 1), \quad \boldsymbol{a}_4 = (1,\ 1,\ 0)$$

とする．これらの中からいくつかのベクトルを選び，それらで生成される部分空間を求めてみよう．

(1) まず，1 つのベクトルで生成される部分空間は次のようになる．

$$\langle \boldsymbol{a}_1 \rangle = \{x\boldsymbol{a}_1 |\ x \in \boldsymbol{R}\} = \{x(1,\ 0,\ 0) \mid x \in \boldsymbol{R}\} = \{(x,\ 0,\ 0) \mid x \in \boldsymbol{R}\}$$

同様にして

$$\langle \boldsymbol{a}_2 \rangle = \{y\boldsymbol{a}_2 |\ y \in \boldsymbol{R}\} = \{(0,\ y,\ 0) \mid y \in \boldsymbol{R}\}$$
$$\langle \boldsymbol{a}_3 \rangle = \{z\boldsymbol{a}_3 |\ z \in \boldsymbol{R}\} = \{(0,\ 0,\ z) \mid z \in \boldsymbol{R}\}$$
$$\langle \boldsymbol{a}_4 \rangle = \{t\boldsymbol{a}_4 |\ t \in \boldsymbol{R}\} = \{(t,\ t,\ 0) \mid t \in \boldsymbol{R}\}$$

となる．

数ベクトル $(x,\ y,\ z)$ を空間の点 $(x,\ y,\ z)$ で表して図示すると，これらの部分空間はすべて直線で表される（図 8.4 をみよ）．

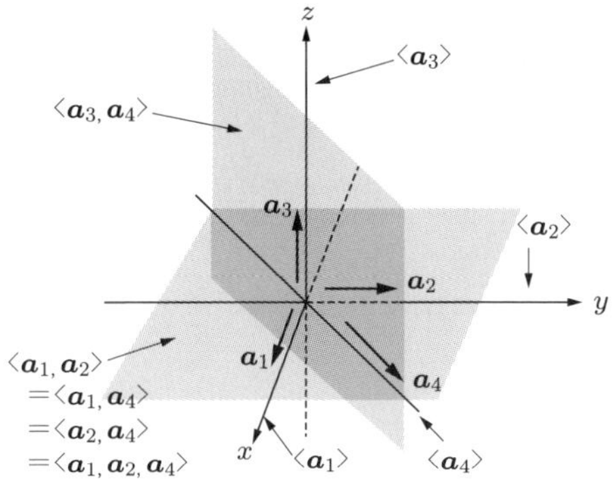

図 8.4 いくつかの $\boldsymbol{a}_i$ から生成される部分空間

$\langle \boldsymbol{a}_1 \rangle$, $\langle \boldsymbol{a}_2 \rangle$, $\langle \boldsymbol{a}_3 \rangle$ はそれぞれ x 軸，y 軸，z 軸で表される．

$\langle \boldsymbol{a}_4 \rangle$ は xy 平面 $(z = 0)$ 上の直線 $y = x$ で表される．

(2) 次に，2 つのベクトルで生成される部分空間を求めよう．

まず，次に注意しよう．

$$\langle \boldsymbol{a}_1, \boldsymbol{a}_2 \rangle = \langle \boldsymbol{a}_1, \boldsymbol{a}_4 \rangle = \langle \boldsymbol{a}_2, \boldsymbol{a}_4 \rangle = \{ (x, y, 0) \mid x, y \in \boldsymbol{R} \}$$

実際，$\langle \boldsymbol{a}_1, \boldsymbol{a}_2 \rangle = \{x\boldsymbol{a}_1 + y\boldsymbol{a}_2 \mid x, y \in \boldsymbol{R}\} = \{(x, y, 0) \mid x, y \in \boldsymbol{R}\}$ である．また，$\boldsymbol{a}_4 = \boldsymbol{a}_1 + \boldsymbol{a}_2$ より $x\boldsymbol{a}_1 + y\boldsymbol{a}_4 = (x + y)\boldsymbol{a}_1 + y\boldsymbol{a}_2$．ゆえに，$\langle \boldsymbol{a}_1, \boldsymbol{a}_4 \rangle \subset \langle \boldsymbol{a}_1, \boldsymbol{a}_2 \rangle$ となる．逆に，$x\boldsymbol{a}_1 + y\boldsymbol{a}_2 = (x - y)\boldsymbol{a}_1 + y\boldsymbol{a}_4$ より，$\langle \boldsymbol{a}_1, \boldsymbol{a}_2 \rangle \subset \langle \boldsymbol{a}_1, \boldsymbol{a}_4 \rangle$．したがって，$\langle \boldsymbol{a}_1, \boldsymbol{a}_4 \rangle = \langle \boldsymbol{a}_1, \boldsymbol{a}_2 \rangle$ となる．同様にして，$x\boldsymbol{a}_1 + y\boldsymbol{a}_2 = (y - x)\boldsymbol{a}_2 + x\boldsymbol{a}_4$ となることより，$\langle \boldsymbol{a}_2, \boldsymbol{a}_4 \rangle = \langle \boldsymbol{a}_1, \boldsymbol{a}_2 \rangle$ がわかる．

これらは xy 平面で表される．

注 平面において，2 つの $\boldsymbol{0}$ でない平面ベクトル $\boldsymbol{a}, \boldsymbol{b}$ が平行でなければ，$\langle \boldsymbol{a}, \boldsymbol{b} \rangle = V^2$ となる（1.4.2 項参照）．

同様にして

$$\langle \boldsymbol{a}_1, \boldsymbol{a}_3 \rangle = \{(x, 0, z) \mid x, z \in \boldsymbol{R}\}, \quad \langle \boldsymbol{a}_2, \boldsymbol{a}_3 \rangle = \{(0, y, z) \mid y, z \in \boldsymbol{R}\}$$
$$\langle \boldsymbol{a}_3, \boldsymbol{a}_4 \rangle = \{(x, x, z) \mid x, z \in \boldsymbol{R}\}$$

となる．これらはそれぞれ xz 平面，yz 平面，平面 $x - y = 0$ で表される．

(3) 次に，3 つのベクトルで生成される部分空間を求めよう．

まず，$\langle \boldsymbol{a}_1, \boldsymbol{a}_2 \rangle = \langle \boldsymbol{a}_1, \boldsymbol{a}_4 \rangle = \langle \boldsymbol{a}_2, \boldsymbol{a}_4 \rangle$ であることから，$\boldsymbol{a}_3$ を付け加えて

$$\langle \boldsymbol{a}_1, \boldsymbol{a}_2, \boldsymbol{a}_3 \rangle = \langle \boldsymbol{a}_1, \boldsymbol{a}_3, \boldsymbol{a}_4 \rangle = \langle \boldsymbol{a}_2, \boldsymbol{a}_3, \boldsymbol{a}_4 \rangle = \boldsymbol{R}^3$$

となることがわかる．また，$\boldsymbol{a}_4 = \boldsymbol{a}_1 + \boldsymbol{a}_2$ より，

$$\langle \boldsymbol{a}_1, \boldsymbol{a}_2, \boldsymbol{a}_4 \rangle = \langle \boldsymbol{a}_1, \boldsymbol{a}_2 \rangle$$

となることがわかる．

(4) 4 つのベクトル $\boldsymbol{a}_1, \boldsymbol{a}_2, \boldsymbol{a}_3, \boldsymbol{a}_4$ で生成される部分空間は，

$$\langle \boldsymbol{a}_1, \boldsymbol{a}_2, \boldsymbol{a}_3, \boldsymbol{a}_4 \rangle \supset \langle \boldsymbol{a}_1, \boldsymbol{a}_2, \boldsymbol{a}_3 \rangle = \boldsymbol{R}^3 \quad \text{より，} \quad \langle \boldsymbol{a}_1, \boldsymbol{a}_2, \boldsymbol{a}_3, \boldsymbol{a}_4 \rangle = \boldsymbol{R}^3$$

となる．

8.3 1次独立と1次従属

V をベクトル空間とする．V のベクトルの組 $\boldsymbol{a}_1, \boldsymbol{a}_2, \ldots, \boldsymbol{a}_n$ $(n \geqq 2)$ において，どのベクトルも残りの $n-1$ 個のベクトルの1次結合として表すことができないときに，$\boldsymbol{a}_1, \boldsymbol{a}_2, \ldots, \boldsymbol{a}_n$ は**1次独立**であるという．逆に，どれかのベクトルがほかのベクトルの1次結合として表すことができる場合に，$\boldsymbol{a}_1, \boldsymbol{a}_2, \ldots, \boldsymbol{a}_n$ は**1次従属**であるという．

例 8.12　$\boldsymbol{R}^3$ において，

$$\boldsymbol{a}_1 = (1, 0, 0), \quad \boldsymbol{a}_2 = (0, 1, 0), \quad \boldsymbol{a}_3 = (0, 0, 1), \quad \boldsymbol{a}_4 = (1, 1, 0)$$

とする（これらは第8.2節の例8.11のベクトルと同じである）．

このとき，$\boldsymbol{a}_1, \boldsymbol{a}_2, \boldsymbol{a}_4$ は，$\boldsymbol{a}_4 = \boldsymbol{a}_1 + \boldsymbol{a}_2$ と書くことができるから1次従属である．

それに対し，$\boldsymbol{a}_1, \boldsymbol{a}_2, \boldsymbol{a}_3$ は，どのベクトルを考えてもほかの2つのベクトルの1次結合として表すことはできないので1次独立である．

一般には，上の条件を用いて1次独立か1次従属かを判断するのは大変であり，また，ベクトルが1つの場合は扱えない．そこで，次の条件により，改めて1次独立性を定義することにする（この条件は，ベクトルの個数が1個の場合にも適用できる）．

次の条件 $(*)$ が成り立つとき，ベクトルの組 $\boldsymbol{a}_1, \boldsymbol{a}_2, \ldots, \boldsymbol{a}_n$ は**1次独立**（または**線形独立**）であるという（また，$\{\boldsymbol{a}_1, \boldsymbol{a}_2, \ldots, \boldsymbol{a}_n\}$ は**1次独立系**であるともいう）．1次独立でないときは，**1次従属**であるという．

$(*)$　$x_1\boldsymbol{a}_1 + x_2\boldsymbol{a}_2 + \cdots + x_n\boldsymbol{a}_n = \boldsymbol{0}$ となるのは

$$x_1 = x_2 = \cdots = x_n = 0$$

のときに限る．

次の命題にみるように，$n \geqq 2$ のときは，この定義は最初に述べた素朴な定義と一致する．

命題 8.2　$n \geqq 2$ とすると，次が成り立つ．

(1)　$\boldsymbol{a}_1, \boldsymbol{a}_2, \ldots, \boldsymbol{a}_n$ は1次独立

$\iff$　どのベクトル $\boldsymbol{a}_k$ も残りの $n-1$ 個のベクトルの1次結合としては表すことができない．

(2)　$\boldsymbol{a}_1, \boldsymbol{a}_2, \ldots, \boldsymbol{a}_n$ は1次従属

$\iff$　どれかのベクトル $\boldsymbol{a}_k$ は残りの $n-1$ 個のベクトルの1次結合として表すことができる．

証明　(1) と (2) は同値だから (2) を示す．

[⇒]　$\boldsymbol{a}_1, \boldsymbol{a}_2, \ldots, \boldsymbol{a}_n$ が 1 次従属であるとすると，どれかは 0 ではない係数 $k_1, k_2, \ldots, k_n$ が存在して

$$k_1\boldsymbol{a}_1 + k_2\boldsymbol{a}_2 + \cdots + k_n\boldsymbol{a}_n = \boldsymbol{0}$$

となる．たとえば，$k_1 \neq 0$ とすると，左辺の第 2 項以下を移行してから k_1 で両辺を割って

$$\boldsymbol{a}_1 = \left(-\frac{k_2}{k_1}\right)\boldsymbol{a}_2 + \cdots + \left(-\frac{k_n}{k_1}\right)\boldsymbol{a}_n$$

となる．したがって，$\boldsymbol{a}_1$ は $\boldsymbol{a}_2, \ldots, \boldsymbol{a}_n$ の 1 次結合となる．同様にして，$k_m \neq 0$ ならば，$\boldsymbol{a}_m$ がほかの $n-1$ 個のベクトルの 1 次結合となる．

[⇐]　たとえば，$\boldsymbol{a}_1$ が $\boldsymbol{a}_2, \ldots, \boldsymbol{a}_n$ の 1 次結合となり，

$$\boldsymbol{a}_1 = k_2\boldsymbol{a}_2 + \cdots + k_n\boldsymbol{a}_n$$

と表されたとする．このとき

$$1 \cdot \boldsymbol{a}_1 + (-k_2)\boldsymbol{a}_2 + \cdots + (-k_n)\boldsymbol{a}_n = \boldsymbol{0}$$

となり，少なくとも $\boldsymbol{a}_1$ の係数は 0 ではない．したがって，$\boldsymbol{a}_1$，$\boldsymbol{a}_2$，…，$\boldsymbol{a}_n$ は 1 次従属である．□

ベクトルの個数 n が小さいときの具体例をみてみよう．

例 8.13　(1)　$n=1$ のとき，次が成り立つ．

$$\begin{cases} \boldsymbol{a}_1\text{が 1 次独立} & \iff & \boldsymbol{a}_1 \neq \boldsymbol{0} \\ \boldsymbol{a}_1\text{が 1 次従属} & \iff & \boldsymbol{a}_1 = \boldsymbol{0} \end{cases}$$

実際，$\boldsymbol{a}_1 = \boldsymbol{0}$ とすると，任意の実数 k_1 に対して $k_1\boldsymbol{a}_1 = \boldsymbol{0}$ となる．逆に，ある 0 でない実数 k_1 に対し，$k_1\boldsymbol{a}_1 = \boldsymbol{0}$ とすると，両辺に $1/k_1$ をかけることにより $\boldsymbol{a}_1 = \boldsymbol{0}$ となる．

(2)　$n=2$ のときは，命題 8.2 (2) よりベクトル $\boldsymbol{a}, \boldsymbol{b}$ が 1 次従属となることと，どちらかのベクトルがほかのベクトルの定数倍となる（$\boldsymbol{a} = k\boldsymbol{b}$ または $\boldsymbol{b} = l\boldsymbol{a}$ となる）ことは同値である．これを平面（または空間）ベクトルの場合に図示したものが図 8.5 である．

1 次従属の場合は平行な有向線分で表され，1 次独立の場合は平行でない有向線分で表される．

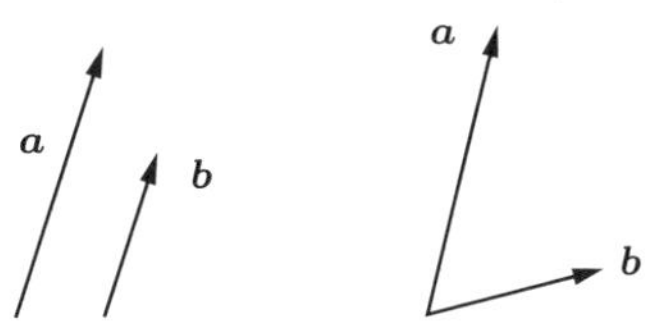

（a）1 次従属 $\boldsymbol{a} \parallel \boldsymbol{b}$　（b）1 次独立 $\boldsymbol{a} \nparallel \boldsymbol{b}$

図 8.5　2 つの平面（または空間）ベクトルの 1 次独立・1 次従属

(3)　$n=3$ のときは，ベクトル $\boldsymbol{a}, \boldsymbol{b}, \boldsymbol{c}$ が 1 次従属となることと，どれかのベクトルが

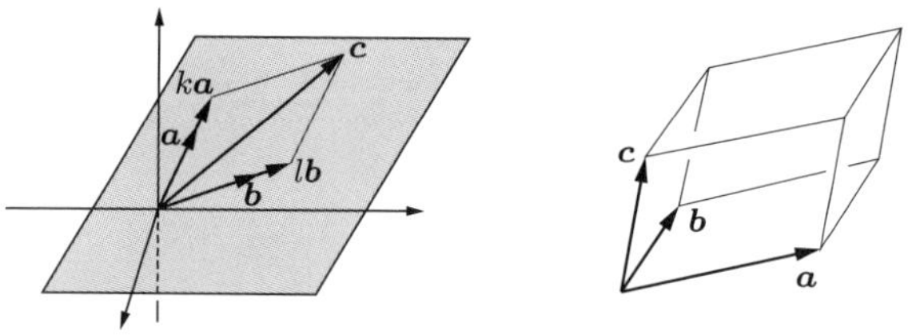

（a）$\boldsymbol{a}, \boldsymbol{b}, \boldsymbol{c}$ は 1 次従属$(\boldsymbol{c} = k\boldsymbol{a} + l\boldsymbol{b})$　（b）$\boldsymbol{a}, \boldsymbol{b}, \boldsymbol{c}$ は 1 次独立

図 8.6　空間ベクトルの 1 次従属・1 次独立

ほかのベクトルの 1 次結合となる（たとえば，$\boldsymbol{c} = k\boldsymbol{a} + l\boldsymbol{b}$ と書ける）ことは同じである．たとえば，空間ベクトルの場合に図示すると，3 つのベクトルは同一平面に平行になる（図 8.6(a) 参照）．

$\boldsymbol{a}, \boldsymbol{b}, \boldsymbol{c}$ が 1 次独立の場合は，このうち 2 つのベクトルが定める平面にほかのベクトルは含まれない．したがって，$\boldsymbol{a}, \boldsymbol{b}, \boldsymbol{c}$ が作る平行六面体は立体になり，体積が正となる（図 8.6(b) 参照）．すなわち，$V(\boldsymbol{a}, \boldsymbol{b}, \boldsymbol{c}) \neq 0$ である．$\boldsymbol{a}, \boldsymbol{b}, \boldsymbol{c}$ が 1 次従属の場合は，これらが作る平行六面体は 1 つの平面に含まれてしまい立体にならない．したがって，体積は 0 になる．すなわち，$V(\boldsymbol{a}, \boldsymbol{b}, \boldsymbol{c}) = 0$ である．

このようにして，3 つの空間ベクトルの場合は，成分で表すことにより，$V(\boldsymbol{a}, \boldsymbol{b}, \boldsymbol{c})$，すなわち，行列式を用いても 1 次独立か 1 次従属かを判定することができる（7.2.1 項参照）．同様のことは一般の n 次の数ベクトルにもいえる（8.5 節の系 8.7 参照）．

ここで，今後よく使われる補題を 2 つ示す．

補題 8.1　1 次独立なベクトルの組 $\boldsymbol{a}_1, \boldsymbol{a}_2, \ldots, \boldsymbol{a}_n$ にベクトル $\boldsymbol{b}$ を加えて $\boldsymbol{a}_1, \boldsymbol{a}_2, \ldots, \boldsymbol{a}_n, \boldsymbol{b}$ が 1 次従属となったとすると，$\boldsymbol{b}$ は $\boldsymbol{a}_1, \boldsymbol{a}_2, \ldots, \boldsymbol{a}_n$ の 1 次結合として表すことができる．すなわち，ある実数 $k_1, \ldots, k_n$ が存在して

$$\boldsymbol{b} = k_1\boldsymbol{a}_1 + k_2\boldsymbol{a}_2 + \cdots + k_n\boldsymbol{a}_n$$

となる．

証明　$\boldsymbol{a}_1, \boldsymbol{a}_2, \ldots, \boldsymbol{a}_n, \boldsymbol{b}$ が 1 次従属となることにより，どれかは 0 でない係数 $k_1, k_2, \ldots, k_{n+1}$ が存在して

$$k_1\boldsymbol{a}_1 + k_2\boldsymbol{a}_2 + \cdots + k_n\boldsymbol{a}_n + k_{n+1}\boldsymbol{b} = \boldsymbol{0} \tag{8.3}$$

となる．ここで，もし $k_{n+1} = 0$ なら $k_1, k_2, \ldots, k_n$ のどれかが 0 ではなく，

$$k_1\boldsymbol{a}_1 + k_2\boldsymbol{a}_2 + \cdots + k_n\boldsymbol{a}_n = \boldsymbol{0}$$

となり，これは $\boldsymbol{a}_1, \boldsymbol{a}_2, \ldots, \boldsymbol{a}_n$ が 1 次独立であるという仮定に反する．したがって，

$$k_{n+1} \neq 0$$

である．ゆえに，式 (8.3) の左辺の第 n 項までを右辺に移項して k_{n+1} で割り，

$$\boldsymbol{b} = -\left(\frac{k_1}{k_{n+1}}\right)\boldsymbol{a}_1 + \cdots + \left(\frac{k_n}{k_{n+1}}\right)\boldsymbol{a}_n$$

となる．これは，$\boldsymbol{b}$ が $\boldsymbol{a}_1, \ldots, \boldsymbol{a}_n$ の 1 次結合として表されることを示している．□

補題 8.2　n 個のベクトル $\boldsymbol{a}_1, \boldsymbol{a}_2, \ldots, \boldsymbol{a}_n$ の 1 次結合として表される $n+1$ 個以上のベクトルは，1 次従属である．

証明　$n+1$ 個の場合に示せば十分である．

$n+1$ 個のベクトル $\boldsymbol{b}_1, \boldsymbol{b}_2, \ldots, \boldsymbol{b}_{n+1}$ が $\boldsymbol{a}_1, \boldsymbol{a}_2, \ldots, \boldsymbol{a}_n$ の 1 次結合として表されるとする．すなわち，ある実数 c_{ij} $(1 \leqq i,\ j \leqq n)$ が存在して，

$$\begin{aligned} \boldsymbol{b}_1 &= c_{11}\boldsymbol{a}_1 + c_{12}\boldsymbol{a}_2 + \cdots + c_{1n}\boldsymbol{a}_n \\ \boldsymbol{b}_2 &= c_{21}\boldsymbol{a}_1 + c_{22}\boldsymbol{a}_2 + \cdots + c_{2n}\boldsymbol{a}_n \\ &\cdots\cdots \\ \boldsymbol{b}_{n+1} &= c_{n+1,1}\boldsymbol{a}_1 + c_{n+1,2}\boldsymbol{a}_2 + \cdots + c_{n+1,n}\boldsymbol{a}_n \end{aligned} \tag{8.4}$$

とする．これらの式を

$$x_1\boldsymbol{b}_1 + x_2\boldsymbol{b}_2 + \cdots + x_{n+1}\boldsymbol{b}_{n+1} = \boldsymbol{0} \tag{8.5}$$

に代入して $\boldsymbol{a}_1, \boldsymbol{a}_2, \ldots, \boldsymbol{a}_n$ について整理し，各 $\boldsymbol{a}_k$ の係数を 0 とおくと，$x_1, x_2, \ldots, x_{n+1}$ についての連立同次 1 次方程式が得られる．その式の個数は n で未知数の個数は $n+1$ だから，係数行列 A の型は $n \times (n+1)$ であり，$\operatorname{rank} A \leqq n$ となる．したがって，この連立同次 1 次方程式は非自明解をもつ（定理 5.3）．すなわち，式 (8.5) を満たす，どれかは 0 でない係数 $x_1, x_2, \ldots, x_{n+1}$ が存在する．よって，$\boldsymbol{b}_1, \boldsymbol{b}_2, \ldots, \boldsymbol{b}_{n+1}$ は 1 次従属である．□

参考　補題 8.2 の証明に用いた連立 1 次方程式の係数行列 A は，式 (8.4) の係数の作る行列 $C = (c_{ij})$ の転置行列になるのだが，このことは行列を使って式を表すとわかりやすい．

式 (8.4) はその係数の作る行列 $C = (c_{ij})$ を用いると，

$$\begin{pmatrix} \boldsymbol{b}_1 \\ \boldsymbol{b}_2 \\ \vdots \\ \boldsymbol{b}_{n+1} \end{pmatrix} = C \begin{pmatrix} \boldsymbol{a}_1 \\ \boldsymbol{a}_2 \\ \vdots \\ \boldsymbol{a}_n \end{pmatrix} \tag{8.6}$$

と書くことができる（C は $(n+1) \times n$ 行列）．この式の両辺の転置をとると，

$$(\boldsymbol{b}_1,\ \boldsymbol{b}_2, \ldots, \boldsymbol{b}_{n+1}) = (\boldsymbol{a}_1,\ \boldsymbol{a}_2, \ldots, \boldsymbol{a}_n)\,{}^tC \tag{8.7}$$

となる．他方，式 (8.5) は次のように書くことができる．

$$(\boldsymbol{b}_1,\ \boldsymbol{b}_2, \ldots, \boldsymbol{b}_{n+1}) \begin{pmatrix} x_1 \\ x_2 \\ \vdots \\ x_{n+1} \end{pmatrix} = \mathbf{0} \tag{8.8}$$

この式に式 (8.7) を代入すると，

$$(\boldsymbol{a}_1,\ \boldsymbol{a}_2, \ldots, \boldsymbol{a}_n)\, {}^t C \begin{pmatrix} x_1 \\ x_2 \\ \vdots \\ x_{n+1} \end{pmatrix} = \mathbf{0} \tag{8.9}$$

となる．この式の左辺は $\boldsymbol{a}_1,\ \boldsymbol{a}_2, \ldots, \boldsymbol{a}_n$ の 1 次結合で，その係数は ${}^t C \begin{pmatrix} x_1 \\ x_2 \\ \vdots \\ x_{n+1} \end{pmatrix}$ で与えられ，係数をすべて 0 とおくと，連立同次 1 次方程式

$${}^t C \begin{pmatrix} x_1 \\ x_2 \\ \vdots \\ x_{n+1} \end{pmatrix} = \mathbf{0}$$

が得られる．この方程式の係数行列は，$n \times (n+1)$ 行列 ${}^t C$ である．

この補題 8.2 より，ただちに次の 2 つの系が得られる．

系 8.1　n 個のベクトル $\boldsymbol{a}_1,\ \boldsymbol{a}_2,\ \ldots, \boldsymbol{a}_n$ で生成される部分空間

$$W = \langle \boldsymbol{a}_1,\ \boldsymbol{a}_2,\ \ldots, \boldsymbol{a}_n \rangle$$

に含まれる $n+1$ 個以上のベクトルは 1 次従属である．

とくに，ベクトル空間 V が n 個のベクトル $\boldsymbol{a}_1, \boldsymbol{a}_2, \ldots, \boldsymbol{a}_n$ で生成されている場合に適用すると，次の系が得られる．

系 8.2　ベクトル空間 V において

（1 次独立系のベクトルの個数）$\leqq$（生成系のベクトルの個数）

次に，ベクトル空間 V のいくつかのベクトル $\boldsymbol{a}_1,\ \boldsymbol{a}_2,\ \ldots, \boldsymbol{a}_n$ の中に含まれる 1 次独立なベクトルの組

$$\boldsymbol{a}_{i_1},\ \boldsymbol{a}_{i_2},\ \ldots, \boldsymbol{a}_{i_k} \quad (\{i_1, i_2, \ldots, i_k\} \subset \{1,\ 2, \ldots, n\})$$

のベクトルの個数 k に注目しよう．

もし，どれかのベクトル $\boldsymbol{a}_i$ が $\mathbf{0}$ でなければ，1 つのベクトル $\boldsymbol{a}_i$ よりなる 1 次独立

なベクトルの組が存在する．また，$\boldsymbol{a}_{i_1}, \boldsymbol{a}_{i_2}, \ldots, \boldsymbol{a}_{i_k}$ が1次独立なら，この中からいくつかのベクトルを除いたもの（部分集合）はすべて1次独立である．したがって，k 個以下のベクトルよりなる1次独立系は存在するが，$k+1$ 個のベクトルよりなる1次独立系は存在しないという整数 k $(0 \leqq k \leqq n)$ がある．この k を $\boldsymbol{a}_1, \boldsymbol{a}_2, \ldots, \boldsymbol{a}_n$ **の中に含まれる1次独立なベクトルの最大個数**とよび，

$$R(\boldsymbol{a}_1, \boldsymbol{a}_2, \ldots, \boldsymbol{a}_n)$$

で表すことにする．このとき，次がいえる．

定理 8.1 ベクトル空間 V において，ベクトル $\boldsymbol{b}_1, \boldsymbol{b}_2, \ldots, \boldsymbol{b}_m$ がすべて $\boldsymbol{a}_1, \boldsymbol{a}_2, \ldots, \boldsymbol{a}_n$ の1次結合で表されるならば（すなわち，$\boldsymbol{b}_1, \boldsymbol{b}_2, \ldots, \boldsymbol{b}_m \in \langle \boldsymbol{a}_1, \boldsymbol{a}_2, \ldots, \boldsymbol{a}_n \rangle$ ならば），次式が成り立つ．

$$R(\boldsymbol{b}_1, \boldsymbol{b}_2, \ldots, \boldsymbol{b}_m) \leqq R(\boldsymbol{a}_1, \boldsymbol{a}_2, \ldots, \boldsymbol{a}_n)$$

すなわち，1次結合を用いていくつベクトルを作っても，1次独立なベクトルの最大個数は増えることはない．

証明 $R(\boldsymbol{a}_1, \boldsymbol{a}_2, \ldots, \boldsymbol{a}_n) = k$ とすると，$\boldsymbol{a}_1, \boldsymbol{a}_2, \ldots, \boldsymbol{a}_n$ の中から k 個のベクトルを選んで1次独立系を作ることができる．簡単のため，最初の k 個 $\boldsymbol{a}_1, \boldsymbol{a}_2, \ldots, \boldsymbol{a}_k$ が1次独立であるとする（必要なら，こうなるように番号を付け替えればよい）．

この1次独立系に $\boldsymbol{a}_{k+1}, \ldots, \boldsymbol{a}_n$ のどれかのベクトルを1つ付け加えると，1次従属になる（そうでないと，$k+1$ 個よりなる1次独立なベクトルが存在することになり矛盾する）．したがって，補題 8.1 より，$\boldsymbol{a}_{k+1}, \ldots, \boldsymbol{a}_n$ は $\boldsymbol{a}_1, \boldsymbol{a}_2, \ldots, \boldsymbol{a}_k$ の1次結合となり，次のように表すことができる．

$$\begin{cases} \boldsymbol{a}_{k+1} = d_{k+1,1}\boldsymbol{a}_1 + d_{k+1,2}\boldsymbol{a}_2 + \cdots + d_{k+1,k}\boldsymbol{a}_k \\ \qquad\qquad \cdots\cdots \\ \boldsymbol{a}_n = d_{n,1}\boldsymbol{a}_1 + d_{n,2}\boldsymbol{a}_2 + \cdots + d_{n,k}\boldsymbol{a}_k \end{cases} \tag{8.10}$$

ここで，

$$\boldsymbol{b}_i = c_{i,1}\boldsymbol{a}_1 + c_{i,2}\boldsymbol{a}_2 + \cdots + c_{i,n}\boldsymbol{a}_n \quad (i = 1, 2, \ldots, m)$$

とすると，この式に上式 (8.10) を代入することにより，$\boldsymbol{b}_i$ が $\boldsymbol{a}_1, \ldots, \boldsymbol{a}_k$ の1次結合として表されることがわかる．したがって，補題 8.2 より，$\boldsymbol{b}_1, \boldsymbol{b}_2, \ldots, \boldsymbol{b}_m$ に含まれる $k+1$ 個以上のベクトルは1次従属となる．これは，

$$R(\boldsymbol{b}_1, \boldsymbol{b}_2, \ldots, \boldsymbol{b}_m) \leqq R(\boldsymbol{a}_1, \boldsymbol{a}_2, \ldots, \boldsymbol{a}_n)$$

となることを示している． □

系 8.3　定理 8.1 において，$m = n$ とし，

$$\begin{aligned} \boldsymbol{b}_1 &= c_{11}\boldsymbol{a}_1 + c_{12}\boldsymbol{a}_2 + \cdots + c_{1n}\boldsymbol{a}_n \\ \boldsymbol{b}_2 &= c_{21}\boldsymbol{a}_1 + c_{22}\boldsymbol{a}_2 + \cdots + c_{2n}\boldsymbol{a}_n \\ &\cdots\cdots \\ \boldsymbol{b}_n &= c_{n,1}\boldsymbol{a}_1 + c_{n,2}\boldsymbol{a}_2 + \cdots + c_{n,n}\boldsymbol{a}_n \end{aligned} \quad c_{ij} \in \boldsymbol{R},\ 1 \leqq i,\ j \leqq n \tag{8.11}$$

とする．ここで，係数の作る行列 $C = (c_{ij})$ が正則なら，含まれる 1 次独立なベクトルの最大個数は変わらない．

$$R(\boldsymbol{b}_1, \boldsymbol{b}_2, \ldots, \boldsymbol{b}_n) = R(\boldsymbol{a}_1, \boldsymbol{a}_2, \ldots, \boldsymbol{a}_n)$$

証明　このとき，定理 8.1 より

$$R(\boldsymbol{b}_1, \boldsymbol{b}_2, \ldots, \boldsymbol{b}_n) \leqq R(\boldsymbol{a}_1, \boldsymbol{a}_2, \ldots, \boldsymbol{a}_n) \tag{8.12}$$

となる．また，式 (8.11) を行列を用いて表すと

$$\begin{pmatrix} \boldsymbol{b}_1 \\ \boldsymbol{b}_2 \\ \vdots \\ \boldsymbol{b}_n \end{pmatrix} = C \begin{pmatrix} \boldsymbol{a}_1 \\ \boldsymbol{a}_2 \\ \vdots \\ \boldsymbol{a}_n \end{pmatrix}$$

となる．いま，係数行列 C は正則だから，逆行列 C^{-1} が存在する．C^{-1} を両辺の左からかけて

$$\begin{pmatrix} \boldsymbol{a}_1 \\ \boldsymbol{a}_2 \\ \vdots \\ \boldsymbol{a}_n \end{pmatrix} = C^{-1} \begin{pmatrix} \boldsymbol{b}_1 \\ \boldsymbol{b}_2 \\ \vdots \\ \boldsymbol{b}_n \end{pmatrix}$$

が得られる．この式は $\boldsymbol{a}_1, \boldsymbol{a}_2, \ldots, \boldsymbol{a}_n$ が $\boldsymbol{b}_1, \boldsymbol{b}_2, \ldots, \boldsymbol{b}_n$ の 1 次結合で表されることを示しており，やはり定理 8.1 より

$$R(\boldsymbol{b}_1, \boldsymbol{b}_2, \ldots, \boldsymbol{b}_n) \geqq R(\boldsymbol{a}_1, \boldsymbol{a}_2, \ldots, \boldsymbol{a}_n) \tag{8.13}$$

となる．式 (8.12) と式 (8.13) より，

$$R(\boldsymbol{b}_1, \boldsymbol{b}_2, \ldots, \boldsymbol{b}_n) = R(\boldsymbol{a}_1, \boldsymbol{a}_2, \ldots, \boldsymbol{a}_n)$$

となることがわかる．　□

系 8.4　行列に対し，行基本変形をほどこしても，1 次独立な行ベクトルの最大個数は変わらない．

証明　行列 A に行基本変形をほどこして得られる行列 B の行は，A の行の 1 次結合になっている．また，B に逆の行基本変形をほどこせば，A に戻すことができる．

したがって，逆に A の行は B の行の 1 次結合になっている．よって，定理 8.1 より 1 次独立な行ベクトルの個数は変わらない． □

参考 このとき，B の行を A の行の 1 次結合として表したときの係数行列 C は**基本行列**である（演習問題 3.12 参照）．基本行列は正則だから，系 8.3 より，1 次独立な行ベクトルの最大個数は変わらない．

8.4 基底と次元

平面ベクトルは，有向線分をもとにして定義されたが，基本単位ベクトル（各座標軸の正の向きをもつ大きさ 1 のベクトル）を用いて 2 つの数の組（列ベクトル）と同一視することができた．同様にして，空間ベクトルは，基本単位ベクトルを用いて 3 次の列ベクトルと同一視することができた．

この節では，一般のベクトル空間 V について同様のことを考える．V において基底を定めることにより，V を列ベクトル空間と同一視することができる．また，問題に応じて基底を取り換え，より便利な同一視に移ることもできる．

8.4.1 基 底

ベクトル空間 V の順序づけられたベクトルの組 $B = \{\boldsymbol{a}_1, \boldsymbol{a}_2, \dots, \boldsymbol{a}_n\}$ が次の性質 $(*)$ を満たすとき，B を V の**基底**とよぶ（普通，記号 $\{\cdots\}$ は集合を表し，要素の順序は問題にしないが，ここでは要素の順序が異なると別の基底と考える）．

$(*)$ V の任意のベクトル $\boldsymbol{a}$ は

$$\boldsymbol{a} = k_1\boldsymbol{a}_1 + k_2\boldsymbol{a}_2 + \cdots + k_n\boldsymbol{a}_n \quad (k_1, \dots, k_n \text{ は実数})$$

と $\boldsymbol{a}_1, \boldsymbol{a}_2, \dots, \boldsymbol{a}_n$ の 1 次結合として表すことができ，また，この表し方は一意的である．すなわち，係数 $k_1, k_2, \dots, k_n$ は 1 通りしかない．

このとき，この係数を並べて得られる列ベクトル $\begin{pmatrix} k_1 \\ k_2 \\ \vdots \\ k_n \end{pmatrix}$ をこの基底 B に関するベクトル $\boldsymbol{a}$ の**成分**とよぶ．

空間ベクトル全体 V^3 の基底の例を図 8.7 に示しておく．

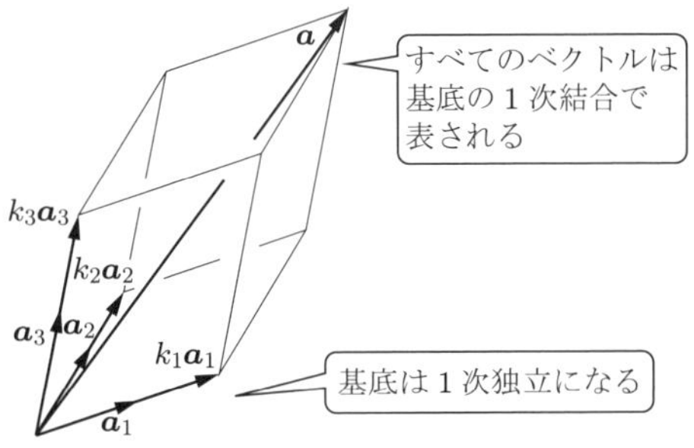

図 8.7 空間ベクトル全体 V^3 の基底

ベクトル $\boldsymbol{a} \in V$ にその成分 $\begin{pmatrix} k_1 \\ k_2 \\ \vdots \\ k_n \end{pmatrix} \in \boldsymbol{V}^n$ を対応させる対応は，平面（空間）ベクトルの場合と同様に，2 つの演算，和と実数倍を保つ．すなわち，V の和と実数倍には $\boldsymbol{V}^n$ の和と実数倍がそれぞれ対応する（定理 1.1 参照）．

$\boldsymbol{a}$ の成分を $\begin{pmatrix} a_1 \\ a_2 \\ \vdots \\ a_n \end{pmatrix}$，$\boldsymbol{b}$ の成分を $\begin{pmatrix} b_1 \\ b_2 \\ \vdots \\ b_n \end{pmatrix}$ とすると，$k\boldsymbol{a}$ の成分は $k\begin{pmatrix} a_1 \\ a_2 \\ \vdots \\ a_n \end{pmatrix}$，
$\boldsymbol{a}+\boldsymbol{b}$ の成分は $\begin{pmatrix} a_1 \\ a_2 \\ \vdots \\ a_n \end{pmatrix} + \begin{pmatrix} b_1 \\ b_2 \\ \vdots \\ b_n \end{pmatrix}$ となる．

したがって，ベクトル空間として V は $\boldsymbol{V}^n$ と同一視できるのである．よって，基底はベクトル空間を列ベクトル空間（数ベクトル空間）と同一視するための道具とみることができる．

例 8.14　数ベクトル空間 $\boldsymbol{R}^n$ において，$\boldsymbol{e}_1 = (1, 0, 0, \ldots, 0)$, $\boldsymbol{e}_2 = (0, 1, 0, \ldots, 0)$, $\ldots$, $\boldsymbol{e}_n = (0, 0, 0, \ldots, 1)$ とすると，任意のベクトル $\boldsymbol{x} = (x_1, x_2, \ldots, x_n)$ は

$$\boldsymbol{x} = x_1\boldsymbol{e}_1 + x_2\boldsymbol{e}_2 + \cdots + x_n\boldsymbol{e}_n$$

と一意的に表されるので，$\{\boldsymbol{e}_1, \boldsymbol{e}_2, \ldots, \boldsymbol{e}_n\}$ は基底である．これを**標準基底**または**自然基底**とよぶ．このとき，ベクトル $\boldsymbol{x} = (x_1, x_2, \ldots, x_n)$ の成分は

$$\begin{pmatrix} x_1 \\ x_2 \\ \vdots \\ x_n \end{pmatrix}$$

となる．

例 8.15　n 次以下の多項式全体 P_n において $B = \{x^n, x^{n-1}, \ldots, x, 1\}$ とすると，任意の多項式 $f(x) \in P^n$ は一意的に

$$f(x) = a_0 \cdot x^n + a_1 \cdot x^{n-1} + \cdots + a_n \cdot 1$$

と表されるので，B は基底である．このとき，多項式 $f(x) = a_0x^n + a_1x^{n-1} + \cdots + a_n$ の成分は

$$\begin{pmatrix} a_0 \\ a_1 \\ \vdots \\ a_n \end{pmatrix}$$

となる.

これらの例では容易に基底であることが判定できたが，一般にはそう簡単ではない．まず，次の判定条件に注意しよう.

命題 8.3 ベクトル空間 V の順序づけられたベクトルの組 $\{\boldsymbol{a}_1, \boldsymbol{a}_2, \ldots, \boldsymbol{a}_n\}$ が V の基底となるための必要かつ十分な条件は，次の 2 つの条件 (1), (2) を満たすことである.

(1) $\boldsymbol{a}_1, \boldsymbol{a}_2, \ldots, \boldsymbol{a}_n$ は V を生成する.

(2) $\boldsymbol{a}_1, \boldsymbol{a}_2, \ldots, \boldsymbol{a}_n$ は 1 次独立である.

証明 基底の定義の条件 $(*) \iff$ (1), (2) を示す.

[$(*) \Rightarrow$ (1), (2)] $(*)$ を仮定すると，(1) は明らかに成立する.

また,

$$k_1\boldsymbol{a}_1 + k_2\boldsymbol{a}_2 + \cdots + k_n\boldsymbol{a}_n = \boldsymbol{0}$$

とすると，この式は，零ベクトル $\boldsymbol{0}$ を $\boldsymbol{a}_1, \boldsymbol{a}_2, \ldots, \boldsymbol{a}_n$ の 1 次結合で表した式とみることができる．また，$\boldsymbol{0}$ は

$$\boldsymbol{0} = 0\boldsymbol{a}_1 + 0\boldsymbol{a}_2 + \cdots + 0\boldsymbol{a}_n$$

とも表されるので，$\boldsymbol{a}_1, \boldsymbol{a}_2, \ldots, \boldsymbol{a}_n$ の 1 次結合としての表し方の一意性から

$$k_1 = 0, \quad k_2 = 0, \quad \ldots, \quad k_n = 0$$

となる．したがって，$\boldsymbol{a}_1, \boldsymbol{a}_2, \ldots, \boldsymbol{a}_n$ は 1 次独立である.

[$(*) \Leftarrow$ (1), (2)] (1) より，任意のベクトル $\boldsymbol{a}$ は

$$\boldsymbol{a} = k_1\boldsymbol{a}_1 + k_2\boldsymbol{a}_2 + \cdots + k_n\boldsymbol{a}_n \tag{8.14}$$

と表される．また，別の表し方

$$\boldsymbol{a} = l_1\boldsymbol{a}_1 + l_2\boldsymbol{a}_2 + \cdots + l_n\boldsymbol{a}_n \tag{8.15}$$

があったとすると，(式 (8.14)) − (式 (8.15)) より,

$$(k_1 - l_1)\boldsymbol{a}_1 + (k_2 - l_2)\boldsymbol{a}_2 + \cdots + (k_n - l_n)\boldsymbol{a}_n = \boldsymbol{0}$$

となる．ここで，$\boldsymbol{a}_1, \boldsymbol{a}_2, \ldots, \boldsymbol{a}_n$ は1次独立であるから係数はすべて0となる．したがって，

$$k_1 = l_1, \quad k_2 = l_2, \quad \ldots, \quad k_n = l_n$$

となり，表し方は1通りである． □

例 8.16　$\boldsymbol{R}^3$ において

$$\boldsymbol{a}_1 = (1,\,0,\,0), \quad \boldsymbol{a}_2 = (0,\,1,\,0), \quad \boldsymbol{a}_3 = (0,\,0,\,1), \quad \boldsymbol{a}_4 = (1,\,1,\,0)$$

とする（8.2節の例8.11参照）．

(1) $\boldsymbol{a}_1, \boldsymbol{a}_3, \boldsymbol{a}_4$ は同一平面上にないので，1次独立でかつ $\boldsymbol{R}^3$ 全体を生成する．したがって，基底となる．

(2) これに対し，$\boldsymbol{a}_1, \boldsymbol{a}_2, \boldsymbol{a}_4$ は，$\boldsymbol{a}_4 = \boldsymbol{a}_1 + \boldsymbol{a}_2$ と書くことができるから1次従属であり，したがって，基底とはならない（また，この3つのベクトルの作る平行六面体は平面に含まれ，$\boldsymbol{R}^3$ 全体を生成することはない）．

例 8.17　$\boldsymbol{R}^4$ において，連立同次1次方程式

$$\begin{cases} x - y + 2z + u = 0 \\ 2x - 2y + 5z + 4u = 0 \\ 3x - 3y + 8z + 7u = 0 \end{cases}$$

を満たすベクトル $\boldsymbol{x} = (x, y, z, u)$ 全体を V とする．この連立同次1次方程式を掃き出し計算法を用いて解くと，以下のようになる．

1	−1	2	1
2	−2	5	4
3	−3	8	7
1	−1	2	1
0	0	1	2
0	0	2	4
1	−1	2	1
0	0	1	2
0	0	0	0
1	−1	0	−3
0	0	1	2
0	0	0	0
	↑ α		↑ β

左の表より，

$$\begin{cases} x = \alpha + 3\beta \\ y = \alpha \\ z = \quad\; -2\beta \\ u = \qquad\; \beta \end{cases} \quad (\alpha,\,\beta \text{ は任意定数})$$

ゆえに，

$$\begin{pmatrix} x \\ y \\ z \\ u \end{pmatrix} = \alpha \begin{pmatrix} 1 \\ 1 \\ 0 \\ 0 \end{pmatrix} + \beta \begin{pmatrix} 3 \\ 0 \\ -2 \\ 1 \end{pmatrix}$$

よって，$\boldsymbol{a} = (1, 1, 0, 0)$，$\boldsymbol{b} = (3, 0, -2, 1)$ とおくと，任意のベクトル $\boldsymbol{x} \in V$ は $\boldsymbol{x} = \alpha\boldsymbol{a} + \beta\boldsymbol{b}$ と表され，また，$\boldsymbol{a}$ と $\boldsymbol{b}$ は片方が他方の定数倍にならないので1次独立である．したがって，$\{\boldsymbol{a},\, \boldsymbol{b}\}$ は V の基底である．

注 $\boldsymbol{R}^n$ の部分空間 V が連立同次 1 次方程式で与えられているときは，掃き出し計算法を用いてこの方程式を解けば，自動的に 1 組の基底が得られる．

基底の存在については次がいえる．

補題 8.3 ベクトル空間 V において，次が成り立つ（ただし，(2) においては V は有限個のベクトルよりなる生成系をもつものとする）．

(1) $\boldsymbol{a}_1, \boldsymbol{a}_2, \ldots, \boldsymbol{a}_m$ が V の生成系なら，この中から 1 次独立なベクトルの組でベクトルの個数が最大のものを選ぶと，V の基底が得られる．

(2) $\boldsymbol{a}_1, \boldsymbol{a}_2, \ldots, \boldsymbol{a}_m$ が 1 次独立なら，これらにいくつかのベクトルを付け加えることにより V の基底が得られる．

証明 (1) $\boldsymbol{a}_1, \boldsymbol{a}_2, \ldots, \boldsymbol{a}_m$ は V を生成するから，任意のベクトル $\boldsymbol{x} \in V$ は $\boldsymbol{a}_1, \boldsymbol{a}_2, \ldots, \boldsymbol{a}_m$ の 1 次結合として次のように表すことができる．

$$\boldsymbol{x} = k_1\boldsymbol{a}_1 + k_2\boldsymbol{a}_2 + \cdots + k_m\boldsymbol{a}_m \tag{8.16}$$

また，$\boldsymbol{a}_1, \boldsymbol{a}_2, \ldots, \boldsymbol{a}_m$ に含まれる 1 次独立なベクトルの最大個数を l とする ($R(\boldsymbol{a}_1, \boldsymbol{a}_2, \ldots, \boldsymbol{a}_m) = l$)．このとき，たとえば $\boldsymbol{a}_1, \boldsymbol{a}_2, \ldots, \boldsymbol{a}_l$ が 1 次独立であるとすると，残りのベクトル $\boldsymbol{a}_{l+1}, \boldsymbol{a}_{l+2}, \ldots, \boldsymbol{a}_m$ はこれらのベクトルの 1 次結合として表すことができる（補題 8.1）．その式を式 (8.16) に代入することにより，$\boldsymbol{x}$ は $\boldsymbol{a}_1, \boldsymbol{a}_2, \ldots, \boldsymbol{a}_l$ の 1 次結合として表されることがわかる．したがって，$\boldsymbol{x} \in \langle \boldsymbol{a}_1, \boldsymbol{a}_2, \ldots, \boldsymbol{a}_l \rangle$ となる．これが任意のベクトル $\boldsymbol{x} \in V$ についていえるから，

$$V = \langle \boldsymbol{a}_1, \boldsymbol{a}_2, \ldots, \boldsymbol{a}_l \rangle$$

したがって，$\{\boldsymbol{a}_1, \boldsymbol{a}_2, \ldots, \boldsymbol{a}_l\}$ は 1 次独立系かつ生成系となるから基底である．

(2) $\boldsymbol{a}_1, \boldsymbol{a}_2, \ldots, \boldsymbol{a}_m$ が 1 次独立であるとする．もし $V = \langle \boldsymbol{a}_1, \boldsymbol{a}_2, \ldots, \boldsymbol{a}_m \rangle$ ならば，$\{\boldsymbol{a}_1, \boldsymbol{a}_2, \ldots, \boldsymbol{a}_m\}$ は V の生成系でもあるから，V の基底である．$V \neq \langle \boldsymbol{a}_1, \boldsymbol{a}_2, \ldots, \boldsymbol{a}_m \rangle$ ならば $\boldsymbol{a}_{m+1} \notin \langle \boldsymbol{a}_1, \boldsymbol{a}_2, \ldots, \boldsymbol{a}_m \rangle$ となるベクトル $\boldsymbol{a}_{m+1} \in V$ が存在する．このとき，$\boldsymbol{a}_1, \boldsymbol{a}_2, \ldots, \boldsymbol{a}_{m+1}$ は 1 次独立である（そうでなければ補題 8.1 より $\boldsymbol{a}_{m+1} \in \langle \boldsymbol{a}_1, \boldsymbol{a}_2, \ldots, \boldsymbol{a}_m \rangle$ となり，仮定に反する）．$V = \langle \boldsymbol{a}_1, \boldsymbol{a}_2, \ldots, \boldsymbol{a}_{m+1} \rangle$ ならば $\{\boldsymbol{a}_1, \boldsymbol{a}_2, \ldots, \boldsymbol{a}_{m+1}\}$ は V の基底となり，そうでなければ $\boldsymbol{a}_{m+2} \notin \langle \boldsymbol{a}_1, \boldsymbol{a}_2, \ldots, \boldsymbol{a}_{m+1} \rangle$ となるベクトル $\boldsymbol{a}_{m+2} \in V$ を選ぶ．この操作を続けるが，補題 8.2，系 8.2 より，1 次独立なベクトルの個数は生成系のベクトルの個数を超えることはできないので，$V = \langle \boldsymbol{a}_1, \boldsymbol{a}_2, \ldots, \boldsymbol{a}_{m+k} \rangle$ となる k $(k = 0, 1, \ldots)$ が存在する．このとき，$\{\boldsymbol{a}_1, \boldsymbol{a}_2, \ldots, \boldsymbol{a}_{m+k}\}$ は V の基底である． □

8.4.2 次　元

命題 8.4　ベクトル空間 V が基底をもてば，基底を構成しているベクトルの個数は基底のとり方によらず一定である．

証明　$E = \{\boldsymbol{a}_1, \boldsymbol{a}_2, \ldots, \boldsymbol{a}_m\}$, $F = \{\boldsymbol{b}_1, \boldsymbol{b}_2, \ldots, \boldsymbol{b}_n\}$ を V の 2 組の基底とすると，E は基底だから V を生成している．また，F は V の 1 次独立系である．したがって，8.3 節の補題 8.2，系 8.2 より $n \leqq m$．同様にして，F が生成系で E が独立系であることより $m \leqq n$ となる．

したがって，$m = n$ が成り立つ．□

つまり，基底は無数にあるが，ベクトルの個数は一定である（図 8.8 参照）．

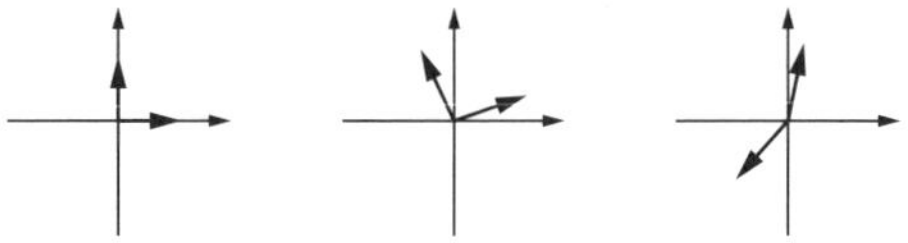

図 8.8　$\boldsymbol{R}^2$ のいろいろな基底

そこで，この一定の値をベクトル空間 V の次元とよぶ．

ベクトル空間 V において，基底を構成するベクトルの個数を V の**次元**とよび

$$\dim V$$

で表す．

ただし，零ベクトルのみよりなる空間 $\{\boldsymbol{0}\}$ については，$\dim\{\boldsymbol{0}\} = 0$ と定める．

例 8.18　$\boldsymbol{R}^n$ は，標準基底 $\{\boldsymbol{e}_1, \boldsymbol{e}_2, \ldots, \boldsymbol{e}_n\}$ をもつから，

$$\dim \boldsymbol{R}^n = n$$

例 8.19　n 次以下の多項式全体のなすベクトル空間 P_n は，基底 $\{1, x, x^2, \ldots, x^n\}$ をもつから，

$$\dim P_n = n + 1$$

例 8.20　例 8.17 のベクトル空間 V は，2 つのベクトルよりなる基底が存在したから，$\dim V = 2$ である．

例 8.21　ベクトルの組 $\boldsymbol{a}_1, \boldsymbol{a}_2, \ldots, \boldsymbol{a}_n$ の中に含まれる 1 次独立なベクトルの最大個数を $R(\boldsymbol{a}_1, \boldsymbol{a}_2, \ldots, \boldsymbol{a}_n)$ とすると，補題 8.3 (1) より，

$$\dim\langle \boldsymbol{a}_1, \boldsymbol{a}_2, \ldots, \boldsymbol{a}_n\rangle = R(\boldsymbol{a}_1, \boldsymbol{a}_2, \ldots, \boldsymbol{a}_n)$$

となる.

ベクトル空間 V の次元がわかっているときは，次がいえる.

命題 8.5 $\dim V = n$ のとき，ベクトル空間 V において次が成り立つ.
(1) m 個のベクトルの組 $\{\boldsymbol{a}_1, \boldsymbol{a}_2, \ldots, \boldsymbol{a}_m\}$ が 1 次独立なら $m \leqq n$.
(2) m 個のベクトルの組 $\{\boldsymbol{a}_1, \boldsymbol{a}_2, \ldots, \boldsymbol{a}_m\}$ が V を生成するなら $m \geqq n$.
(3) n 個のベクトルの組 $\{\boldsymbol{a}_1, \boldsymbol{a}_2, \ldots, \boldsymbol{a}_n\}$ が 1 次独立なら基底である.
(4) n 個のベクトルの組 $\{\boldsymbol{a}_1, \boldsymbol{a}_2, \ldots, \boldsymbol{a}_n\}$ が V を生成するなら基底である.

証明 (1) $\dim V = n$ より，n 個のベクトルよりなる生成系（基底）が存在する. したがって，補題 8.2，系 8.2 より，1 次独立なベクトルの個数は n 以下である.
(2) $\dim V = n$ より，n 個のベクトルよりなる 1 次独立系（基底）が存在する. したがって，やはり補題 8.2，系 8.2 より，生成系のベクトルの個数は n 以上である.
(3) $\boldsymbol{b} \notin \langle \boldsymbol{a}_1, \boldsymbol{a}_2, \ldots, \boldsymbol{a}_n\rangle$ となるベクトル $\boldsymbol{b} \in V$ が存在したとすると，補題 8.1 より $\{\boldsymbol{a}_1, \boldsymbol{a}_2, \ldots, \boldsymbol{a}_n, \boldsymbol{b}\}$ が 1 次独立となり，(1) に矛盾する. したがって，$\langle \boldsymbol{a}_1, \boldsymbol{a}_2, \ldots, \boldsymbol{a}_n\rangle = V$. すなわち，$V$ の生成系でもある.
(4) 補題 8.3 より，この中からいくつかのベクトルを選んで基底が得られるが，$\dim V = n$ より，この個数は n である. したがって，$\{\boldsymbol{a}_1, \boldsymbol{a}_2, \ldots, \boldsymbol{a}_n\}$ 全体が基底になる. □

注 命題 8.5 (3)，(4) より，次元と同個数のベクトルが基底となるためには，命題 8.3 の条件 (1)，(2) の片方が成立すればよいことがわかる.

また，この命題より，1 次独立系でベクトルの個数が最大のもの，および，生成系でベクトルの個数が最小のものは基底であることがわかる. そして，この 1 次独立系のベクトルの最大個数と生成系のベクトルの最小個数は，ともに V の次元に一致する.

問 8.3 $\dim V = n$ とする. U を V の部分空間とするとき $\dim U \leqq \dim V$ が成り立ち，等号が成立するのは $U = V$ のとき，またそのときに限ることを証明せよ.

問 8.4 漸化式 $x_{n+2} + ax_{n+1} + bx_n = 0$ $(b \neq 0)$ を満たす実数列全体を W とする. 2 次方程式 $t^2 + at + b = 0$ が実数解 $t = \alpha, \beta$ をもつとき，次を示せ.
(1) $\dim W = 2$
(2) $\alpha \neq \beta$ のとき，2 つの数列 $\{\alpha^{n-1}\}, \{\beta^{n-1}\}$ の組は W の基底となる.
(3) $\alpha = \beta$ のとき，2 つの数列 $\{\alpha^{n-1}\}, \{n\alpha^{n-1}\}$ の組は W の基底となる.

8.5 行列の階数と1次独立

この節では，5.2 節で定義した行列の階数を，1 次独立という言葉を用いて見直す．行列 A の階数とは，1 次独立な A の行ベクトルの最大個数のことであることをここで示す．これはまた，1 次独立な列ベクトルの最大個数とも一致する．連立 1 次方程式を掃き出し計算法を用いて解いたときは，拡大係数行列の階数を「本当に必要な方程式の個数」と素朴な表現の仕方をしたが，今後は「1 次独立な方程式の最大個数」ということができる．さらに，このような方程式を選び出せば，ほかの方程式はこれらの 1 次結合として表すことができることがわかる．

定理 8.2　行列 A について，次の 3 つの値は一致する．
(1)　行列の階数（$\operatorname{rank} A$）
(2)　1 次独立な行ベクトルの最大個数
(3)　1 次独立な列ベクトルの最大個数

証明　行列 A の (2) の値を $R_1(A)$，(3) の値を $R_2(A)$ と書くことにする．

［1］ $\operatorname{rank} A = R_1(A)$ **の証明**　行列 A を行基本変形を用いて変形し，階段行列 S が得られたとする．階段行列 S の $\mathbf{0}$ 以外の行の個数を r とすると，階数の定義より，$\operatorname{rank} A = r$ である．また，定理 8.1，系 8.4 より，行基本変形により，1 次独立な行ベクトルの最大個数は変化しないので，$R_1(A) = R_1(S)$ となる．

したがって，次を示せばよい．

補題 8.4　$R_1(S) = r$

補題 8.4 の証明　階段行列 S の $\mathbf{0}$ 以外の行の個数を r とすると，S は次のような形になる．

$$S = \begin{pmatrix} c_{1,k_1} & & & * \\ & c_{2,k_2} & & \\ & & \ddots & \\ & O & & c_{r,k_r} \end{pmatrix} \qquad \begin{matrix} c_{1,k_1} \neq 0 \\ c_{2,k_2} \neq 0 \\ \vdots \\ c_{r,k_r} \neq 0 \end{matrix}$$

$\mathbf{0}$ でない行ベクトルを順に $\boldsymbol{c}_1, \boldsymbol{c}_2, \ldots, \boldsymbol{c}_r$ とすると，これらは次のように表される．

$$\boldsymbol{c}_1 = (0, \ldots, 0, c_{1,k_1}, *, *, \ldots\ldots\ldots\ldots\ldots\ldots, *)$$

$$c_2 = (0, 0, \ldots\ldots, 0, c_{2,k_2}, *, *, \ldots\ldots\ldots\ldots, *)$$
$$\cdots\cdots$$
$$c_r = (0, 0, \ldots\ldots\ldots\ldots\ldots\ldots, 0, c_{r,k_r}, *, *, \ldots, *)$$

ここで，$*$ はどのような成分でもよいことを示す．ベクトルの組に $\mathbf{0}$ が含まれると1次従属となるので，1次独立な行ベクトルの個数は高々 r である．

また，$\boldsymbol{c}_1, \boldsymbol{c}_2, \ldots, \boldsymbol{c}_r$ は1次独立であることが次のようにして示される．

$$x_1\boldsymbol{c}_1 + x_2\boldsymbol{c}_2 + \cdots + x_r\boldsymbol{c}_r = \mathbf{0} \tag{8.17}$$

とすると，両辺の第 k_1 番目の成分を比較して，

$$x_1 c_{1,k_1} = 0$$

がわかる．$c_{1,k_1} \neq 0$ より，$x_1 = 0$ となる．したがって，式 (8.17) は

$$x_2\boldsymbol{c}_2 + \cdots + x_r\boldsymbol{c}_r = \mathbf{0}$$

となる．次は第 k_2 番目の成分を比較して $x_2 = 0$ となる．これを続けることにより

$$x_1 = x_2 = \cdots = x_r = 0$$

が得られるので，$\boldsymbol{c}_1$, …, $\boldsymbol{c}_r$ は1次独立である．よって，$R_1(S) = r$. □

この補題 8.4 より，$\mathrm{rank}\, A = R_1(A)$ となる．とくに，**$\mathbf{rank}\, \boldsymbol{A}$ の値は行基本変形の仕方によらない**ことがわかる．

[2] $R_1(A) = R_2(A)$ の証明　$\mathrm{rank}\, A = r$ とする．[1] より $\mathrm{rank}\, A = R_1(A)$ であるから，$R_1(A) = r$ となる．A の列ベクトルを $\boldsymbol{b}_1, \boldsymbol{b}_2, \ldots, \boldsymbol{b}_n$ とする．まず，次を示そう．

(i) $R_1(A) \geqq R_2(A)$ の証明　A の任意の $r+1$ 個の列ベクトルが1次従属となることを示す．たとえば，簡単のため，最初の $r+1$ 個の列ベクトル $\boldsymbol{b}_1, \boldsymbol{b}_2, \ldots, \boldsymbol{b}_{r+1}$ を考える．

$$x_1\boldsymbol{b}_1 + x_2\boldsymbol{b}_2 + \cdots + x_{r+1}\boldsymbol{b}_{r+1} = \mathbf{0} \tag{8.18}$$

とすると，式 (8.18) は

$$(\boldsymbol{b}_1, \boldsymbol{b}_2, \ldots, \boldsymbol{b}_{r+1}) \begin{pmatrix} x_1 \\ x_2 \\ \vdots \\ x_{r+1} \end{pmatrix} = \mathbf{0}$$

と書けるから，行列 $A' = (\boldsymbol{b}_1, \boldsymbol{b}_2, \ldots, \boldsymbol{b}_{r+1})$ を係数行列とする $x_1, x_2, \ldots, x_{r+1}$ に関する連立同次1次方程式である．

A' は A の最初の $r+1$ 列の部分だから，A を階段行列に直したとき，その最初の $r+1$ 列の部分が A' を階段行列に直したものになる．よって，次式が成り立つ．

$$\operatorname{rank} A' \leqq \operatorname{rank} A = r$$

したがって，同次方程式 (8.18) は非自明解をもち，$\boldsymbol{b}_1, \boldsymbol{b}_2, \ldots, \boldsymbol{b}_{r+1}$ は 1 次従属である．ほかの任意の $r+1$ 個の列ベクトルについても同じである．

以上より，$R_1(A) \geqq R_2(A)$ となる．

次に，逆の不等式が成立することを示そう．

(ii) $R_1(A) \leqq R_2(A)$ の証明　A の転置行列 ${}^tA$ を考えると，(i) より

$$R_2({}^tA) \leqq R_1({}^tA)$$

となる．しかし，${}^tA$ は，A と比べると行と列が入れ替わっているから，$R_2({}^tA) = R_1(A)$, $R_1({}^tA) = R_2(A)$ が得られる．したがって，$R_1(A) \leqq R_2(A)$ となり，逆の不等号も成り立つ．

(i)，(ii) より，$R_1(A) = R_2(A)$ となる．　□

この定理より，次の系はただちに得られる．

系 8.5　$\operatorname{rank} {}^tA = \operatorname{rank} A$

また，次の系も得られる．

系 8.6　行基本変形を用いて行列 A を階段行列に直したとき，階段行列の形（$\mathbf{0}$ 以外の行の個数，カドのある列の場所）は変形の仕方によらず一定である．

証明　A の列を $\boldsymbol{b}_1, \boldsymbol{b}_2, \ldots, \boldsymbol{b}_n$ とし，$r_i = \operatorname{rank}(\boldsymbol{b}_1, \boldsymbol{b}_2, \ldots, \boldsymbol{b}_i)$ とすると，r_i は行基本変形で不変で，

$$r_1 \leqq r_2 \leqq \cdots \leqq r_n$$

である．$r_{i-1} < r_i$ $(r_i = r_{i-1} + 1)$ となる列（第 i 列）にカドができる．　□

系 8.7　(1)　$\boldsymbol{a}_1, \boldsymbol{a}_2, \ldots, \boldsymbol{a}_n \in \boldsymbol{V}_n$ とすると，次が成り立つ．

$$\{\boldsymbol{a}_1, \boldsymbol{a}_2, \ldots, \boldsymbol{a}_n\} \text{ が 1 次独立} \iff \det \begin{pmatrix} \boldsymbol{a}_1 \\ \boldsymbol{a}_2 \\ \vdots \\ \boldsymbol{a}_n \end{pmatrix} \neq 0$$

(2)　$\boldsymbol{b}_1, \boldsymbol{b}_2, \ldots, \boldsymbol{b}_n \in \boldsymbol{V}^n$ とすると，次が成り立つ．

$$\{\boldsymbol{b}_1, \boldsymbol{b}_2, \ldots, \boldsymbol{b}_n\} \text{ が 1 次独立} \iff \det(\boldsymbol{b}_1, \boldsymbol{b}_2, \ldots, \boldsymbol{b}_n) \neq 0$$

証明　(2) を示そう．(1) も同様である．

定理 8.2 より，$\{\boldsymbol{b}_1, \boldsymbol{b}_2, \ldots, \boldsymbol{b}_n\}$ が 1 次独立であるための条件は，行列 $A = (\boldsymbol{b}_1, \boldsymbol{b}_2, \ldots, \boldsymbol{b}_n)$ の階数が n になることであり，これは $\det A \neq 0$ と同値である（定理 5.2, 6.4 参照）．□

定理 8.2 は次のように言い換えることができる．

定理 8.3　行列 A を $m \times n$ 行列とし，

$$A = \begin{pmatrix} \boldsymbol{a}_1 \\ \boldsymbol{a}_2 \\ \vdots \\ \boldsymbol{a}_m \end{pmatrix} = (\boldsymbol{b}_1, \boldsymbol{b}_2, \ldots, \boldsymbol{b}_n)$$

を A の行への分割と列への分割とする．このとき，次が成り立つ．

$$\operatorname{rank} A = \dim\langle \boldsymbol{a}_1, \boldsymbol{a}_2, \ldots, \boldsymbol{a}_m \rangle = \dim\langle \boldsymbol{b}_1, \boldsymbol{b}_2, \ldots, \boldsymbol{b}_n \rangle$$

証明　補題 8.3 (1) より，1 次独立な行ベクトルの最大個数を r とすると

$$\dim\langle \boldsymbol{a}_1, \boldsymbol{a}_2, \ldots, \boldsymbol{a}_m \rangle = r$$

となる．列ベクトルについても同様である．□

定理 8.2 や定理 8.3 により，いくつかの数ベクトルが 1 次独立かどうかや，その中に含まれる 1 次独立なベクトルの最大個数，それらが生成するベクトル空間の次元などが，行列の階数を求めることにより判別できることがわかった．

例題 8.2　(1)　$\boldsymbol{R}^3$ において，$\boldsymbol{a}_1 = (1, 0, 2)$, $\boldsymbol{a}_2 = (3, 1, 5)$, $\boldsymbol{a}_3 = (2, 3, -2)$ とする．$\boldsymbol{a}_1, \boldsymbol{a}_2, \boldsymbol{a}_3$ は 1 次独立か．

(2)　$\boldsymbol{R}^4$ において，$\boldsymbol{a}_1 = (1, 2, 0, -1)$, $\boldsymbol{a}_2 = (1, 3, 2, -3)$, $\boldsymbol{a}_3 = (1, 4, 4, -5)$, $\boldsymbol{a}_4 = (2, 1, -6, -3)$ とする．このとき，$W = \langle \boldsymbol{a}_1, \boldsymbol{a}_2, \boldsymbol{a}_3, \boldsymbol{a}_4 \rangle$ の次元と 1 組の基底を求めよ．

解　(1)　$\boldsymbol{a}_1, \boldsymbol{a}_2, \boldsymbol{a}_3$ を行ベクトルとする行列 A の階数を求める．行基本変形を用いて A を階段行列に変形すると，

$$A = \begin{pmatrix} 1 & 0 & 2 \\ 3 & 1 & 5 \\ 2 & 3 & -2 \end{pmatrix} \to \begin{pmatrix} 1 & 0 & 2 \\ 0 & 1 & -1 \\ 0 & 3 & -6 \end{pmatrix} \to \begin{pmatrix} 1 & 0 & 2 \\ 0 & 1 & -1 \\ 0 & 0 & -3 \end{pmatrix}$$

となる．したがって，$\operatorname{rank} A = 3$．よって，定理 8.2 より，$\boldsymbol{a}_1, \boldsymbol{a}_2, \boldsymbol{a}_3$ に含まれる 1 次独立なベクトルの最大個数は 3．すなわち，$\boldsymbol{a}_1, \boldsymbol{a}_2, \boldsymbol{a}_3$ は 1 次独立である．

(2)　$\boldsymbol{a}_1, \boldsymbol{a}_2, \boldsymbol{a}_3, \boldsymbol{a}_4$ を行ベクトルとする行列 B の階数を求める．行基本変形を用いて B を階段行列に変形すると，

$$B = \begin{pmatrix} 1 & 2 & 0 & -1 \\ 1 & 3 & 2 & -3 \\ 1 & 4 & 4 & -5 \\ 2 & 1 & -6 & -3 \end{pmatrix} \to \begin{pmatrix} 1 & 2 & 0 & -1 \\ 0 & 1 & 2 & -2 \\ 0 & 2 & 4 & -4 \\ 0 & -3 & -6 & -1 \end{pmatrix} \to \begin{pmatrix} 1 & 2 & 0 & -1 \\ 0 & 1 & 2 & -2 \\ 0 & 0 & 0 & 0 \\ 0 & 0 & 0 & -7 \end{pmatrix}$$

$$\to \begin{pmatrix} 1 & 2 & 0 & -1 \\ 0 & 1 & 2 & -2 \\ 0 & 0 & 0 & -7 \\ 0 & 0 & 0 & 0 \end{pmatrix}$$

となる．この行列の階数は 3 だから，定理 8.3 より $\dim W = 3$．最後に得られた階段行列の最初の 3 行を逆にたどることにより，$\boldsymbol{a}_1, \boldsymbol{a}_2, \boldsymbol{a}_4$ が 1 次独立であることがわかる．したがって，たとえば $\{\boldsymbol{a}_1, \boldsymbol{a}_2, \boldsymbol{a}_4\}$ を W の基底としてとることができる（$\{\boldsymbol{a}_1, \boldsymbol{a}_2, \boldsymbol{a}_3\}$ は基底とはならない）． ■

注　例題 8.2 では，行基本変形で行を入れ替えているので，(2) では行列 B の第 1 行，第 2 行，第 4 行が階段行列の最初の 3 行にうつされる．このように，一般に行基本変形を使う場合は行が移動するので，対応するもとのベクトルがわかりにくい場合もある．このようなときは，列ベクトルに直して行列を作ればよい（つまり，${}^tB$ をかわりにとる）．上の場合に実際にやってみよう．

$${}^tB = \begin{pmatrix} 1 & 1 & 1 & 2 \\ 2 & 3 & 4 & 1 \\ 0 & 2 & 4 & -6 \\ -1 & -3 & -5 & -3 \end{pmatrix} \to \begin{pmatrix} 1 & 1 & 1 & 2 \\ 0 & 1 & 2 & -3 \\ 0 & 2 & 4 & -6 \\ 0 & -2 & -4 & -1 \end{pmatrix} \to \begin{pmatrix} 1 & 1 & 1 & 2 \\ 0 & 1 & 2 & -3 \\ 0 & 0 & 0 & 0 \\ 0 & 0 & 0 & -7 \end{pmatrix}$$

$$\to \begin{pmatrix} 1 & 1 & 1 & 2 \\ 0 & 1 & 2 & -3 \\ 0 & 0 & 0 & -7 \\ 0 & 0 & 0 & 0 \end{pmatrix}$$

この変形をみれば，第 3 列（$\boldsymbol{a}_3$）を除いても階数が 3 になることがわかる．したがって，$\boldsymbol{a}_1$，$\boldsymbol{a}_2$，$\boldsymbol{a}_4$ は 1 次独立である．

問 8.5　$\boldsymbol{R}^4$ において，$\boldsymbol{a}_1 = (1, 2, 3, -2)$，$\boldsymbol{a}_2 = (2, 4, 6, -4)$，$\boldsymbol{a}_3 = (1, 3, 3, -2)$，$\boldsymbol{a}_4 = (-1, 0, -3, 2)$，$\boldsymbol{a}_5 = (-3, 1, -5, 6)$ とする．このとき，$W = \langle \boldsymbol{a}_1, \boldsymbol{a}_2, \boldsymbol{a}_3, \boldsymbol{a}_4, \boldsymbol{a}_5 \rangle$ の次元と，1 組の基底を求めよ．

問 8.6　3 次以下の多項式全体 P_3 において，次の多項式が生成する部分空間 W の次元

と，1 組の基底を求めよ．

$$f_1(x) = x^3 - 2x^2 + x - 6, \quad f_2(x) = 2x^3 - 3x^2 + 3x + 1$$
$$f_3(x) = 3x^3 - 4x^2 + 5x + 8, \quad f_4(x) = x^3 - 3x^2 + 2$$

8.6 内積空間

■内　積　n 次列ベクトル空間 $\boldsymbol{V}^n$ において，$\boldsymbol{a} = \begin{pmatrix} a_1 \\ a_2 \\ \vdots \\ a_n \end{pmatrix}, \boldsymbol{b} = \begin{pmatrix} b_1 \\ b_2 \\ \vdots \\ b_n \end{pmatrix} \in \boldsymbol{V}^n$ に対し，**標準的内積** $(\boldsymbol{a}, \boldsymbol{b})$ を次のように定義する．

$$(\boldsymbol{a},\ \boldsymbol{b}) = {}^t\boldsymbol{a}\boldsymbol{b} = a_1b_1 + a_2b_2 + \cdots + a_nb_n \tag{8.19}$$

注　平面ベクトル，空間ベクトルの内積は $\boldsymbol{a}\cdot\boldsymbol{b} = |\boldsymbol{a}||\boldsymbol{b}|\cos\theta$ により定義した．しかし，ベクトルを列ベクトルで表し，内積を成分で表すと，これらの内積は上の式 (8.19)（$n = 2, 3$ の場合）で与えられた．一般の列ベクトル空間では，この式 (8.19) により標準的な内積を定義する．

この標準的内積は次の性質をもつ．

(i)　$(\boldsymbol{b},\ \boldsymbol{a}) = (\boldsymbol{a},\ \boldsymbol{b})$
(ii)　$(\boldsymbol{a}_1 + \boldsymbol{a}_2,\ \boldsymbol{b}) = (\boldsymbol{a}_1,\ \boldsymbol{b}) + (\boldsymbol{a}_2,\ \boldsymbol{b})$
(iii)　$(k\boldsymbol{a},\ \boldsymbol{b}) = k(\boldsymbol{a},\ \boldsymbol{b}) \quad (k \in \boldsymbol{R})$
(iv)　$(\boldsymbol{a},\ \boldsymbol{a}) \geqq 0$　ここで，$(\boldsymbol{a},\ \boldsymbol{a}) = 0$ となるのは $\boldsymbol{a} = \boldsymbol{0}$ のときに限る．

そこで，ベクトル空間 V において，V の任意の 2 つのベクトル $\boldsymbol{a},\ \boldsymbol{b}$ に対し実数 $(\boldsymbol{a},\ \boldsymbol{b})$ が定まり，上の 4 つの性質をもつとき，これを**内積**とよぶ．

例 8.22　W を $\boldsymbol{V}^n$ の部分空間とするとき，$\boldsymbol{V}^n$ の標準的内積を W に制限したものは W の内積となる．

例 8.23　2 次以下の多項式全体のなすベクトル空間 P_2 において，$f(x), g(x) \in P_2$ に対し

$$(f(x),\ g(x)) = \int_0^1 f(x)g(x)dx$$

とすると，これは P_2 の内積である．

注　例 8.23 の内積は，数ベクトルの標準的内積からは随分かけ離れているようだが，x の関数は x で添数づけられた数の集まりであり，「x 番目」の成分 $f(x)$, $g(x)$ どうしをかけて和（積分）をとっている，と考えればよく似ている．

■**内積空間**　内積が 1 つ与えられたベクトル空間を**内積空間**または**計量ベクトル空間**とよぶ．

内積空間では，ベクトルの大きさや，2 つのベクトルのなす角を測ることができる．

■**ベクトルの大きさ（ノルム）**　V を内積空間とするとき，ベクトル $\boldsymbol{a}$ の大きさ（ノルム）$|\boldsymbol{a}|$ を

$$|\boldsymbol{a}| = \sqrt{(\boldsymbol{a},\ \boldsymbol{a})}$$

で定める．

例 8.24　$\boldsymbol{V}^n$ において標準的内積を考えると，$\boldsymbol{a} = \begin{pmatrix} a_1 \\ a_2 \\ \vdots \\ a_n \end{pmatrix}$ の大きさは

$$|\boldsymbol{a}| = \sqrt{a_1^2 + a_2^2 + \cdots + a_n^2}$$

で与えられる．

例 8.25　例 8.23 において，$f(x) \in P_2$ の大きさ $\|f(x)\|$ は

$$\|f(x)\| = \left[\int_0^1 \{f(x)\}^2 dx\right]^{\frac{1}{2}}$$

となる（ここでは，$f(x)$ の絶対値と紛らわしいので，$f(x)$ の大きさを $\|f(x)\|$ で表した）．

補題 8.5　V を内積空間とすると，任意のベクトル $\boldsymbol{a}, \boldsymbol{b} \in V$ に対し，次の不等式が成立する．

$$|(\boldsymbol{a},\ \boldsymbol{b})| \leqq |\boldsymbol{a}||\boldsymbol{b}|$$

この不等式は**シュヴァルツ（Schwarz）の不等式**とよばれる．

証明　$\boldsymbol{a} = \boldsymbol{0}$ の場合は両辺が 0 となり，確かに成り立つ．したがって，$\boldsymbol{a} \neq \boldsymbol{0}$ とする．

内積の基本性質（命題 1.6(4)）より，任意の実数 t について

$$(t\boldsymbol{a} + \boldsymbol{b},\ t\boldsymbol{a} + \boldsymbol{b}) \geqq 0$$

となる．左辺を展開すると，

$$t^2|\boldsymbol{a}|^2 + 2(\boldsymbol{a},\ \boldsymbol{b})t + |\boldsymbol{b}|^2 \geqq 0$$

これが任意の実数 t について成立するから，判別式を考えて

$$\frac{D}{4} = (\boldsymbol{a},\ \boldsymbol{b})^2 - |\boldsymbol{a}|^2|\boldsymbol{b}|^2 \leqq 0$$

が得られる．したがって，$|(\boldsymbol{a},\ \boldsymbol{b})| \leqq |\boldsymbol{a}||\boldsymbol{b}|$ が成り立つ． □

例 8.26 $\boldsymbol{V}^n$ において**標準的内積**についてシュヴァルツの不等式を適用すると，

$$(a_1b_1 + a_2b_2 + \cdots + a_nb_n)^2 \leqq (a_1^2 + a_2^2 + \cdots + a_n^2)(b_1^2 + b_2^2 + \cdots + b_n^2)$$

が得られる．

例 8.27 例 8.23 においてシュヴァルツの不等式を適用すると，

$$\left\{\int_0^1 f(x)g(x)dx\right\}^2 \leqq \left[\int_0^1 \{f(x)\}^2dx\right]\left[\int_0^1 \{g(x)\}^2dx\right]$$

が得られる．

■ベクトルのなす角　内積空間 V において，$\boldsymbol{a}, \boldsymbol{b}$ が $\boldsymbol{0}$ でなければ，補題 8.5 より

$$-1 \leqq \frac{(\boldsymbol{a},\ \boldsymbol{b})}{|\boldsymbol{a}||\boldsymbol{b}|} \leqq 1$$

が成り立つ．したがって，

$$\cos\theta = \frac{(\boldsymbol{a},\ \boldsymbol{b})}{|\boldsymbol{a}||\boldsymbol{b}|} \quad (0 \leqq \theta \leqq \pi) \tag{8.20}$$

を満たす θ がただ 1 つ存在する．この θ を $\boldsymbol{a}, \boldsymbol{b}$ の**なす角**とよぶ．

$(\boldsymbol{a}, \boldsymbol{b}) = 0$ なら，$\cos\theta = 0$ より $\theta = \pi/2$ となる．このとき，$\boldsymbol{a}, \boldsymbol{b}$ は**直交する**という．$\boldsymbol{a} = \boldsymbol{0}$ または $\boldsymbol{b} = \boldsymbol{0}$ のときも含めて，一般に，$(\boldsymbol{a}, \boldsymbol{b}) = 0$ のときに $\boldsymbol{a}, \boldsymbol{b}$ は**直交する**という．$\boldsymbol{a}, \boldsymbol{b}$ が直交するとき，$\boldsymbol{a} \perp \boldsymbol{b}$ で表す．

■正規直交基底　内積空間 V において，互いに直交し，大きさが 1 のベクトルよりなる基底 $\{\boldsymbol{a}_1, \boldsymbol{a}_2, \ldots, \boldsymbol{a}_n\}$ を**正規直交基底**とよぶ．図 8.9 は $\dim V = 3$ の内積空間 V における正規直交基底を図示したものである．

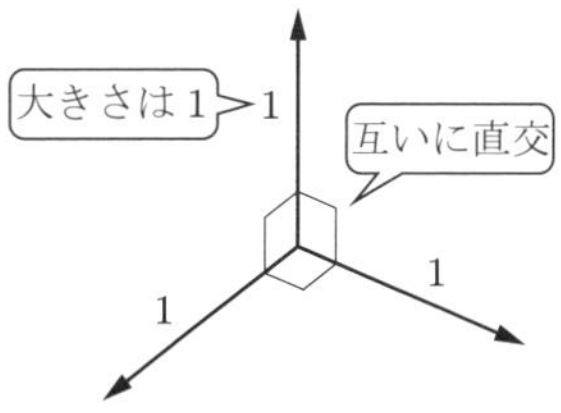

図 8.9　正規直交基底 ($\dim V = 3$)

注　$\dim V = n$ のとき，$\{\boldsymbol{a}_1, \boldsymbol{a}_2, \ldots, \boldsymbol{a}_n\}$ が正規直交基底となるための条件は

$$(\boldsymbol{a}_i,\ \boldsymbol{a}_j) = \delta_{ij} = \begin{cases} 1 & (i = j) \\ 0 & (i \neq j) \end{cases}$$

となることである．

例 8.28　数ベクトル空間 $\boldsymbol{R}^n$，列ベクトル空間 $\boldsymbol{V}^n$ において，標準的内積を考えると，標準基底 $\{\boldsymbol{e}_1, \boldsymbol{e}_2, \ldots, \boldsymbol{e}_n\}$ は正規直交基底である．

内積空間には，常に正規直交基底が存在することが示される．

命題 8.6　n 次元内積空間 V は，正規直交基底をもつ．

証明　$\{\boldsymbol{a}_1, \boldsymbol{a}_2, \ldots, \boldsymbol{a}_n\}$ を V の基底とすると，これから次のようにして正規直交基底 $\{\boldsymbol{f}_1, \boldsymbol{f}_2, \ldots, \boldsymbol{f}_n\}$ を作ることができる（図 8.10 参照）．

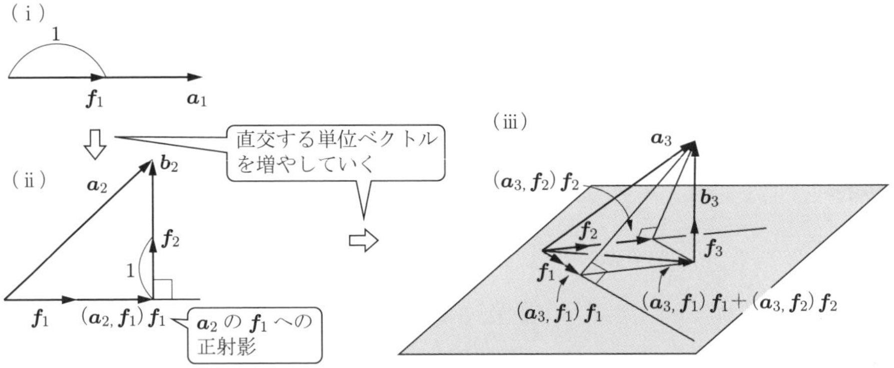

図 8.10　グラム・シュミットの正規直交化法

(i)　まず，$\boldsymbol{f}_1 = \dfrac{1}{|\boldsymbol{a}_1|}\boldsymbol{a}_1$ とする．このとき，$|\boldsymbol{f}_1| = 1$ である．

(ii)　次に，$\boldsymbol{b}_2 = \boldsymbol{a}_2 - (\boldsymbol{a}_2, \boldsymbol{f}_1)\boldsymbol{f}_1$ とおく．

ここで，$(\boldsymbol{a}_2, \boldsymbol{f}_1)\boldsymbol{f}_1$ は $\boldsymbol{a}_2$ の $\boldsymbol{f}_1$ 方向への正射影である．これを $\boldsymbol{a}_2$ から引くことによって，$\boldsymbol{f}_1$ に直交するベクトル $\boldsymbol{b}_2$ が得られる．実際，$(\boldsymbol{b}_2, \boldsymbol{f}_1) = (\boldsymbol{a}_2, \boldsymbol{f}_1) - (\boldsymbol{a}_2, \boldsymbol{f}_1)(\boldsymbol{f}_1, \boldsymbol{f}_1) = (\boldsymbol{a}_2, \boldsymbol{f}_1) - (\boldsymbol{a}_2, \boldsymbol{f}_1) = 0$．また，$\boldsymbol{b}_2 = \boldsymbol{0}$ とすると，$\boldsymbol{a}_2 = (\boldsymbol{a}_2, \boldsymbol{f}_1)\boldsymbol{f}_1 = \{(\boldsymbol{a}_2, \boldsymbol{f}_1)/|\boldsymbol{a}_1|\}\boldsymbol{a}_1$ となり，$\boldsymbol{a}_1$ と $\boldsymbol{a}_2$ が 1 次独立であることに反する．したがって，$\boldsymbol{b}_2 \neq \boldsymbol{0}$．そこで，$\boldsymbol{b}_2$ の大きさを 1 にしたものを $\boldsymbol{f}_2$ とする．

$$\boldsymbol{f}_2 = \frac{1}{|\boldsymbol{b}_2|}\boldsymbol{b}_2$$

(iii)　次に，$\boldsymbol{b}_3 = \boldsymbol{a}_3 - \{(\boldsymbol{a}_3, \boldsymbol{f}_1)\boldsymbol{f}_1 + (\boldsymbol{a}_3, \boldsymbol{f}_2)\boldsymbol{f}_2\}$ とおく．

ここで，$(\boldsymbol{a}_3, \boldsymbol{f}_1)\boldsymbol{f}_1 + (\boldsymbol{a}_3, \boldsymbol{f}_2)\boldsymbol{f}_2$ は $\boldsymbol{a}_3$ の $\langle \boldsymbol{f}_1, \boldsymbol{f}_2 \rangle$ 方向への正射影である．これを $\boldsymbol{a}_3$ から引くことにより，$\boldsymbol{f}_1, \boldsymbol{f}_2$ に直交するベクトル $\boldsymbol{b}_3$ が得られる．実際，$(\boldsymbol{b}_3, \boldsymbol{f}_1) = 0$, $(\boldsymbol{b}_3, \boldsymbol{f}_2) = 0$ となることが確かめられる．また，$\boldsymbol{b}_3 = \boldsymbol{0}$ とすると，$\boldsymbol{a}_1$, $\boldsymbol{a}_2$, $\boldsymbol{a}_3$ が 1 次独立であることに反する．そこで，$\boldsymbol{b}_3$ の大きさを 1 にしたものを

$\boldsymbol{f}_3$ とする．

$$\boldsymbol{f}_3 = \frac{1}{|\boldsymbol{b}_3|}\boldsymbol{b}_3$$

以下，この操作を続けることにより，正規直交基底 $\{\boldsymbol{f}_1, \boldsymbol{f}_2, \ldots, \boldsymbol{f}_n\}$ が得られる．

□

この証明で用いられた，与えられた1次独立なベクトルの組から大きさが1で互いに直交するベクトルの組を作る方法を，**グラム・シュミットの正規直交化法** とよぶ（直交するベクトルの組を作ることが本質なので，単に**グラム・シュミットの直交化法**ともよぶ）．

内積空間 V においては，この正規直交基底は特別な意味をもつ．それは，正規直交基底 F を1組固定することにより V を列ベクトル空間 $\boldsymbol{V}^n$ と同一視したとき，V の内積は $\boldsymbol{V}^n$ の標準的内積と一致するということである．すなわち，内積も含め，V は $\boldsymbol{V}^n$ と同一視することができる．

命題 8.7 V を n 次元内積空間とし，$F = \{\boldsymbol{f}_1, \boldsymbol{f}_2, \ldots, \boldsymbol{f}_n\}$ を V の正規直交基底とする．ベクトル $\boldsymbol{a}$, $\boldsymbol{b} \in V$ の F に関する成分をそれぞれ

$$\varphi_F(\boldsymbol{a}) = {}^t(a_1, a_2, \ldots, a_n), \quad \varphi_F(\boldsymbol{b}) = {}^t(b_1, b_2, \ldots, b_n)$$

とすると，次が成り立つ．

(1) $(\boldsymbol{a}, \boldsymbol{b}) = a_1b_1 + a_2b_2 + \cdots + a_nb_n$

(2) $|\boldsymbol{a}|^2 = a_1^2 + a_2^2 + \cdots + a_n^2$

証明

(1)
$$\begin{aligned}(\boldsymbol{a}, \boldsymbol{b}) &= (a_1\boldsymbol{f}_1 + a_2\boldsymbol{f}_2 + \cdots + a_n\boldsymbol{f}_n, b_1\boldsymbol{f}_1 + b_2\boldsymbol{f}_2 + \cdots + b_n\boldsymbol{f}_n) \\ &= \sum_{i,j=1}^{n} a_ib_j(\boldsymbol{f}_i, \boldsymbol{f}_j) = \sum_{i,j=1}^{n} a_ib_j\delta_{ij} = \sum_{i=1}^{n} a_ib_i\end{aligned}$$

(2) (1) において $\boldsymbol{b} = \boldsymbol{a}$ とすればよい． □

例 8.29 $\boldsymbol{V}^3$ の部分空間 W を $x + y + z = 0$ を満たすベクトル $\boldsymbol{x} = \begin{pmatrix} x \\ y \\ z \end{pmatrix} \in \boldsymbol{V}^3$ 全体とする．W の基底としては

$$F = \left\{\boldsymbol{a}_1 = \begin{pmatrix} 1 \\ -1 \\ 0 \end{pmatrix}, \ \boldsymbol{a}_2 = \begin{pmatrix} 1 \\ 0 \\ -1 \end{pmatrix}\right\}$$

をとることができる．これからグラム・シュミットの正規直交化法を用いて正規直交基底

を求めよう（ただし，内積は標準的内積を考える）.

$$|\boldsymbol{a}_1| = \sqrt{1^2 + (-1)^2 + 0^2} = \sqrt{2} \quad \Rightarrow \quad \boldsymbol{f}_1 = \frac{1}{\sqrt{2}}\begin{pmatrix} 1 \\ -1 \\ 0 \end{pmatrix}$$

$$\boldsymbol{b}_2 = \boldsymbol{a}_2 - (\boldsymbol{a}_2,\, \boldsymbol{f}_1)\boldsymbol{f}_1 = \begin{pmatrix} 1 \\ 0 \\ -1 \end{pmatrix} - \frac{1}{\sqrt{2}} \cdot \frac{1}{\sqrt{2}}\begin{pmatrix} 1 \\ -1 \\ 0 \end{pmatrix} = \begin{pmatrix} 1 \\ 0 \\ -1 \end{pmatrix} - \frac{1}{2}\begin{pmatrix} 1 \\ -1 \\ 0 \end{pmatrix} = \frac{1}{2}\begin{pmatrix} 1 \\ 1 \\ -2 \end{pmatrix}$$

$$|\boldsymbol{b}_2| = \frac{1}{2}\sqrt{1^2 + 1^2 + (-2)^2} = \frac{\sqrt{6}}{2} \quad \Rightarrow \quad \boldsymbol{f}_2 = \frac{1}{\sqrt{6}}\begin{pmatrix} 1 \\ 1 \\ -2 \end{pmatrix}$$

$\boldsymbol{V}^3$ を xyz 座標空間と同一視して図示したものが図 8.11 である．このとき，部分空間 W は平面

$$x + y + z = 0$$

となり，$\boldsymbol{f}_1$ と $\boldsymbol{f}_2$ を目盛りの単位に用いて W に座標系を作ると，空間の座標と距離が適合した座標系が得られる．すなわち，W 上の 2 点 P, Q の座標が $\mathrm{P}(u_1,\, v_1)$, $\mathrm{Q}(u_2,\, v_2)$ で与えられていると，この 2 点間の距離は

$$\sqrt{(u_1 - u_2)^2 + (v_1 - v_2)^2}$$

で与えられる．

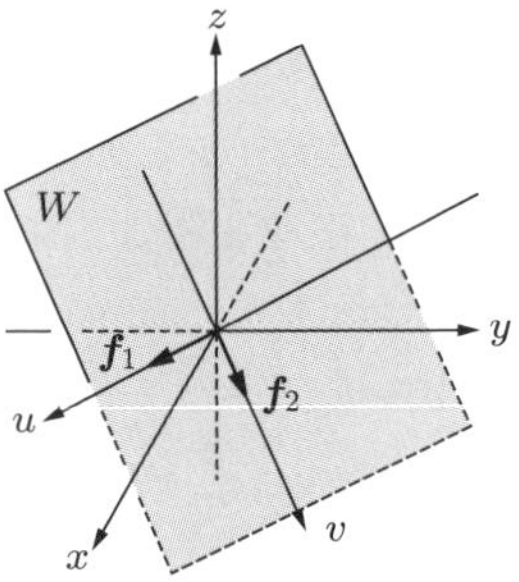

図 8.11　正規直交基底による座標系

問 8.7　$\boldsymbol{V}^3$ の基底

$$\left\{ \boldsymbol{a}_1 = \begin{pmatrix} 1 \\ 1 \\ 0 \end{pmatrix},\, \boldsymbol{a}_2 = \begin{pmatrix} 0 \\ 1 \\ 1 \end{pmatrix},\, \boldsymbol{a}_3 = \begin{pmatrix} 1 \\ 0 \\ 1 \end{pmatrix} \right\}$$

に対し，グラム・シュミットの正規直交化法を用いて正規直交基底を求めよ．

【発展】ユークリッド空間と内積空間　平面や空間においては，2 点間の距離や 2 つの有向線分のなす角が考えられるが，これらはそれぞれ平面ベクトル，空間ベクトルを用いて求めることができた．すなわち，2 点 A, B の距離はベクトル $\overrightarrow{\mathrm{AB}}$ の大きさ $|\overrightarrow{\mathrm{AB}}|$ で与えられ，有向線分 PA, PB のなす角はベクトル $\overrightarrow{\mathrm{PA}}$, $\overrightarrow{\mathrm{PB}}$ のなす角に等しい．そしてこれらは内積を用いて計算することができた．これと同様にして，一般のユークリッド空間 $\boldsymbol{E}$ は，ある内積空間 V の計量を用いて距離や角を測ることができる空間として，以下のように定義される．

まず，標準的なユークリッド空間 $\boldsymbol{E}_o^n$ を定義する．$\boldsymbol{E}_o^n$ は点集合としては n 個の実数の組全体である．

$$\boldsymbol{E}_o^n = \{(a_1,\, a_2, \ldots, a_n) \mid a_1,\, a_2, \ldots, a_n \in \boldsymbol{R}\}$$

ここでは和とか実数倍の演算は考えないが，2 点間の距離が与えられている．2 点 $\mathrm{A} = (a_1, a_2, \ldots, a_n)$, $\mathrm{B} = (b_1, b_2, \ldots, b_n)$ の距離 $\overline{\mathrm{AB}}$ は

$$\overline{\mathrm{AB}} = \sqrt{(a_1 - b_1)^2 + (a_2 - b_2)^2 + \cdots + (a_n - b_n)^2}$$

である．点 $\mathrm{A} = (a_1, a_2, \ldots, a_n) \in \boldsymbol{E}_o^n$ に対し，列ベクトル $\boldsymbol{v}_A = {}^t(a_1, a_2, \ldots, a_n)$ を対応させることにより，集合としては $\boldsymbol{E}_o^n$ と $\boldsymbol{V}^n$ とは同一視することができる．

$\boldsymbol{E}_o^n$ の 2 点 A, B に対し，列ベクトル $\overrightarrow{\mathrm{AB}} \in \boldsymbol{V}^n$ を $\overrightarrow{\mathrm{AB}} = \boldsymbol{v}_\mathrm{B} - \boldsymbol{v}_\mathrm{A}$ により定義すると，$\overrightarrow{\mathrm{AB}} + \overrightarrow{\mathrm{BC}} = \overrightarrow{\mathrm{AC}}$ が成立する．また，点 A に対応するベクトル $\boldsymbol{v}_A$ は $\boldsymbol{v}_\mathrm{A} = \boldsymbol{v}_\mathrm{A} - \boldsymbol{0} = \boldsymbol{v}_\mathrm{A} - \boldsymbol{v}_\mathrm{O} = \overrightarrow{\mathrm{OA}}$ と表される（ここで，O は原点 $(0, 0, \ldots, 0)$ である）．このように，平面，空間の場合と同様にして n 次元ユークリッド空間 $\boldsymbol{E}_o^n$ にはベクトル空間 $\boldsymbol{V}^n$ がともなう．このとき

$$\overline{\mathrm{AB}} = |\overrightarrow{\mathrm{AB}}|$$

となり，2 点間の距離 $\overline{\mathrm{AB}}$ はベクトル $\overrightarrow{\mathrm{AB}}$ の大きさにより与えられる．また，次のようにして 2 直線（有向線分）のなす角を測ることができる．

有向線分 AB は，ベクトル $\overrightarrow{\mathrm{OA}} + t\overrightarrow{\mathrm{AB}}$ $(0 \leqq t \leqq 1)$ で表される．このとき，2 つの有向線分 AB, CD のなす角は，$\overrightarrow{\mathrm{AB}}$ と $\overrightarrow{\mathrm{CD}}$ のなす角 θ $(0 \leqq \theta \leqq \pi)$ とする．また，直線 AB はベクトル $\overrightarrow{\mathrm{OA}} + t\overrightarrow{\mathrm{AB}}$ $(t \in \boldsymbol{R})$ で表される．このとき，2 つの直線 AB, CD のなす角は，$\overrightarrow{\mathrm{AB}}$ と $\overrightarrow{\mathrm{CD}}$ のなす角 θ と $\overrightarrow{\mathrm{AB}}$ と $-\overrightarrow{\mathrm{CD}}$ のなす角 θ' の小さいほうとする．

一般に，距離も含めて $\boldsymbol{E}_o^n$ と同一視できる集合を n 次元ユークリッド空間とよび，$\boldsymbol{E}^n$ で表す．すなわち，集合 $\boldsymbol{E}^n$ には 2 点 A, B 間の距離 $\overline{\mathrm{AB}}$ が定義されていて，1 対 1 かつ上への写像 $\varphi : \boldsymbol{E}^n \to \boldsymbol{E}_o^n$ が存在し，

$$\overline{\mathrm{AB}} = \overline{\varphi(\mathrm{A})\varphi(\mathrm{B})}$$

が任意の 2 点 $\mathrm{A}, \mathrm{B} \in \boldsymbol{E}^n$ に対して成り立つ場合に，n 次元ユークリッド空間とよぶ．このとき，φ により，有向線分，直線，またこれらのなす角といった概念は $\boldsymbol{E}^n$ にうつすことができ，同一視 φ のとり方によらない．たとえば，2 点 $\mathrm{A}, \mathrm{B} \in \boldsymbol{E}^n$ を通る直線とは，$\varphi(\mathrm{A})$, $\varphi(\mathrm{B})$ を通る $\boldsymbol{E}_o^n$ の直線に φ により対応する部分集合のことである．また，直線 AB，CD のなす角は $\boldsymbol{E}_o^n$ の 2 直線 $\varphi(\mathrm{A})\varphi(\mathrm{B})$, $\varphi(\mathrm{C})\varphi(\mathrm{D})$ のなす角のことである．

ユークリッド空間 $\boldsymbol{E}^n$ に 1 つの同一視 $\varphi : \boldsymbol{E}^n \to \boldsymbol{E}_o^n$ を考えるということは，$\boldsymbol{E}^n$ に 1 つの直交座標系を定めることと同じことである．1 つの同一視 φ が固定されたユークリッド空間 $\boldsymbol{E}^n$ を**座標空間**とよぶ．たとえば，$\boldsymbol{E}^3$ に与えられた座標の名前が x 座標，y 座標，z 座標の場合は，「xyz（座標）空間」とよんだりする．

参考　一般のベクトル空間　本書では，おもに数としては実数を考え，また有限次元のベクトル空間を扱っているが，一般にはほかの数の体系（体）を考えることもあり，さらに有限次元とは限らないベクトル空間も考える．このような一般のベクトル空間は次のように定義される（これはペアノによる公理である）．

F を $\boldsymbol{R}$ や $\boldsymbol{C}, \boldsymbol{Q}$（有理数全体）などとするとき，空でない集合 V に 2 つの演算

$$\text{和}: \boldsymbol{a},\ \boldsymbol{b} \in V \quad \Rightarrow \quad \boldsymbol{a}+\boldsymbol{b} \in V$$
$$\text{スカラー倍}: k \in F,\ \boldsymbol{a} \in V \quad \Rightarrow \quad k\boldsymbol{a} \in V$$

が定義されており，次の性質 (i)〜(vii)を満たすとき，V を F 上のベクトル空間とよぶ（命題 1.1 参照）．そして，その要素をベクトルとよぶ．

$\boldsymbol{a},\ \boldsymbol{b} \in V$ とするとき，以下が成り立つ．

(i)　$\boldsymbol{a}+\boldsymbol{b} = \boldsymbol{b}+\boldsymbol{a}$

(ii)　$(\boldsymbol{a}+\boldsymbol{b})+\boldsymbol{c} = \boldsymbol{a}+(\boldsymbol{b}+\boldsymbol{c})$

(iii)　要素 $\boldsymbol{0} \in V$ が存在して，任意の $\boldsymbol{a} \in V$ に対し $\boldsymbol{a}+\boldsymbol{0} = \boldsymbol{a}$ となる．
（この $\boldsymbol{0}$ を零ベクトルとよぶ）

(iv)　任意の $\boldsymbol{a} \in V$ に対し，$\boldsymbol{a}'+\boldsymbol{a} = \boldsymbol{0}$ となる要素 $\boldsymbol{a}' \in V$ が存在する．
（この $\boldsymbol{a}'$ を $\boldsymbol{a}$ の逆ベクトルとよび，$-\boldsymbol{a}$ で表す）

さらに，任意の $k, l \in F$，$\boldsymbol{a}, \boldsymbol{b} \in V$ に対して，以下が成り立つ．

(v)　$1 \cdot \boldsymbol{a} = \boldsymbol{a}$，$(kl)\boldsymbol{a} = k(l\boldsymbol{a})$

(vi)　$(k+l)\boldsymbol{a} = k\boldsymbol{a}+l\boldsymbol{a}$

(vii)　$k(\boldsymbol{a}+\boldsymbol{b}) = k\boldsymbol{a}+k\boldsymbol{b}$

このとき，V が有限個の要素で生成される（有限生成）なら，ある F^n に同形（9.1.3 項参照）となることが示される．また，有限生成でない，たとえば，$\boldsymbol{R}$ で定義された実数値連続関数全体 C^o のような大きな空間もベクトル空間となる．

演習問題

8.1　V を 3 次の正方行列全体のなすベクトル空間とする．以下に示す V の部分集合が，V の部分空間となることを示せ．また，その次元と 1 組の基底を求めよ．

(1)　W_1：3 次の対称行列全体　　(2)　W_2：3 次の交代行列全体

(3)　W_3：$T = \begin{pmatrix} 0 & 1 & 0 \\ 0 & 0 & 1 \\ 1 & 0 & 0 \end{pmatrix}$ と交換可能（$AT = TA$）な 3 次の正方行列 A 全体

8.2　2 次以下の多項式全体のなすベクトル空間 P_2 において，その部分集合 U_e, U_o を次のように定める．

$$U_e = \{f(x) \in P_2 | f(-x) = f(x)\}, \quad U_o = \{f(x) \in P_2 | f(-x) = -f(x)\}$$

このとき，次の各問いに答えよ．

(1) U_e は P_2 の部分空間であることを示し，その次元を求めよ．

(2) U_o は P_2 の部分空間であることを示し，その次元を求めよ．

(3) P_2 の任意の要素 $\boldsymbol{x}$ は一意的に

$$\boldsymbol{x} = \boldsymbol{x}_1 + \boldsymbol{x}_2 \quad (\boldsymbol{x}_1 \in U_e,\ \boldsymbol{x}_2 \in U_o)$$

の形に書かれることを示せ（このとき，P_2 は U_e と U_o の**直和**であるといい，$P_2 = U_e \oplus U_o$ と書く）．

8.3 2 次以下の x の実係数多項式全体 P_2 は基底 $\{1,\ x,\ x^2\}$ をもつ．P_2 における内積を

$$(f(x),\ g(x)) = \int_{-1}^{1} f(x)g(x)dx$$

により定める．この基底と内積について，次の各問いに答えよ．

(1) 各ベクトル $1,\ x,\ x^2$ の大きさを求めよ．

(2) 1 と x, x と x^2 のなす角をそれぞれ求めよ．

(3) 1 と x^2 のなす角を θ とするとき，$\cos\theta$ を求めよ．

(4) $\{1,\ x,\ x^2\}$ に対しグラム・シュミットの正規直交化法を用いることにより，P_2 の正規直交基底を 1 組求めよ．

8.4 座標空間 $\boldsymbol{E}^4$ において，3 つのベクトル $\boldsymbol{a} = \begin{pmatrix} a_1 \\ a_2 \\ a_3 \\ a_4 \end{pmatrix}, \boldsymbol{b} = \begin{pmatrix} b_1 \\ b_2 \\ b_3 \\ b_4 \end{pmatrix}, \boldsymbol{c} = \begin{pmatrix} c_1 \\ c_2 \\ c_3 \\ c_4 \end{pmatrix}$ に対し，ベクトル $\boldsymbol{a} \times \boldsymbol{b} \times \boldsymbol{c}$ を

$$\boldsymbol{a} \times \boldsymbol{b} \times \boldsymbol{c} = {}^t\!\left(-\begin{vmatrix} a_2 & b_2 & c_2 \\ a_3 & b_3 & c_3 \\ a_4 & b_4 & c_4 \end{vmatrix},\ \begin{vmatrix} a_1 & b_1 & c_1 \\ a_3 & b_3 & c_3 \\ a_4 & b_4 & c_4 \end{vmatrix},\ -\begin{vmatrix} a_1 & b_1 & c_1 \\ a_2 & b_2 & c_2 \\ a_4 & b_4 & c_4 \end{vmatrix},\ \begin{vmatrix} a_1 & b_1 & c_1 \\ a_2 & b_2 & c_2 \\ a_3 & b_3 & c_3 \end{vmatrix} \right)$$

により定義する．このとき，$\boldsymbol{a} \times \boldsymbol{b} \times \boldsymbol{c}$ は次の性質をもつことを示せ．

(1) $\boldsymbol{a} \times \boldsymbol{b} \times \boldsymbol{c}$ は $\boldsymbol{a}, \boldsymbol{b}, \boldsymbol{c}$ と直交する．

(2) $\boldsymbol{a}, \boldsymbol{b}, \boldsymbol{c}, \boldsymbol{a} \times \boldsymbol{b} \times \boldsymbol{c}$ の作る平行八面体の体積は $|\boldsymbol{a} \times \boldsymbol{b} \times \boldsymbol{c}|^2$ に等しい．

(3) $|\boldsymbol{a} \times \boldsymbol{b} \times \boldsymbol{c}|$ は $\boldsymbol{a}, \boldsymbol{b}, \boldsymbol{c}$ が作る平行六面体の体積に等しい．

第9章

線形写像

この章では，第 4 章で扱った平面ベクトル，空間ベクトルの線形変換を一般化し，一般のベクトル空間の間の線形写像を定義する．線形写像 $f : V \to W$ は，$\dim V = n$, $\dim W = m$ のとき，（基底を選ぶことにより）$n \times m$ 行列 A で表され，行列 A をかけることにより定義される写像 $L_A : \boldsymbol{V}^n \to \boldsymbol{V}^m$; $\boldsymbol{x} \mapsto A\boldsymbol{x}$ と同一視することができる．

9.1 線形写像

9.1.1 線形写像の定義

平面ベクトル，空間ベクトルの**線形変換**については，第 4 章で説明した．ここではより一般的に，ベクトル空間 V からベクトル空間 W への**線形写像**を定義する．

V, W をベクトル空間とする．このとき，次の条件を満たす写像 $f : V \to W$ を**線形写像**とよぶ．

(i) 任意のベクトル $\boldsymbol{a}, \boldsymbol{b} \in V$ に対し，$f(\boldsymbol{a}+\boldsymbol{b}) = f(\boldsymbol{a}) + f(\boldsymbol{b})$

(ii) 任意のベクトル $\boldsymbol{a} \in V$ と任意の実数 $\lambda \in \boldsymbol{R}$ に対し，$f(\lambda\boldsymbol{a}) = \lambda f(\boldsymbol{a})$

すなわち，ベクトル空間の和と実数倍という 2 つの演算を保つ写像を線形写像とよぶ（図 9.1 参照）．とくに，$V = W$ のときは，f を V の**線形変換**とよぶ．

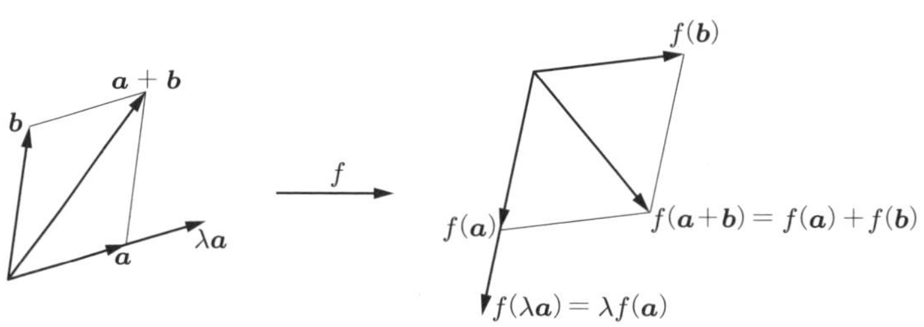

図 9.1　線形写像

注 1　上の 2 つの条件 (i), (ii) は次の 1 つの条件 (iii) にまとめることができる．

(iii)　任意の $\boldsymbol{a}, \boldsymbol{b} \in V$, $\lambda, \mu \in \boldsymbol{R}$ に対し，次式が成り立つ．

$$f(\lambda \boldsymbol{a} + \mu \boldsymbol{b}) = \lambda f(\boldsymbol{a}) + \mu f(\boldsymbol{b})$$

すなわち，線形写像とは 1 次結合の形を保存する写像のことである．

注 2 $f: V \to W$ が線形写像ならば，V の零ベクトルは W の零ベクトルにうつされる．すなわち，$f(\mathbf{0}) = \mathbf{0}$ である．

問 9.1 (1) 上記の注 1，注 2 を確かめよ．
(2) $f: V \to W$ が線形写像ならば，任意のベクトル $\boldsymbol{a}_1, \ldots, \boldsymbol{a}_k \in V$ および任意の実数 $\lambda_1, \ldots, \lambda_k$ に対し

$$f(\lambda_1 \boldsymbol{a}_1 + \cdots + \lambda_k \boldsymbol{a}_k) = \lambda_1 f(\boldsymbol{a}_1) + \cdots + \lambda_k f(\boldsymbol{a}_k)$$

が成り立つことを示せ．すなわち，f は任意個数のベクトルの 1 次結合の形を保つ．

例 9.1 $m \times n$ 行列 A に対し，写像 $L_A: \boldsymbol{V}^n \to \boldsymbol{V}^m$ を

$$L_A \boldsymbol{x} = A\boldsymbol{x}$$

で定めると，これは線形写像である．後で示すように，ベクトル空間では，基底を定めることにより，任意の線形写像はこの写像と同一視される．この意味で，この L_A は最も標準的な線形写像である．

例 9.2 n 次以下の多項式全体 P_n について，$D: P_n \to P_n$ を $D(f(x)) = f'(x)$ により定めれば，これは線形写像である．

9.1.2 退化次数と階数

$f: V \to W$ を線形写像とする．

$\mathrm{Ker}\, f = \{\boldsymbol{a} \in V \mid f(\boldsymbol{a}) = \mathbf{0}\}$ を f の **核** とよぶ．

$\mathrm{Im}\, f = \{f(\boldsymbol{a}) \mid \boldsymbol{a} \in V\}$ を f の**像**とよぶ．

$\mathrm{Ker}\, f$ は f によって $\mathbf{0}$ にうつされる V の要素全体である．f が線形写像なら $f(\mathbf{0}) = \mathbf{0}$ なので，$\mathbf{0} \in \mathrm{Ker}\, f$．したがって，$\mathrm{Ker}\, f$ は空集合ではない．$\mathrm{Ker}\, f$ は V の部分空間，$\mathrm{Im}\, f$ は W の部分空間になる（図 9.2 参照）．

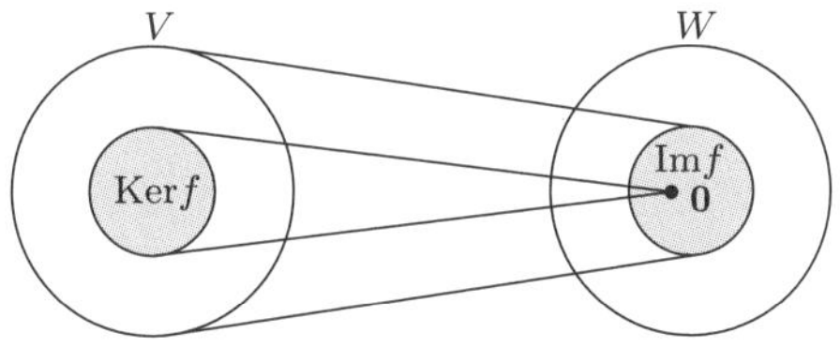

図 9.2 核 $\mathrm{Ker}\, f$ と像 $\mathrm{Im}\, f$

例 9.3　$L_A : \boldsymbol{V}^n \to \boldsymbol{V}^m$, $\boldsymbol{x} \mapsto A\boldsymbol{x}$ の核は，連立同次 1 次方程式

$$A\boldsymbol{x} = \boldsymbol{0}$$

の解全体にほかならない．とくに，連立同次 1 次方程式の解全体はベクトル空間になる．これをこの方程式の**解空間**とよぶ．

また，$\operatorname{Im} L_A$ は行列 A の列ベクトルで生成される．すなわち，$A = (\boldsymbol{b}_1, \boldsymbol{b}_2, \ldots, \boldsymbol{b}_n)$ を行列 A の列への分割とすると，

$$\operatorname{Im} L_A = \langle \boldsymbol{b}_1, \boldsymbol{b}_2, \ldots, \boldsymbol{b}_n \rangle$$

となる．実際，$\{\boldsymbol{e}_1, \boldsymbol{e}_2, \ldots, \boldsymbol{e}_n\}$ を $\boldsymbol{V}^n$ の標準基底とすると，V の任意のベクトル $\boldsymbol{x} = (x_1, x_2, \ldots, x_n)$ は $\boldsymbol{x} = x_1\boldsymbol{e}_1 + x_2\boldsymbol{e}_2 + \cdots + x_n\boldsymbol{e}_n$ と表され，したがって，

$$\begin{aligned} f(\boldsymbol{x}) &= f(x_1\boldsymbol{e}_1 + x_2\boldsymbol{e}_2 + \cdots + x_n\boldsymbol{e}_n) = x_1 f(\boldsymbol{e}_1) + x_2 f(\boldsymbol{e}_2) + \cdots + x_n f(\boldsymbol{e}_n) \\ &= x_1\boldsymbol{b}_1 + x_2\boldsymbol{b}_2 + \cdots + x_n\boldsymbol{b}_n \end{aligned}$$

となる．$x_1, x_2, \ldots, x_n$ は任意だから

$$\operatorname{Im} L_A = \langle \boldsymbol{b}_1, \boldsymbol{b}_2, \ldots, \boldsymbol{b}_n \rangle$$

となる．したがって，定理 8.3 より

$$\dim(\operatorname{Im} L_A) = \operatorname{rank} A \tag{9.1}$$

が成り立つ．

問 9.2　$f : V \to W$ が線形写像のとき，次を示せ．

(1)　$\operatorname{Ker} f$ は V の部分空間である．　　(2)　$\operatorname{Im} f$ は W の部分空間である．

問 9.3　線形写像 $f : V \to W$ が 1 対 1 の写像となるための条件は

$$\operatorname{Ker} f = \{\boldsymbol{0}\}$$

となることである．これを示せ．

線形写像 $f : V \to W$ の核の次元 $\dim(\operatorname{Ker} f)$ を f の**退化次数**，像の次元 $\dim(\operatorname{Im} f)$ を f の**階数**とよぶ．

例 9.3 の式 (9.1) より，L_A の階数は行列 A の階数に一致する．

f の退化次数と階数の間には次の関係がある．

定理 9.1　$f : V \to W$ を線形写像とする．このとき，

$$\dim V = \dim(\operatorname{Ker} f) + \dim(\operatorname{Im} f)$$

が成立する．

すなわち，線形写像 f の退化次数と階数の和は定義域 V の次元に一致する．この定理を線形写像の**次元定理**とよぶことがある（図 9.3 参照）．

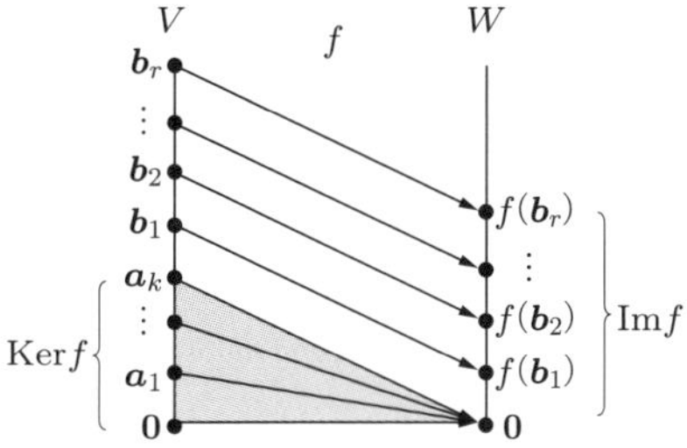

図 9.3　次元定理

証明　$\dim(\mathrm{Ker}\, f) = k$ とし，$\{\boldsymbol{a}_1, \boldsymbol{a}_2, \ldots, \boldsymbol{a}_k\}$ を $\mathrm{Ker}\, f$ の基底とする．これを拡張して V の基底 $\{\boldsymbol{a}_1, \boldsymbol{a}_2, \ldots, \boldsymbol{a}_k, \boldsymbol{b}_1, \ldots, \boldsymbol{b}_r\}$ を作ることができる（補題 8.3 (1)）．このとき，次を示せばよい．

『$\{f(\boldsymbol{b}_1), \ldots, f(\boldsymbol{b}_r)\}$ は $\mathrm{Im}\, f$ の基底となる』

(i)　**生成系であることの証明**

$$\mathrm{Im}\, f = \{f(\boldsymbol{x}) \mid \boldsymbol{x} \in V\}$$

ここで，$\{\boldsymbol{a}_1, \boldsymbol{a}_2, \ldots, \boldsymbol{a}_k, \boldsymbol{b}_1, \ldots, \boldsymbol{b}_r\}$ が V の基底であるから

$$\boldsymbol{x} = \sum_{i=1}^{k} x_i \boldsymbol{a}_i + \sum_{j=1}^{r} y_j \boldsymbol{b}_j$$

と表すことができる．このとき，

$$f(\boldsymbol{x}) = \sum_{i=1}^{k} x_i f(\boldsymbol{a}_i) + \sum_{j=1}^{r} y_j f(\boldsymbol{b}_j) = \sum_{j=1}^{r} y_j f(\boldsymbol{b}_j)$$

となる．したがって，$\{f(\boldsymbol{b}_1), \ldots, f(\boldsymbol{b}_r)\}$ は $\mathrm{Im}\, f$ の生成系である．

(ii)　**1 次独立系であることの証明**

$$\sum_{j=1}^{r} y_j f(\boldsymbol{b}_j) = \boldsymbol{0}$$

とすると，

$$f\left(\sum_{j=1}^{r} y_j \boldsymbol{b}_j\right) = \sum_{j=1}^{r} y_j f(\boldsymbol{b}_j) = \boldsymbol{0}$$

となる．したがって，

$$\sum_{j=1}^{r} y_j \boldsymbol{b}_j \in \mathrm{Ker}\, f$$

であり，$\{\boldsymbol{a}_1, \ldots, \boldsymbol{a}_k\}$ は $\operatorname{Ker} f$ の基底だから

$$\sum_{j=1}^{r} y_j \boldsymbol{b}_j = \sum_{i=1}^{r} x_i \boldsymbol{a}_j$$

と表すことができる．右辺を移項して

$$\sum_{j=1}^{r} y_j \boldsymbol{b}_j - \sum_{i=1}^{r} x_i \boldsymbol{a}_j = \boldsymbol{0}$$

ここで，$\{\boldsymbol{a}_1, \boldsymbol{a}_2, \ldots, \boldsymbol{a}_k, \boldsymbol{b}_1, \ldots, \boldsymbol{b}_r\}$ が V の基底であり，したがって，1 次独立であるから，係数はすべて 0 でないといけない．ゆえに，$y_1 = y_2 = \cdots = y_r = 0$．以上より，$\{f(\boldsymbol{b}_1), \ldots, f(\boldsymbol{b}_r)\}$ は $\operatorname{Im} f$ の 1 次独立系である．

(i)，(ii) より，$\{f(\boldsymbol{b}_1), \ldots, f(\boldsymbol{b}_r)\}$ は $\operatorname{Im} f$ の基底である．したがって，

$$\dim(\operatorname{Im} f) = r$$

となる．以上より，

$$\dim(\operatorname{Ker} f) + \dim(\operatorname{Im} f) = k + r = \dim V$$

となる．□

例 9.4 【解空間の次元】 $m \times n$ 行列 A により与えられる線形写像 $L_A : \boldsymbol{V}^n \to \boldsymbol{V}^m$ の場合に上の定理を当てはめると，連立同次 1 次方程式

$$A\boldsymbol{x} = \boldsymbol{0}$$

の解空間 $(\operatorname{Ker} L_A)$ の次元は

$$n - \dim(\operatorname{Im} L_A) = n - \operatorname{rank} A$$

で与えられる（例 9.3 より，$\operatorname{Im} L_A = \operatorname{rank} A$）．これは任意定数の個数のことであるから，定理 5.1 の同次方程式の場合の結果がふたたび得られた．

例題 9.1　線形写像 $L_A : \boldsymbol{V}^4 \to \boldsymbol{V}^3$ の行列が

$$A = \begin{pmatrix} 1 & -2 & 3 & -1 \\ 2 & -3 & 3 & 5 \\ 3 & -5 & 6 & 4 \end{pmatrix}$$

で与えられているとき，L_A の核と像の基底を 1 組求めよ．

解　L_A の核については，連立 1 次方程式 $A\boldsymbol{x} = \boldsymbol{0}$ を掃き出し計算法を用いて解くことにより求めることができる．また，像は行列 A の列ベクトルで生成されるので，掃き出し計算法を用いてこれらから 1 次独立な最大個数のものを選び出すことにより，$\operatorname{Im} L_A$ の基底を求めることができる．いずれも行列 A を階段行列に直すことにより求められるが，次のような行列を考えると，この 2 組を同時に求めることができる．

4 次の単位行列と行列 A の転置行列 ${}^tA$ を並べて得られる 4×7 行列に対し行基本変形をほどこし，右側の行列 ${}^tA$ を階段行列に直す．

$$(E, {}^tA) = \begin{pmatrix} 1 & 0 & 0 & 0 & 1 & 2 & 3 \\ 0 & 1 & 0 & 0 & -2 & -3 & -5 \\ 0 & 0 & 1 & 0 & 3 & 3 & 6 \\ 0 & 0 & 0 & 1 & -1 & 5 & 4 \end{pmatrix}$$

$$\rightarrow \begin{pmatrix} 1 & 0 & 0 & 0 & 1 & 2 & 3 \\ 2 & 1 & 0 & 0 & 0 & 1 & 1 \\ -3 & 0 & 1 & 0 & 0 & -3 & -3 \\ 1 & 0 & 0 & 1 & 0 & 7 & 7 \end{pmatrix} \rightarrow \begin{pmatrix} 1 & 0 & 0 & 0 & \overset{\text{Im}\,L_A}{\underset{\downarrow}{1}} & 2 & 3 \\ 2 & 1 & 0 & 0 & 0 & 1 & 1 \\ 3 & 3 & 1 & 0 & 0 & 0 & 0 \\ -13 & -7 & 0 & 1 & 0 & 0 & 0 \end{pmatrix}$$

$$\underset{\text{Ker}\,L_A}{\uparrow}$$

最初の行列の縦棒の左には，$\boldsymbol{V}^4$ の基本単位ベクトルを行ベクトルで表したものが並び，右側には対応する L_A の像を行ベクトルで表したものが並ぶ．L_A は線形写像であるから，行基本変形を行ったとき，この対応関係は変わらない．行列の右側の 4 つの行で表されるベクトルで像が生成されるが，最後の行をみると，最初の 2 行は 1 次独立，最後の 2 行は $\boldsymbol{0}$ だから，像は最初の 2 行で生成され，これらは 1 次独立だから像の基底をなす．

また，左側の下 2 行はその右側をみると，$\boldsymbol{0}$ にうつされることがわかる．したがって，核を生成する．行基本変形により 1 次独立性は保たれるから，これらのベクトルは 1 次独立で，基底をなす．以上より，L_A の像と核の基底はそれぞれ

$$\text{像}: \left\{ \begin{pmatrix} 1 \\ 2 \\ 3 \end{pmatrix}, \begin{pmatrix} 0 \\ 1 \\ 1 \end{pmatrix} \right\}, \quad \text{核}: \left\{ \begin{pmatrix} 3 \\ 3 \\ 1 \\ 0 \end{pmatrix}, \begin{pmatrix} -13 \\ -7 \\ 0 \\ 1 \end{pmatrix} \right\}$$

で与えられる．　　■

注　上の例題では，変形の最後の行列をみると $\dim(\text{Ker}\,L_A) = 2$, $\dim(\text{Im}\,L_A) = 2$ となり，

$$\dim(\text{Ker}\,L_A) + \dim(\text{Im}\ L_A) = 4 \ (= \dim \boldsymbol{V}^4)$$

が成り立つことがわかる．同様にして，この解法を一般の $m \times n$ 行列 A に適用すれば，$L_A : \boldsymbol{V}^n \to \boldsymbol{V}^m$ について

$$\dim(\text{Ker}\,L_A) + \dim(\text{Im}\ L_A) = n \ (= \dim \boldsymbol{V}^n)$$

が成り立つことがわかる．また，9.3 節で示すように，一般の線形写像 $f : V \to W$ は，$\dim V < \infty$, $\dim W < \infty$ のとき，ある L_A と同一視できるから，定理 9.1 が一般に成り立つことがわかる（$\dim V < \infty$ なら，$\dim(\text{Im}\,f) < \infty$ なので，$\dim W = \infty$ でも W を $\text{Im}\,f$ で置き換えればよい）．

9.1.3 同形写像

線形写像 $f : V \to W$ が 1 対 1 かつ上への写像のとき，f を**同形写像**とよぶ（図 9.4 参照）．また，同形写像 $f : V \to W$ が存在するとき，2 つのベクトル空間 V と W は**同形**であるといい，

$$V \cong W$$

で表す．同形なベクトル空間はベクトル空間としては同一視することができる．たとえば，同形写像 f により，1 次独立系は 1 次独立系にうつされ，生成系は生成系にうつされる．$f : V \to W$ が同形写像なら逆写像 $f^{-1} : W \to V$ が存在し，f^{-1} も同形写像である．

図 9.4　同形写像のイメージ

例 9.5　$\boldsymbol{R}^n$, $\boldsymbol{V}^n$, $\boldsymbol{V}_n$ は，すべて自然な対応により同形である．

$$\begin{array}{ccccc} (a_1, a_2, \ldots, a_n) & \Longleftrightarrow & \begin{pmatrix} a_1 \\ a_2 \\ \vdots \\ a_n \end{pmatrix} & \Longleftrightarrow & (a_1, a_2, \ldots, a_n) \\ \cap & & \cap & & \cap \\ \boldsymbol{R}^n & & \boldsymbol{V}^n & & \boldsymbol{V}_n \end{array}$$

図 9.5

例 9.6 【成分】　V を n 次元のベクトル空間とし，$E = \{\boldsymbol{a}_1, \boldsymbol{a}_2, \ldots, \boldsymbol{a}_n\}$ を V の 1 組の基底とすると，V の任意のベクトル $\boldsymbol{x}$ にその成分を対応させる写像

$$\varphi_E : V \to \boldsymbol{V}^n\,;\ \boldsymbol{x} = x_1\boldsymbol{a}_1 + x_2\boldsymbol{a}_2 + \cdots + x_n\boldsymbol{a}_n \mapsto \begin{pmatrix} x_1 \\ x_2 \\ \vdots \\ x_n \end{pmatrix}$$

は同形写像である．この同形写像により，V を $\boldsymbol{V}^n$ と同一視することができる．これが基底を選ぶことの意味である．

例題 9.2　2 次以下の多項式全体のなすベクトル空間 P_2 において

$$\{f_1 = x^2 - 2x - 1,\ f_2 = -x^2 + 3x + 2,\ f_3 = 2x^2 + 2x - 3\}$$

は基底となるかどうか判定せよ．

解　P_2 は自然な基底 $E = \{x^2, x, 1\}$ をもつ．この基底に関する f_1, f_2, f_3 の成分は，

$$\varphi_E(f_1) = \begin{pmatrix} 1 \\ -2 \\ -1 \end{pmatrix}, \quad \varphi_E(f_2) = \begin{pmatrix} -1 \\ 3 \\ 2 \end{pmatrix}, \quad \varphi_E(f_3) = \begin{pmatrix} 2 \\ 2 \\ -3 \end{pmatrix}$$

例 9.6 より，これらの列ベクトルが $\boldsymbol{V}^3$ の基底になるかどうかを調べればよい．いま，次元は 3 でベクトルの個数も 3 だから，これらが 1 次独立かどうかをみればよい（命題 8.5 (3)）．これらを並べて行列を作り，階段行列に直すと

$$\begin{pmatrix} 1 & -1 & 2 \\ -2 & 3 & 2 \\ -1 & 2 & -3 \end{pmatrix} \to \begin{pmatrix} 1 & -1 & 2 \\ 0 & 1 & 6 \\ 0 & 1 & -1 \end{pmatrix} \to \begin{pmatrix} 1 & -1 & 2 \\ 0 & 1 & 6 \\ 0 & 0 & 5 \end{pmatrix}$$

となる．したがって，この行列の階数は 3 で，これらの列ベクトルは 1 次独立，ゆえに，$\boldsymbol{V}^3$ の基底となる．よって，与えられたベクトルの組 $\{f_1, f_2, f_3\}$ は P_2 の基底である． ■

一般に，ベクトル空間 V の次元が n なら，n 次の列ベクトル空間 $\boldsymbol{V}^n$ と同一視される．したがって，次元だけでベクトル空間は決まってしまう．

定理 9.2 V, W をベクトル空間とし，$\dim V < \infty$ とする．このとき，V と W が同形となるための必要かつ十分な条件は，

$$\dim V = \dim W$$

となることである．

証明 ［必要性］ V, W は同形であるとし，$f : V \to W$ を同形写像とする．このとき，定理 9.1 より，

$$\dim V = \dim(\mathrm{Ker} f) + \dim(\mathrm{Im}\, f)$$

ここで，f は同形写像だから $\mathrm{Ker}\, f = \{\boldsymbol{0}\}$, $\mathrm{Im}\, f = W$ となる．したがって，$\dim(\mathrm{Ker} f) = 0$, $\dim(\mathrm{Im}\, f) = \dim W$ となり，

$$\dim V = \dim W$$

が得られる．

［十分性］ $\dim V = \dim W = n$ とすると，n 個のベクトルよりなる V の基底 E および W の基底 F が存在する．この E と F に対し，上の例 9.6 の同形写像 $\varphi_E : V \to \boldsymbol{V}^n$ および $\varphi_F : W \to \boldsymbol{V}^n$ を考える．このとき，

$$\varphi_F^{-1} \circ \varphi_E : V \to W$$

は同形写像である．したがって，V と W は同形である． □

注 $E = \{\boldsymbol{a}_1, \boldsymbol{a}_2, \ldots, \boldsymbol{a}_n\}$, $F = \{\boldsymbol{b}_1, \boldsymbol{b}_2, \ldots, \boldsymbol{b}_n\}$ とすると，上の同形写像 $\varphi_F^{-1} \circ \varphi_E : V \to W$ は，具体的には次のようになる．

$$\varphi_F^{-1} \circ \varphi_E : x_1\boldsymbol{a}_1 + x_2\boldsymbol{a}_2 + \cdots + x_n\boldsymbol{a}_n \mapsto x_1\boldsymbol{b}_1 + x_2\boldsymbol{b}_2 + \cdots + x_n\boldsymbol{b}_n$$

すなわち，同じ係数をもつベクトルどうしが対応する．

9.2 連立1次方程式の解の構造

ここでは連立 1 次方程式

$$Ax = \boldsymbol{b} \tag{9.2}$$

の解全体のなす集合 $W \subset \boldsymbol{V}^n$ を考察する．ここで，A は $m \times n$ 行列とする．このとき，未知数の個数は n，方程式の個数は m である．式 (9.2) に対し，右辺の $\boldsymbol{b}$ を $\boldsymbol{0}$ で置き換えてできる同次方程式

$$Ax = \boldsymbol{0} \tag{9.3}$$

を連立 1 次方程式 (9.2) に**同伴な連立同次 1 次方程式**とよぶ．

式 (9.3) の解全体 W_o は，行列 A の定める線形写像 $L_A : \boldsymbol{V}^n \to \boldsymbol{V}^m$; $\boldsymbol{x} \mapsto A\boldsymbol{x}$ の核 $\mathrm{Ker}\, L_A$ にほかならない．したがって，W_o は $\boldsymbol{V}^n$ の部分空間となる（これに対し，$\boldsymbol{b} \neq \boldsymbol{0}$ の場合は W は $\boldsymbol{V}^n$ の部分空間にはならない）．W_o の次元は，定理 9.1 より

$$\dim W_o = n - \dim(\mathrm{Im}\, L_A)$$

で与えられる．ここで，例 9.3 の式 (9.1) より，$\dim(\mathrm{Im}\, L_A) = \mathrm{rank}\, A$ であるから

$$\dim W_o = n - \mathrm{rank}\, A$$

となる（これは，任意定数の個数として，第 5 章に現れた値である）．W_o の具体的な基底は，掃き出し計算法を用いて同次方程式を解くことにより得られる．その具体例は，たとえば，8.4 節の例 8.17 にみられる．

ここでは，W_o の基底を一般的な形で求めてみよう．

$\mathrm{rank}\, A = r$ とすると，A に行基本変形をほどこすことにより，そして必要ならば適当に列を入れ替えて（すなわち，未知数の番号を付け替えて），次の形に変形できる（階段行列のカドのある列を左側にまとめる）．

$$\left(\begin{array}{c|c} E_r & \boldsymbol{c}_1, \boldsymbol{c}_2, \ldots, \boldsymbol{c}_{n-r} \\ \hline O & O \end{array}\right) \quad \left(\begin{array}{l} E_r \text{ は } r \text{ 次の単位行列,} \\ \boldsymbol{c}_i \ (1 \leqq i \leqq n-r) \text{ は } r \text{ 次の列ベクトル.} \end{array}\right)$$

このとき，解は

$$\begin{pmatrix} x_1 \\ \vdots \\ x_r \\ x_{r+1} \\ \vdots \\ \vdots \\ x_n \end{pmatrix} = \lambda_1 \begin{pmatrix} -\boldsymbol{c}_1 \\ \\ 1 \\ 0 \\ \vdots \\ 0 \end{pmatrix} + \lambda_2 \begin{pmatrix} -\boldsymbol{c}_2 \\ \\ 0 \\ 1 \\ \vdots \\ 0 \end{pmatrix} + \cdots + \lambda_{n-r} \begin{pmatrix} -\boldsymbol{c}_{n-r} \\ \\ 0 \\ 0 \\ \vdots \\ 1 \end{pmatrix}$$

で与えられる．ここで，$n - r$ 個の列ベクトル

$$\boldsymbol{x}_1 = \begin{pmatrix} -\boldsymbol{c}_1 \\ \\ 1 \\ 0 \\ \vdots \\ 0 \end{pmatrix}, \quad \boldsymbol{x}_2 = \begin{pmatrix} -\boldsymbol{c}_2 \\ \\ 0 \\ 1 \\ \vdots \\ 0 \end{pmatrix}, \quad \cdots, \quad \boldsymbol{x}_{n-r} = \begin{pmatrix} -\boldsymbol{c}_{n-r} \\ \\ 0 \\ 0 \\ \vdots \\ 1 \end{pmatrix}$$

は 1 次独立であり，W_o の基底になっている（すなわち，$\dim W_o = n - r$）．

同次方程式 (9.3) において，解空間 W_o の基底を**基本解**とよぶ．上の $\boldsymbol{x}_1, \ldots, \boldsymbol{x}_{n-r}$ は式 (9.3) の基本解の 1 つの例である．

連立 1 次方程式 (9.2) の解と，それに同伴な同次方程式 (9.3) の解との関係は次で与えられ，この関係は，たとえば線形微分方程式の解にも現れる基本的なものである．

定理 9.3 式 (9.2) の 1 つの解を $\boldsymbol{x} = \boldsymbol{x}_o$ とすると，

$$W = \{\boldsymbol{x}_o + \boldsymbol{y} \mid \boldsymbol{y} \in W_o\}$$

すなわち，式 (9.3) の解に $\boldsymbol{x}_o$ を加えると式 (9.2) の解になり，式 (9.2) の解はすべてこの形で与えられる．集合 $\{\boldsymbol{x}_o + \boldsymbol{y} \mid \boldsymbol{y} \in W_o\}$ を $\boldsymbol{x}_o + W_o$ で表すと，$W = \boldsymbol{x}_o + W_o$ となる．$\boldsymbol{V}^n$ のベクトルを座標空間の点で表して W と W_o を図示すると，W_o は原点を通る「超平面」となり，W は W_o を $\boldsymbol{x}_o$ だけ平行移動することにより得られる（図 9.6 参照）．

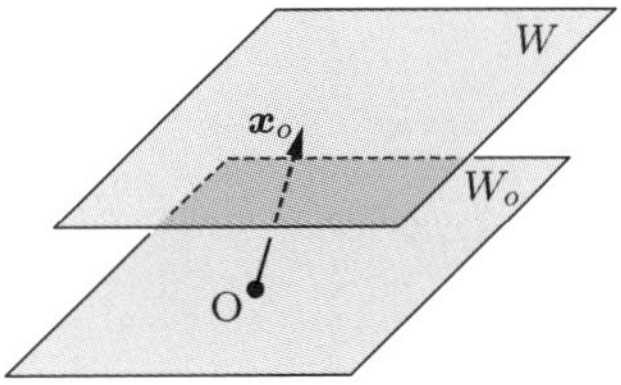

図 9.6 W は W_o を $\boldsymbol{x}_o$ 平行移動したもの

証明 (i) $\boldsymbol{x} = \boldsymbol{x}_o + \boldsymbol{y}$ とすると，

$$A\boldsymbol{x} = A(\boldsymbol{x}_o + \boldsymbol{y}) = A\boldsymbol{x}_o + A\boldsymbol{y} = A\boldsymbol{x} + \boldsymbol{0} = \boldsymbol{b}$$

となる．したがって，$\boldsymbol{x}$ は式 (9.2) の解である．

(ii) $\boldsymbol{x}$ が式 (9.2) の解ならば，$\boldsymbol{y} = \boldsymbol{x} - \boldsymbol{x}_o$ とおくと

$$A\boldsymbol{y} = A\boldsymbol{x} - A\boldsymbol{x}_o = \boldsymbol{b} - \boldsymbol{b} = \boldsymbol{0}$$

となる．したがって，$\boldsymbol{y}$ は式 (9.3) の解であり，$\boldsymbol{x} = \boldsymbol{x}_o + \boldsymbol{y}$ と書くことができる． □

定理 9.3 より，式 (9.2) の一般解は，式 (9.2) の何かある 1 つの解（特殊解）$\boldsymbol{x}_o$ と式 (9.3) の基本解 $\boldsymbol{x}_1, \boldsymbol{x}_2, \ldots, \boldsymbol{x}_{n-r}$ を用いて

$$\boldsymbol{x} = \boldsymbol{x}_o + \lambda_1 \boldsymbol{x}_1 + \lambda_2 \boldsymbol{x}_2 + \cdots + \lambda_{n-r} \boldsymbol{x}_{n-r}$$

で与えられる．ここで，$\lambda_1, \lambda_2, \ldots, \lambda_{n-r}$ は任意の定数である．

具体的な連立 1 次方程式について，この解の構造を確かめてみよう．

例 9.7　5.4 節の例 5.5 の連立 1 次方程式

$$\begin{cases} 3x + 6y + 7z + 10u - 5w = -3 \\ x + 2y + 2z + 3u - w = 0 \\ 2x + 4y + 7z + 9u - 6w = -5 \end{cases}$$

を見直そう．この連立 1 次方程式の解は

$$\begin{cases} x = -2\alpha - \beta \\ y = \alpha \\ z = -\beta + 1 \qquad (\alpha, \beta \text{ は任意定数}) \\ u = \beta \\ w = 2 \end{cases}$$

で与えられた．

これを α, β についてまとめてベクトル表示すると，

$$\boldsymbol{x} = \begin{pmatrix} x \\ y \\ z \\ u \\ w \end{pmatrix} = \underbrace{\alpha \begin{pmatrix} -2 \\ 1 \\ 0 \\ 0 \\ 0 \end{pmatrix} + \beta \begin{pmatrix} -1 \\ 0 \\ -1 \\ 1 \\ 0 \end{pmatrix}}_{\text{式 (9.3) の一般解}} + \underbrace{\begin{pmatrix} 0 \\ 0 \\ 1 \\ 0 \\ 2 \end{pmatrix}}_{\text{特殊解}}$$

となる．

9.3 線形写像の行列による表現

ベクトル空間に基底を固定することにより，ベクトルを数の組で表すことができた．同様にして，線形写像を数の組，すなわち行列により表現することができる．行列により表現すれば，具体的な計算が格段にしやすくなる．

9.3.1 線形写像の表現行列

$f : V \to W$ を線形写像とし，ベクトル空間 V, W の次元はそれぞれ $\dim V = n$, $\dim W = m$ とする．V の基底 $E = \{\boldsymbol{a}_1, \boldsymbol{a}_2, \ldots, \boldsymbol{a}_n\}$ と W の基底 $F = \{\boldsymbol{b}_1, \boldsymbol{b}_2, \ldots, \boldsymbol{b}_m\}$ を固定し，

$$f(x_1\boldsymbol{a}_1 + x_2\boldsymbol{a}_2 + \cdots + x_n\boldsymbol{a}_n) = y_1\boldsymbol{b}_1 + y_2\boldsymbol{b}_2 + \cdots + y_n\boldsymbol{b}_n$$

とするとき，

$$\begin{pmatrix} y_1 \\ y_2 \\ \vdots \\ y_m \end{pmatrix} = A \begin{pmatrix} x_1 \\ x_2 \\ \vdots \\ x_n \end{pmatrix} \quad (\varphi_F(f(\boldsymbol{x})) = A\varphi_E(\boldsymbol{x})) \tag{9.4}$$

となる $m \times n$ 行列 A が存在する．この行列 A を，線形写像 f の基底 E, F に関する**表現行列**とよぶ．

ベクトル空間 V, W にそれぞれ基底 E, F を固定することにより，V, W はそれぞれ $\boldsymbol{V}^n, \boldsymbol{V}^m$ と同一視される．したがって，線形写像 $f: V \to W$ は $\boldsymbol{V}^n$ から $\boldsymbol{V}^m$ への線形写像とみることができる．このとき，この線形写像はある行列 A をかけることにより得られる写像 L_A に一致する（図 9.7 を参照せよ）．

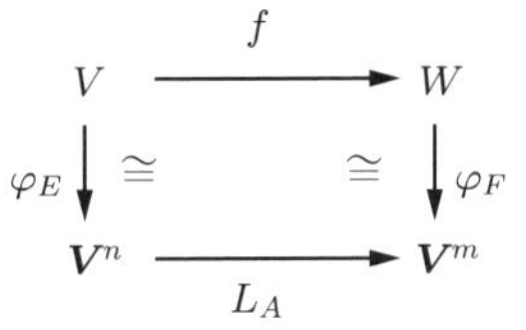

図 9.7 線形写像の行列による表現

このような行列 A の存在は，次の定理により保証される．

定理 9.4 式 (9.4) を満たす行列 A は

$$A = (\varphi_F(f(\boldsymbol{a}_1)), \varphi_F(f(\boldsymbol{a}_2)), \ldots, \varphi_F(f(\boldsymbol{a}_n)))$$

で与えられる．

すなわち，

$$\begin{cases} f(\boldsymbol{a}_1) = a_{11}\boldsymbol{b}_1 + a_{12}\boldsymbol{b}_2 + \cdots + a_{1m}\boldsymbol{b}_m \\ f(\boldsymbol{a}_2) = a_{21}\boldsymbol{b}_1 + a_{22}\boldsymbol{b}_2 + \cdots + a_{2m}\boldsymbol{b}_m \\ \qquad\qquad \cdots\cdots \\ f(\boldsymbol{a}_n) = a_{n1}\boldsymbol{b}_1 + a_{n2}\boldsymbol{b}_2 + \cdots + a_{nm}\boldsymbol{b}_m \end{cases} \tag{9.5}$$

とするとき，

$$A = {}^t\begin{pmatrix} a_{11} & a_{12} & \cdots & a_{1m} \\ a_{21} & a_{22} & \cdots & a_{2m} \\ & \cdots\cdots & & \\ a_{n1} & a_{n2} & \cdots & a_{nm} \end{pmatrix} = \begin{pmatrix} a_{11} & a_{21} & \cdots & a_{n1} \\ a_{12} & a_{22} & \cdots & a_{n2} \\ & \cdots\cdots & & \\ a_{1m} & a_{2m} & \cdots & a_{nm} \end{pmatrix}$$

となる．

したがって，表現行列 A は，基底 E の各ベクトル $\boldsymbol{a}_j$ の f による像 $f(\boldsymbol{a}_j)$ の基底 F による成分を第 j 列とする行列である．

証明 式 (9.5) は，行列を用いて表すと次のようになる．

$$f(\boldsymbol{a}_j) = a_{j1}\boldsymbol{b}_1 + a_{j2}\boldsymbol{b}_2 + \cdots + a_{jm}\boldsymbol{b}_m = (\boldsymbol{b}_1, \boldsymbol{b}_2, \ldots, \boldsymbol{b}_m)\begin{pmatrix} a_{j1} \\ a_{j2} \\ \vdots \\ a_{jm} \end{pmatrix}$$

したがって，

$$(f(\boldsymbol{a}_1),\, f(\boldsymbol{a}_2), \ldots, f(\boldsymbol{a}_n)) = (\boldsymbol{b}_1, \boldsymbol{b}_2, \ldots, \boldsymbol{b}_m)A \tag{9.6}$$

となる．$\boldsymbol{x} \in V$, $\varphi_E(\boldsymbol{x}) = \begin{pmatrix} x_1 \\ x_2 \\ \vdots \\ x_n \end{pmatrix}$, $\varphi_F(f(\boldsymbol{x})) = \begin{pmatrix} y_1 \\ y_2 \\ \vdots \\ y_m \end{pmatrix}$ とすると，

$$\begin{aligned} f(\boldsymbol{x}) &= f(x_1\boldsymbol{a}_1 + x_2\boldsymbol{a}_2 + \cdots + x_n\boldsymbol{a}_n) \\ &= x_1 f(\boldsymbol{a}_1) + x_2 f(\boldsymbol{a}_2) + \cdots + x_n f(\boldsymbol{a}_n) = (f(\boldsymbol{a}_1),\, f(\boldsymbol{a}_2), \ldots, f(\boldsymbol{a}_n))\begin{pmatrix} x_1 \\ x_2 \\ \vdots \\ x_n \end{pmatrix} \end{aligned}$$

がわかる．ここで，式 (9.6) を用いると，

$$f(\boldsymbol{x}) = (\boldsymbol{b}_1, \boldsymbol{b}_2, \ldots, \boldsymbol{b}_m)A\begin{pmatrix} x_1 \\ x_2 \\ \vdots \\ x_n \end{pmatrix}$$

この式の右辺は $\boldsymbol{b}_1, \boldsymbol{b}_2, \ldots, \boldsymbol{b}_m$ の 1 次結合であり，その係数は $A\begin{pmatrix} x_1 \\ x_2 \\ \vdots \\ x_n \end{pmatrix}$ で与えられる．$\boldsymbol{b}_1, \boldsymbol{b}_2, \ldots, \boldsymbol{b}_m$ は 1 次独立だから，これは

$$\begin{pmatrix} y_1 \\ y_2 \\ \vdots \\ y_m \end{pmatrix} = A\begin{pmatrix} x_1 \\ x_2 \\ \vdots \\ x_n \end{pmatrix}$$

となることを示している． □

基底 E が固定されたベクトル空間 V を V_E で表すことにする．また，線形写像 $f : V \to W$ の基底 E, F に関する表現行列を

$f : V_E \to W_F$ の表現行列

ということにする．

9.3.2 線形写像の階数

線形写像 $f: V \to W$ の階数は，その像の次元，$\dim(\operatorname{Im} f)$ のことと定義された．行列の場合と同様，線形写像 f の階数を $\operatorname{rank} f$ で表すことにしよう．したがって，

$$\operatorname{rank} f = \dim(\operatorname{Im} f)$$

である．このとき，次がいえる．

定理 9.5　1 つの基底に関する線形写像 f の表現行列を A とすると，次式が成り立つ．

$$\operatorname{rank} f = \operatorname{rank} A$$

証明　図 9.8 において $\varphi_F \circ f = L_A \circ \varphi_E$ なので，$\varphi_F(\operatorname{Im} f) = \operatorname{Im} L_A$ がわかる．したがって，

$$\dim(\operatorname{Im} f) = \dim(\operatorname{Im} L_A)$$

となる．また，9.1 節の例 9.3 の式 (9.1) により，$\dim(\operatorname{Im} L_A) = \operatorname{rank} A$ となる．

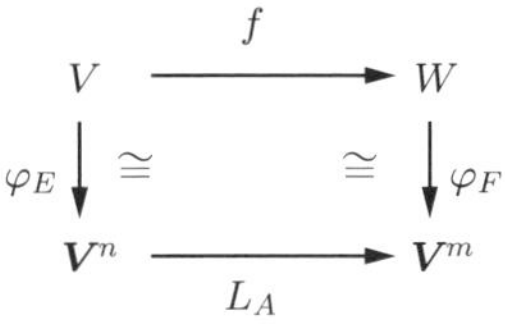

図 9.8　□

9.3.3 線形写像の合成と表現行列

次の命題が示すように，線形写像の合成には表現行列の積が対応する（そうなるように行列の積が定義されている）．とくに，平面ベクトルの線形変換の場合には，命題 4.3 とその後の参考で詳しく説明したが，そこでの説明は一般の場合にも通用する．

命題 9.1　$f: V_E \to W_F$ の表現行列を A，$g: U_G \to V_E$ の表現行列を B とすると，$f \circ g: U_G \to W_F$ の表現行列は

$$AB$$

で与えられる（写像の合成の順序と行列の積の順序は一致する）．

証明　図 9.9 において，$\boldsymbol{x} \in U$，$g(\boldsymbol{x}) = \boldsymbol{y} \in V$，$f(\boldsymbol{y}) = \boldsymbol{z} \in W$ とすると，$\varphi_F(\boldsymbol{z}) = A\varphi_E(\boldsymbol{y}) = A(B\varphi_G(\boldsymbol{x})) = (AB)\varphi_G(\boldsymbol{x})$ となる．したがって，$f \circ g$ の表現行列は AB となる．

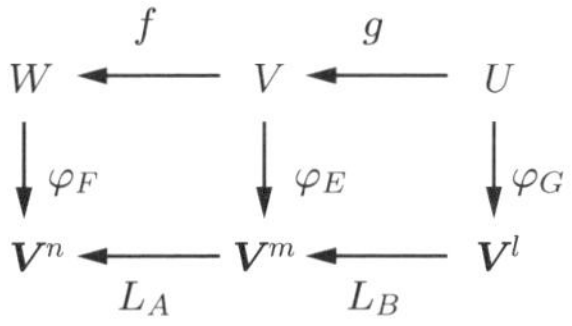

図 9.9　□

9.4 基底の取り換え

この節では，基底を取り換えると，線形写像の表現行列がどのように変化するかを考える．まず，基底の取り換えを与える行列を定義することから始める．

9.4.1 基底の取り換えの行列

V をベクトル空間とし，$E = \{\boldsymbol{a}_1, \boldsymbol{a}_2, \ldots, \boldsymbol{a}_n\}$, $F = \{\boldsymbol{b}_1, \boldsymbol{b}_2, \ldots, \boldsymbol{b}_n\}$ を V の 2 組の基底とする．

基底 F の各ベクトル $\boldsymbol{b}_i$ を E のベクトル $\boldsymbol{a}_1, \boldsymbol{a}_2, \ldots, \boldsymbol{a}_n$ の 1 次結合で表して

$$\begin{cases} \boldsymbol{b}_1 = c_{11}\boldsymbol{a}_1 + c_{12}\boldsymbol{a}_2 + \cdots + c_{1n}\boldsymbol{a}_n \\ \boldsymbol{b}_2 = c_{21}\boldsymbol{a}_1 + c_{22}\boldsymbol{a}_2 + \cdots + c_{2n}\boldsymbol{a}_n \\ \qquad\qquad \cdots\cdots \\ \boldsymbol{b}_n = c_{n1}\boldsymbol{a}_1 + c_{n2}\boldsymbol{a}_2 + \cdots + c_{nn}\boldsymbol{a}_n \end{cases} \tag{9.7}$$

となったとする．このとき，

$$P = {}^t\begin{pmatrix} c_{11} & c_{12} & \cdots & c_{1n} \\ c_{21} & c_{22} & \cdots & c_{2n} \\ \vdots & \vdots & \ddots & \vdots \\ c_{n1} & c_{n2} & \cdots & c_{nn} \end{pmatrix} = \begin{pmatrix} c_{11} & c_{21} & \cdots & c_{n1} \\ c_{12} & c_{22} & \cdots & c_{n2} \\ \vdots & \vdots & \ddots & \vdots \\ c_{1n} & c_{2n} & \cdots & c_{nn} \end{pmatrix}$$

を，基底 E を F に取り換えるときの**基底の取り換えの行列**とよぶ．言い換えると，P は，基底 F の各ベクトル $\boldsymbol{b}_i$ の基底 E に関する成分 $\varphi_E(\boldsymbol{b}_i)$ を第 i 列とする n 次正方行列のことである．

$$P = (\varphi_E(\boldsymbol{b}_1), \varphi_E(\boldsymbol{b}_2), \ldots, \varphi_E(\boldsymbol{b}_n))$$

例 9.8　$\boldsymbol{R}^2$ において，$E = \{\boldsymbol{e}_1, \boldsymbol{e}_2\}$ を標準基底，

$$F = \{\boldsymbol{f}_1 = (1, 2),\ \boldsymbol{f}_2 = (3, 5)\}$$

とすると，基底の取り換え $E \to F$ の行列 P は

$$P = (\varphi_E(\boldsymbol{f}_1), \varphi_E(\boldsymbol{f}_2)) = \begin{pmatrix} 1 & 3 \\ 2 & 5 \end{pmatrix}$$

となる．

このように，数ベクトル空間では，標準基底からの取り換えのときは，新しい基底 F の各ベクトルを列ベクトルに変えて番号順に並べれば，基底の取り換えの行列 P が得られる．

また，列ベクトル空間 $\boldsymbol{V}^n$ では，標準基底からの取り換えのときは，新しい基底 F の各ベクトルをそのまま番号順に並べれば，基底の取り換えの行列 P が得られる．すなわち，

$F = \{\boldsymbol{f}_1, \boldsymbol{f}_2, \ldots, \boldsymbol{f}_n\}$ とすると，次式が得られる．

$$P = (\boldsymbol{f}_1, \boldsymbol{f}_2, \ldots, \boldsymbol{f}_n)$$

例 9.9 列ベクトル空間 $\boldsymbol{V}^2$ において，標準基底

$$E = \left\{ \boldsymbol{e}_1 = \begin{pmatrix} 1 \\ 0 \end{pmatrix}, \boldsymbol{e}_2 = \begin{pmatrix} 0 \\ 1 \end{pmatrix} \right\}$$

を基底 $F = \left\{ \boldsymbol{f}_1 = \begin{pmatrix} -2 \\ 1 \end{pmatrix}, \boldsymbol{f}_2 = \begin{pmatrix} 3 \\ -1 \end{pmatrix} \right\}$ に取り換えるときの行列 P は次のようになる．

$$P = (\varphi_E(\boldsymbol{f}_1), \varphi_E(\boldsymbol{f}_2)) = \begin{pmatrix} -2 & 3 \\ 1 & -1 \end{pmatrix}$$

基底の取り換えの行列は，ある線形変換の表現行列と考えることができる．次の命題でこのことを示そう．

命題 9.2 V をベクトル空間とし，$E = \{\boldsymbol{a}_1, \boldsymbol{a}_2, \ldots, \boldsymbol{a}_n\}, F = \{\boldsymbol{b}_1, \boldsymbol{b}_2, \ldots, \boldsymbol{b}_n\}$ を V の 2 組の基底とする．このとき，基底の取り換え $E \to F$ の行列 P は，次の線形変換の表現行列に等しい．

(1) $f : V_E \to V_E;\ f(\boldsymbol{a}_i) = \boldsymbol{b}_i \quad (i = 1, 2, \ldots, n)$

(2) $I : V_F \to V_E;\ I(\boldsymbol{x}) = \boldsymbol{x}$ （I は恒等変換，$\boldsymbol{x}$ は任意のベクトル）

証明 (1) この線形変換 f は各 $\boldsymbol{a}_i$ を $\boldsymbol{b}_i$ にうつす．この線形変換の表現行列は，$\boldsymbol{a}_i$ の像 $\boldsymbol{b}_i$ の基底 E についての成分を並べることにより得られるが，これは基底の取り換え $E \to F$ の行列の定義に等しい．

(2) この線形変換 I は，各 $\boldsymbol{b}_i$ を $\boldsymbol{b}_i$ にうつす．したがって，この線形変換の表現行列は，$\boldsymbol{b}_i$ の基底 E についての成分を並べることにより得られる．これはやはり基底の取り換え $E \to F$ の行列に等しい． □

系 9.1 基底の取り換え $E \to F$ の行列を P とすると，ベクトル $\boldsymbol{x} \in V$ の基底 E に関する成分 $\varphi_E(\boldsymbol{x})$ と基底 F に関する成分 $\varphi_F(\boldsymbol{x})$ の間には次の関係がある．

$$\varphi_F(\boldsymbol{x}) = P^{-1}\varphi_E(\boldsymbol{x}) \quad (\varphi_E(\boldsymbol{x}) = P\varphi_F(\boldsymbol{x})) \tag{9.8}$$

証明 命題 9.2 (2) より，P は恒等変換 $I : V_F \to V_E$ の表現行列に等しい．したがって，

$$\varphi_E(\boldsymbol{x}) = P\varphi_F(\boldsymbol{x})$$

となる．また，恒等変換 $I : V_E \to V_F$ の表現行列は P^{-1} となるから

$$\varphi_F(\boldsymbol{x}) = P^{-1}\varphi_E(\boldsymbol{x})$$

となる． □

例 9.10　$\boldsymbol{R}^2$ において，ベクトル $\boldsymbol{a} = (-2, 3)$ の，基底

$$F = \{\boldsymbol{f}_1 = (1, 2),\ \boldsymbol{f}_2 = (3, 5)\}$$

についての成分 $\varphi_F(\boldsymbol{x})$ を求めよう．

標準基底 E に関する $\boldsymbol{a}$ の成分 $\varphi_E(\boldsymbol{a})$ は

$$\begin{pmatrix} -2 \\ 3 \end{pmatrix}$$

である．標準基底 E を F に取り換えるときの行列 P は

$$(\varphi_E(\boldsymbol{f}_1),\ \varphi_E(\boldsymbol{f}_2)) = \begin{pmatrix} 1 & 3 \\ 2 & 5 \end{pmatrix}$$

である．したがって，

$$\varphi_F(\boldsymbol{x}) = \begin{pmatrix} 1 & 3 \\ 2 & 5 \end{pmatrix}^{-1} \begin{pmatrix} -2 \\ 3 \end{pmatrix} = \begin{pmatrix} -5 & 3 \\ 2 & -1 \end{pmatrix} \begin{pmatrix} -2 \\ 3 \end{pmatrix} = \begin{pmatrix} 19 \\ -7 \end{pmatrix}$$

注　式 (9.7) より，もとの基ベクトルと新しい基ベクトルの関係を基底の取り換えの行列 P を用いて表すと，

$$(\boldsymbol{b}_1,\ \boldsymbol{b}_2, \ldots, \boldsymbol{b}_n) = (\boldsymbol{a}_1,\ \boldsymbol{a}_2, \ldots, \boldsymbol{a}_n)P \tag{9.9}$$

となる（この関係は命題 9.2 (1) と式 (9.6) からも導かれる）．

この表示を用いると，系 9.1 の関係 (9.8) は次のようにして得られる．

ベクトル $\boldsymbol{x} \in V$ の基底 $E = \{\boldsymbol{a}_1,\ \boldsymbol{a}_2, \ldots, \boldsymbol{a}_n\}$, $F = \{\boldsymbol{b}_1,\ \boldsymbol{b}_2, \ldots, \boldsymbol{b}_n\}$ による成分をそれぞれ

$$\varphi_E(\boldsymbol{x}) = \begin{pmatrix} x_1 \\ x_2 \\ \vdots \\ x_n \end{pmatrix}, \quad \varphi_F(\boldsymbol{x}) = \begin{pmatrix} x_1' \\ x_2' \\ \vdots \\ x_n' \end{pmatrix}$$

とすると，

$$\boldsymbol{x} = x_1'\boldsymbol{b}_1 + x_2'\boldsymbol{b}_2 + \cdots + x_n'\boldsymbol{b}_n = (\boldsymbol{b}_1, \boldsymbol{b}_2, \ldots, \boldsymbol{b}_n) \begin{pmatrix} x_1' \\ x_2' \\ \vdots \\ x_n' \end{pmatrix}$$

$$\underset{\text{式 (9.9)}}{=} (\boldsymbol{a}_1, \boldsymbol{a}_2, \ldots, \boldsymbol{a}_n)P \begin{pmatrix} x'_1 \\ x'_2 \\ \vdots \\ x'_n \end{pmatrix} = (\boldsymbol{a}_1, \boldsymbol{a}_2, \ldots, \boldsymbol{a}_n) \begin{pmatrix} x_1 \\ x_2 \\ \vdots \\ x_n \end{pmatrix}$$

となる．したがって，$\boldsymbol{a}_1, \boldsymbol{a}_2, \ldots, \boldsymbol{a}_n$ の係数を比較して（$\boldsymbol{a}_1, \boldsymbol{a}_2, \ldots, \boldsymbol{a}_n$ が 1 次独立だから），

$$\begin{pmatrix} x_1 \\ x_2 \\ \vdots \\ x_n \end{pmatrix} = P \begin{pmatrix} x'_1 \\ x'_2 \\ \vdots \\ x'_n \end{pmatrix} \quad \text{すなわち，} \quad \varphi_E(\boldsymbol{x}) = P\varphi_F(\boldsymbol{x})$$

問 9.4 ベクトル空間 V において，基底 E を基底 F に取り換えるときの行列を P，基底 F を基底 G に取り換えるときの行列を Q とすると，基底 E を基底 G に取り換えるときの行列は PQ で与えられることを示せ．

9.4.2 基底の取り換えと線形写像の表現行列

表現行列を考えることにより，線形写像は非常に扱いやすくなった．次は，うまく基底を選ぶことで表現行列がなるべく簡単になるようにしたい．このことは次章で説明するが，ここではその準備として，基底を取り換えると線形写像の表現行列がどのように変わるかを考えよう．

$f : V \to W$ を線形写像とする．ここで，ベクトル空間 V, W の次元はそれぞれ $\dim V = n, \dim W = m$ とする．E を V の基底，F を W の基底とし，基底 E, F に関する f の表現行列を A とする．このとき，E を V の別の基底 E' に，F を W の別の基底 F' に取り換えると，f の表現行列はどのように変わるのだろうか．

定理 9.6 $f : V_E \to W_F$ の表現行列を A，$f : V_{E'} \to W_{F'}$ の表現行列を B とすると

$$B = Q^{-1}AP$$

となる．ここで，P は基底の取り換え $E \to E'$ の行列，Q は基底の取り換え $F \to F'$ の行列である．

証明 次の図 9.10 を用いて説明する．

$f : V_{E'} \to W_{F'}$ は，V_E, W_F を経由して

$$V_{E'} \underset{I}{\overset{P}{\longrightarrow}} V_E \underset{f}{\overset{A}{\longrightarrow}} W_F \underset{I^{-1}}{\overset{Q^{-1}}{\longrightarrow}} W_{F'}$$

の合成として得られる．命題 9.2(2) より，$I: V_{E'} \to V_E$ の行列は基底の取り換え $E \to E'$ の行列 P に等しい．また，$I: W_{F'} \to W_F$ の行列は基底の取り換え $F \to F'$ の行列 Q に等しい．

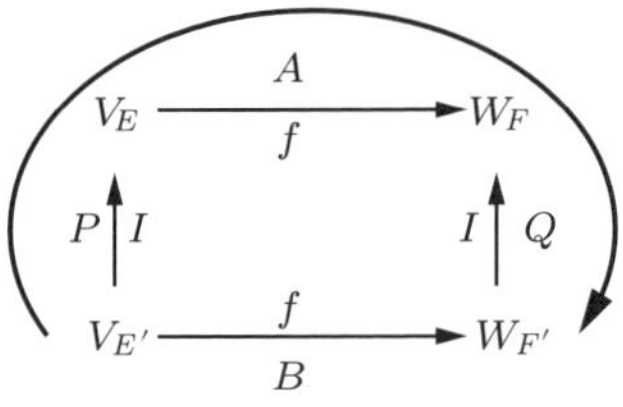

図 9.10

写像の合成には行列の積が対応し，逆写像の表現行列はもとの写像の表現行列の逆行列で与えられることより，

$$B = Q^{-1}AP$$

が得られる．□

ここで，$W = V$, $Q = P$ とすれば，次の系が得られる．

系 9.2　ベクトル空間 V の線形変換 f の基底 E に関する表現行列を A とする．別の基底 E' に関する f の表現行列を B とすると，

$$B = P^{-1}AP$$

となる．ここで，P は基底の取り換え $E \to E'$ の行列である．

問 9.5　(1)　$\boldsymbol{V}^3$ の線形変換 f の標準基底に関する表現行列が

$$\begin{pmatrix} -1 & 0 & 1 \\ 2 & 1 & -1 \\ 1 & 3 & 2 \end{pmatrix}$$

で与えられているとき，基底 $F = \left\{ \begin{pmatrix} 1 \\ -1 \\ 1 \end{pmatrix}, \begin{pmatrix} 1 \\ -1 \\ 2 \end{pmatrix}, \begin{pmatrix} 1 \\ 0 \\ 3 \end{pmatrix} \right\}$ に関する f の表現行列を求めよ．

(2)　2 次以下の多項式全体のなすベクトル空間 P_2 において，基底 $F = \{x^2 + 1,\ 2x^2 - x + 2,\ x^2 + 2x + 2\}$ に関する次の線形変換 Φ の表現行列を求めよ．

$$\Phi : f(x) \mapsto f(x+1) \quad (f(x) \in P_2)$$

9.4.3 直交行列

実数を成分とする n 次正方行列 A が

$${}^tAA = E$$

を満たすとき，A を**直交行列**とよぶ．

直交行列は正則で，逆行列が転置行列で与えられるような正方行列のことである．また，次のように特徴づけることもできる．

命題 9.3

n 次正方行列 A について，$A = \begin{pmatrix} \boldsymbol{a}_1 \\ \vdots \\ \boldsymbol{a}_n \end{pmatrix} = (\boldsymbol{b}_1, \ldots, \boldsymbol{b}_n)$ を A の行への分割と列への分割とする．このとき，次の 3 つの条件は同値である．

(1) A は直交行列

(2) $\boldsymbol{a}_1, \ldots, \boldsymbol{a}_n$ は $\boldsymbol{V}_n$ の標準的内積に関する正規直交基底

(3) $\boldsymbol{b}_1, \ldots, \boldsymbol{b}_n$ は $\boldsymbol{V}^n$ の標準的内積に関する正規直交基底

証明 [(1) $\Longleftrightarrow$ (3)]

$$ {}^tAA = {}^t(\boldsymbol{b}_1, \ldots, \boldsymbol{b}_n)(\boldsymbol{b}_1, \ldots, \boldsymbol{b}_n) = \begin{pmatrix} {}^t\boldsymbol{b}_1 \\ \vdots \\ {}^t\boldsymbol{b}_n \end{pmatrix} (\boldsymbol{b}_1, \ldots, \boldsymbol{b}_n) = \left({}^t\boldsymbol{b}_i\boldsymbol{b}_j\right) = ((\boldsymbol{b}_i, \boldsymbol{b}_j)) $$

したがって，

$$ {}^tAA = E \quad \Longleftrightarrow \quad (\boldsymbol{b}_i, \boldsymbol{b}_j) = \delta_{ij} \quad \Longleftrightarrow \quad (\boldsymbol{b}_1, \ldots, \boldsymbol{b}_n \text{ は } \boldsymbol{V}^n \text{ の正規直交基底}) $$

[(1) $\Longleftrightarrow$ (2)] ${}^tAA = E$ は，A が正則でその逆行列が ${}^tA$ で与えられることを意味する．したがって，${}^tAA = E \Longleftrightarrow A{}^tA = E$．また，

$$ A{}^tA = E \quad \Longleftrightarrow \quad (\boldsymbol{a}_i, \boldsymbol{a}_j) = \delta_{ij} \quad \Longleftrightarrow \quad (\boldsymbol{a}_1, \ldots, \boldsymbol{a}_n \text{ は } \boldsymbol{V}_n \text{ の正規直交基底}) \quad \square $$

問 9.6 2 次の直交行列は次の 2 つのタイプに限られることを示せ．

$$ \begin{pmatrix} \cos\theta & -\sin\theta \\ \sin\theta & \cos\theta \end{pmatrix}, \quad \begin{pmatrix} \cos\theta & \sin\theta \\ \sin\theta & -\cos\theta \end{pmatrix} $$

V を n 次元内積空間とする．線形変換 $f : V \to V$ が**直交変換**であるとは，f が V の固定された内積 $(\ ,\ )$ を保つことである．すなわち，任意のベクトル $\boldsymbol{a}, \boldsymbol{b} \in V$ に対し，

$$ (f(\boldsymbol{a}), f(\boldsymbol{b})) = (\boldsymbol{a}, \boldsymbol{b}) $$

が成り立つとき，f は直交変換であるという．

直交変換は，ベクトルの大きさを変えない変換であるということもできる．

補題 9.1　V を内積空間とする．このとき，線形変換 $f: V \to V$ についての次の 2 つの条件は同値である．

(1)　任意のベクトル $\boldsymbol{a}, \boldsymbol{b} \in V$ に対し，$(f(\boldsymbol{a}), f(\boldsymbol{b})) = (\boldsymbol{a}, \boldsymbol{b})$ となる．

(2)　任意のベクトル $\boldsymbol{a} \in V$ に対し，$|f(\boldsymbol{a})| = |\boldsymbol{a}|$ となる．

証明　[(1) ⇒ (2)]　(1) が成り立つとき，$|f(\boldsymbol{a})|^2 = (f(\boldsymbol{a}), f(\boldsymbol{a})) = (\boldsymbol{a}, \boldsymbol{a}) = |\boldsymbol{a}|^2$ となり，$|f(\boldsymbol{a})| = |\boldsymbol{a}|$ が成り立つ．

[(2) ⇒ (1)]　(2) より，任意のベクトル $\boldsymbol{a}$, $\boldsymbol{b} \in V$ に対し，

$$|f(\boldsymbol{a}+\boldsymbol{b})|^2 = |\boldsymbol{a}+\boldsymbol{b}|^2$$

となる．ここで，

$$\begin{aligned}
(\text{左辺}) &= |f(\boldsymbol{a}+\boldsymbol{b})|^2 = |f(\boldsymbol{a})+f(\boldsymbol{b})|^2 = (f(\boldsymbol{a})+f(\boldsymbol{b}), f(\boldsymbol{a})+f(\boldsymbol{b})) \\
&= (f(\boldsymbol{a}), f(\boldsymbol{a})) + 2(f(\boldsymbol{a}), f(\boldsymbol{b})) + (f(\boldsymbol{b}), f(\boldsymbol{b})) \\
&= |f(\boldsymbol{a})|^2 + 2(f(\boldsymbol{a}), f(\boldsymbol{b})) + |f(\boldsymbol{b})|^2 \\
&= |\boldsymbol{a}|^2 + 2(f(\boldsymbol{a}), f(\boldsymbol{b})) + |\boldsymbol{b}|^2 \qquad (9.10) \\
(\text{右辺}) &= |\boldsymbol{a}+\boldsymbol{b}|^2 = (\boldsymbol{a}+\boldsymbol{b}, \boldsymbol{a}+\boldsymbol{b}) = (\boldsymbol{a}, \boldsymbol{a}) + 2(\boldsymbol{a}, \boldsymbol{b}) + (\boldsymbol{b}, \boldsymbol{b}) \\
&= |\boldsymbol{a}|^2 + 2(\boldsymbol{a}, \boldsymbol{b}) + |\boldsymbol{b}|^2 \qquad (9.11)
\end{aligned}$$

である．

式 (9.10) と式 (9.11) を比べて，$(f(\boldsymbol{a}), f(\boldsymbol{b})) = (\boldsymbol{a}, \boldsymbol{b})$ が成り立つ．　□

注　直交変換は，ベクトルの内積とベクトルの大きさをともに変えない．したがって，式 (8.20) より，2 つのベクトルのなす角も変えない．

直交変換と直交行列は，次の関係でつながっている．

命題 9.4　n 次元内積空間 V において，直交変換 $f: V \to V$ の正規直交基底に関する表現行列は，直交行列となる．

証明　$E = \{\boldsymbol{a}_1, \boldsymbol{a}_2, \ldots, \boldsymbol{a}_n\}$ を V の正規直交基底とし，E に関する f の表現行列を $A = (a_{i,j})$ とする．このとき，

$$\begin{aligned}
\delta_{i,j} = (\boldsymbol{a}_i, \boldsymbol{a}_j) = (f(\boldsymbol{a}_i), f(\boldsymbol{a}_j)) &= \left(\sum_{k=1}^{n} a_{ki}\boldsymbol{a}_k, \sum_{l=1}^{n} a_{lj}\boldsymbol{a}_l \right) \\
&= \sum_{k,l=1}^{n} a_{ki}a_{lj}(\boldsymbol{a}_k, \boldsymbol{a}_l) = \sum_{k,l=1}^{n} a_{ki}a_{lj}\delta_{k,l} = \sum_{k=1}^{n} a_{ki}a_{kj} \qquad (9.12)
\end{aligned}$$

この式 (9.12) は，A の列ベクトルが $\boldsymbol{V}^n$ の正規直交基底になっていることを示している．したがって，命題 9.3 より A は直交行列である． □

直交変換がユークリッド空間 E^n に引き起こす 1 次変換は 2 点間の距離を変えない（このような写像を**合同変換**とよぶ）．たとえば，4.1.5 項における対称移動や回転は合同変換であり，これらを表す行列はともに直交行列である．また，4.2.2 項の平面に関する対称移動や軸のまわりの回転も合同変換であり，これらを表す行列は直交行列である．

系 9.3 n 次元内積空間 V において，E, F を 2 組の正規直交基底とすると，基底の取り換え $E \to F$ の行列 P は直交行列である．

証明 $E = \{\boldsymbol{a}_1, \boldsymbol{a}_2, \ldots, \boldsymbol{a}_n\}$, $F = \{\boldsymbol{b}_1, \boldsymbol{b}_2, \ldots, \boldsymbol{b}_n\}$ とする．命題 9.2(1) より，基底の取り換え $E \to F$ の行列 P は，線形変換 $f : \boldsymbol{a}_i \mapsto \boldsymbol{b}_i$ の正規直交基底 E に関する表現行列に等しい．この f が直交変換であることは次のようにして確かめられる．$\boldsymbol{x} = x_1\boldsymbol{a}_1 + x_2\boldsymbol{a}_2 + \cdots + x_n\boldsymbol{a}_n$ とすると，$|\boldsymbol{x}|^2 = x_1^2 + x_2^2 + \cdots + x_n^2$ となる．また，$f(\boldsymbol{x}) = x_1\boldsymbol{b}_1 + x_2\boldsymbol{b}_2 + \cdots + x_n\boldsymbol{b}_n$ より，やはり $|f(\boldsymbol{x})|^2 = x_1^2 + x_2^2 + \cdots + x_n^2 = |\boldsymbol{x}|^2$ となる．したがって，命題 9.4 より P は直交行列である． □

問 9.7 次の行列が直交行列であることを示せ．

(1) $A = \dfrac{1}{3}\begin{pmatrix} -1 & 2 & 2 \\ 2 & -1 & 2 \\ 2 & 2 & -1 \end{pmatrix}$　　(2) $B = \dfrac{1}{2}\begin{pmatrix} 1 & -1 & -1 & -1 \\ -1 & 1 & -1 & -1 \\ -1 & -1 & 1 & -1 \\ -1 & -1 & -1 & 1 \end{pmatrix}$

演習問題

9.1 $\boldsymbol{V}^2$ における 2 組の基底

$$E = \left\{ \begin{pmatrix} 1 \\ 2 \end{pmatrix}, \begin{pmatrix} 2 \\ 3 \end{pmatrix} \right\}, \quad F = \left\{ \begin{pmatrix} 3 \\ -1 \end{pmatrix}, \begin{pmatrix} -5 \\ 2 \end{pmatrix} \right\}$$

について，E を F に取り換えるときの基底の取り換えの行列を求めよ．

9.2 $\boldsymbol{V}^4$ の線形変換 f が

$$f : \begin{pmatrix} 1 \\ 0 \\ 2 \\ 1 \end{pmatrix} \mapsto \begin{pmatrix} 2 \\ -1 \\ -1 \\ 5 \end{pmatrix}, \begin{pmatrix} 2 \\ 1 \\ 4 \\ 3 \end{pmatrix} \mapsto \begin{pmatrix} 5 \\ 3 \\ -1 \\ 2 \end{pmatrix}, \begin{pmatrix} 3 \\ -1 \\ 5 \\ 2 \end{pmatrix} \mapsto \begin{pmatrix} 4 \\ 1 \\ 0 \\ 3 \end{pmatrix}, \begin{pmatrix} 1 \\ 1 \\ 2 \\ 1 \end{pmatrix} \mapsto \begin{pmatrix} 3 \\ -2 \\ 5 \\ 4 \end{pmatrix}$$

を満たすとき，標準基底に関する f の表現行列を求めよ．

9.3 $\boldsymbol{V}^3$ の部分空間 W を，$x+y+z=0$ を満たすベクトル $\boldsymbol{x}=\begin{pmatrix} x \\ y \\ z \end{pmatrix} \in \boldsymbol{V}^3$ 全体とする．W の線形変換 f を

$$f : \begin{pmatrix} x \\ y \\ z \end{pmatrix} \mapsto \begin{pmatrix} x-y+2z \\ -3x+y-z \\ 4x+2y+z \end{pmatrix}$$

とするとき，基底 $E=\left\{\boldsymbol{a}_1=\begin{pmatrix} 1 \\ -1 \\ 0 \end{pmatrix}, \boldsymbol{a}_2=\begin{pmatrix} 0 \\ 1 \\ -1 \end{pmatrix}\right\}$ に関する f の表現行列を求めよ．

9.4 U, V を n 次元内積空間，E, F をそれぞれ U, V の正規直交基底とする．線形写像 $f : U \to V$ が任意のベクトル $\boldsymbol{a}, \boldsymbol{b} \in U$ に対し

$$(f(\boldsymbol{a}), f(\boldsymbol{b})) = (\boldsymbol{a}, \boldsymbol{b})$$

を満たせば（内積を保てば），$f : U_E \to V_F$ の表現行列 A は直交行列となることを示せ．

9.5 次の線形変換の表現行列を求めよ．

(1)　V を n 次以下の実係数多項式全体とする．

$$V = \{a_0x^n + a_1x^{n-1} + \cdots + a_n \mid a_0, a_1, \ldots, a_n \in \boldsymbol{R}\}$$

V の線形変換 $D : f(x) \to f'(x)$（$f(x)$ の導関数）の基底

$$\left\{1,\ x,\ \left(\frac{1}{2!}\right)x^2,\ \ldots,\ \left(\frac{1}{n!}\right)x^n\right\}$$

に関する表現行列を求めよ．

(2)　W を n 次以下の実係数多項式と指数関数 $e^{\lambda x}$ の積全体とする．

$$W = \{(a_0x^n + a_1x^{n-1} + \cdots + a_n)e^{\lambda x} \mid a_0, a_1, \ldots, a_n \in \boldsymbol{R}\}$$

W の線形変換 $D : f(x) \to f'(x)$ の基底

$$\left\{e^{\lambda x},\ xe^{\lambda x},\ \left(\frac{1}{2!}\right)x^2e^{\lambda x},\ \ldots,\ \left(\frac{1}{n!}\right)x^ne^{\lambda x}\right\}$$

に関する表現行列を求めよ．

第 10 章

固有値と固有ベクトル

この章では，固有値と固有ベクトルの定義を与え，その幾何学的な意味と求め方を説明する．最後に対称行列の対角化とその応用例を挙げる．

10.1 固有値と固有ベクトル

まず例として，xy 平面 E^2 の 1 次変換

$$f : E^2 \to E^2;\ f : (x, y) \mapsto (x + 2y, 2x + y)$$

を考えよう．この 1 次変換の行列は $A = \begin{pmatrix} 1 & 2 \\ 2 & 1 \end{pmatrix}$ である．この 1 次変換 f は平面ベクトルの線形変換

$$F = L_A : \boldsymbol{V}^2 \to \boldsymbol{V}^2;\ \boldsymbol{x} \mapsto A\boldsymbol{x}$$

を引き起こす．f が図形的にどのような写像なのかが直感的にわかるだろうか．たとえば，この写像を n 回ほどこすと，平面上の点はどのような点にうつされるのだろうか．ここで，

$$\boldsymbol{a} = \begin{pmatrix} 1 \\ 1 \end{pmatrix}, \quad \boldsymbol{b} = \begin{pmatrix} -1 \\ 1 \end{pmatrix}$$

とすると，

$$A\boldsymbol{a} = \begin{pmatrix} 1 & 2 \\ 2 & 1 \end{pmatrix}\begin{pmatrix} 1 \\ 1 \end{pmatrix} = \begin{pmatrix} 3 \\ 3 \end{pmatrix}, \quad A\boldsymbol{b} = \begin{pmatrix} 1 & 2 \\ 2 & 1 \end{pmatrix}\begin{pmatrix} -1 \\ 1 \end{pmatrix} = \begin{pmatrix} 1 \\ -1 \end{pmatrix}$$

より

$$F(\boldsymbol{a}) = 3\boldsymbol{a}, \quad F(\boldsymbol{b}) = -\boldsymbol{b}$$

となる．$\boldsymbol{a}$ は F により 3 倍され，$\boldsymbol{b}$ は F により (-1) 倍される．したがって，f は $\boldsymbol{a}$ の方向に 3 倍し，$\boldsymbol{b}$ の方向に (-1) 倍するような写像である．平面図形は直線 $y = x$ に関しては対称に移動され，直線 $y = x$ 方向へは 3 倍に引き伸ばされる（図 10.1 参照）．したがって，f^n は $\boldsymbol{a}$ の方向に 3^n 倍し，$\boldsymbol{b}$ の方向に $(-1)^n$ 倍するような写像であることがわかる．

基底として $E_1 = \{\boldsymbol{a}, \boldsymbol{b}\}$ をとると，E_1 に関する F の表現行列 B は

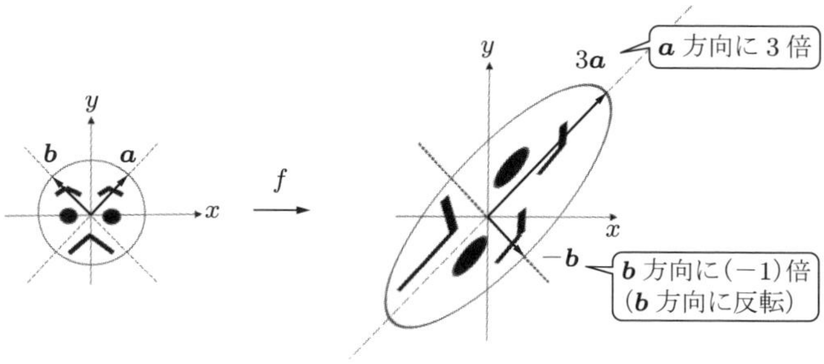

図 10.1　1 次変換 f の図形的意味

$$B = \begin{pmatrix} 3 & 0 \\ 0 & -1 \end{pmatrix}$$

となり（これは対角行列），F^n の基底 E_1 に関する表現行列は

$$B^n = \begin{pmatrix} 3^n & 0 \\ 0 & (-1)^n \end{pmatrix}$$

となることがわかる．

もとの xy 座標系のかわりに $\boldsymbol{a}, \boldsymbol{b}$ を目盛りの単位に用いて，新しい座標系 uv 座標系をとろう（図 10.2）．

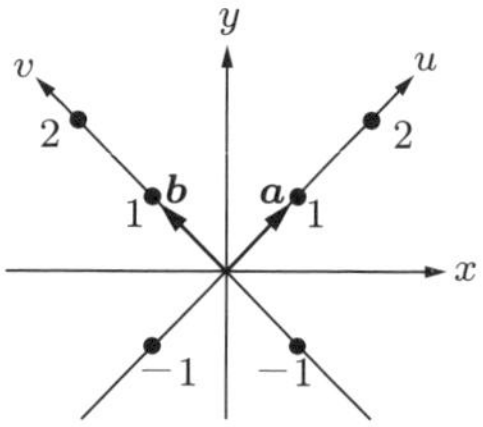

図 10.2　座標の取り換え

ベクトル $\boldsymbol{x} = u\boldsymbol{a} + v\boldsymbol{b}$ の F による像を求めると，

$$F(\boldsymbol{x}) = F(u\boldsymbol{a} + v\boldsymbol{b}) = uF(\boldsymbol{a}) + vF(\boldsymbol{b}) = u(3\boldsymbol{a}) + v(-\boldsymbol{b}) = 3u\boldsymbol{a} + (-v)\boldsymbol{b}$$

となる．したがって，この新しい座標を用いると，f は

$$f : (u,\ v) \mapsto (3u,\ -v)$$

となる．f により u 座標は 3 倍され，v 座標は (-1) 倍される．すなわち，f は 2 つの直線の 1 次変換の組に分解される（このことを，「変数は分離される」という）．

このように，uv 座標系を用いると f の性質が明瞭になる．

ただし，もとの xy 座標系と uv 座標系では目盛りの縮尺が違っている．uv 座標系での 1 目盛りは，xy 座標系では $\sqrt{2}$ の長さになる．もし同じ縮尺にしたければ，$\boldsymbol{a}$, $\boldsymbol{b}$ のかわりに単位ベクトル $\boldsymbol{a}' = \left(1/\sqrt{2}\right)\boldsymbol{a}$, $\boldsymbol{b}' = \left(1/\sqrt{2}\right)\boldsymbol{b}$ をとればよい．このとき，$\boldsymbol{a}' \perp \boldsymbol{b}'$ だから，縮尺の等しい新たな直交座標系が得られる．この座標系では f の行列はやはり B になり，変数が分離される．

このように，線形変換 F（および 1 次変換 f）を考察するうえで，F によって方向が変わらないベクトル（不変な方向）および，その倍率を探すことが重要となってくる．この節では，このようなベクトル（これを F の固有ベクトルとよぶ）および倍率（これを F の固有値とよぶ）を探す方法について考察する．

■線形変換の固有値と固有ベクトル　まず，一般のベクトル空間の線形変換について，固有値と固有ベクトルを次のように定義する．

V をベクトル空間，$F: V \to V$ を V の線形変換とする．このとき

$$F(\boldsymbol{x}) = \lambda \boldsymbol{x} \tag{10.1}$$

となるような，$\boldsymbol{0}$ でないベクトル $\boldsymbol{x}$ が存在するとき，$\lambda \in \boldsymbol{R}$ を F の**固有値**とよぶ．また，$\boldsymbol{x}$ を F の固有値 λ に対する**固有ベクトル**とよぶ．

上の例では固有値は 3 と -1 で，$\boldsymbol{a}$ は固有値 3 に対する固有ベクトル，$\boldsymbol{b}$ は固有値 -1 に対する固有ベクトルである（図 10.3 参照）．

まず，固有ベクトルの基本的性質として，次に注意しよう．

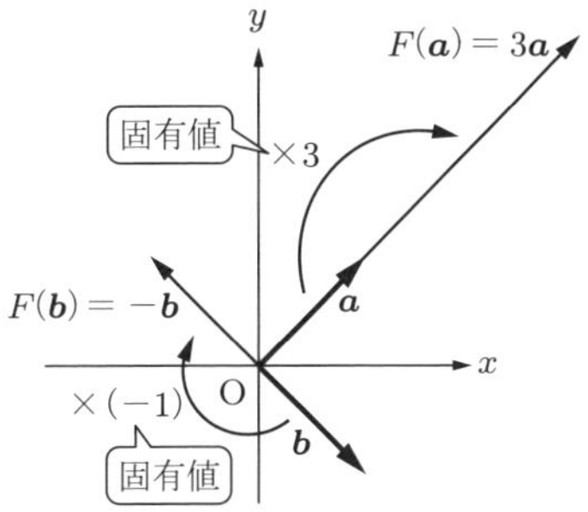

図 10.3　固有値と固有ベクトル

命題 10.1　$\boldsymbol{x}$ が線形変換 F の固有値 λ に対する固有ベクトルであるとすると，0 でない任意の定数 k に対し，$k\boldsymbol{x}$ も固有値 λ に対する固有ベクトルである．

証明　$F(\boldsymbol{x}) = \lambda \boldsymbol{x}$ とすると，$F(k\boldsymbol{x}) = kF(\boldsymbol{x}) = k(\lambda \boldsymbol{x}) = \lambda(k\boldsymbol{x})$ となり，$k\boldsymbol{x}$ も固有値 λ に対する固有ベクトルである．□

したがって，固有ベクトルを探すことは，F によって変わらない**方向**を探すことと同じである．

命題 10.2　f を平面または空間の 1 次変換とし，対応する線形変換を F とする．$\boldsymbol{x}$ が線形変換 F の固有ベクトルであるとすると，$\boldsymbol{x}$ に平行な直線 l は，f により l に平行な直線 l'（または 1 点）にうつされる．とくに，原点 O を通り，$\boldsymbol{x}$ に平行な直線 m はそれ自身（または原点 O）にうつされる．

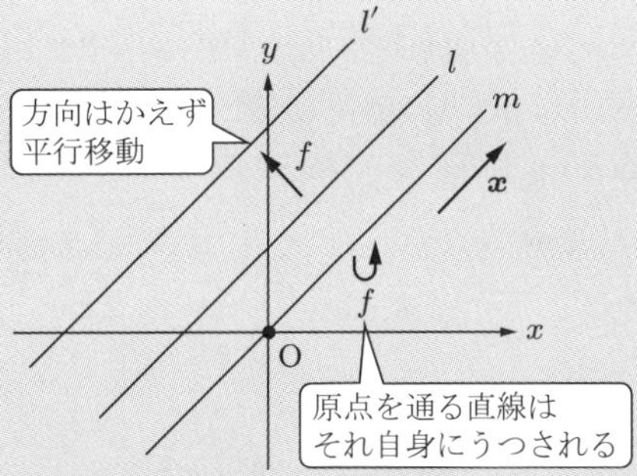

図 10.4　固有ベクトル $\boldsymbol{x}$ の定める方向は f により不変

証明　$\boldsymbol{x}$ に平行な直線 l は $\boldsymbol{p} = \boldsymbol{a} + t\boldsymbol{x}$（$t$ は実数）と表され，その F による像は，$\boldsymbol{p}' = F(\boldsymbol{a}+t\boldsymbol{x}) = F(\boldsymbol{a})+tF(\boldsymbol{x}) = F(\boldsymbol{a})+t(\lambda\boldsymbol{x})$ となる．これは，$\lambda\boldsymbol{x}$ に平行な直線を表す（ただし，$\lambda = 0$ の場合は 1 点になる）．直線 m が原点を通るときは，$\boldsymbol{p} = t\boldsymbol{x}$ と表すことができ，$F(t\boldsymbol{x}) = tF(\boldsymbol{x}) = t(\lambda\boldsymbol{x})$ となるから，やはり像も原点を通る直線となる．像に平行なベクトルは $\lambda\boldsymbol{x}$ で $\boldsymbol{x}$ に平行だから，$\lambda \neq 0$ の場合は像も直線 m となる（$\lambda = 0$ の場合は，像は原点 O となる）．□

さらに，F の固有値 λ に対する固有ベクトル全体に $\boldsymbol{0}$ を付け加えたものは，V の部分空間となる．実際これは，線形変換 $F - \lambda I$ の核

$$\mathrm{Ker}(F - \lambda I)$$

にほかならない（ここで，I は V の恒等変換を表す）．これを F の固有値 λ に対する**固有空間**とよび，$W(\lambda)$ で表すことにする．

■正方行列の固有値と固有ベクトル　基底を 1 つ固定することにより，ベクトル空間 V は列ベクトル空間 $\boldsymbol{V}^n$ と同一視された．したがって，V として列ベクトル空間の場合のみを考えれば十分である．このとき，線形変換 F はある n 次正方行列 A により $\boldsymbol{x} \mapsto A\boldsymbol{x}$ で与えられるから，式 (10.1) は

$$A\boldsymbol{x} = \lambda\boldsymbol{x} \tag{10.2}$$

となる．そこで，式 (10.2) を満たす $\boldsymbol{0}$ でないベクトル $\boldsymbol{x} \in \boldsymbol{V}^n$ が存在するとき，λ を行列 A の固有値，$\boldsymbol{x}$ を行列 A の固有値 λ に対する固有ベクトルとよぶ．すなわち，正方行列 A の固有値，固有ベクトルとは，A の定める線形変換 L_A：$\boldsymbol{V}^n \to \boldsymbol{V}^n$ の固有値，固有ベクトルのことである．式 (10.2) の右辺を移項し，$\boldsymbol{x} = E\boldsymbol{x}$ を用いると

$$(A - \lambda E)\boldsymbol{x} = \boldsymbol{0} \tag{10.3}$$

となり，これは，$\boldsymbol{x}$ に関する連立同次 1 次方程式である（ここで，E は n 次の単位行列）．λ が固有値なら，この同次方程式が非自明解をもつ．連立 1 次方程式の理論より，式 (10.3) が非自明解をもつための必要かつ十分な条件は係数行列 $A - \lambda E$ の階数が n より小さくなることであり（定理 5.3），これは行列式を用いると

$$|A - \lambda E| = 0$$

となることと同値であった（定理 6.4）．すなわち，

$$\Phi_A(x) = |A - xE| = \begin{vmatrix} a_{11} - x & a_{12} & \cdots & a_{1n} \\ a_{12} & a_{22} - x & \cdots & a_{2n} \\ \vdots & \vdots & \ddots & \vdots \\ a_{n1} & a_{n2} & \cdots & a_{nn} - x \end{vmatrix}$$

とおくと，$\lambda \in \boldsymbol{R}$ が固有値であるための条件は，$x = \lambda$ が方程式 $\Phi_A(x) = 0$ の解となることである．

この多項式 $\Phi_A(x) = |A - xE|$ を行列 A の**固有多項式**，方程式 $\Phi_A(x) = 0$ を A の**固有方程式**とよぶ．$\Phi_A(x)$ は n 次の多項式である．以上をまとめると，次のようになる．

$$\lambda \in \boldsymbol{R} \text{ が } n \text{ 次正方行列の固有値である} \iff \Phi_A(\lambda) = 0$$

A が実数を成分とする n 次正方行列とするとき，その固有多項式は実数を係数とする n 次の多項式となるが，固有方程式 $\Phi_A(x) = 0$ は必ずしも n 個の実数解をもつとは限らない．固有方程式の虚数解は上で述べたような図形的意味はもたなくなるが，やはり A の固有値とよぶ．

例題 10.1 $A = \begin{pmatrix} 2 & 1 & 1 \\ 1 & -2 & 1 \\ 1 & -1 & 2 \end{pmatrix}$ の固有値と，各固有値に対する固有ベクトルを 1 つずつ求めよ．

解

$$\Phi_A(x) = \begin{vmatrix} 2-x & 1 & 1 \\ 1 & -2-x & 1 \\ 1 & -1 & 2-x \end{vmatrix} \underset{\substack{\text{①行}-\text{③行}\times(2-x) \\ \text{②行}-\text{③行}}}{=} \begin{vmatrix} 0 & 3-x & -x^2+4x-3 \\ 0 & -1-x & x-1 \\ 1 & -1 & 2-x \end{vmatrix}$$

$$\underset{\substack{\text{①列について} \\ \text{余因子展開}}}{=} \begin{vmatrix} 3-x & -x^2+4x-3 \\ -1-x & x-1 \end{vmatrix} \underset{\substack{\text{成分を} \\ \text{因数分解}}}{=} \begin{vmatrix} 3-x & -(x-1)(x-3) \\ -(x+1) & x-1 \end{vmatrix}$$

$$\underset{\substack{\text{①行から }(x-3)\text{,} \\ \text{③列から }(x-1) \\ \text{をくくり出す}}}{=} (x-1)(x-3) \begin{vmatrix} -1 & -1 \\ -(x+1) & 1 \end{vmatrix}$$

$$= -(x-1)(x-3)(x+2) = 0 \quad \Rightarrow \quad x = 3, 1, -2$$

したがって，A の固有値は 3, 1, −2 である．

固有値 λ に対する固有ベクトルを求めるには，同次方程式 (10.3) を解けばよい．係数行列 $A - \lambda E$ に対し掃き出しを行うことにより，同次方程式を解く．

(i) $\lambda_1 = 3$ に対する固有ベクトル

$$\begin{pmatrix} 2-\lambda_1 & 1 & 1 \\ 1 & -2-\lambda_1 & 1 \\ 1 & -1 & 2-\lambda_1 \end{pmatrix} = \begin{pmatrix} -1 & 1 & 1 \\ 1 & -5 & 1 \\ 1 & -1 & -1 \end{pmatrix} \to \begin{pmatrix} -1 & 1 & 1 \\ 0 & -4 & 2 \\ 0 & 0 & 0 \end{pmatrix}$$

$$\to \begin{pmatrix} 1 & -1 & -1 \\ 0 & 1 & -1/2 \\ 0 & 0 & 0 \end{pmatrix} \to \begin{pmatrix} 1 & 0 & -3/2 \\ 0 & 1 & -1/2 \\ 0 & 0 & 0 \end{pmatrix} \quad \Rightarrow \quad \boldsymbol{x} = \begin{pmatrix} (3/2)\alpha \\ (1/2)\alpha \\ \alpha \end{pmatrix}$$

たとえば，$\alpha = 2$ として $\boldsymbol{x} = \begin{pmatrix} 3 \\ 1 \\ 2 \end{pmatrix}$ が得られる．

(ii) $\lambda_2 = 1$ に対する固有ベクトル

$$\begin{pmatrix} 2-\lambda_2 & 1 & 1 \\ 1 & -2-\lambda_2 & 1 \\ 1 & -1 & 2-\lambda_2 \end{pmatrix} = \begin{pmatrix} 1 & 1 & 1 \\ 1 & -3 & 1 \\ 1 & -1 & 1 \end{pmatrix} \to \begin{pmatrix} 1 & 1 & 1 \\ 0 & -4 & 0 \\ 0 & -2 & 0 \end{pmatrix}$$

$$\to \begin{pmatrix} 1 & 1 & 1 \\ 0 & 1 & 0 \\ 0 & 0 & 0 \end{pmatrix} \to \begin{pmatrix} 1 & 0 & 1 \\ 0 & 1 & 0 \\ 0 & 0 & 0 \end{pmatrix} \quad \Rightarrow \quad \boldsymbol{x} = \begin{pmatrix} -\alpha \\ 0 \\ \alpha \end{pmatrix}$$

たとえば，$\alpha = 1$ として $\boldsymbol{x} = \begin{pmatrix} -1 \\ 0 \\ 1 \end{pmatrix}$ が得られる．

(iii) $\lambda_3 = -2$ に対する固有ベクトル

$$\begin{pmatrix} 2-\lambda_3 & 1 & 1 \\ 1 & -2-\lambda_3 & 1 \\ 1 & -1 & 2-\lambda_3 \end{pmatrix} = \begin{pmatrix} 4 & 1 & 1 \\ 1 & 0 & 1 \\ 1 & -1 & 4 \end{pmatrix} \to \begin{pmatrix} 1 & 0 & 1 \\ 0 & -1 & 3 \\ 0 & 5 & -15 \end{pmatrix}$$

$$\to \begin{pmatrix} 1 & 0 & 1 \\ 0 & 1 & -3 \\ 0 & 0 & 0 \end{pmatrix} \quad \Rightarrow \quad \boldsymbol{x} = \begin{pmatrix} -\alpha \\ 3\alpha \\ \alpha \end{pmatrix}$$

たとえば，$\alpha = 1$ として $\boldsymbol{x} = \begin{pmatrix} -1 \\ 3 \\ 1 \end{pmatrix}$ が得られる． ■

問 10.1 次の行列の固有値と，各固有値に対する固有ベクトルを 1 つずつ求めよ．

(1) $\begin{pmatrix} 1 & 1 \\ 4 & -2 \end{pmatrix}$ (2) $\begin{pmatrix} -6 & 2 & 4 \\ -1 & 0 & 1 \\ -5 & 2 & 3 \end{pmatrix}$ (3) $\begin{pmatrix} 3 & 4 & 4 \\ 0 & -1 & 5 \\ 0 & 0 & 4 \end{pmatrix}$

問 10.2 三角行列の固有値は対角成分となることを示せ．

問 10.3 n 次正方行列

$$A = \begin{pmatrix} A_1 & B \\ O & A_2 \end{pmatrix} \quad \bigl(A_1 : r \text{ 次正方行列},\ A_2 : n-r \text{ 次正方行列}\bigr)$$

の固有値は，A_1 の固有値と A_2 の固有値を合わせたものになることを示せ．

問 10.4 3 次の正方行列 $A = (a_{ij})$ に対して，A の固有多項式 $\Phi_A(x)$ が次式で与えられることを示せ．

$$\Phi_A(x) = -x^3 + (\operatorname{tr} A)x^2 - \left(\begin{vmatrix} a_{11} & a_{12} \\ a_{21} & a_{22} \end{vmatrix} + \begin{vmatrix} a_{11} & a_{13} \\ a_{31} & a_{33} \end{vmatrix} + \begin{vmatrix} a_{22} & a_{23} \\ a_{32} & a_{33} \end{vmatrix} \right) x + |A|$$

ここで，$\operatorname{tr} A = a_{11} + a_{22} + a_{33}$ は行列 A のトレースである．

命題 10.3 $\boldsymbol{a}_1, \boldsymbol{a}_2, \ldots, \boldsymbol{a}_k$ を n 次正方行列 A の相異なる固有値 $\lambda_1, \lambda_2, \ldots, \lambda_k$ に対する固有ベクトルとすると，これらは 1 次独立である．

証明 $x_1\boldsymbol{a}_1 + x_2\boldsymbol{a}_2 + \cdots + x_k\boldsymbol{a}_k = \boldsymbol{0}$ とする．この両辺の左から A をかけると，式 (10.2) より，

$$x_1\lambda_1\boldsymbol{a}_1 + x_2\lambda_2\boldsymbol{a}_2 + \cdots + x_k\lambda_k\boldsymbol{a}_k = \boldsymbol{0}$$

が得られる．さらに，この式の両辺の左から A をかけると

$$x_1\lambda_1^2\boldsymbol{a}_1 + x_2\lambda_2^2\boldsymbol{a}_2 + \cdots + x_k\lambda_k^2\boldsymbol{a}_k = \boldsymbol{0}$$

となる．この操作を $k-1$ 回続けることにより，次の k 個の方程式が得られる．

$$\begin{cases} x_1\boldsymbol{a}_1 + x_2\boldsymbol{a}_2 + \cdots + x_k\boldsymbol{a}_k = \boldsymbol{0} \\ x_1\lambda_1\boldsymbol{a}_1 + x_2\lambda_2\boldsymbol{a}_2 + \cdots + x_k\lambda_k\boldsymbol{a}_k = \boldsymbol{0} \\ \cdots\cdots \\ x_1\lambda_1^{k-1}\boldsymbol{a}_1 + x_2\lambda_2^{k-1}\boldsymbol{a}_2 + \cdots + x_k\lambda_k^{k-1}\boldsymbol{a}_k = \boldsymbol{0} \end{cases}$$

これを $x_1\boldsymbol{a}_1, x_2\boldsymbol{a}_2, \cdots, x_k\boldsymbol{a}_k$ の連立 1 次方程式とみて行列を用いて表すと，

$$\begin{pmatrix} 1 & 1 & \cdots & 1 \\ \lambda_1 & \lambda_2 & \cdots & \lambda_k \\ \vdots & \vdots & & \vdots \\ \lambda_1^{k-1} & \lambda_2^{k-1} & \cdots & \lambda_k^{k-1} \end{pmatrix} \begin{pmatrix} x_1\boldsymbol{a}_1 \\ x_2\boldsymbol{a}_2 \\ \vdots \\ x_k\boldsymbol{a}_k \end{pmatrix} = \begin{pmatrix} \boldsymbol{0} \\ \boldsymbol{0} \\ \vdots \\ \boldsymbol{0} \end{pmatrix}$$

となる．

いま，$\lambda_i \neq \lambda_j \ (i \neq j)$ より，この係数行列は正則であるから（6.3 節の例 6.9 参照），両辺の左からその逆行列をかけて，$x_1\boldsymbol{a}_1 = x_2\boldsymbol{a}_2 = \cdots = x_k\boldsymbol{a}_k = \boldsymbol{0}$ が導かれる．各 $\boldsymbol{a}_i$ は $\boldsymbol{0}$ ではないので，

$$x_1 = x_2 = \cdots = x_k = 0$$

が得られる．したがって，$\boldsymbol{a}_1, \boldsymbol{a}_2, \ldots, \boldsymbol{a}_k$ は 1 次独立である． □

10.2 同値な行列

n 次正方行列 A, B に対し，ある n 次正則行列 P が存在して

$$B = P^{-1}AP$$

となるとき，A と B は**同値**であるといい，

$$A \sim B$$

で表す．

注　ある線形変換 f の表現行列は基底のとり方によって異なるが，異なる基底に関する表現行列 A, B の間には $B = P^{-1}AP$ という関係がある（P は基底の取り換えの行列，系 9.2 参照）．すなわち，1 つの線形変換の表現行列はすべて互いに同値である．逆に，f の 1 つの基底に関する表現行列 A と同値な行列 B は，ある基底に関する f の表現行列である．したがって，与えられた線形変換 f のなるべく簡単な表現行列を探すという問題は，A と同値な行列の中でなるべく簡単な行列を探すという問題に言い換えることができる．

定理 10.1　$A \sim B$ なら，A, B の
(1)　固有多項式　　(2)　固有値　　(3)　トレース　　(4) 行列式
はすべて一致する．

証明　$A \sim B$ とし，$B = P^{-1}AP$ とする．まず，A, B について (4) が一致することを示そう．命題 6.5 より，一般に $|CD| = |DC|$（積の順序を変えても行列式の値は変わらない）が成り立つ．したがって，

$$|B| = |P^{-1}AP| = |(P^{-1}A)P| = |P(P^{-1}A)| = |(PP^{-1})A| = |A|$$

次に，(4) が一致することを用いて，(1) が一致することを示そう．A, B の固有多項式をそれぞれ $\Phi_A(x), \Phi_B(x)$ とすると，

$$\begin{aligned}\Phi_B(x) &= |B - xE| = |P^{-1}AP - xE| = |P^{-1}(A - xE)P| \\ &= |A - xE| = \Phi_A(x)\end{aligned}$$

固有値は固有方程式の解だから固有多項式が同じであれば，(2) 固有値も等しい．

最後に，(3) が一致することを示す．演習問題 3.7 より，C, D が n 次正方行列のとき $\mathrm{tr}(CD) = \mathrm{tr}(DC)$ が成り立つ．したがって，(4) の場合と同様にして $\mathrm{tr}\,B = \mathrm{tr}\,A$ となることがわかる．また，

$$\Phi_A(x) = (-1)^n x^n + (-1)^{n-1}(\mathrm{tr}\,A)x^{n-1} + \cdots + |A|$$

となることから（問 10.4 参照），固有多項式が同じになることからもトレースが等しくなることが導かれる．　□

注 (1)〜(4) の値は線形変換に固有の値と考えられる．実際，固有値はもともと線形変換について定義されたものである．トレース，行列式についても線形変換に固有の意味がある．

問 10.5 n 次正方行列 A の固有多項式を

$$\Phi_A(x) = (-1)^n(x-\lambda_1)^{m_1}(x-\lambda_2)^{m_2}\cdots(x-\lambda_k)^{m_k}$$

とする（ここで，$\lambda_1, \lambda_2, \ldots, \lambda_k$ は A の相異なる固有値で，実数とする）．このとき，固有空間 $W(\lambda_i)$ に対し，

$$\dim W(\lambda_i) \leqq m_i \quad (i = 1, 2, \ldots, k)$$

となることを示せ．

10.3 正則行列による対角化

A を n 次正方行列とする．適当な正則行列 P により $P^{-1}AP$ が対角行列になるようにできるとき，A は**対角化可能**であるという（A は**半単純**であるともいう）．これは A の固有ベクトルよりなる基底がとれることと同じである．行列が対角化可能であるための条件は，次で与えられる．

定理 10.2 n 次正方行列 A の固有値はすべて実数であるとする．$\lambda_1, \lambda_2, \ldots, \lambda_k$ を A の相異なる固有値とし，A の固有多項式を

$$\Phi_A(x) = (-1)^n(x-\lambda_1)^{m_1}(x-\lambda_2)^{m_2}\cdots(x-\lambda_k)^{m_k}$$

とする．このとき，A が対角化可能であるための必要かつ十分な条件は，

$$\dim W(\lambda_i) = m_i \quad (i = 1, 2, \ldots, k)$$

が成り立つことである．

証明 ［必要性］ A が対角化可能ならば，適当な基底 $F = \{\boldsymbol{a}_1, \boldsymbol{a}_2, \ldots, \boldsymbol{a}_n\}$ による線形変換 $L_A : \boldsymbol{x} \mapsto A\boldsymbol{x}$ の表現行列 B は

$$B = \begin{pmatrix} \lambda_1 & & & & & & \\ & \ddots & & & & O & \\ & & \lambda_1 & & & & \\ & & & \lambda_2 & & & \\ & & & & \ddots & & \\ & & & & & \lambda_2 & \\ & O & & & & & \lambda_k \\ & & & & & & & \ddots \\ & & & & & & & & \lambda_k \end{pmatrix} \tag{10.4}$$

となる．実際，定理 10.1 より B の固有値は A の固有値と一致するが，対角行列の固有値は対角成分よりなるから，対角成分には λ_i が m_i 個並ぶ．このとき，固有空間 $W(\lambda_i)$ は m_i 個の $\boldsymbol{a}_j$ で生成され，$\dim W(\lambda_i) = m_i$ となる．

［十分性］ $\dim W(\lambda_i) = m_i \quad (i = 1, 2, \ldots, k)$ とすると，各 $W(\lambda_i)$ の基底 $\{\boldsymbol{a}^i_1, \boldsymbol{a}^i_2, \ldots, \boldsymbol{a}^i_{m_i}\}$ を選ぶことができる．これらすべてのベクトルを合わせたもの

$$\bigcup_{i=1}^{k} \{\boldsymbol{a}^i_1, \boldsymbol{a}^i_2, \ldots, \boldsymbol{a}^i_{m_i}\}$$

は命題 10.3 より 1 次独立であり（問 10.6），ベクトルの個数は $m_1 + m_2 + \cdots + m_k = n$ である．したがって，命題 8.5 より $\boldsymbol{V}^n$ の基底となる．この基底に関する L_A の表現行列は上の式 (10.4) で与えられる． □

この定理より，ただちに次が得られる．

系 10.1 n 次正方行列が n 個の相異なる実数の固有値をもてば，適当な正則行列により対角化可能である．

問 10.6 上の定理 10.2 の証明において，$\bigcup_{i=1}^{k} \{\boldsymbol{a}^i_1, \boldsymbol{a}^i_2, \ldots, \boldsymbol{a}^i_{m_i}\}$ は 1 次独立であることを示せ．

例題 10.2 次の正方行列が対角化可能かどうかを判定せよ．対角化可能な場合は対角化に用いられる正則行列 P を 1 つ求めよ．

(1) $A = \begin{pmatrix} 0 & 1 & 1 \\ 1 & 0 & 1 \\ 1 & 1 & 0 \end{pmatrix}$ (2) $B = \begin{pmatrix} 1 & 1 & 0 \\ 1 & 1 & 1 \\ 1 & -1 & 2 \end{pmatrix}$

解 (1)
$$\Phi_A(x) = \begin{vmatrix} -x & 1 & 1 \\ 1 & -x & 1 \\ 1 & 1 & -x \end{vmatrix} \underset{\text{①行}+(\text{②行}+\text{③行})}{=} \begin{vmatrix} 2-x & 2-x & 2-x \\ 1 & -x & 1 \\ 1 & 1 & -x \end{vmatrix}$$
$$= (2-x)\begin{vmatrix} 1 & 1 & 1 \\ 1 & -x & 1 \\ 1 & 1 & -x \end{vmatrix} \underset{\substack{\text{②行}-\text{①行} \\ \text{③行}-\text{①行}}}{=} (2-x)\begin{vmatrix} 1 & 1 & 1 \\ 0 & -1-x & 0 \\ 0 & 0 & -1-x \end{vmatrix}$$
$$= -(x+1)^2(x-2) = 0 \quad \Rightarrow \quad x = -1 \text{（重解）},\ 2$$

(i) 固有値 $\lambda_1 = -1$ に対する固有ベクトルは次のようになる．

$$\begin{pmatrix} -\lambda_1 & 1 & 1 \\ 1 & -\lambda_1 & 1 \\ 1 & 1 & -\lambda_1 \end{pmatrix} = \begin{pmatrix} 1 & 1 & 1 \\ 1 & 1 & 1 \\ 1 & 1 & 1 \end{pmatrix} \to \begin{pmatrix} 1 & 1 & 1 \\ 0 & 0 & 0 \\ 0 & 0 & 0 \end{pmatrix}$$

$$\Rightarrow \quad \boldsymbol{x} = \begin{pmatrix} -\alpha-\beta \\ \alpha \\ \beta \end{pmatrix} = \alpha \begin{pmatrix} -1 \\ 1 \\ 0 \end{pmatrix} + \beta \begin{pmatrix} -1 \\ 0 \\ 1 \end{pmatrix}$$

$\dim W(-1) = 2$ より，行列 A は対角化可能である．

(ii)　固有値 $\lambda_2 = 2$ に対する固有ベクトルは次のようになる．

$$\begin{pmatrix} -\lambda_2 & 1 & 1 \\ 1 & -\lambda_2 & 1 \\ 1 & 1 & -\lambda_2 \end{pmatrix} = \begin{pmatrix} -2 & 1 & 1 \\ 1 & -2 & 1 \\ 1 & 1 & -2 \end{pmatrix} \underset{\boxed{①行 \rightleftarrows ③行}}{\to} \begin{pmatrix} 1 & 1 & -2 \\ 1 & -2 & 1 \\ -2 & 1 & 1 \end{pmatrix}$$

$$\to \begin{pmatrix} 1 & 1 & -2 \\ 0 & -3 & 3 \\ 0 & 3 & -3 \end{pmatrix} \to \begin{pmatrix} 1 & 1 & -2 \\ 0 & -3 & 3 \\ 0 & 0 & 0 \end{pmatrix} \to \begin{pmatrix} 1 & 1 & -2 \\ 0 & 1 & -1 \\ 0 & 0 & 0 \end{pmatrix} \to \begin{pmatrix} 1 & 0 & -1 \\ 0 & 1 & -1 \\ 0 & 0 & 0 \end{pmatrix}$$

$$\Rightarrow \quad \boldsymbol{x} = \begin{pmatrix} \alpha \\ \alpha \\ \alpha \end{pmatrix} = \alpha \begin{pmatrix} 1 \\ 1 \\ 1 \end{pmatrix}$$

したがって，たとえば $P = \begin{pmatrix} -1 & -1 & 1 \\ 1 & 0 & 1 \\ 0 & 1 & 1 \end{pmatrix}$ とすればよい．

(2)　$$\Phi_B(x) = \begin{vmatrix} 1-x & 1 & 0 \\ 1 & 1-x & 1 \\ 1 & -1 & 2-x \end{vmatrix} \underset{\boxed{①列 - ②列 \times (1-x)}}{=} \begin{vmatrix} 0 & 1 & 0 \\ -x^2+2x & 1-x & 1 \\ 2-x & -1 & 2-x \end{vmatrix}$$

$$= -\begin{vmatrix} -x^2+2x & 1 \\ 2-x & 2-x \end{vmatrix} = (x-2)\begin{vmatrix} -x^2+2x & 1 \\ 1 & 1 \end{vmatrix}$$

$$= -(x-1)^2(x-2) = 0 \quad \Rightarrow \quad x = 1\ (\text{重解}), 2$$

固有値 $\lambda_1 = 1$ に対する固有ベクトルは次のようになる．

$$\begin{pmatrix} 1-\lambda_1 & 1 & 0 \\ 1 & 1-\lambda_1 & 1 \\ 1 & -1 & 2-\lambda_1 \end{pmatrix} = \begin{pmatrix} 0 & 1 & 0 \\ 1 & 0 & 1 \\ 1 & -1 & 1 \end{pmatrix} \underset{\boxed{①行 \rightleftarrows ②行}}{\to} \begin{pmatrix} 1 & 0 & 1 \\ 0 & 1 & 0 \\ 1 & -1 & 1 \end{pmatrix}$$

$$\underset{\boxed{③行 - ①行}}{\to} \begin{pmatrix} 1 & 0 & 1 \\ 0 & 1 & 0 \\ 0 & -1 & 0 \end{pmatrix} \underset{\boxed{③行 + ②行}}{\to} \begin{pmatrix} 1 & 0 & 1 \\ 0 & 1 & 0 \\ 0 & 0 & 0 \end{pmatrix} \quad \Rightarrow \quad \boldsymbol{x} = \begin{pmatrix} -\alpha \\ 0 \\ \alpha \end{pmatrix} = \alpha \begin{pmatrix} -1 \\ 0 \\ 1 \end{pmatrix}$$

$\dim W(1) = 1 < 2$ より，行列 B は対角化できない．■

注　(1) では 3 つの 1 次独立な固有ベクトル $\boldsymbol{a}=\begin{pmatrix}-1\\1\\0\end{pmatrix}$, $\boldsymbol{b}=\begin{pmatrix}-1\\0\\1\end{pmatrix}$, $\boldsymbol{c}=\begin{pmatrix}1\\1\\1\end{pmatrix}$ を選ぶことができた．$\boldsymbol{a}\perp\boldsymbol{c}$, $\boldsymbol{b}\perp\boldsymbol{c}$ だが $\boldsymbol{a}$ と $\boldsymbol{b}$ は直交しない．しかし，たとえば $\boldsymbol{b}$ のかわりに $\boldsymbol{b}'=\boldsymbol{a}-2\boldsymbol{b}=\begin{pmatrix}1\\1\\-2\end{pmatrix}$ をとれば，$\boldsymbol{a}$, $\boldsymbol{b}'$, $\boldsymbol{c}$ は互いに直交している．それらの長さを 1 に調整した $\left\{\left(1/\sqrt{2}\right)\boldsymbol{a},\ \left(1/\sqrt{6}\right)\boldsymbol{b}',\ \left(1/\sqrt{3}\right)\boldsymbol{c}\right\}$ は正規直交基底になる（例 8.29 参照）．したがって，A は直交行列により対角化できる．このようなことができるのは，行列 A が対称行列だからである（次節参照）．

問 10.7　次の行列が対角化可能かどうかを判定せよ．

(1) $\begin{pmatrix}1&2\\0&2\end{pmatrix}$　(2) $\begin{pmatrix}1&2\\0&1\end{pmatrix}$　(3) $\begin{pmatrix}1&1&0\\1&0&0\\1&0&1\end{pmatrix}$　(4) $\begin{pmatrix}3&2&1\\2&6&2\\3&6&5\end{pmatrix}$

10.4 対称行列の対角化

この節では，任意の対称行列が直交行列により対角化できることを示す（ただし，成分はすべて実数であるとする）．言い換えれば，対称行列の場合は固有ベクトルよりなる正規直交基底をとることができる．

補題 10.1　n 次対称行列 A の固有値はすべて実数である．

証明　ここでは成分が複素数の列ベクトルを考える．λ を固有値とすると，複素数の範囲で考えれば常に固有ベクトル $\boldsymbol{a}$ ($A\boldsymbol{a}=\lambda\boldsymbol{a}$, $\boldsymbol{a}\neq\boldsymbol{0}$) が存在する．このとき，$(\ ,\ )_{\mathbf{C}}$ を標準的複素内積（演習問題 3.8 (2)）とすると，

$$(A\boldsymbol{a},\,\boldsymbol{a})_{\mathbf{C}}=(\lambda\boldsymbol{a},\,\boldsymbol{a})_{\mathbf{C}}=\lambda(\boldsymbol{a},\,\boldsymbol{a})_{\mathbf{C}} \tag{10.5}$$

が成り立つ．他方，演習問題 3.8 (2) より，

$$(A\boldsymbol{a},\,\boldsymbol{a})_{\mathbf{C}}=(\boldsymbol{a},\,{}^t\overline{A}\boldsymbol{a})_{\mathbf{C}}=(\boldsymbol{a},\,A\boldsymbol{a})_{\mathbf{C}}=(\boldsymbol{a},\,\lambda\boldsymbol{a})_{\mathbf{C}}=\overline{\lambda}(\boldsymbol{a},\,\boldsymbol{a})_{\mathbf{C}} \tag{10.6}$$

である．ここで，$\boldsymbol{a}={}^t(\alpha_1,\alpha_2,\ldots,\alpha_n)$ とすると，

$$(\boldsymbol{a},\,\boldsymbol{a})_{\mathbf{C}}={}^t\boldsymbol{a}\overline{\boldsymbol{a}}=|\alpha_1|^2+\cdots+|\alpha_n|^2>0$$

となる．したがって，式 (10.5)，(10.6) より $\lambda=\overline{\lambda}$. よって，$\lambda$ は実数である．　□

補題 10.2 $\boldsymbol{a}$ を n 次対称行列 A の 1 つの固有ベクトルとする．このとき，$\boldsymbol{a}$ と直交するベクトル全体 W は $\boldsymbol{V}^n$ の $n-1$ 次元部分空間であり，$\boldsymbol{x} \in W$ とすると，$A\boldsymbol{x} \in W$ となる．すなわち，$L_A(W) \subset W$ となる．

証明 W は連立同次 1 次方程式 $(\boldsymbol{a}, \boldsymbol{x}) = 0$ の解全体である．ここで，$(\ ,\ )$ は $\boldsymbol{V}^n$ の標準的内積である．したがって，係数行列は ${}^t\boldsymbol{a}$ であり，$\boldsymbol{a} \neq \boldsymbol{0}$ より $\mathrm{rank}\,{}^t\boldsymbol{a} = 1$ となる．よって，$\dim W = n-1$ となることがわかる．

また，$\boldsymbol{x} \in W$ とすると，演習問題 3.8 (1) より，

$$(A\boldsymbol{x}, \boldsymbol{a}) = (\boldsymbol{x}, {}^tA\boldsymbol{a}) = (\boldsymbol{x}, A\boldsymbol{a}) = (\boldsymbol{x}, \lambda\boldsymbol{a}) = \lambda(\boldsymbol{x}, \boldsymbol{a}) = 0$$

したがって，$A\boldsymbol{x} \in W$ となる． □

定理 10.3 対称行列は直交行列により対角化できる．

証明 A を n 次対称行列とすると，次のようにして，A の固有ベクトルよりなる $\boldsymbol{V}^n$ の正規直交基底をとることができる．

まず，A の 1 つの固有値 λ_1 に対する固有ベクトルで大きさ 1 のものを 1 つとり，それを $\boldsymbol{a}_1$ とする．$\boldsymbol{a}_1$ と直交するベクトル全体のなす $\boldsymbol{V}^n$ の部分空間を W_1 とすると，$\mathrm{dim}W_1 = n-1$ で，補題 10.2 より，$L_A(W_1) \subset W_1$．W_1 に正規直交基底 $\{\boldsymbol{b}_1, \boldsymbol{b}_2, \ldots, \boldsymbol{b}_{n-1}\}$ を選ぶと，$\{\boldsymbol{a}_1, \boldsymbol{b}_1, \boldsymbol{b}_2, \ldots, \boldsymbol{b}_{n-1}\}$ は $\boldsymbol{V}^n$ の正規直交基底になる．この基底に関する L_A の表現行列 A' は次の形になる．

$$A' = \begin{pmatrix} \lambda_1 & 0 \cdots 0 \\ 0 & \\ \vdots & B \\ 0 & \end{pmatrix}$$

ここで，B は $L_A : W_1 \to W_1$ の正規直交基底 $\{\boldsymbol{b}_1, \boldsymbol{b}_2, \ldots, \boldsymbol{b}_{n-1}\}$ に関する表現行列で，やはり，対称行列である（問 10.8）．λ_1 と B の固有値全体を合わせたものは A の固有値全体になるので，B の固有値全体は A の固有値全体から λ_1 を 1 つ取り除いたものになる．

次に，B の固有値 λ_2 を 1 つ選び，$L_A : W_1 \to W_1$ の固有ベクトルで大きさ 1 のものを 1 つ選び，それを $\boldsymbol{a}_2$ とする．この $\boldsymbol{a}_2$ は A の固有ベクトルでもあることに注意しよう．$\boldsymbol{a}_2$ に直交する W_1 のベクトル全体（$\boldsymbol{a}_1$，$\boldsymbol{a}_2$ に直交する $\boldsymbol{V}^n$ のベクトル全体）を W_2 とすると，$\mathrm{dim}W_2 = n-2$ であり，次が成り立つ．

$$L_A(W_2) \subset W_2$$

この操作を続けることにより，$\boldsymbol{V}^n$ の部分空間の列

$$W_1 \supset W_2 \supset \cdots \supset W_{n-1} \supset \{\boldsymbol{0}\}$$

と正規直交基底 $\{\boldsymbol{a}_1, \boldsymbol{a}_2, \ldots, \boldsymbol{a}_n\}$ が得られる．ただし，ここで，$\dim W_{n-1} = 1$ であり，$\boldsymbol{a}_n$ は W_{n-1} の大きさ 1 のベクトルである．この正規直交基底に関する L_A の表現行列は，対角行列となる．□

問 10.8　定理 10.3 の証明において，行列 B（行列 A'）が対称行列となることを示せ．

対称行列の対角化を用いれば，たとえば平面における 2 次曲線や空間における 2 次曲面を分類することができる．与えられた方程式を簡単にし，その曲線や曲面がどのようなものかを明らかにすることができる．

次にそのような例をあげる．

例 10.1　空間において，方程式

$$x^2 + y^2 + 2xz + 2yz = 1$$

で定義された曲面はどのような曲面なのかを考えよう．

$\boldsymbol{x} = \begin{pmatrix} x \\ y \\ z \end{pmatrix}$，$A = \begin{pmatrix} 1 & 0 & 1 \\ 0 & 1 & 1 \\ 1 & 1 & 0 \end{pmatrix}$ とおくと，左辺は

$$ {}^t\boldsymbol{x}A\boldsymbol{x} \tag{10.7}$$

と書くことができる．対称行列 A の固有方程式を解くと，3 つの固有値 $\lambda_1 = 2$，$\lambda_2 = 1$，$\lambda_3 = -1$ が得られる．それぞれの固有ベクトルで大きさが 1 のものを選ぶと，たとえば，

$$\boldsymbol{f}_1 = \frac{1}{\sqrt{3}}\begin{pmatrix} 1 \\ 1 \\ 1 \end{pmatrix}, \quad \boldsymbol{f}_2 = \frac{1}{\sqrt{2}}\begin{pmatrix} 1 \\ -1 \\ 0 \end{pmatrix}, \quad \boldsymbol{f}_3 = \frac{1}{\sqrt{6}}\begin{pmatrix} 1 \\ 1 \\ -2 \end{pmatrix}$$

が得られる．したがって，$P = (\boldsymbol{f}_1, \boldsymbol{f}_2, \boldsymbol{f}_3)$ とすると，P は直交行列となり，$P^{-1} = {}^tP$ だから

$$P^{-1}AP = {}^tPAP = \begin{pmatrix} 2 & 0 & 0 \\ 0 & 1 & 0 \\ 0 & 0 & -1 \end{pmatrix}$$

となる．$\boldsymbol{f}_1$, $\boldsymbol{f}_2$, $\boldsymbol{f}_3$ を用いて新しい直交座標系，uvw 座標系を作ると，もとの xyz 座標との関係は

$$\boldsymbol{x} = \begin{pmatrix} x \\ y \\ z \end{pmatrix} = P\begin{pmatrix} u \\ v \\ w \end{pmatrix}$$

で与えられる．$\boldsymbol{y} = \begin{pmatrix} u \\ v \\ w \end{pmatrix}$ とおくと $\boldsymbol{x} = P\boldsymbol{y}$．これを式 (10.7) へ代入すると，

$$\begin{aligned} {}^t\boldsymbol{x}A\boldsymbol{x} &= {}^t(P\boldsymbol{y})AP\boldsymbol{y} = ({}^t\boldsymbol{y}{}^tP)AP\boldsymbol{y} = {}^t\boldsymbol{y}({}^tPAP)\boldsymbol{y} = {}^t\boldsymbol{y}\begin{pmatrix} 2 & 0 & 0 \\ 0 & 1 & 0 \\ 0 & 0 & -1 \end{pmatrix}\boldsymbol{y} \\ &= 2u^2 + v^2 - w^2 \end{aligned}$$

となる．したがって，この曲面は $2u^2 + v^2 - w^2 = 1$ で与えられる．この曲面は**1 葉双曲面**とよばれる（図 10.5 参照）．

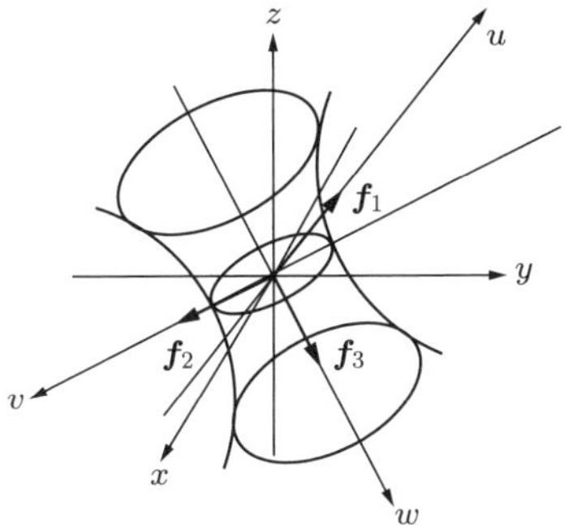

図 10.5　1 葉双曲面

問 10.9　(1)　平面における曲線 $6x^2 - 4xy + 9y^2 = 10$ はどのような曲線か．
(2)　空間における曲面 $3x^2 + 3y^2 + 3z^2 - 2xy - 2yz - 2xz = 4$ はどのような曲面か．

演習問題

10.1　n 次正方行列 A が直交行列により対角化できれば A は対称行列であることを示せ．

10.2　次の行列の固有値と，各固有値に対する固有空間の次元を求めよ．

(1)　$A = \begin{pmatrix} 0 & 1 & 1 & 1 \\ 1 & 0 & 1 & 1 \\ 1 & 1 & 0 & 1 \\ 1 & 1 & 1 & 0 \end{pmatrix}$　　(2)　$B = \begin{pmatrix} 1 & 1 & 1 & 0 \\ 1 & 1 & 0 & 1 \\ 1 & 0 & 1 & 1 \\ 0 & 1 & 1 & 1 \end{pmatrix}$

10.3　$\boldsymbol{V}^3$ において，2 つのベクトル $\boldsymbol{x} = \begin{pmatrix} x_1 \\ x_2 \\ x_3 \end{pmatrix}$, $\boldsymbol{y} = \begin{pmatrix} y_1 \\ y_2 \\ y_3 \end{pmatrix}$ に対し $(\boldsymbol{x}, \boldsymbol{y})$ を次の各式で定義するとき，$(\boldsymbol{x}, \boldsymbol{y})$ は内積になるか．内積になる場合はこの内積に関する正規直交基底を 1 つ求めよ．

(1)　$x_1y_1 + 2x_2y_2 + x_3y_3 - x_1y_2 - x_2y_1 - x_2y_3 - x_3y_2$

(2)　$3x_1y_1 + 3x_2y_2 + 8x_3y_3 - 2x_1y_2 - 2x_2y_1 - 3x_2y_3 - 3x_3y_2 + 3x_1y_3 + 3x_3y_1$

(3)　$x_1y_2 + x_2y_1 + x_1y_3 + x_3y_1 + x_2y_3 + x_3y_2$

［ヒント］各式を対称行列 A を用いて ${}^t\boldsymbol{x}A\boldsymbol{y}$ と表し，係数行列 A を直交行列を用いて対角化せよ．

10.4　(1)　対称行列の対角化を用いて，平面における次の 2 次曲線の方程式を簡単にし，楕円，双曲線，放物線のどれであるかを判定せよ．

$$x^2 + 4y^2 + 4xy + 2x - y = 0$$

(2)　対称行列の対角化を用いて，空間における次の 2 次曲面の方程式を簡単にせよ．

(a) $4x^2 + 5y^2 + 3z^2 + 4xy - 4xz = 1$　　(b) $x^2 - y^2 - z^2 - 4xy - 4xz = 1$

10.5　(1)　n 次正方行列 A の固有値がすべて実数の場合，適当な直交行列 P をとると $P^{-1}AP$ が三角行列になるようにできることを示せ．

(2)　(1) を用いて，対称行列が直交行列により対角化できることを示せ．

補遺

A.1 命題 2.3(3) の証明

まず，外積 $\boldsymbol{a} \times \boldsymbol{b}$ は，3 つの基本的な線形変換を $\boldsymbol{b}$ にほどこすことにより得られることを示そう．

> **命題 A.1**　ベクトル $\boldsymbol{a}$ に垂直な平面 β への正射影を P とし，$\boldsymbol{a}$ のまわりの $\pi/2$ の回転を R，$|\boldsymbol{a}|$ 倍の拡大を T とすると，任意のベクトル $\boldsymbol{b}$ に対して次式が成り立つ．
>
> $$\boldsymbol{a} \times \boldsymbol{b} = TRP(\boldsymbol{b})$$

証明　(i)　まず，$\boldsymbol{b}$ の平面 β への正射影を $\boldsymbol{b}' = P\boldsymbol{b}$ とすると，

$$\boldsymbol{a} \times \boldsymbol{b} = \boldsymbol{a} \times \boldsymbol{b}'$$

となることを示そう．これを図 A.1 を用いて説明する．$\boldsymbol{a} = \overrightarrow{\mathrm{OA}}$，$\boldsymbol{b} = \overrightarrow{\mathrm{OB}}$ とし，β を O を通り，$\boldsymbol{a}$ に垂直な平面とする．点 B から平面 β へ下ろした垂線の足を B′ とすると，$\boldsymbol{b}' = \overrightarrow{\mathrm{OB'}}$ である．また，直線 BB′ 上に点 C, C′ をとり，BC = OA，B′C′ = OA となるようにする．このとき，$\boldsymbol{a}, \boldsymbol{b}$ が作る平行四辺形 OACB の面積と $\boldsymbol{a}, \boldsymbol{b}'$ が作る長方形 OAC′B′ の面積は同じで（底辺 OA が共通で高さが同じ），この 2 つの平行四辺形は同じ平面 α を定める．しかも，$\boldsymbol{a}$ を $\boldsymbol{b}$ に重ねるように回転させるときに右ねじの進む向きと，$\boldsymbol{a}$ を $\boldsymbol{b}'$ に重ねるように回転させるときに右ねじの進む向きは等しい．したがって，$\boldsymbol{a} \times \boldsymbol{b} = \boldsymbol{a} \times \boldsymbol{b}'$ である．

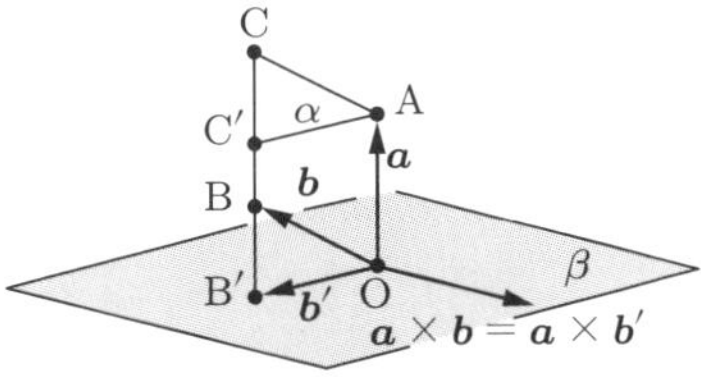

図 A.1

(ii)　ベクトル $\boldsymbol{a} \times \boldsymbol{b}'$ は $\boldsymbol{a}$ に垂直だから平面 β の上にあり，その向きは $\boldsymbol{a}$ を軸として，$\boldsymbol{b}'$ を $\pi/2$ 回転して得られる向きである．長方形 OAC′B′ の面積は $|\boldsymbol{b}'| \times |\boldsymbol{a}|$ だから，$\boldsymbol{b}'$ を $\boldsymbol{a}$ のまわりに $\pi/2$ 回転してから，$|\boldsymbol{a}|$ 倍すれば，$\boldsymbol{a} \times \boldsymbol{b}$ が得られる．よって，$\boldsymbol{a} \times \boldsymbol{b} = TR(\boldsymbol{b}') = TRP(\boldsymbol{b})$ となる．□

■命題 2.3(3) の証明　P, R, T はすべて空間ベクトルの線形変換だから，その積 TRP も線形変換である．したがって，

$$\boldsymbol{a} \times (\boldsymbol{b}_1 + \boldsymbol{b}_2) = TRP(\boldsymbol{b}_1 + \boldsymbol{b}_2) = TRP(\boldsymbol{b}_1) + TRP(\boldsymbol{b}_2) = \boldsymbol{a} \times \boldsymbol{b}_1 + \boldsymbol{a} \times \boldsymbol{b}_2$$

左側のベクトル $\boldsymbol{a}$ についての分配法則 $(\boldsymbol{a}_1 + \boldsymbol{a}_2) \times \boldsymbol{b} = \boldsymbol{a}_1 \times \boldsymbol{b} + \boldsymbol{a}_2 \times \boldsymbol{b}$ は，上の結果と命題 2.3(1) を用いて，次のように示される．

$$(\boldsymbol{a}_1+\boldsymbol{a}_2)\times\boldsymbol{b}=-\boldsymbol{b}\times(\boldsymbol{a}_1+\boldsymbol{a}_2)=-(\boldsymbol{b}\times\boldsymbol{a}_1+\boldsymbol{b}\times\boldsymbol{a}_2)$$
$$=-\boldsymbol{b}\times\boldsymbol{a}_1-\boldsymbol{b}\times\boldsymbol{a}_2=\boldsymbol{a}_1\times\boldsymbol{b}+\boldsymbol{a}_2\times\boldsymbol{b}$$ □

A.2 命題 6.1 の証明

6.1 節で用いたこの事実の証明には，いろいろな方法があるが，ここでは**転位**を用いて証明を与えることにしよう．

1 つの順列 $\sigma=(i_1,i_2,\ldots,i_n)$ に対し，その 2 つの数の組 $(i_k,\,i_l)$ $(k<l)$ で $i_k>i_l$ となっているもの（並ぶ順序と大小の順が逆になっているもの）を**転位**とよんだ．

順列 σ の転位の個数は次の意味をもっている．

> **補題 A.1**　順列 $\sigma=(i_1,i_2,\ldots,i_n)$ の転位の個数を m とすると，隣り合う 2 つの数の入れ替えを m 回行うことにより，σ は $(1,2,\ldots,n)$ に並べ直すことができる．また，m はこのような入れ替えの最小回数である．

証明　まず，この命題を次の順序で示そう．

(i)　順列 σ に転位 $(i_k,\,i_l)$ が 1 つでもあれば，隣り合う 2 つの数で転位になっているものが i_k と i_l の間にある．

証明　そうでないとすると，$i_k<i_{k+1}$, $i_{k+1}<i_{k+2}$, $\cdots$, $i_{l-1}<i_l$ より $i_k<i_l$ となり，$(i_k,\,i_l)$ が転位であることに反する． □

(ii)　隣り合う 2 つの数を入れ替えると，転位の個数は 1 つだけ変化する．

証明　隣り合う 2 つの数 i_k, i_{k+1} を入れ替えるとき，i_k と i_{k+1} の順序は変わるが，そのほかに順序が変わる数の組はない．したがって，$(i_k,\ i_{k+1})$ が転位なら転位の個数は 1 つ減り，$(i_k,\ i_{k+1})$ が転位でなければ転位の個数は 1 つ増える． □

(iii)　転位の個数 m が 0 でなければ，(i) より，隣り合う転位 $(i_k,\,i_{k+1})$ が必ずある．この 2 つの数を入れ替えると，(ii) より，転位の個数はちょうど 1 つ減る．この操作を m 回続けると転位の個数は 0 となる．転位の個数が 0 となるのは $(1,2,\ldots,n)$ のときに限る．したがって，m 回の隣り合う 2 つの数の互換で σ は $(1,2,\ldots,n)$ に並べ直すことができる．

また，隣り合う 2 つの数を入れ替えた場合，転位の個数が減るとしても高々 1 つである．したがって，少なくとも m 回このような操作を行わないと，転位の個数を 0 にすることはできない．　[補題 A.1 の証明終わり]

■命題 6.1 の証明　ここで，σ の転位の個数を m とするとき，仮に σ の符号 $\tilde{\varepsilon}(\sigma)$ を，

$$\tilde{\varepsilon}(\sigma)=(-1)^m$$

と定めよう．この 2 つ $\tilde{\varepsilon}(\sigma)$ と $\varepsilon(\sigma)$ が実は一致することが，以下の順にしたがって示される．この $\tilde{\varepsilon}(\sigma)$ は $\varepsilon(\sigma)$ と違って，σ により一意的に定まることに注意しよう．

(i)　2 つの数を入れ替えると，$\tilde{\varepsilon}(\sigma)$ は (-1) 倍される．

証明　i_k と i_{k+p} を入れ替えることを考える．このとき，左右の位置関係が変わるのは次の組だけである．

- i_k と $i_{k+1}, \ldots, i_{k+p-1}$（計 $p-1$ 組）
- i_{k+p} と $i_{k+1}, \ldots, i_{k+p-1}$（計 $p-1$ 組）
- i_k と i_{k+p}（1 組）

したがって，$(2p-1)$ 組が，転位なら転位でなくなり，転位でないなら転位になる．転位の個数が ± 1 変化するごとに $\tilde{\varepsilon}(\sigma)$ は (-1) 倍されるから，$\tilde{\varepsilon}(\sigma)$ は $(-1)^{2p-1} = -1$ 倍される．□

(ii)　k 回の互換により σ が $(1, 2, \ldots, n)$ に直されたとすると，(i) より，$(-1)^k \tilde{\varepsilon}(\sigma) = \tilde{\varepsilon}(1, 2, \ldots, n) = 1$ となる．したがって，$\tilde{\varepsilon}(\sigma) = (-1)^k$ となる．

以上より，何個の互換を用いて σ を $(1, 2, \ldots, n)$ に直しても，その互換の個数を k とするとき，$(-1)^k$ は一定値 $\tilde{\varepsilon}(\sigma)$ になることがわかる．つまり，k の偶奇は変わらない．したがって，$\varepsilon(\sigma) = (-1)^k$ と定義することができ，これは $\tilde{\varepsilon}(\sigma)$ に一致する．□

問題解答

問の解答

問 1.1 $\boldsymbol{e}$

問 1.2 (1) $\boldsymbol{c}$

(2) たとえば，解図 1 のように図示される（いろいろな始点のとり方がある）.

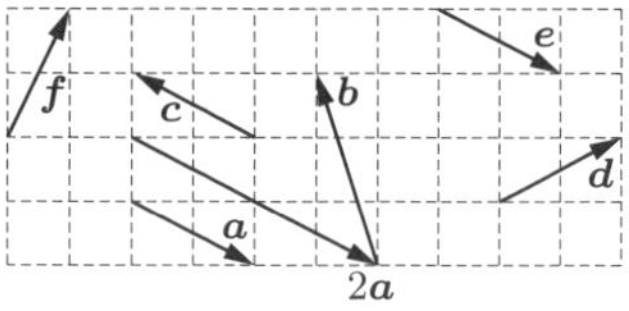

解図 1

問 1.3 解図 2 のとおり.

問 1.4 解図 3 のとおり.

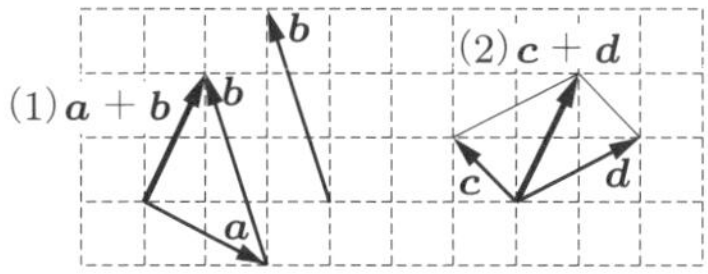

解図 2

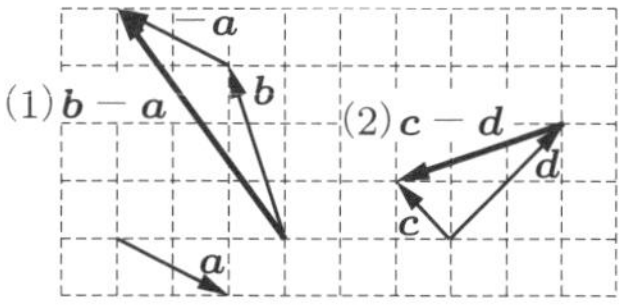

解図 3

問 1.5 (1) $\overrightarrow{\mathrm{OP}} = \dfrac{2\overrightarrow{\mathrm{OA}} + 3\overrightarrow{\mathrm{OB}}}{5}$ (2) $\overrightarrow{\mathrm{OM}} = \dfrac{\overrightarrow{\mathrm{OA}} + \overrightarrow{\mathrm{OB}}}{2}$ (3) $\overrightarrow{\mathrm{OQ}} = \dfrac{\overrightarrow{\mathrm{OA}} + 5\overrightarrow{\mathrm{OB}}}{6}$

(4) $\overrightarrow{\mathrm{OR}} = 0.7\overrightarrow{\mathrm{OA}} + 0.3\overrightarrow{\mathrm{OB}}$ (5) $\overrightarrow{\mathrm{OS}} = \dfrac{-\overrightarrow{\mathrm{OA}} + 5\overrightarrow{\mathrm{OB}}}{4}$ (6) $\overrightarrow{\mathrm{OT}} = (1-t)\overrightarrow{\mathrm{OA}} + t\overrightarrow{\mathrm{OB}}$

問 1.6 $m < n$ とすると，$\overrightarrow{\mathrm{OQ}} = \overrightarrow{\mathrm{OA}} + \overrightarrow{\mathrm{AQ}} = \boldsymbol{a} - \dfrac{m}{n-m}\overrightarrow{\mathrm{AB}} = \boldsymbol{a} - \dfrac{m}{n-m}(\boldsymbol{b} - \boldsymbol{a})$

$= \dfrac{n}{n-m}\boldsymbol{a} - \dfrac{m}{n-m}\boldsymbol{b} = \dfrac{n\boldsymbol{a} - m\boldsymbol{b}}{-m+n}$ となる．$m > n$ の場合も同様である.

問 1.7 $\boldsymbol{a} = \begin{pmatrix} 2 \\ -1 \end{pmatrix}$, $\boldsymbol{b} = \begin{pmatrix} -1 \\ 3 \end{pmatrix}$, $\boldsymbol{c} = \begin{pmatrix} -2 \\ 1 \end{pmatrix}$, $\boldsymbol{d} = \begin{pmatrix} 2 \\ 1 \end{pmatrix}$, $\boldsymbol{e} = \begin{pmatrix} 2 \\ -1 \end{pmatrix}$, $\boldsymbol{f} = \begin{pmatrix} 1 \\ 2 \end{pmatrix}$

問 1.8 (1) $-\boldsymbol{a} = \begin{pmatrix} -1 \\ -3 \end{pmatrix}$ (2) $3\boldsymbol{b} = \begin{pmatrix} 6 \\ -3 \end{pmatrix}$ (3) $\boldsymbol{a} + \boldsymbol{b} = \begin{pmatrix} 3 \\ 2 \end{pmatrix}$

(4) $\boldsymbol{a} - \boldsymbol{b} = \begin{pmatrix} -1 \\ 4 \end{pmatrix}$ (5) $2\boldsymbol{a} + 3\boldsymbol{b} = \begin{pmatrix} 8 \\ 3 \end{pmatrix}$ (6) $5\boldsymbol{a} - 2\boldsymbol{b} = \begin{pmatrix} 1 \\ 17 \end{pmatrix}$

問 1.9 (1) $\mathrm{P}\left(\dfrac{9}{5}, -\dfrac{4}{5}\right)$ (2) $\mathrm{M}\left(2, -\dfrac{3}{2}\right)$ (3) $\mathrm{Q}\left(\dfrac{4}{3}, \dfrac{5}{6}\right)$ (4) $\mathrm{R}(2.4, -2.9)$

(5) $\mathrm{S}\left(\dfrac{1}{2}, \dfrac{15}{4}\right)$ (6) $\mathrm{T}(-2t+3, 7t-5)$

問 1.10 $\mathrm{G}\left(\dfrac{a_1 + b_1 + c_1}{3}, \dfrac{a_2 + b_2 + c_2}{3}\right)$

問 1.11 (1) -81 (2) 189 (3) -135

問 1.12 (1) 0 (2) 5 (3) $-2\sqrt{3}$

問 1.13 (1) $|\boldsymbol{a}| = \sqrt{5}$ (2) $|\boldsymbol{b}| = 5$ (3) $|\boldsymbol{c}| = 1$

問 1.14 (1) $\dfrac{\pi}{2}$ (2) $\dfrac{\pi}{4}$ (3) $\dfrac{5\pi}{6}$ (4) $\dfrac{3\pi}{4}$

問 1.15 $t = -2,\ 3$

問 2.1 内分点：$\left(\dfrac{na_1 + mb_1}{m+n},\ \dfrac{na_2 + mb_2}{m+n},\ \dfrac{na_3 + mb_3}{m+n}\right)$

外分点：$\left(\dfrac{-na_1 + mb_1}{m-n},\ \dfrac{-na_2 + mb_2}{m-n},\ \dfrac{-na_3 + mb_3}{m-n}\right)$

問 2.2 (1) $\dfrac{\pi}{2}$ (2) $\dfrac{2\pi}{3}$ (3) $\dfrac{\pi}{6}$ (4) $\dfrac{3\pi}{4}$

問 2.3 (1) $x - 2 = \dfrac{y+2}{-2} = \dfrac{z-3}{3}$，$yz$ 平面との交点：$(0,\ 2,\ -3)$

(2) $x = -1,\ y + 2 = \dfrac{z-1}{-3}$，$zx$ 平面との交点：$(-1,\ 0,\ -5)$

問 2.4 (1) $x - 2y + 3z = 15$，y 軸との交点：$\left(0, -\dfrac{15}{2}, 0\right)$

(2) $y - 3z = -5$，z 軸との交点：$\left(0, 0, \dfrac{5}{3}\right)$

問 2.5 (1) $\begin{pmatrix} -9 \\ 7 \\ 5 \end{pmatrix}$ (2) $\begin{pmatrix} 0 \\ 0 \\ 1 \end{pmatrix}$ (3) $\begin{pmatrix} -21 \\ 0 \\ 7 \end{pmatrix}$

問 2.6 $5x - 8y - z = -31$

問 2.7 (1) $2x - y + 2z + 5 = 0$ (2) 6 (3) 3

問 3.1 (1) A：2×3 行列，B：1×1 行列，C：3×2 行列 (2) $\begin{pmatrix} 2 \\ 6 \end{pmatrix}$

(3) $(1,\ 0)$ (4) 2 (5) 1

問 3.2 ${}^tA = \begin{pmatrix} 1 & 5 \\ 2 & 6 \\ 4 & 8 \end{pmatrix}$, ${}^tB = (5)$, ${}^tC = \begin{pmatrix} 4 & 0 & 8 \\ 3 & -2 & 5 \end{pmatrix}$

問 3.3 (1) $\begin{pmatrix} -1 & 1 & 5 \\ 1 & 9 & 0 \end{pmatrix}$ (2) $\begin{pmatrix} 6 & -9 & -12 \\ -3 & -21 & 9 \end{pmatrix}$ (3) $\begin{pmatrix} -1 & 0 & 11 \\ 2 & 20 & 3 \end{pmatrix}$

(4) $\begin{pmatrix} -8 & 13 & 10 \\ 3 & 17 & -15 \end{pmatrix}$

問 3.4 (1) $\begin{pmatrix} 3 & 1 & 5 \\ 6 & 5 & -2 \end{pmatrix}$ (2) $\begin{pmatrix} 4 \\ -2 \end{pmatrix}$ (3) $\begin{pmatrix} 6 & 3 \\ 1 & 2 \\ 14 & 1 \end{pmatrix}$ (4) $\begin{pmatrix} 2 & -2 & 1 \\ 4 & -4 & 2 \\ -2 & 2 & -1 \end{pmatrix}$

(5) (-3)

問 3.5 省略.

問 3.6 (1) 行番号と列番号を 2 度入れ替えるともとへ戻る.

(2) 足してから行と列を入れ替えても，入れ替えてから足しても同じ.

(3) $A=(a_{ij}), B=(b_{ij}), AB=(c_{ij}), {}^t(AB)=(c'_{ij}),\ {}^tA=(a'_{ij}), {}^tB=(b'_{ij})$ とすると，

$$\begin{aligned} c_{ij} &= a_{i1}b_{1j}+a_{i2}b_{2j}+\cdots+a_{in}b_{nj} \\ c'_{ij} &= c_{ji}=a_{j1}b_{1i}+a_{j2}b_{2i}+\cdots+a_{jn}b_{ni} \\ &= a'_{1j}b'_{i1}+a'_{2j}b'_{i2}+\cdots+a'_{nj}b'_{in}=b'_{i1}a'_{1j}+b'_{i2}a'_{2j}+\cdots+b'_{in}a'_{nj} \end{aligned}$$

となる．これは ${}^tB{}^tA$ の (i,j) 成分に一致する.

問 3.7 (2) $A(B+C)=AB+AC$ を示す（もう 1 つの式も同様に確かめられる）. $A=(a_{ij}), B=(b_{ij}), C=(c_{ij})$ とすると，左辺の (i,j) 成分は，$\sum_l a_{il}(b_{lj}+c_{lj}) = \sum_l a_{il}b_{lj}+\sum_l a_{il}c_{lj}$ となり，これは AB と AC の (i,j) 成分の和に等しい.

(3) $(kA)B$ の (i,j) 成分は $\sum_l (ka_{il})b_{lj}=\sum_l ka_{ik}b_{kj}=k\sum_l a_{ik}b_{kj}$ となり，これは AB の (i,j) 成分の k 倍に等しい.

問 3.8 $A=\begin{pmatrix} A_1 & E \\ O & A_1 \end{pmatrix}$, $B=\begin{pmatrix} B_1 & B_2 \\ O & B_1 \end{pmatrix}$, $A_1=\begin{pmatrix} 1 & 3 \\ 2 & 5 \end{pmatrix}$, $B_1=\begin{pmatrix} -5 & 3 \\ 2 & -1 \end{pmatrix}$, $B_2=\begin{pmatrix} -31 & 18 \\ 12 & -7 \end{pmatrix}$ と分割して計算する．$AB=E$.

問 3.9 (1) $AB=\begin{pmatrix} 2 & 1 \\ 4 & 3 \end{pmatrix}$, $BA=\begin{pmatrix} 3 & 4 \\ 1 & 2 \end{pmatrix}$. したがって，$AB\neq BA$ となる.

(2) $B^2=\begin{pmatrix} 1 & 2 \\ 0 & 0 \end{pmatrix}=B$. したがって，$B^3=\begin{pmatrix} 1 & 2 \\ 0 & 0 \end{pmatrix}$, $B^n=\begin{pmatrix} 1 & 2 \\ 0 & 0 \end{pmatrix}$ となる.

(3) $C^2=\begin{pmatrix} 0 & 0 & 1 \\ 0 & 0 & 0 \\ 0 & 0 & 0 \end{pmatrix}$, $C^3=\begin{pmatrix} 0 & 0 & 0 \\ 0 & 0 & 0 \\ 0 & 0 & 0 \end{pmatrix}=O$. したがって，$C^n=O\ (n\geqq 3)$ となる.

問 3.10 $\begin{pmatrix} 1 & 0 & 0 \\ 0 & 1/2 & 0 \\ 0 & 0 & 1/3 \end{pmatrix}$

問 3.11 $a\neq 0,\ b\neq 0,\ c\neq 0$ ならば，前問と同様にして，逆行列は

$$\begin{pmatrix} 1/a & 0 & 0 \\ 0 & 1/b & 0 \\ 0 & 0 & 1/c \end{pmatrix}$$

で与えられるから，正則である．また，たとえば $a=0$ とすると，この行列をどのような行列にかけても，$(1,1)$ 成分は 0 となり，単位行列にはならない．したがって，逆行列をもたず，正則ではない.

問 3.12 $(B^{-1}A^{-1})(AB) = B^{-1}(A^{-1}A)B = B^{-1}EB = B^{-1}B = E$

問 3.13 ${}^t(A^{-1}){}^tA = {}^t(AA^{-1}) = {}^tE = E$

問 3.14 $a = -2,\ b = -1,\ c = 6$

問 3.15 ${}^t(A + {}^tA) = {}^tA + {}^t({}^tA) = {}^tA + A = A + {}^tA,\ {}^t({}^tAA) = {}^tA{}^t({}^tA) = {}^tAA.$

問 3.16 問 3.13 より，${}^t(A^{-1}) = ({}^tA)^{-1} = A^{-1}$．したがって，$A^{-1}$ も対称行列となる．

問 3.17 $AB = \begin{pmatrix} 6 & 0 & 0 \\ 1 & 8 & 0 \\ 2 & 0 & 2 \end{pmatrix}$ となり，下三角行列である．

問 4.1 (1) $\begin{pmatrix} -2 & 6 \\ 3 & 4 \end{pmatrix}$ (2) $\begin{pmatrix} 3 & 0 \\ 2 & -1 \end{pmatrix}$ (3) $\begin{pmatrix} 0 & 3 \\ -1 & 0 \end{pmatrix}$

問 4.2 (1) $\begin{pmatrix} -3 & 4 \\ 1 & -2 \end{pmatrix}$ (2) $\begin{pmatrix} 0 & 1 \\ 1 & 0 \end{pmatrix}$ (3) $\begin{pmatrix} -3 & 1 \\ -1 & 3 \end{pmatrix}$

$F(\boldsymbol{e}_1 + \boldsymbol{e}_2) = F(\boldsymbol{e}_1) + F(\boldsymbol{e}_2)$ より，$F(\boldsymbol{e}_1)$ を求める．

問 4.3 (1) 式 (4.5) において，$m = \tan\theta$ を用いて m で書き直す．

$\dfrac{1}{\cos^2\theta} = 1 + \tan^2\theta = 1 + m^2$ を用いて，

$$\begin{pmatrix} \cos^2\theta & \cos\theta\sin\theta \\ \cos\theta\sin\theta & \sin^2\theta \end{pmatrix} = \cos^2\theta \begin{pmatrix} 1 & \tan\theta \\ \tan\theta & \tan^2\theta \end{pmatrix} = \frac{1}{m^2+1}\begin{pmatrix} 1 & m \\ m & m^2 \end{pmatrix}$$

(2) 上式に $m = \dfrac{1}{2}$ を代入して，$\dfrac{1}{5}\begin{pmatrix} 4 & 2 \\ 2 & 1 \end{pmatrix}$ となる．

問 4.4 (1) 式 (4.6) において，$m = \tan\theta$ を用いて m で書き直す．

$$\begin{pmatrix} \cos 2\theta & \sin 2\theta \\ \sin 2\theta & -\cos 2\theta \end{pmatrix} = \begin{pmatrix} \cos^2\theta - \sin^2\theta & 2\sin\theta\cos\theta \\ 2\sin\theta\cos\theta & \sin^2\theta - \cos^2\theta \end{pmatrix}$$
$$= \cos^2\theta \begin{pmatrix} 1 - \tan^2\theta & 2\tan\theta \\ 2\tan\theta & \tan^2\theta - 1 \end{pmatrix} = \frac{1}{m^2+1}\begin{pmatrix} 1 - m^2 & 2m \\ 2m & m^2 - 1 \end{pmatrix}$$

(2) $\begin{pmatrix} 0 & 1 \\ 1 & 0 \end{pmatrix}$ (3) $\dfrac{1}{5}\begin{pmatrix} 3 & 4 \\ 4 & -3 \end{pmatrix}$

問 4.5 (1) $\begin{pmatrix} 0 & -1 \\ 1 & 0 \end{pmatrix}$ (2) $\dfrac{1}{2}\begin{pmatrix} -1 & -\sqrt{3} \\ \sqrt{3} & -1 \end{pmatrix}$ (3) $\dfrac{1}{\sqrt{2}}\begin{pmatrix} 1 & -1 \\ 1 & 1 \end{pmatrix}$

(4) $\dfrac{1}{2}\begin{pmatrix} 1 & -\sqrt{3} \\ \sqrt{3} & 1 \end{pmatrix}$ (5) $\dfrac{1}{2}\begin{pmatrix} -\sqrt{3} & -1 \\ 1 & -\sqrt{3} \end{pmatrix}$

問 4.6 (1) $\begin{pmatrix} \cos 2\theta & -\sin 2\theta \\ \sin 2\theta & \cos 2\theta \end{pmatrix}\begin{pmatrix} 1 & 0 \\ 0 & -1 \end{pmatrix} = \begin{pmatrix} \cos 2\theta & \sin 2\theta \\ \sin 2\theta & -\cos 2\theta \end{pmatrix}$ より．

(2) 省略．

問 4.7 $\begin{pmatrix} \cos 2\beta & \sin 2\beta \\ \sin 2\beta & -\cos 2\beta \end{pmatrix}\begin{pmatrix} \cos 2\alpha & \sin 2\alpha \\ \sin 2\alpha & -\cos 2\alpha \end{pmatrix}$

$$= \begin{pmatrix} \cos 2\beta\cos 2\alpha + \sin 2\beta\sin 2\alpha & \cos 2\beta\sin 2\alpha - \sin 2\beta\cos 2\alpha \\ \sin 2\beta\cos 2\alpha - \cos 2\beta\sin 2\alpha & \sin 2\beta\sin 2\alpha + \cos 2\beta\cos 2\alpha \end{pmatrix}$$

$$= \begin{pmatrix} \cos(2\beta - 2\alpha) & -\sin(2\beta - 2\alpha) \\ \sin(2\beta - 2\alpha) & \cos(2\beta - 2\alpha) \end{pmatrix}$$

より，角 $2(\beta - \alpha)$ の回転である．

問 4.8 yz 平面への正射影：$\begin{pmatrix} 0 & 0 & 0 \\ 0 & 1 & 0 \\ 0 & 0 & 1 \end{pmatrix}$ zx 平面への正射影：$\begin{pmatrix} 1 & 0 & 0 \\ 0 & 0 & 0 \\ 0 & 0 & 1 \end{pmatrix}$

問 4.9 (1) $\dfrac{1}{3}\begin{pmatrix} 2 & -1 & -1 \\ -1 & 2 & -1 \\ -1 & -1 & 2 \end{pmatrix}$ (2) $\dfrac{1}{9}\begin{pmatrix} 8 & -2 & -2 \\ -2 & 5 & -4 \\ -2 & -4 & 5 \end{pmatrix}$

問 4.10 (1) $\begin{pmatrix} 1 & 0 & 0 \\ 0 & 1 & 0 \\ 0 & 0 & -1 \end{pmatrix}$ (2) $\dfrac{1}{3}\begin{pmatrix} 1 & -2 & -2 \\ -2 & 1 & -2 \\ -2 & -2 & 1 \end{pmatrix}$ (3) $\dfrac{1}{9}\begin{pmatrix} 7 & -4 & -4 \\ -4 & 1 & -8 \\ -4 & -8 & 1 \end{pmatrix}$

問 4.11 $R_\theta^x = \begin{pmatrix} 1 & 0 & 0 \\ 0 & \cos\alpha & -\sin\alpha \\ 0 & \sin\alpha & \cos\alpha \end{pmatrix}$, $R_\theta^y = \begin{pmatrix} \cos\alpha & 0 & \sin\alpha \\ 0 & 1 & 0 \\ -\sin\alpha & 0 & \cos\alpha \end{pmatrix}$

問 5.1 (1) $\begin{cases} x = 2 \\ y = -1 \end{cases}$ (2) $\begin{cases} x = 1 \\ y = -2 \\ z = 1 \end{cases}$ (3) $\begin{cases} x = \dfrac{1}{10}\alpha + \dfrac{4}{5} \\ y = -\dfrac{3}{10}\alpha + \dfrac{8}{5} \\ z = \alpha \end{cases}$ (α は任意定数)

(4) 解なし (5) $\begin{cases} x = -2\alpha \\ y = \alpha \\ z = -1 \end{cases}$ (α は任意定数)

(6) $\begin{cases} x = -2\alpha + 2\beta + 5 \\ y = \alpha \\ z = \dfrac{5}{2}\beta + \dfrac{7}{2} \end{cases}$ (α, β は任意定数)

問 5.2 $\mathrm{rank}\,A = 1$, $\mathrm{rank}\,B = 1$, $\mathrm{rank}\,C = 3$, $\mathrm{rank}\,D = 2$

問 5.3 (1) $\begin{cases} x = 4 \\ y = -1 \end{cases}$ (2) $\begin{cases} x = 2 \\ y = 1 \\ z = -3 \end{cases}$

(3) $\begin{cases} x = \dfrac{4}{5}\alpha + \dfrac{6}{5} \\ y = -\dfrac{1}{5}\alpha - \dfrac{4}{5} \\ z = \alpha \end{cases}$ (α は任意定数)　(4) $\begin{cases} x = \alpha - 4\beta + 4 \\ y = \alpha \\ z = 7\beta - 7 \\ w = \beta \end{cases}$ (α, β は任意定数)

問 5.4 (1) $\begin{pmatrix} 2 & -1 \\ 3 & -2 \end{pmatrix}$　(2) $\dfrac{1}{5}\begin{pmatrix} 10 & -5 & -5 \\ 7 & -5 & -3 \\ 1 & 0 & 1 \end{pmatrix}$　(3) $\begin{pmatrix} 2 & -21 & 7 & 17 \\ 0 & 6 & -2 & -5 \\ 1 & -4 & 1 & 3 \\ 0 & 5 & -2 & -4 \end{pmatrix}$

問 5.5 $a = -28$

問 5.6 (1) 非自明解をもつ.

(2) $b = 3$ のとき，非自明解をもつ．$b \neq 3$ のとき，非自明解をもたない.

問 6.1 (1) -1　(2) -1　(3) 1

問 6.2 補題 6.2 を続けて用いて,

$$(\text{左辺}) = |A_1| \begin{vmatrix} A_2 & & * \\ & \ddots & \\ O & & A_k \end{vmatrix} = |A_1||A_2| \begin{vmatrix} A_3 & & * \\ & \ddots & \\ O & & A_k \end{vmatrix} = \cdots = |A_1||A_2|\cdots|A_k|$$

問 6.3 (1) $\tilde{a}_{2,1} = (-1)^{2+1}\begin{vmatrix} -3 & 2 \\ -1 & 7 \end{vmatrix} = 19$　(2) $\tilde{a}_{1,3} = (-1)^{1+3}\begin{vmatrix} -2 & 4 \\ 10 & -1 \end{vmatrix} = -38$

(3) $\tilde{a}_{2,3} = (-1)^{2+3}\begin{vmatrix} 5 & -3 \\ 10 & -1 \end{vmatrix} = -25$

問 6.4 (1) $2 \cdot (-1)^{1+1}\begin{vmatrix} 0 & 4 \\ -1 & 7 \end{vmatrix} + (-1)^{1+2}\begin{vmatrix} -3 & 4 \\ 5 & 7 \end{vmatrix} + (-1)^{1+3}\begin{vmatrix} -3 & 0 \\ 5 & -1 \end{vmatrix} = 146$

(2) $(-3) \cdot (-1)^{2+1}\begin{vmatrix} 3 & 5 \\ -1 & 7 \end{vmatrix} + 0 + 4 \cdot (-1)^{2+3}\begin{vmatrix} 2 & 3 \\ 5 & -1 \end{vmatrix} = 146$

(3) $5 \cdot (-1)^{1+3}\begin{vmatrix} -3 & 0 \\ 5 & -1 \end{vmatrix} + 4 \cdot (-1)^{2+3}\begin{vmatrix} 2 & 3 \\ 5 & -1 \end{vmatrix} + 7 \cdot (-1)^{3+3}\begin{vmatrix} 2 & 3 \\ -3 & 0 \end{vmatrix} = 146$

問 6.5 (1) 92　(2) 85　(3) 800

問 6.6 $x = \dfrac{dm - bn}{ad - bc}$,　$y = \dfrac{-cm + an}{ad - bc}$

問 6.7 (1) $x = 2,\ y = -3,\ z = 5$　(2) $x = \dfrac{1}{2},\ y = \dfrac{3}{2},\ z = -\dfrac{5}{2}$

問 7.1 省略.

問 7.2 $\boldsymbol{a}, \boldsymbol{b}, \boldsymbol{c}$ が左手系をなすので，$\det A < 0$

問 8.1 [(i), (ii) $\Rightarrow$ (iii)]　$\boldsymbol{a}, \boldsymbol{b} \in W$, $\lambda, \mu \in \boldsymbol{R}$ とすると，(ii) より $\lambda\boldsymbol{a}, \mu\boldsymbol{b} \in W$．したがって，(i) より $\lambda\boldsymbol{a} + \mu\boldsymbol{b} \in W$ となる.

[(iii) $\Rightarrow$ (i), (ii)]　(iii) において $\lambda = \mu = 1$ とすると (i) が得られ，$\mu = 0$ とすると (ii) が得られる.

問 8.2　$\boldsymbol{a}=(a_1,\,a_2,\,a_3),\,\boldsymbol{b}=(b_1,\,b_2,\,b_3)\in V$ とすると，

$$\begin{cases} a_1+a_2+a_3=0 & \cdots① \\ a_1-2a_2+3a_3=0 & \cdots② \end{cases},\qquad \begin{cases} b_1+b_2+b_3=0 & \cdots①' \\ b_1-2b_2+3b_3=0 & \cdots②' \end{cases}$$

$$\begin{cases} ①+①' \\ ②+②' \end{cases}\text{ より }\begin{cases} (a_1+b_1)+(a_2+b_2)+(a_3+b_3)=0 \\ (a_1+b_1)-2(a_2+b_2)+3(a_3+b_3)=0 \end{cases}$$

これは，$\boldsymbol{a}+\boldsymbol{b}\in V$ を示す．また，①, ② を k 倍して $\begin{cases} ka_1+ka_2+ka_3=0 \\ ka_1-2ka_2+3ka_3=0 \end{cases}$ となる．

これは $k\boldsymbol{a}\in V$ を示す．V を xyz 空間の点の集合で表すと，原点を通り，ベクトル $\begin{pmatrix} -5 \\ 2 \\ 3 \end{pmatrix}$ に平行な直線になる．

問 8.3　$\boldsymbol{a}_1,\,\boldsymbol{a}_2,\,\ldots,\boldsymbol{a}_k$ を U の 1 次独立なベクトルの組とすると，これは V の 1 次独立系でもあるので $k\leqq n$．したがって，$\dim U\leqq n$．また，$\dim U=n$ とすると，n 個のベクトルよりなる 1 次独立系 $\boldsymbol{a}_1,\,\boldsymbol{a}_2,\,\ldots,\boldsymbol{a}_n$ が U の中にとれるが，これは V の中の 1 次独立系でもあるので，命題 8.5(3) より V の基底になる．したがって，$U=V$ となる．

問 8.4　(1) 最初の 2 項 a_1, a_2 が与えられれば第 3 項以降はすべてこの漸化式より決定されるので，$a_1=1,\ a_2=0$ となる数列 $\boldsymbol{e}_1$ と $a_1=0,\ a_2=1$ となる数列 $\boldsymbol{e}_2$ を基底としてとることができる．したがって，$\dim W=2$ となる．

(2) $x_n=\alpha^{n-1}$ とすると，$x_{n+2}+ax_{n+1}+bx_n=\alpha^{n+1}+a\alpha^n+b\alpha^{n-1}=\alpha^{n-1}(\alpha^2+a\alpha+b)=0$．したがって，$\{\alpha^{n-1}\}\in W$ となる．同様にして $\{\beta^{n-1}\}\in W$ がわかる．上で述べた基底に関して，$\{\alpha^{n-1}\}$ と $\{\beta^{n-1}\}$ の成分はそれぞれ $\begin{pmatrix} 1 \\ \alpha \end{pmatrix}$, $\begin{pmatrix} 1 \\ \beta \end{pmatrix}$．この 2 つのベクトルは 1 次独立だから，$\{\alpha^{n-1}\}$ と $\{\beta^{n-1}\}$ は基底である．

(3) $\{\alpha^{n-1}\}$ については (2) で示したとおり W の要素である．$\alpha=-\dfrac{a}{2}$ であるから，$x_n=n\alpha^{n-1}$ とすると，$x_{n+2}+ax_{n+1}+bx_n=(n+2)\alpha^{n+1}+a(n+1)\alpha^n+bn\alpha^{n-1}=n\alpha^{n-1}(\alpha^2+a\alpha+b)+\alpha^n(2\alpha+a)=0$．したがって，$\{n\alpha^{n-1}\}\in W$ となる．(2) の場合と同様，この 2 つのベクトルの成分 $\begin{pmatrix} 1 \\ \alpha \end{pmatrix}$, $\begin{pmatrix} 1 \\ 2\alpha \end{pmatrix}$ は 1 次独立なので，基底となる（$\alpha\neq 0$ に注意せよ）．

問 8.5　$\dim W=3$．たとえば，$\{\boldsymbol{a}_1,\,\boldsymbol{a}_3,\,\boldsymbol{a}_5\}$ は W の基底である．

問 8.6　$\dim W=3$．たとえば，$\{f_1(x),\ f_2(x),\ f_4(x)\}$ は W の基底である．
基底 $\{x^3,\,x^2,\,x,\,1\}$ についての成分を考えればよい．

問 8.7　$\left\{\dfrac{1}{\sqrt{2}}\begin{pmatrix} 1 \\ 1 \\ 0 \end{pmatrix},\ \dfrac{1}{\sqrt{6}}\begin{pmatrix} -1 \\ 1 \\ 2 \end{pmatrix},\ \dfrac{1}{\sqrt{3}}\begin{pmatrix} 1 \\ -1 \\ 1 \end{pmatrix}\right\}$

問 9.1　(1)［注 1］［(i), (ii)⇒(iii)］　$f(\lambda\boldsymbol{a}+\mu\boldsymbol{b})\underset{\text{(i)}}{=}f(\lambda\boldsymbol{a})+f(\mu\boldsymbol{b})\underset{\text{(ii)}}{=}\lambda f(\boldsymbol{a})+\mu f(\boldsymbol{b})$

[(iii)⇒ (i), (ii)]　(iii) において $\lambda=\mu=1$ とすると (i) が得られ，$\mu=0$ とすると (ii) が得られる．

[注 2]　$f(\mathbf{0})=f(\mathbf{0}+\mathbf{0})\underset{(\mathrm{i})}{=}f(\mathbf{0})+f(\mathbf{0}) \quad \Rightarrow \quad f(\mathbf{0})=\mathbf{0}$

(2) (iii) を繰り返し使う．

$$f(\lambda_1\boldsymbol{a}_1+\lambda_2\boldsymbol{a}_2+\cdots+\lambda_k\boldsymbol{a}_k)$$
$$\underset{(\mathrm{iii})}{=}\lambda_1 f(\boldsymbol{a}_1)+f(\lambda_2\boldsymbol{a}_2+\cdots+\lambda_k\boldsymbol{a}_k)=\cdots=\lambda_1 f(\boldsymbol{a}_1)+\cdots+\lambda_k f(\boldsymbol{a}_k)$$

問 9.2　(1) $\boldsymbol{a}, \boldsymbol{b}\in \mathrm{Ker}\, f$ とすると，

$$f(\lambda\boldsymbol{a}+\mu\boldsymbol{b})=\lambda f(\boldsymbol{a})+\mu f(\boldsymbol{b})=\lambda\mathbf{0}+\mu\mathbf{0}=\mathbf{0}\Rightarrow \lambda\boldsymbol{a}+\mu\boldsymbol{b}\in\mathrm{Ker}\, f$$

(2) $\boldsymbol{a}=f(\boldsymbol{a}')$, $\boldsymbol{b}=f(\boldsymbol{b}')\in\mathrm{Im}\, f$ とすると，$\lambda\boldsymbol{a}+\mu\boldsymbol{b}=f(\lambda\boldsymbol{a}'+\mu\boldsymbol{b}')\in\mathrm{Im}\, f$ となる．

問 9.3　$f(\boldsymbol{a})=f(\boldsymbol{b})\iff f(\boldsymbol{a})-f(\boldsymbol{b})=f(\boldsymbol{a}-\boldsymbol{b})=\mathbf{0}\iff \boldsymbol{a}-\boldsymbol{b}\in\mathrm{Ker}\, f$ よりわかる．

問 9.4　P は $I: V_F\to V_E$ の表現行列，Q は $I: V_G\to V_F$ の表現行列．したがって，$I: V_G\to V_E$ の表現行列は，この 2 つをかけて，PQ となる．

問 9.5　(1) $\begin{pmatrix} 0 & 0 & -2 \\ 0 & 1 & 3 \\ 0 & 0 & 1 \end{pmatrix}$　(2) $\begin{pmatrix} 0 & 7 & -11 \\ 0 & -1 & 4 \\ 1 & 1 & 4 \end{pmatrix}$

問 9.6　$A=(\boldsymbol{a}, \boldsymbol{b})$, $\boldsymbol{e}_1=\begin{pmatrix}1\\0\end{pmatrix}$, $\boldsymbol{e}_2=\begin{pmatrix}0\\1\end{pmatrix}$ とすると，$A\boldsymbol{e}_1=\boldsymbol{a}$, $A\boldsymbol{e}_2=\boldsymbol{b}$. $|\boldsymbol{e}_1|=1$ より $|\boldsymbol{a}|=1$ となる．したがって，$\boldsymbol{a}=\begin{pmatrix}\cos\theta\\ \sin\theta\end{pmatrix}$ と書くことができる（ここで，θ は $\boldsymbol{a}$ が x 軸の正の向きとなす角）．また，$|\boldsymbol{e}_2|=1$ より $|\boldsymbol{b}|=1$，$\boldsymbol{e}_1\perp\boldsymbol{e}_2$ より $\boldsymbol{a}\perp\boldsymbol{b}$. したがって，$\boldsymbol{b}=\begin{pmatrix}\cos(\theta+\pi/2)\\ \sin(\theta+\pi/2)\end{pmatrix}=\begin{pmatrix}-\sin\theta\\ \cos\theta\end{pmatrix}$ または $\boldsymbol{b}=\begin{pmatrix}\cos(\theta-\pi/2)\\ \sin(\theta-\pi/2)\end{pmatrix}=\begin{pmatrix}\sin\theta\\ -\cos\theta\end{pmatrix}$ がわかる．

問 9.7　(1) ${}^tAA=E$ となることよりわかる．　(2) ${}^tBB=E$ となることよりわかる．

問 10.1　(1) 固有値：2, -3　固有ベクトル：$\begin{pmatrix}1\\1\end{pmatrix}$, $\begin{pmatrix}1\\-4\end{pmatrix}$

(2) 固有値：0, -1, -2　固有ベクトル：$\begin{pmatrix}1\\1\\1\end{pmatrix}$, $\begin{pmatrix}2\\-1\\3\end{pmatrix}$, $\begin{pmatrix}1\\0\\1\end{pmatrix}$

(3) 固有値：3, -1, 4　固有ベクトル：$\begin{pmatrix}1\\0\\0\end{pmatrix}$, $\begin{pmatrix}1\\-1\\0\end{pmatrix}$, $\begin{pmatrix}8\\1\\1\end{pmatrix}$

問 10.2　たとえば，上三角行列 $A=\begin{pmatrix} a_{11} & & * \\ & \ddots & \\ O & & a_{nn} \end{pmatrix}$ の場合，その固有多項式は

$$\begin{vmatrix} a_{11}-x & & * \\ & \ddots & \\ O & & a_{nn}-x \end{vmatrix} = (a_{11}-x)\cdots(a_{nn}-x)$$

となることからわかる．

問 10.3　A の固有多項式が $|A-xE| = \begin{vmatrix} A_1 - xE & B \\ O & A_2 - xE \end{vmatrix} = |A_1 - xE||A_2 - xE|$ となることよりわかる．

問 10.4　$\Phi_A(x) = |A - xE| = |\boldsymbol{a}_1 - x\boldsymbol{e}_1,\ \boldsymbol{a}_2 - x\boldsymbol{e}_2,\ \boldsymbol{a}_3 - x\boldsymbol{e}_3|$

これを各列について展開すると，

$$\Phi_A(x) = -x^3|\boldsymbol{e}_1, \boldsymbol{e}_2, \boldsymbol{e}_3| + x^2(|\boldsymbol{e}_1, \boldsymbol{e}_2, \boldsymbol{a}_3| + |\boldsymbol{e}_1, \boldsymbol{a}_2, \boldsymbol{e}_3| + |\boldsymbol{a}_1, \boldsymbol{e}_2, \boldsymbol{e}_3|)$$
$$- x(|\boldsymbol{a}_1, \boldsymbol{a}_2, \boldsymbol{e}_3| + |\boldsymbol{a}_1, \boldsymbol{e}_2, \boldsymbol{a}_3| + |\boldsymbol{e}_1, \boldsymbol{a}_2, \boldsymbol{a}_3|) + |\boldsymbol{a}_1, \boldsymbol{a}_2, \boldsymbol{a}_3|$$

となる．

問 10.5　ある i について $s = \dim W(\lambda_i) > m_i$ とすると，$W(\lambda_i)$ に s 個のベクトルよりなる基底 $\boldsymbol{f}_1, \boldsymbol{f}_2, \ldots, \boldsymbol{f}_s$ が存在する．これを拡張して $\boldsymbol{V}^n$ の基底 $\boldsymbol{f}_1, \boldsymbol{f}_2, \ldots, \boldsymbol{f}_n$ をとると，この基底に関しては線形変換 L_A の表現行列は $\begin{pmatrix} \lambda_i E & B \\ O & C \end{pmatrix}$ の形になる．ここで，$\lambda_i E$ は s 次の正方行列である．したがって，この行列の固有多項式は $(x - \lambda_i)^s$ を因数にもつが，固有多項式は表現行列のとり方にはよらないので矛盾が生じる．

問 10.6　$\sum_{i=1}^{k} \lambda_{i,1}\boldsymbol{a}_1^i + \lambda_{i,2}\boldsymbol{a}_2^i + \cdots + \lambda_{i,m_i}\boldsymbol{a}_{m_i}^i = \boldsymbol{0}$ とすると，$\lambda_{i,1}\boldsymbol{a}_1^i + \lambda_{i,2}\boldsymbol{a}_2^i + \cdots + \lambda_{i,m_i}\boldsymbol{a}_{m_i}^i \in W(\lambda_i)$ だから，命題 10.3 よりすべての i について $\lambda_{i,1}\boldsymbol{a}_1^i + \lambda_{i,2}\boldsymbol{a}_2^i + \cdots + \lambda_{i,m_i}\boldsymbol{a}_{m_i}^i = \boldsymbol{0}$．ここで，$\{\boldsymbol{a}_1^i, \boldsymbol{a}_2^i, \ldots, \boldsymbol{a}_{m_i}^i\}$ は $W(\lambda_i)$ の基底だったから，$\lambda_{i,1} = \lambda_{i,2} = \cdots = \lambda_{i,m_i} = 0\ (i = 1, 2, \ldots, k)$ となる．

問 10.7　(1) 異なる固有値 1, 2 をもつから，対角化可能である．

(2) 固有値は 1 のみで，その固有空間の次元が 1 だから，対角化不可能である．

(3) 異なる 3 つの固有値 $\left(1, \dfrac{1 \pm \sqrt{5}}{2}\right)$ をもつから，対角化可能である．

(4) 固有値は 2（重解）と 10．$\dim W(2) = 2$ より，対角化可能である．

問 10.8　基底の取り換えの行列を P とすると，ここでは正規直交基底の取り換えなので直交行列となる．したがって，$P^{-1} = {}^tP$．よって，$A' = P^{-1}AP = {}^tPAP$．A が対称行列なので，${}^tA' = {}^t({}^tPAP) = {}^tP{}^tA{}^t({}^tP) = {}^tPAP = A'$．したがって，$B$ も対称行列となる．

問 10.9　(1) $\boldsymbol{x} = \begin{pmatrix} x \\ y \end{pmatrix}$，$A = \begin{pmatrix} 6 & -2 \\ -2 & 9 \end{pmatrix}$ とすると，この曲線は ${}^t\boldsymbol{x}A\boldsymbol{x} = 10$ と書くことができる．A の固有値は 5 と 10．$\lambda_1 = 5$ に対する大きさ 1 の固有ベクトルとして $\boldsymbol{u} = \dfrac{1}{\sqrt{5}}\begin{pmatrix} 2 \\ 1 \end{pmatrix}$，$\lambda_1 = 10$ に対する大きさ 1 の固有ベクトルとして $\boldsymbol{v} = \dfrac{1}{\sqrt{5}}\begin{pmatrix} -1 \\ 2 \end{pmatrix}$ をとることができる．これらのベクトルを単位として uv 座標系をとると，この曲線の方程式は

$\dfrac{u^2}{2}+v^2=1$ となり，楕円であることがわかる（解図 4(a)）.

(2) $\boldsymbol{x}=\begin{pmatrix} x_1 \\ x_2 \\ x_3 \end{pmatrix}$, $A=\begin{pmatrix} 3 & -1 & -1 \\ -1 & 3 & -1 \\ -1 & -1 & 3 \end{pmatrix}$ とすると，この曲面は ${}^t\boldsymbol{x}A\boldsymbol{x}=4$ である．A の固有値は 1 と 4（重解）．$\lambda_1=1$ に対する大きさ 1 の固有ベクトルとして $\boldsymbol{u}_1=\dfrac{1}{\sqrt{3}}{}^t(1,1,1)$, $\lambda_2=4$ に対する大きさ 1 の固有ベクトルとしては平面 $x_1+x_2+x_3=0$ 上の単位ベクトル $\boldsymbol{u}_2=\dfrac{1}{\sqrt{2}}{}^t(1,-1,0)$, $\boldsymbol{u}_3=\dfrac{1}{\sqrt{6}}{}^t(1,1,-2)$ をとることができる（8.6 節の例 8.29 参照）．これらのベクトルを単位として $y_1y_2y_3$ 座標系をとると，この曲線の方程式は $\dfrac{y_1^2}{4}+y_2^2+y_3^2=1$ となり，楕円面であることがわかる（解図 4(b)）.

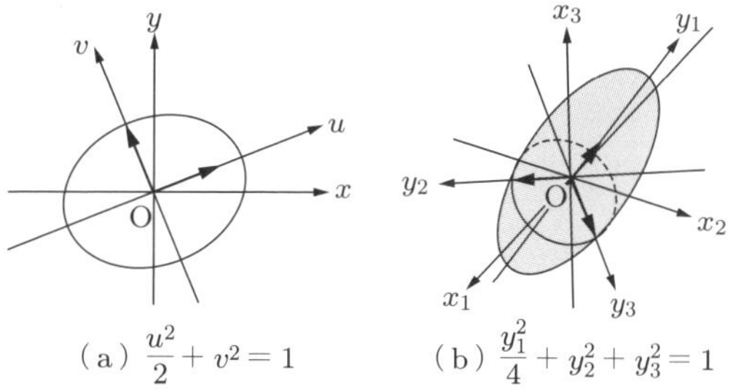

（a）$\dfrac{u^2}{2}+v^2=1$　（b）$\dfrac{y_1^2}{4}+y_2^2+y_3^2=1$

解図 4

演習問題の解答

1.1　(1) (a) $\boldsymbol{a}+\boldsymbol{b}$　(b) $-\boldsymbol{b}$　(c) $-\boldsymbol{a}-\boldsymbol{b}$　(d) $-\boldsymbol{a}-2\boldsymbol{b}$　(e) $\boldsymbol{a}-\boldsymbol{b}$　(f) $\boldsymbol{a}+\dfrac{1}{2}\boldsymbol{b}$

(2) (a) $-\dfrac{1}{2}$　(b) $-\dfrac{3}{2}$　　(3) (a) 1　(b) $\sqrt{3}$　(c) $\dfrac{\sqrt{13}}{2}$

1.2　(1) 点 $(-2,3)$ を通り，ベクトル $\boldsymbol{a}=\begin{pmatrix} 1 \\ 2 \end{pmatrix}$ に平行な（傾きが 2 の）直線

(2) $t=-\dfrac{4}{5}$　　(3) $\dfrac{7}{5}\sqrt{5}$

1.3　最初の等式を示せば十分である．

$$\begin{aligned} a^2 &= |\overrightarrow{\mathrm{CB}}|^2 = |\overrightarrow{\mathrm{AB}}-\overrightarrow{\mathrm{AC}}|^2 = (\overrightarrow{\mathrm{AB}}-\overrightarrow{\mathrm{AC}})\cdot(\overrightarrow{\mathrm{AB}}-\overrightarrow{\mathrm{AC}}) \\ &= |\overrightarrow{\mathrm{AB}}|^2 - 2\overrightarrow{\mathrm{AB}}\cdot\overrightarrow{\mathrm{AC}} + |\overrightarrow{\mathrm{AC}}|^2 = b^2-2bc\cos A+c^2 \end{aligned}$$

1.4　(1) $\overrightarrow{\mathrm{AQ}}=t\overrightarrow{\mathrm{AN}}$ とすると，$\overrightarrow{\mathrm{AQ}}=t\dfrac{\overrightarrow{\mathrm{AB}}+2\overrightarrow{\mathrm{AC}}}{2}$　　$\cdots$①

$\overrightarrow{\mathrm{CQ}}=s\overrightarrow{\mathrm{CP}}$ とすると，$\overrightarrow{\mathrm{AQ}}=(1-s)\overrightarrow{\mathrm{AC}}+s\overrightarrow{\mathrm{AP}}=(1-s)\overrightarrow{\mathrm{AC}}+s\left(\dfrac{3}{4}\overrightarrow{\mathrm{AB}}\right)$　　$\cdots$②

①と②の係数を比較して，以下がわかる．

$$t=\frac{3}{5},\ s=\frac{2}{5} \Rightarrow \overrightarrow{\mathrm{AQ}}=\frac{3}{10}\overrightarrow{\mathrm{AB}}+\frac{6}{10}\overrightarrow{\mathrm{AC}}=\frac{3}{10}\overrightarrow{\mathrm{AB}}+\frac{7}{10}\left(\frac{6}{7}\overrightarrow{\mathrm{AC}}\right)$$

これは，点 Q が点 B と $\dfrac{6}{7}\overrightarrow{\mathrm{AC}}$ を位置ベクトルとする点を $7:3$ に内分することを示しているから，$\overrightarrow{\mathrm{AR}} = \dfrac{6}{7}\overrightarrow{\mathrm{AC}}$．よって，AR : RC = 6 : 1 となる．

(2) $s = \dfrac{2}{5} \Rightarrow \mathrm{CQ} : \mathrm{QP} = 2 : 3 \Rightarrow \triangle\mathrm{ABQ} = \dfrac{3}{5}\triangle\mathrm{ABC}$ である．また, AP : PB = 3 : 1 より，$\triangle\mathrm{APQ} = \dfrac{3}{4}\triangle\mathrm{ABQ}$ となる．よって，$\triangle\mathrm{APQ} = \dfrac{9}{20}\triangle\mathrm{ABC}$ より，$\triangle\mathrm{APQ} : \triangle\mathrm{ABC} = 9 : 20$ となる．

2.1 (1) (a) $\begin{pmatrix}1\\0\\1\end{pmatrix}$ (b) $\begin{pmatrix}0\\1\\1\end{pmatrix}$ (c) $\begin{pmatrix}1\\1\\1\end{pmatrix}$ (d) $\begin{pmatrix}1\\0\\-1\end{pmatrix}$ (e) $\begin{pmatrix}0\\1\\0\end{pmatrix}$

(2) (a) $\dfrac{\pi}{3}$ (b) $\dfrac{\pi}{2}$ (c) $\dfrac{2\pi}{3}$ (3) $\dfrac{\sqrt{6}}{3}$

2.2 (1) $x-2 = \dfrac{y+2}{3} = \dfrac{z-3}{2}$ (2) $x-1 = \dfrac{-y+3}{2},\ z=3$ (3) $\left(\dfrac{26}{5}, \dfrac{38}{5}, \dfrac{47}{5}\right)$

2.3 (1) $2x - y + 3z = 10$ (2) $\left(-\dfrac{7}{3}, \dfrac{5}{3}, \dfrac{13}{3}\right)$

2.4 (1) $\triangle\mathrm{BCD}: \dfrac{\boldsymbol{b}+\boldsymbol{c}+\boldsymbol{d}}{3},\quad \triangle\mathrm{ACD}: \dfrac{\boldsymbol{a}+\boldsymbol{c}+\boldsymbol{d}}{3}$

$\triangle\mathrm{ABD}: \dfrac{\boldsymbol{a}+\boldsymbol{b}+\boldsymbol{d}}{3},\quad \triangle\mathrm{ABC}: \dfrac{\boldsymbol{a}+\boldsymbol{b}+\boldsymbol{c}}{3}$

(2) 頂点 A と対面 △BCD の重心 G_1 を結ぶ線分を 3 : 1 に内分する点の位置ベクトルは $\dfrac{\boldsymbol{a}+3\overrightarrow{\mathrm{OG}_1}}{4} = \dfrac{\boldsymbol{a}+\boldsymbol{b}+\boldsymbol{c}+\boldsymbol{d}}{4}$ である．ほかの頂点と対面の重心を結ぶ線分を 3 : 1 に内分する点の位置ベクトルもすべて同じになるから，これら 4 つの線分は 1 点で交わり，それぞれの線分を 3 : 1 に内分する．

(3) たとえば, 辺 AB の中点を M, 辺 CD の中点を N とすると, $\overrightarrow{\mathrm{OM}} = \dfrac{\boldsymbol{a}+\boldsymbol{b}}{2}$, $\overrightarrow{\mathrm{ON}} = \dfrac{\boldsymbol{c}+\boldsymbol{d}}{2}$ となる．したがって，線分 MN の中点の位置ベクトルは，$\dfrac{\overrightarrow{\mathrm{OM}}+\overrightarrow{\mathrm{ON}}}{2} = \dfrac{\boldsymbol{a}+\boldsymbol{b}+\boldsymbol{c}+\boldsymbol{d}}{4}$ となり，重心の位置ベクトルに一致する．したがって，直線 MN はこの四面体の重心 G を通る．対辺の中点を結ぶほかの直線についても同様である．

2.5 $\mathrm{AB}^2 + \mathrm{CD}^2 = \mathrm{AC}^2 + \mathrm{BD}^2 \iff \overrightarrow{\mathrm{AD}} \perp \overrightarrow{\mathrm{BC}}$ を示せば十分である．4 点 A, B, C, D の位置ベクトルをそれぞれ $\boldsymbol{a}$, $\boldsymbol{b}$, $\boldsymbol{c}$, $\boldsymbol{d}$ とすると，以下がわかる．

$$\mathrm{AB}^2 + \mathrm{CD}^2 = \mathrm{AC}^2 + \mathrm{BD}^2 \iff |\boldsymbol{b}-\boldsymbol{a}|^2 + |\boldsymbol{d}-\boldsymbol{c}|^2 = |\boldsymbol{c}-\boldsymbol{a}|^2 + |\boldsymbol{d}-\boldsymbol{b}|^2$$
$$\iff \boldsymbol{b}\cdot\boldsymbol{a} + \boldsymbol{d}\cdot\boldsymbol{c} = \boldsymbol{c}\cdot\boldsymbol{a} + \boldsymbol{d}\cdot\boldsymbol{b} \iff (\boldsymbol{a}-\boldsymbol{d})\cdot(\boldsymbol{b}-\boldsymbol{c}) = 0 \iff \overrightarrow{\mathrm{AD}} \perp \overrightarrow{\mathrm{BC}}$$

2.6 (1) $\dfrac{2}{3}$ (2) $\boldsymbol{a} = {}^t(a, b, c)$, $\boldsymbol{p}_o = \overrightarrow{\mathrm{OP}_o}$, $\boldsymbol{x} = \overrightarrow{\mathrm{OP}}$ とすると，平面 π の方程式は $\boldsymbol{a}\cdot\boldsymbol{x} + d = 0$ となる．$\boldsymbol{u} = \dfrac{\boldsymbol{a}}{|\boldsymbol{a}|}$ は π に垂直な単位ベクトルで，点 P_o から平面 π へ下ろした垂線の足を H とすると，$\overrightarrow{\mathrm{PH}} = k\boldsymbol{u}$ と書くことができ，$l = |k|$ となる．$\boldsymbol{x} = \overrightarrow{\mathrm{OH}} = \overrightarrow{\mathrm{OP}_o} + k\boldsymbol{u}$ を代入して $\boldsymbol{a}\cdot(\overrightarrow{\mathrm{OP}_o} + k\boldsymbol{u}) + d = \boldsymbol{a}\cdot\overrightarrow{\mathrm{OP}_o} + d + k\boldsymbol{a}\cdot\boldsymbol{u} = 0$ が得られる．したがって，

$k = -\dfrac{\boldsymbol{a}\cdot\overrightarrow{\mathrm{OP}}_o + d}{\boldsymbol{a}\cdot\boldsymbol{u}} = -\dfrac{ax_o + by_o + cz_o + d}{\sqrt{a^2+b^2+c^2}}$ となる．よって，$l = \dfrac{|ax_o + bx_o + cz_o + d|}{\sqrt{a^2+b^2+c^2}}$ となる．

2.7　(1) $(1,\ 3,\ -1)$　　(2) $7x - 13y - 9z + 23 = 0$

2.8　点Aから直線 m へ下ろした垂線の足（点Aを通る垂線と直線 m の交点）をHとすると，$\overrightarrow{\mathrm{HB}} = (\overrightarrow{\mathrm{AB}}\cdot\boldsymbol{u})\boldsymbol{u}$（$\overrightarrow{\mathrm{AB}}$ の $\boldsymbol{u}$ 方向への正射影）となる．したがって，$\overrightarrow{\mathrm{AH}} = \overrightarrow{\mathrm{AB}} - (\overrightarrow{\mathrm{AB}}\cdot\boldsymbol{u})\boldsymbol{u}$ となり，2直線 l, m の距離は $|\overrightarrow{\mathrm{AB}} - (\overrightarrow{\mathrm{AB}}\cdot\boldsymbol{u})\boldsymbol{u}|$ で与えられる．

3.1　(1), (2), (5), (6) が可能である．

(1) (11)　　(2) $\begin{pmatrix} 6 & -3 & -9 \\ -4 & 2 & 6 \\ -2 & 1 & 3 \end{pmatrix}$　　(5) $\begin{pmatrix} -2 \\ 2 \end{pmatrix}$　　(6) $\begin{pmatrix} 4 & -2 & -6 \\ -4 & 2 & 6 \end{pmatrix}$

3.2　(1) $\begin{pmatrix} 7 & 21 & -15 \\ 15 & -2 & 12 \end{pmatrix}$　　(2) $\begin{pmatrix} -12 & -7 \\ -10 & -5 \end{pmatrix}$　　(3) $\begin{pmatrix} 26 & 22 \\ -18 & -13 \end{pmatrix}$

(4) $\begin{pmatrix} -56 & -59 & 69 \\ 149 & 181 & -198 \end{pmatrix}$

3.3　(1) $A^2 = \begin{pmatrix} 1 & 0 \\ 0 & 1 \end{pmatrix} = E$，$A^3 = A^2A = EA = A$．よって，$A^n = \begin{cases} A & (n：奇数) \\ E & (n：偶数) \end{cases}$ となる．

(2) $B^2 = \begin{pmatrix} 1 & 1 \\ -3 & -2 \end{pmatrix}$，$B^3 = E$．よって，$B^n = \begin{cases} E & (n = 3k) \\ B & (n = 3k+1) \\ \begin{pmatrix} 1 & 1 \\ -3 & -2 \end{pmatrix} & (n = 3k+2) \end{cases}$ となる（ただし，k は自然数）．

(3) $C^2 = \begin{pmatrix} -2 & 0 & 1 \\ 0 & 0 & 0 \\ -4 & 0 & 2 \end{pmatrix}$，$C^3 = O$．よって，$C^n = O\ (n \geqq 3)$ となる．

3.4　(1) $a = 2,\ b = 0,\ c = -4$　　(2) $a_{ii} = -a_{ii}$ より，$a_{ii} = 0$

(3) $B = \dfrac{A + {}^tA}{2}$，$C = \dfrac{A - {}^tA}{2}$ とすると，B は対称行列，C は交代行列となり，$A = B + C$ である．逆に，$A = B' + C'$（B'：対称行列，C'：交代行列）とすると，${}^tA = {}^tB' + {}^tC' = B' - C'$ が成り立つ．ゆえに，$B' = \dfrac{A + {}^tA}{2} = B$，$C' = \dfrac{A - {}^tA}{2} = C$ となる．

3.5　(1) $J^2 = \begin{pmatrix} 0 & 0 & 1 \\ 0 & 0 & 0 \\ 0 & 0 & 0 \end{pmatrix}$，$J^3 = O$　　(2) $A^{-1} = E - J + J^2 = \begin{pmatrix} 1 & -1 & 1 \\ 0 & 1 & -1 \\ 0 & 0 & 1 \end{pmatrix}$

(3) $A^2 = \begin{pmatrix} 1 & 2 & 1 \\ 0 & 1 & 2 \\ 0 & 0 & 1 \end{pmatrix}$，$A^3 = \begin{pmatrix} 1 & 3 & 3 \\ 0 & 1 & 3 \\ 0 & 0 & 1 \end{pmatrix}$　　(4) $A^n = \begin{pmatrix} 1 & n & n(n-1)/2 \\ 0 & 1 & n \\ 0 & 0 & 1 \end{pmatrix}$

3.6　$A^2 = \begin{pmatrix} a^2+bc & b(a+d) \\ c(a+d) & cb+d^2 \end{pmatrix}$ である．ゆえに，次式が成り立つ．

$$A^2-(a+d)A+(ad-bc)E$$
$$= \begin{pmatrix} a^2+bc & b(a+d) \\ c(a+d) & cb+d^2 \end{pmatrix} - (a+d)\begin{pmatrix} a & b \\ c & d \end{pmatrix} + \begin{pmatrix} ad-bc & 0 \\ 0 & ad-bc \end{pmatrix} = \begin{pmatrix} 0 & 0 \\ 0 & 0 \end{pmatrix}$$

3.7　$A=(a_{ij})$，$B=(b_{ij})$ を n 次正方行列とし，$AB=(c_{ij})$，$BA=(d_{ij})$ とすると，$c_{ii}=\sum_{k=1}^{n} a_{ik}b_{ki}$．よって，$\mathrm{tr}\,(AB)=\sum_{i=1}^{n} c_{ii}=\sum_{i,k=1}^{n} a_{ik}b_{ki}$ となる．同様にして，$\mathrm{tr}\,(BA)=\sum_{i=1}^{n} d_{ii}=\sum_{i,k=1}^{n} b_{ik}a_{ki}$．文字 i と k を入れ替えれば，これは $\mathrm{tr}\,(AB)$ に一致する．

3.8　(1) $(\boldsymbol{a},\,\boldsymbol{b})={}^t\boldsymbol{a}\boldsymbol{b}$ より，$(A\boldsymbol{a},\,\boldsymbol{b})={}^t(A\boldsymbol{a})\boldsymbol{b}={}^t\boldsymbol{a}\,{}^tA\boldsymbol{b}=(\boldsymbol{a},\,{}^tA\boldsymbol{b})$

(2) $(A\boldsymbol{a},\,\boldsymbol{b})_{\mathbf{C}}={}^t(A\boldsymbol{a})\overline{\boldsymbol{b}}={}^t\boldsymbol{a}\,{}^tA\overline{\boldsymbol{b}}={}^t\boldsymbol{a}\,\overline{{}^t\overline{A}\boldsymbol{b}}=(\boldsymbol{a},\,{}^t\overline{A}\boldsymbol{b})_{\mathbf{C}}$

3.9　$[A,\,[B,\,C]]=A(BC-CB)-(BC-CB)A=ABC-ACB-BCA+CBA$ となる．$[B,\,[C,\,A]]$, $[C,\,[A,\,B]]$ も同様に展開して加えればよい．

［参考］ $[A_1,\,[A_2,\,A_3]]=\{\varepsilon(1,2,3)A_1A_2A_3+\varepsilon(1,3,2)A_1A_3A_2\}-\{\varepsilon(2,3,1)A_2A_3A_1+\varepsilon(3,2,1)A_3A_2A_1\}$．ここで，$\varepsilon(i,j,k)$ は順列の符号である（6.1 節参照）．A_1 が左端にある項は係数が正で，右端にある項は係数が負である．$\varepsilon(1,2,3)=\varepsilon(2,3,1)=\varepsilon(3,1,2)$ より，2 つずつ項が打ち消し合う．

3.10　$\begin{pmatrix} A_1^{-1} & -A_1^{-1}BA_2^{-1} \\ O & A_2^{-1} \end{pmatrix}$

3.11　(1) $\begin{pmatrix} 2(A+B) & O \\ O & 2(A-B) \end{pmatrix}$

(2) $\dfrac{1}{2}\begin{pmatrix} (A+B)^{-1}+(A-B)^{-1} & (A+B)^{-1}-(A-B)^{-1} \\ (A+B)^{-1}-(A-B)^{-1} & (A+B)^{-1}+(A-B)^{-1} \end{pmatrix}$

3.12　(1) $E(i;c)$: 第 i 行が c 倍される．$E(i,j;c)$: 第 i 行に第 j 行の c 倍が加えられる．$E(i,j)$: 第 i 行と第 j 行が入れ替えられる．

(2) $E(i;c)$: 第 i 列が c 倍される．$E(i,j;c)$: 第 j 列に第 i 列の c 倍が加えられる．$E(i,j)$: 第 i 列と第 j 列が入れ替えられる．

(3) $E(i;c)^{-1}=E(i;c^{-1})$, $E(i,j;c)^{-1}=E(i,j;-c)$, $E(i,j)^{-1}=E(i,j)$

4.1　(1) $\dfrac{1}{2}\begin{pmatrix} 1 & 1 \\ 1 & 1 \end{pmatrix}$, $\left(\dfrac{a+b}{2},\ \dfrac{a+b}{2}\right)$　　(2) $\dfrac{1}{2}\begin{pmatrix} 1 & -1 \\ -1 & 1 \end{pmatrix}$, $\left(\dfrac{a-b}{2},\ \dfrac{-a+b}{2}\right)$

(3) $\begin{pmatrix} 0 & 1 \\ 1 & 0 \end{pmatrix}$, $(b,\,a)$　　(4) $\begin{pmatrix} 0 & -1 \\ -1 & 0 \end{pmatrix}$, $(-b,\,-a)$

4.2　$e^{i\theta}z=(\cos\theta+i\sin\theta)(x+iy)=(x\cos\theta-y\sin\theta)+(x\sin\theta+y\cos\theta)i$ より

$\begin{pmatrix} \cos\theta & -\sin\theta \\ \sin\theta & \cos\theta \end{pmatrix}$.

4.3　(1) $A = \dfrac{1}{5}\begin{pmatrix} -3 & 4 \\ 4 & 3 \end{pmatrix}$　(2) $B = \dfrac{1}{5}\begin{pmatrix} 4 & 3 \\ 3 & -4 \end{pmatrix}$　(3) $C = AB = \begin{pmatrix} 0 & -1 \\ 1 & 0 \end{pmatrix}$

(4) $\theta = \dfrac{\pi}{2}$

4.4　(1) $\overrightarrow{\mathrm{AQ}} = \dfrac{1}{2}\begin{pmatrix} 1 & -\sqrt{3} \\ \sqrt{3} & 1 \end{pmatrix}\overrightarrow{\mathrm{AP}}$ より，$\mathrm{Q}(3-2\sqrt{3}, 3+\sqrt{3})$.

(2) y 切片を $\mathrm{B}(0, 2)$ とするとき，$\overrightarrow{\mathrm{BR}} = \dfrac{1}{5}\begin{pmatrix} -3 & 4 \\ 4 & 3 \end{pmatrix}\overrightarrow{\mathrm{BP}}$ となることより，$\mathrm{R}(0, 7)$.

4.5　$\boldsymbol{x}' = (\boldsymbol{x}\cdot\boldsymbol{u})\boldsymbol{u}$ より $\begin{pmatrix} \alpha^2 & \alpha\beta & \alpha\gamma \\ \alpha\beta & \beta^2 & \beta\gamma \\ \alpha\gamma & \beta\gamma & \gamma^2 \end{pmatrix}$

4.6　(1) $\begin{pmatrix} 0 & 0 & 1 \\ 1 & 0 & 0 \\ 0 & 1 & 0 \end{pmatrix}$　(2) $\dfrac{1}{3}\begin{pmatrix} 1 & 1-\sqrt{3} & 1+\sqrt{3} \\ 1+\sqrt{3} & 1 & 1-\sqrt{3} \\ 1-\sqrt{3} & 1+\sqrt{3} & 1 \end{pmatrix}$

［解説］　平面 $\pi : x+y+z=1$ は $\boldsymbol{l}$ に垂直なので，これらの回転では π は π にうつされる．直線 $x=y=z$（回転軸）と π との交点は $\mathrm{O}'\left(\dfrac{1}{3}, \dfrac{1}{3}, \dfrac{1}{3}\right)$．3 点 $\mathrm{A}(1,0,0)$, $\mathrm{B}(0,1,0)$, $\mathrm{C}(0,0,1)$ は π の上にある．$\triangle\mathrm{ABC}$ は正三角形だから，$\angle\mathrm{AO'B} = \angle\mathrm{BO'C} = \angle\mathrm{CO'A} = \dfrac{2\pi}{3}$ となる．したがって，(1) では $\mathrm{A}\to\mathrm{B}$, $\mathrm{B}\to\mathrm{C}$, $\mathrm{C}\to\mathrm{A}$ のようにうつされる．(2) において，点 $\mathrm{A}(1,0,0)$ の像を $\mathrm{P}(a,b,c)$ とすると，π 上にあることより $a+b+c=1$ が，$\angle\mathrm{AO'P} = \angle\mathrm{R}$ より $2a-b-c=0$ が，$|\mathrm{OP}|=1$ より $a^2+b^2+c^2=1$ がわかる．また，$b>0$ だから，$a=\dfrac{1}{3}$, $b=\dfrac{1+\sqrt{3}}{3}$, $c=\dfrac{1-\sqrt{3}}{3}$ となる．点 B, C の像も同様にして求められる（あるいは，(1) の写像を f とすると，$f(\mathrm{P})$, $f^2(\mathrm{P})$ により求められる）．

5.1　(1) $x = \dfrac{3}{2}\alpha - 2\beta - \dfrac{7}{2}\gamma + 3$, $y=\alpha$, $z=\beta$, $u=\gamma$（α, β, γ は任意定数）

(2) $x = 2\alpha - 26\beta - 7$, $y=\alpha$, $z = 9\beta+4$, $u=\beta$（α, β は任意定数）

(3) 解なし　(4) $x=2$, $y=7$, $z=-3$

5.2　(1) $a=3 \Rightarrow x=3,\ y=-1,\quad a\neq 3 \Rightarrow$ 解なし．

(2) $a \neq 1, -3 \Rightarrow \begin{cases} x = \dfrac{3(a-2)}{a+3} \\ y = \dfrac{3}{a+3} \\ z = \dfrac{1}{a+3} \end{cases}$,　$a = 1 \Rightarrow \begin{cases} x = \alpha - 1 \\ y = -\alpha + 1 \\ z = \alpha \end{cases}$
（α は任意定数）

$a=-3 \Rightarrow$ 解なし．

5.3　(1) $(2, 2, -1)$　(2) $x - 3 = -\dfrac{y+2}{2} = z$

［解説］ 連立 1 次方程式を解いて求める．

5.4 (1) $\frac{1}{9}\begin{pmatrix} -1 & 2 & 2 \\ 2 & -1 & 2 \\ 2 & 2 & -1 \end{pmatrix}$ 　(2) $\frac{1}{3}\begin{pmatrix} 1 & 1 & 1 & -2 \\ 1 & 1 & -2 & 1 \\ 1 & -2 & 1 & 1 \\ -2 & 1 & 1 & 1 \end{pmatrix}$

5.5 (1) $a \neq 1, -2 \Rightarrow \operatorname{rank} A = 3$, $a = 1 \Rightarrow \operatorname{rank} A = 1$, $a = -2 \Rightarrow \operatorname{rank} A = 2$

［解説］ 第 2 行と第 3 行を第 1 行に加え，$a = -2$ の場合と $a \neq -2$ の場合に分けよ．

(2) $\frac{1}{(a-1)(a+2)}\begin{pmatrix} a+1 & -1 & -1 \\ -1 & a+1 & -1 \\ -1 & -1 & a+1 \end{pmatrix}$

［解説］ 掃き出し計算法を用いる．その場合まず，第 2 行と第 3 行を第 1 行に加えよ．

5.6 (1) $\operatorname{rank} A = n$ なら，行基本変形を用いて単位行列に直すことができるからである．

(2) 基本行列は正則だから，その積も正則である．

6.1 (1) 7 　(2) $(a-b)(b-c)(c-a)$ 　(3) $x^3 + y^3 + z^3 - 3xyz$

［解説］ (3) は，サラスの方法よりわかる．また，第 1 行に第 2, 3 行を加え，$x+y+z$ をくくり出してからサラスの方法を用いると，因数分解した形 $(x+y+z)(x^2+y^2+z^2-xy-yz-zx)$ が得られる．

6.2 (1) $x = 1, -2$ 　(2) $x = \pm 1, -2$

6.3 (1) 第 i 列と第 $n+i$ 列 $(i = 1, 2, \ldots, n)$ を入れ替えればよい．

(2) (n+1) 行〜(2n) 行をそれぞれ①行〜 ⓝ行に加えて，$\begin{vmatrix} A & B \\ B & A \end{vmatrix} = \begin{vmatrix} A+B & B+A \\ B & A \end{vmatrix}$．次に，(n+1) 列〜(2n) 列からそれぞれ①列〜 ⓝ列を引いて，この行列式は次に等しくなる．

$$\begin{vmatrix} A+B & O \\ B & A-B \end{vmatrix} = |A+B||A-B|$$

(3) (n+1) 行〜(2n) 行の $(-i)$ 倍をそれぞれ①行〜 ⓝ行に加えて，

$$\begin{vmatrix} A & B \\ -B & A \end{vmatrix} = \begin{vmatrix} A+iB & -iA+B \\ -B & A \end{vmatrix} = \begin{vmatrix} A+iB & -i(A+iB) \\ -B & A \end{vmatrix}$$

$$= \begin{vmatrix} A+iB & O \\ -B & A-iB \end{vmatrix} = \det(A+iB)\det(A-iB) = \det(A+iB)\det(\overline{A+iB})$$

$$= \det(A+iB)\overline{\det(A+iB)} = |\det(A+iB)|^2$$

6.4 (1) $A^tA = (a^2+b^2+c^2+d^2)E$ より，$\det(A^tA) = (\det A)^2 = (a^2+b^2+c^2+d^2)^4$ となる．$\det A$ の a^4 の係数は 1 だから，$\det A = (a^2+b^2+c^2+d^2)^2$ となる．

(2) $A = \begin{pmatrix} a & b \\ -b & a \end{pmatrix}$, $B = \begin{pmatrix} c & d \\ -d & c \end{pmatrix}$ として演習問題 6.3(3) を用いればよい．

6.5 $(a+n-1)(a-1)^{n-1}$（まず，②行〜 ⓝ行を①行に加えよ）

6.6 (1) $a = \pm 1,\ 2$ 　(2) $a = 0,\ 1,\ \frac{2}{3}$ （係数行列の行列式が 0 となることが条件とな

る．定理 5.3，定理 6.4 参照）

6.7 (1) $\begin{vmatrix} x_1 & y_1 & 1 \\ x_2 & y_2 & 1 \\ x_3 & y_3 & 1 \end{vmatrix} = 0$ とすると，この行列を係数とする同次方程式は非自明解 $(a,\ b,\ c)$ をもつ．したがって，$ax_i + by_i + c = 0\ (i = 1,\ 2,\ 3)$．これは，これらの 3 点が同一直線 $ax + by + c = 0$ 上にあることを示している．また，逆もいえる．

(2) $\begin{vmatrix} a_1 & b_1 & c_1 \\ a_2 & b_2 & c_2 \\ a_3 & b_3 & c_3 \end{vmatrix} = 0$ とすると，$a_i\alpha + b_i\beta + c_i\gamma = 0\ (i = 1, 2, 3)$ となる $(\alpha,\ \beta,\ \gamma) \neq \mathbf{0}$ が存在する．ここで，$\gamma = 0$ とすると，ベクトル $\begin{pmatrix} a_i \\ b_i \end{pmatrix}$ はすべて $\begin{pmatrix} \alpha \\ \beta \end{pmatrix}$ と垂直となり，これらのベクトルは平行となるので仮定に反する．よって $\gamma \neq 0$．したがって，この 3 直線は点 $\left(\dfrac{\alpha}{\gamma},\ \dfrac{\beta}{\gamma}, 1\right)$ を通る．

6.8 定理 6.3 を使う．$|A|$ の値については演習問題 6.1(3) をみよ．

$$A^{-1} = \frac{1}{a^3 + b^3 + c^3 - 3abc} \begin{pmatrix} a^2 - bc & c^2 - ab & b^2 - ca \\ b^2 - ca & a^2 - bc & c^2 - ab \\ c^2 - ab & b^2 - ca & a^2 - bc \end{pmatrix}$$

6.9 n についての帰納法を用いよ．

7.1 (1) $\overrightarrow{\mathrm{AB}} = \begin{pmatrix} 90 \\ 108 \end{pmatrix}, \overrightarrow{\mathrm{AC}} = \begin{pmatrix} 60 \\ 74 \end{pmatrix}, \overrightarrow{\mathrm{AD}} = \begin{pmatrix} 104 \\ 127 \end{pmatrix}$

(2) $S(\overrightarrow{\mathrm{AB}},\ \overrightarrow{\mathrm{AC}}) = 180,\ S(\overrightarrow{\mathrm{AB}},\ \overrightarrow{\mathrm{AD}}) = 198,\ S(\overrightarrow{\mathrm{AC}},\ \overrightarrow{\mathrm{AD}}) = -76$

(3) 137．点 C は有向線分 AD の左側にあり，点 B は右側にある．よって，A, B, D, C の順になる．

7.2 (1) $\overrightarrow{\mathrm{AB}} = 34 \begin{pmatrix} 3 \\ 1 \\ -2 \end{pmatrix}, \overrightarrow{\mathrm{AC}} = 20 \begin{pmatrix} 3 \\ 2 \\ 2 \end{pmatrix}$ である．よって，$\overrightarrow{\mathrm{AB}} \times \overrightarrow{\mathrm{AC}} = 2040 \begin{pmatrix} 2 \\ -4 \\ 1 \end{pmatrix}$ となる．

(2) $(\overrightarrow{\mathrm{AB}} \times \overrightarrow{\mathrm{AC}}) \cdot \overrightarrow{\mathrm{AD}} > 0, \quad (\overrightarrow{\mathrm{AB}} \times \overrightarrow{\mathrm{AC}}) \cdot \overrightarrow{\mathrm{AE}} < 0$

(3) (2) より，点 D, E は平面 ABC の反対側にあり，求める体積は四面体 ABCD と四面体 ABCE の体積の和となる．したがって，求める体積は 9180 となる．

7.3 線分 PQ ($\mathrm{P} \in l,\ \mathrm{Q} \in m$) を共通垂線とすると，$V(\boldsymbol{l}, \boldsymbol{m}, \overrightarrow{\mathrm{PQ}}) = V(\boldsymbol{l}, \boldsymbol{m}, \overrightarrow{\mathrm{AB}})$．$\overrightarrow{\mathrm{PQ}} \perp \boldsymbol{l}, \boldsymbol{m}$ より，$V(\boldsymbol{l}, \boldsymbol{m}, \overrightarrow{\mathrm{PQ}}) = (\boldsymbol{l} \times \boldsymbol{m}) \cdot \overrightarrow{\mathrm{PQ}} = \pm|\boldsymbol{l} \times \boldsymbol{m}|\,\overline{\mathrm{PQ}}$．ここで，$\overline{\mathrm{PQ}}$ は直線 l の点と直線 m の点の距離の最小値である．したがって，$\overline{\mathrm{PQ}} = \dfrac{|V(\boldsymbol{l}, \boldsymbol{m}, \overrightarrow{\mathrm{AB}})|}{|\boldsymbol{l} \times \boldsymbol{m}|}$ となる．

7.4 (1) $\boldsymbol{e}_1, \boldsymbol{e}_2, \boldsymbol{e}_3$ を基本単位ベクトルとし，

$$\boldsymbol{a} = a_1\boldsymbol{e}_1 + a_2\boldsymbol{e}_2 + a_3\boldsymbol{e}_3, \quad \boldsymbol{b} = b_1\boldsymbol{e}_1 + b_2\boldsymbol{e}_2 + b_3\boldsymbol{e}_3, \quad \boldsymbol{c} = c_1\boldsymbol{e}_1 + c_2\boldsymbol{e}_2 + c_3\boldsymbol{e}_3$$

を代入して展開すると,

$$\boldsymbol{a}\times(\boldsymbol{b}\times\boldsymbol{c})=\sum_{i,j,k}a_ib_jc_k\{\boldsymbol{e}_i\times(\boldsymbol{e}_j\times\boldsymbol{e}_k)\}$$

となる. ここで, $i=j\neq k$ または $i=k\neq j$ 以外の場合は $\boldsymbol{e}_i\times(\boldsymbol{e}_j\times\boldsymbol{e}_k)=\boldsymbol{0}$ である.

$i\neq k$ とすると, $\boldsymbol{e}_i\times(\boldsymbol{e}_i\times\boldsymbol{e}_k)=\boldsymbol{e}_i\times\{\varepsilon(i,k,j)\boldsymbol{e}_j\}=\varepsilon(i,k,j)(\boldsymbol{e}_i\times\boldsymbol{e}_j)$ $=\varepsilon(i,k,j)\varepsilon(i,j,k)\boldsymbol{e}_k=-\boldsymbol{e}_k$ となる. 同様にして $i\neq j$ とすると, $\boldsymbol{e}_i\times(\boldsymbol{e}_j\times\boldsymbol{e}_i)=\boldsymbol{e}_j$ となる. したがって, 次式が成り立つ.

$$\begin{aligned}\boldsymbol{a}\times(\boldsymbol{b}\times\boldsymbol{c})&=\sum_{i\neq j}a_ib_jc_i\boldsymbol{e}_i\times(\boldsymbol{e}_j\times\boldsymbol{e}_i)+\sum_{i\neq k}a_ib_ic_k\boldsymbol{e}_i\times(\boldsymbol{e}_i\times\boldsymbol{e}_k)\\&=\sum_{i\neq j}a_ib_jc_i\boldsymbol{e}_j-\sum_{i\neq k}a_ib_ic_k\boldsymbol{e}_k=\sum_{i,j}a_ib_jc_i\boldsymbol{e}_j-\sum_{i,k}a_ib_ic_k\boldsymbol{e}_k\\&=\left(\sum_i a_ic_i\right)\sum_j b_j\boldsymbol{e}_j-\left(\sum_i a_ib_i\right)\sum_k c_k\boldsymbol{e}_k=(\boldsymbol{a}\cdot\boldsymbol{c})\boldsymbol{b}-(\boldsymbol{a}\cdot\boldsymbol{b})\boldsymbol{c}\end{aligned}$$

(2) (1) を利用する.

8.1 (i,j) 成分のみが 1 でほかの成分がすべて 0 の 3 次の正方行列を E_{ij} で表す.

(1) $W_1=\langle E_{11},\ E_{22},\ E_{33},\ E_{12}+E_{21},\ E_{13}+E_{31},\ E_{23}+E_{32}\rangle$ より, W_1 は V の部分空間で, $\dim W_1=6$ となる.

(2) $W_1=\langle\, E_{12}-E_{21},\ E_{13}-E_{31},\ E_{23}-E_{32}\rangle$ より, W_2 は V の部分空間で, $\dim W_2=3$ となる.

(3) $W_3=\langle\, E,\ T,\ T^2\,\rangle$ となるから W_3 は V の部分空間で, $\dim W_3=3$ となる.

8.2 (1), (2) $U_e=\langle 1,\ x^2\rangle,\ U_o=\langle x\rangle$ より, $\dim U_e=2,\ \dim U_o=1$ となる.

(3) $f(x)=ax^2+bx+c$ とすると, $\boldsymbol{x}_1=ax^2+c, \boldsymbol{x}_2=bx$ とすれば, $f(x)=\boldsymbol{x}_1+\boldsymbol{x}_2$ となり, この表し方は 1 通りである.

8.3 (1) $||1||=\sqrt{2},\ ||x||=\dfrac{\sqrt{6}}{3},\ ||x^2||=\dfrac{\sqrt{10}}{5}$　(2) ともに $\dfrac{\pi}{2}$　(3) $\dfrac{\sqrt{5}}{3}$

(4) $\left\{\dfrac{1}{\sqrt{2}},\ \dfrac{\sqrt{6}}{2}x,\ \dfrac{\sqrt{10}}{4}(3x^2-1)\right\}$

8.4 (1) $(\boldsymbol{a}\times\boldsymbol{b}\times\boldsymbol{c})\cdot\boldsymbol{a}=|\boldsymbol{a},\ \boldsymbol{b},\ \boldsymbol{c},\ \boldsymbol{a}|=0$ より. $\boldsymbol{b},\ \boldsymbol{c}$ についても同様である.

(2) 第 4 列について余因子展開することにより, $\det(\boldsymbol{a},\ \boldsymbol{b},\ \boldsymbol{c},\ \boldsymbol{a}\times\boldsymbol{b}\times\boldsymbol{c})=|\boldsymbol{a}\times\boldsymbol{b}\times\boldsymbol{c}|^2$ となる.

(3) (1) より $\boldsymbol{a},\boldsymbol{b},\boldsymbol{c}$ は $\boldsymbol{a}\times\boldsymbol{b}\times\boldsymbol{c}$ に直交しているから, これらの作る平行八面体の体積は $\boldsymbol{a},\boldsymbol{b},\boldsymbol{c}$ の作る平行六面体の体積と $|\boldsymbol{a}\times\boldsymbol{b}\times\boldsymbol{c}|$ の積になる. これは (2) の値に一致するから, $|\boldsymbol{a}\times\boldsymbol{b}\times\boldsymbol{c}|$ は $\boldsymbol{a},\ \boldsymbol{b},\ \boldsymbol{c}$ の作る平行六面体の体積に等しい.

9.1 基底の取り換えの行列を P とすると, $\begin{pmatrix}1&2\\2&3\end{pmatrix}P=\begin{pmatrix}3&-5\\-1&2\end{pmatrix}$. よって,

$$P=\begin{pmatrix}1&2\\2&3\end{pmatrix}^{-1}\begin{pmatrix}3&-5\\-1&2\end{pmatrix}=\begin{pmatrix}-3&2\\2&-1\end{pmatrix}\begin{pmatrix}3&-5\\-1&2\end{pmatrix}=\begin{pmatrix}-11&19\\7&-12\end{pmatrix}$$

9.2 $\begin{pmatrix} 0 & 1 & 1 & 0 \\ 11 & -1 & -9 & 6 \\ 12 & 6 & -4 & -5 \\ -28 & -1 & 20 & -7 \end{pmatrix}$

［解説］ $f(\boldsymbol{b}_i) = \boldsymbol{c}_i$ とするとき，f の行列を A とし，$B = (\boldsymbol{b}_1, \ldots, \boldsymbol{b}_n), C = (\boldsymbol{c}_1, \ldots, \boldsymbol{c}_n)$ とすると，$AB = C$ となる．したがって，$A = CB^{-1}$．また，$({}^tB, {}^tC)$ に行基本変形を行い ${}^tB$ を単位行列に直すと，右側に表現行列 A の転置行列 ${}^tA$ が得られる．

9.3 $\begin{pmatrix} 2 & -3 \\ -2 & -1 \end{pmatrix}$

9.4 $L_A : \boldsymbol{V}^n \to \boldsymbol{V}^n$ が標準的内積を保つことよりわかる．

9.5 (1) $\begin{pmatrix} 0 & 1 & & & \\ 0 & 0 & 1 & & O \\ & & 0 & \ddots & \\ O & & & \ddots & 1 \\ & & & & 0 \end{pmatrix}$　(2) $\begin{pmatrix} \lambda & 1 & & & \\ 0 & \lambda & 1 & & O \\ & & \lambda & \ddots & \\ O & & & \ddots & 1 \\ & & & & \lambda \end{pmatrix}$（この形の行列を**ジョルダン細胞**とよぶ.）

10.1 ${}^tPAP = \begin{pmatrix} \lambda_1 & & O \\ & \ddots & \\ O & & \lambda_n \end{pmatrix}$ とすると，

$$A = ({}^tP)^{-1} \begin{pmatrix} \lambda_1 & & O \\ & \ddots & \\ O & & \lambda_n \end{pmatrix} P^{-1} = P \begin{pmatrix} \lambda_1 & & O \\ & \ddots & \\ O & & \lambda_n \end{pmatrix} {}^tP$$

となる．これは対称行列である．

10.2 計算方法については，演習問題 6.5 の解を参照せよ．

(1) 固有値：$3,\ -1,\quad \dim W(3) = 1,\quad \dim W(-1) = 3$

(2) 固有値：$3,\ \pm 1,\quad \dim W(3) = 1,\quad \dim W(1) = 2,\quad \dim W(-1) = 1$

10.3 係数行列 A を直交行列 P を用いて対角化したとき，P の列ベクトルは $\boldsymbol{V}^3$ の正規直交基底となり，$\boldsymbol{x}$ のこの基底に関する成分を ${}^t(u_1,\ u_2,\ u_3)$ とすると，

$${}^t\boldsymbol{x}A\boldsymbol{x} = \lambda_1 u_1^2 + \lambda_2 u_2^2 + \lambda_3 u_3^2$$

となる．ここで，$\lambda_1, \lambda_2, \lambda_3$ は A の固有値である．したがって，固有値がすべて正となることが内積となるための条件となる．(1), (2), (3) の各場合の A の固有値は，(1) $0, 1, 3$　(2) $1, 2, 11$　(3) -1（重解）, 2 となり，内積となるのは (2) の場合のみ．(2) についての正規直交基底としては，$\{(1/\sqrt{2})^t(1,1,0),\ (1/\sqrt{3})^t(1,-1,-1),\ (1/\sqrt{6})^t(1,-1,2)\}$ をとることができる．

10.4 (1) 放物線：$v = \sqrt{5}u^2$

(2) (a) $u^2 + 4v^2 + 7w^2 = 1$（楕円面）　(b) $3u^2 - 3v^2 - w^2 = 1$（2 葉双曲面）

10.5 (1) $\lambda_1, \ldots, \lambda_n$ を A の固有値とする．λ_1 に属する大きさ 1 の固有ベクトル $\boldsymbol{u}_1$ を選び，これを拡張して $\boldsymbol{V}^n$ の正規直交基底を選ぶ．この基底に関して L_A の表現行列は $\begin{pmatrix} \lambda_1 & * \\ \mathbf{0} & B \end{pmatrix}$ の形になる．ここで，B の固有値は $\lambda_2, \ldots, \lambda_n$．そこで，$n$ についての帰納法を用いればよい．

(2) $P^{-1}AP$ が三角行列かつ対称行列となることよりわかる．

参考文献

本書を書くにあたって参考にした本や，読者の今後の勉強のために参考となる本を紹介する．

[1] 寺田文行：「線形代数」（サイエンスライブラリ理工系の数学 1），サイエンス社 (1974)
[2] 斎藤正彦：「線型代数入門」，東京大学出版会 (1966)
[3] 松阪和夫：「線型代数入門」，岩波書店 (1980)
[4] 宇内泰，川嶌俊雄：「線形代数学—教養課程 24 講義」，朝倉書店 (1990)
[5] V.I. アーノルド著，足立正久，今西英器訳：「常微分方程式」，現代数学社 (1981)
[6] V.I. アーノルド著，安藤韶一他訳：「古典力学の数学的方法」，岩波書店 (2003)
[7] 志賀浩二：「ベクトル解析 30 講」，朝倉書店 (1989)
[8] 浅野啓三，永尾汎：「群論」，岩波書店 (1965)
[9] 山内恭彦，杉浦光夫：「連続群論入門」，培風館 (1960)

本書は幾何学的側面を重視して構成した線形代数学の入門書であり，基本的に数は実数に限り，有限次元の場合を扱っている．そして，実対称行列の対角化を目標としている．文献 [1] は線形代数の簡潔な入門書であり，本書とほぼ同じ範囲を扱っている．実対称行列の応用については本書ではいくつかの例を挙げるに留めたが，この文献には 2 次形式の標準形や 2 次曲線，2 次曲面の分類について詳しく書かれている．これらの話題に関心がある読者は参考にしてほしい．この文献の掃き出し計算法の部分は本書でも参考にさせていただいた．

文献 [2] は本格的かつ標準的な教科書である．双対空間やジョルダン標準形，行列の解析的な扱いなどの説明もある．あとがきに線形代数の歴史についての簡単な解説がある．

文献 [3] も定評のある教科書である．大部の本ではあるが，複素数など基礎的な事柄から丁寧に説明されている．

文献 [4] はジョルダン標準形が目標となっている．数列や常微分方程式への応用にも触れている．

数列や常微分方程式へのより詳しい応用については文献 [5] が参考になる．

本書で扱った外積や $S(\boldsymbol{a},\ \boldsymbol{b})$, $V(\boldsymbol{a},\ \boldsymbol{b},\ \boldsymbol{c})$，行列式は，外積代数（グラスマン代数）を学ぶと統一的に理解することができる．外積代数については文献 [6] や文献 [7] が参考になる．

文献 [8] は群についての基本的な教科書である．現在では「岩波オンデマンドブック」の中に入っている．

文献 [9] は線形リー群の表現論の優れた入門書である．「動く座標系」による基底の変換行列の意味や，空間における回転を表す行列のオイラーの角による表現は，この本でみることができる．

索引

著 者 略 歴
川嶌 俊雄（かわしま・としお）
1979 年 東京大学大学院理学研究科博士課程満期退学
1979 年 足利工業大学共通課程助手
1980 年 足利工業大学共通課程講師
1991 年 足利工業大学共通課程助教授
2007 年 足利工業大学共通課程准教授
2011 年 足利工業大学共通課程教授
2016 年 足利工業大学共通教育センター教授

編集担当 太田陽喬（森北出版）
編集責任 上村紗帆・富井 晃（森北出版）
組 版 ウルス
印 刷 ワコープラネット
製 本 ブックアート

線形代数
ベクトルからベクトル空間・線形写像まで

2017 年 9 月 29 日 第 1 版第 1 刷発行
2021 年 3 月 1 日 第 1 版第 3 刷発行

著 者 川嶌俊雄
発 行 者 森北博巳
発 行 所 **森北出版株式会社**
東京都千代田区富士見 1–4–11（〒102–0071）
電話 03–3265–8341 ／ FAX 03–3264–8709
https://www.morikita.co.jp/
日本書籍出版協会・自然科学書協会 会員
JCOPY ＜(一社)出版者著作権管理機構 委託出版物＞

落丁・乱丁本はお取替えいたします.

Printed in Japan／ISBN978–4–627–09671–4